普通高等教育物联网工程专业规划教材

物联网控制基础

主　编　彭　力
副主编　谢林柏　吴治海　闻继伟
参　编　冯　伟　马晓贤　张佳宇

机械工业出版社

本书全面介绍了物联网中所需要的控制理论和技术，包括经典控制理论、现代控制理论、计算机控制技术、传感网中的控制技术和网络控制系统。

通过本书的学习，学生可了解自动控制的基本原理、基本知识和基本分析方法，正确理解和运用自动控制的相关理论，掌握一套比较完整的系统分析、设计和计算方法，并具备一定的实验技能，不仅为后续课程的学习奠定基础，而且为解决实际控制问题直接提供理论和方法。

本书适用于高等院校物联网工程专业作为教材，也可作为其他专业的选修课教材，也适合对物联网感兴趣的各类读者参考阅读。

图书在版编目（CIP）数据

物联网控制基础/彭力主编. —北京：机械工业出版社，2013.10（2023.1 重印）

普通高等教育物联网工程专业规划教材

ISBN 978 -7 -111 -45671 -1

Ⅰ.①物… Ⅱ.①彭… Ⅲ.①互联网络 - 应用 - 高等学校 - 教材②智能技术 - 应用 - 高等学校 - 教材 Ⅳ.①TP393.4②TP18

中国版本图书馆 CIP 数据核字（2014）第 022849 号

机械工业出版社（北京市百万庄大街 22 号 邮政编码 100037）
策划编辑：徐 凡 责任编辑：徐 凡 路乙达
版式设计：霍永明 责任校对：张莉娟
责任印制：郜 敏
北京盛通商印快线网络科技有限公司印刷
2023 年 1 月第 1 版 · 第 5 次印刷
184mm×260mm · 16 印张 · 384 字
标准书号：ISBN 978 -7 -111 -45671 -1
定价：45.00 元

电话服务	网络服务
客服电话：010-88361066	机 工 官 网：www.cmpbook.com
010-88379833	机 工 官 博：weibo.com/cmp1952
010-68326294	金 书 网：www.golden-book.com
封底无防伪标均为盗版	机工教育服务网：www.cmpedu.com

前　　言

当前，随着计算机网络、无线通信、嵌入式系统、单片机、集成电路、传感器、计算机、自动化等前沿技术的快速发展，物联网技术已经成为新经济模式的引擎，有可能带动多个传统行业进入一个崭新的世界。它所涉及的行业非常广阔，如农业、工业、商业、建筑、汽车、环保、交通运输、机械设计、医学、安防、物流、海运、渔业等所有可知的领域，成为国家经济发展的重大战略需求，学好它意义非凡。

物联网的任务不能停留在监测监视上，在其应用过程中更需要及时的反馈、决策和控制；同时，作为一个完整的系统，应该具备检测、传输以及处理显示之后的控制部分。对于物联网工程专业的学生，其知识结构中应该具有控制技术，基于这个目的，本书力求在有限的学时内凝练控制技术的精华，补足学生这方面的知识需求，完成会分析、能设计、有创新这三大任务。另外，为方便学生进一步求学如读研等打下良好的基础。

本书绪论中阐述了物联网中所需要的控制技术，从经典控制到现代控制，从计算机控制到网络控制，力求使控制技术融入物联网的各种应用中，使学生逐步学会利用控制技术分析和设计物联网的控制器，学会分析控制效果和校正技术。第 1 部分重点讲述控制技术的基础知识，包括线性系统模型建立、时域和频域分析方法以及系统校正设计方法。第 2 部分比较详细地介绍了现代控制关键技术，包括状态空间表达式、多变量系统动态和稳定性分析以及系统校正设计。第 3 部分结合实际控制系统应用背景介绍基于计算机的多种控制工程分析和设计手段，如 PID 控制、离散控制系统、最小拍控制系统、时滞系统、串级控制系统等，主要是以工控机为核心构成控制系统，分析其软硬件系统和控制器设计。同时，结合工业局域网，介绍分布式控制系统和现场总线控制。第 4 部分以无线传感网（Zigbee）为背景介绍其中的路由、定位、跟踪以及覆盖等控制技术，这为大规模部署无线网络提供技术支持。第 5 部分介绍了网络控制的一些最新技术，包括面向互联网和无线局域网络的控制系统建模分析和设计，这也是与物联网控制应用技术关联最紧密的部分，其分析和设计思想对物联网控制系统有指导作用。

本书由江南大学物联网工程学院彭力教授主编，江南大学谢林柏、闻继伟、吴治海、李稳、冯伟、高宁、秦毅、马晓贤、韩潇、张佳宇、赵山、戴菲菲、陈容、靳海伟、吴凡、董国勇、卢晓龙、曹亚陆等参加了编写工作，在此向他们表示感谢，同时感谢教育部物联网技术应用工程研究中心、轻工过程先进控制教育部重点实验室、江南能源感知研究院的大力支持和本书编辑热情辛勤的工作。

本书适用于高等院校物联网工程专业作为教材使用，也可作为其他各专业的选修课教材，也适合对物联网感兴趣的各类读者参考阅读。

本书配有免费电子课件，欢迎选用本书作教材的老师登录 www. cmpedu. com 注册下载或发邮件到 xufan666@163. com 索取。

彭　力

目　　录

第2部分　现代控制理论

第 3 部分　计算机控制系统

第 4 部分　无线传感器网络中的控制技术

第5部分　网络控制系统

绪　论

1. 物联网控制技术的一般概念

“物联网”的概念是在1999年提出的，它的定义很简单：把所有物品通过射频识别等信息传感设备与互联网连接起来，实现智能化的识别和管理。也就是说，物联网是指各类传感器和现有的互联网相互衔接的一个新技术。

2005年，国际电信联盟（ITU）发布了《ITU互联网报告2005：物联网》，报告指出：“我们现在站在一个新的通信时代的入口处，在这个时代中，我们所知道的因特网将会发生根本性的变化。因特网是人们之间通信的一种前所未有的手段，现在因特网不仅能把人与所有的物体连接起来，还能把物体与物体连接起来。”无所不在的物联网通信时代即将来临，世界上所有的物体，从轮胎到牙刷、从房屋到纸巾都可以通过因特网主动进行交换。ITU的报告提出，物联网主要有四个关键性的应用技术：标签事物的RFID（射频识别）技术，感知事物的传感器网络技术，思考事物的智能技术和微缩事物的纳米技术。

我国“十二五”规划出台，以物联网为代表的战略型新兴产业将成为国家大力扶持和发展的七大战略性行业之一。据权威机构预测，国家将在未来10年投入4万亿元大力发展物联网。

物联网（Internet of Things），是将各种信息传感装置，如射频识别（RFID）、红外感应器、全球定位系统、激光扫描器等与互联网结合起来而形成的一个巨大网络。其目的是让所有的物品都与网络连接在一起，系统可以自动地、实时地对物体进行识别、定位、追踪、监控并触发相应事件。

物联网是继计算机、互联网与移动通信网之后的信息产业第三次浪潮。物联网概念的问世，打破了之前的传统思维。过去的思路一直是将物理基础设施和IT基础设施分开：一方面是机场、公路、建筑物等，而另一方面是数据中心、个人计算机、宽带等。而在“物联网”时代，钢筋混凝土和电缆将会与芯片和宽带整合为统一的基础设施，在此意义上，基础设施更像是一块新的地球工地，世界的运转就在它上面进行，其中包括经济管理、生产运行、社会管理乃至个人生活管理。

根据ITU的建议，物联网自底向上可以分为以下的结构和关系流程：

1）感知层：该层的主要功能是通过各种类型的传感器对物质属性、环境状态、行为态势等静态或动态的信息进行大规模、分布式的信息获取与状态辨识，针对具体感知任务，采用协同处理的方式对多种类、多角度、多尺度的信息进行在线计算与控制，并通过接入设备将获取的信息与网络中的其他单元进行资源共享与交互。

2）接入层：该层的主要功能是通过现有的移动通信网（如GSM、TD-SCDMA）、无线接入网（如WiMAX）、无线局域网（WiFi）、卫星网等基础设施，将来自感知层的信息传送到互联网层中。

3）互联网层：该层的主要功能是以IPv6/IPv4以及后IP（Post-IP）为核心，将网络内的信息资源整合成一个可以互联互通的大型智能网络，为上层服务管理和大规模行业应用建立起一个高效、可靠的基础设施平台。

4）服务管理层：该层的主要功能是通过具有超级计算能力的中心计算机群，对网络内的海量信息进行实时的管理和控制，并为上层应用提供一个良好的用户接口。

5）应用层：该层的主要功能是集成系统底层的功能，构建起面向各类行业的实际应用，如生态环境与自然灾害监测、智能交通、文物保护与文化传播、远程医疗与健康监护等。

基于目前物联网的发展现状，特别是针对传感器网络的技术复杂性和非成熟性，人们将深入开展研究传感器网络的核心技术，预计未来还要进一步推进芯片、传感器、射频识别等技术的发展，在此基础上逐步开展感知层的网络（核心为传感器网络）与后 IP 网络的整合，扩展服务管理层的信息资源、探索商业模式，并以若干个典型示范应用为基础，推进物联网在各个行业的应用。同时，在各个层面将进行相关标准的制定。

可以形象地认为，物联网是一个像人一样的系统，它不仅要有诸如传感器模块、通信模块、数据处理模块、预报决策分析模块和执行器模块等感觉器官和肢体，还要有把这些模块或子系统有机结合，串联或并联在一起完成某种期待的功能或任务的中心控制模块——控制器。控制器就像是人的大脑，而连接这些模块或子系统的总线和信号就像是人体中的神经系统和血液系统。因此，对物联网的工作流程可描述如下：眼睛、鼻子、舌头、耳朵、皮肤等（传感器）通过神经或血液（反馈环节）将信号传输给大脑（控制器），再通过神经、血液驱动四肢等器官（执行器）动作。其工作流程如图 0.1 所示。

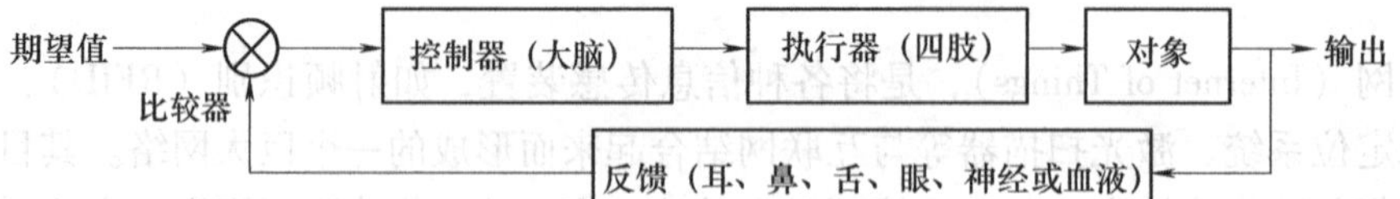

图 0.1　物联网系统的结构

由图 0.1 可知，物联网控制技术就是通过各种传感器采集作用对象的信息，反馈到控制器，与期望的目标比较，然后采用一定控制策略和方法，由执行器作用于被控对象，使被控对象达到一定的期望值。

2. 精准智慧农业

传统农业是以消耗实物资源为主的农业，主要表现是粗放、效率低下、抗风险能力差，而且对知识和信息的应用严谨性不强，几乎不应用计算机和互联网系统。伴随智慧星球、物联网等先进科技理念，现代农业将由精准农业、生态农业等演变成智能农业、智慧农业。这个从信息到智慧的过程，通过计算机、互联网、现代通信、物联网、智能控制、现代机械等技术的综合应用，将使现代农业的产供销实现高度的智能化，并更进一步提高农业生产经营的综合效率，降低资源消耗。

所谓“智慧农业”，就是充分应用现代信息技术成果，集成计算机与网络技术、物联网技术、音频视频技术、3S 技术、无线通信技术及专家智慧与知识，实现农业可视化远程诊断、远程控制、灾变预警等智能管理。例如，通过实时采集大棚内空气温度和湿度、光照、土壤温度、CO_2 浓度、叶面湿度、露点温度等环境参数，自动开起或者关闭指定设备。根据用户需求，为农业综合生态信息的自动监测、环境的自动控制和智能化管理提供科学依据。

通过无线采集设备将检测的环境温度、湿度、pH 值等数据传送到基站，再通过基站发送到网络平台。农民朋友们只要通过手机、计算机等设备登录个人平台，就可以根据数据对农业自动化设施进行远程的操控，轻松实现无人值守和远程监测，不仅测量精确可靠，而且操作调试十分简便。在不久的将来，人们可以随处看见这样的情景：农民坐在计算机前，轻点鼠标，即可实现翻地、播种、除虫、灌溉和收获，就如同“开心农场”一样简单。这一切，都有赖于自动控制等相关科技在农业领域的应用。

在种植生产过程中就存在很多需要控制的地方。例如灌溉控制，系统能自动检测到什么时候需要灌溉，灌溉多长时间；可以自动开起灌溉，也可以自动关闭灌溉；可以实现土壤太干时增大喷灌量，太湿时减少喷灌量。实现这些控制功能的控制系统的结构框图如图 0.2 所示。

一个农业物联网应用的实例如图 0.3 所示。

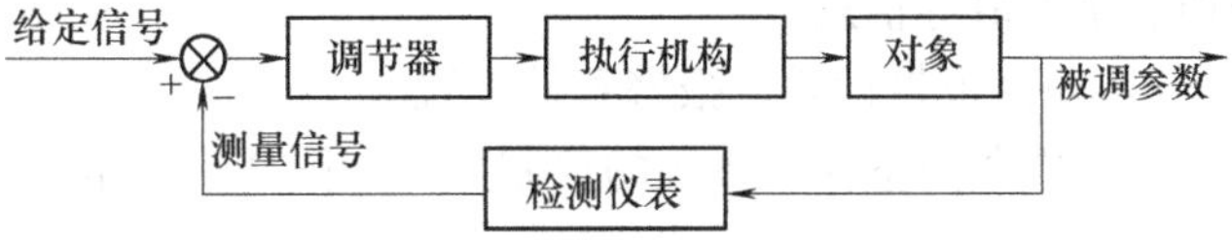

图 0.2　控制系统的结构框图

物联网系统通过温度传感器、湿度传感器、土壤水分传感器等检测环境中的温度、相对湿度、光照强度、土壤水分等参数，并将这些参数作为自动控制的参变量参与到自动控制中，就可以保证农作物有一个良好的、适宜的生长环境。

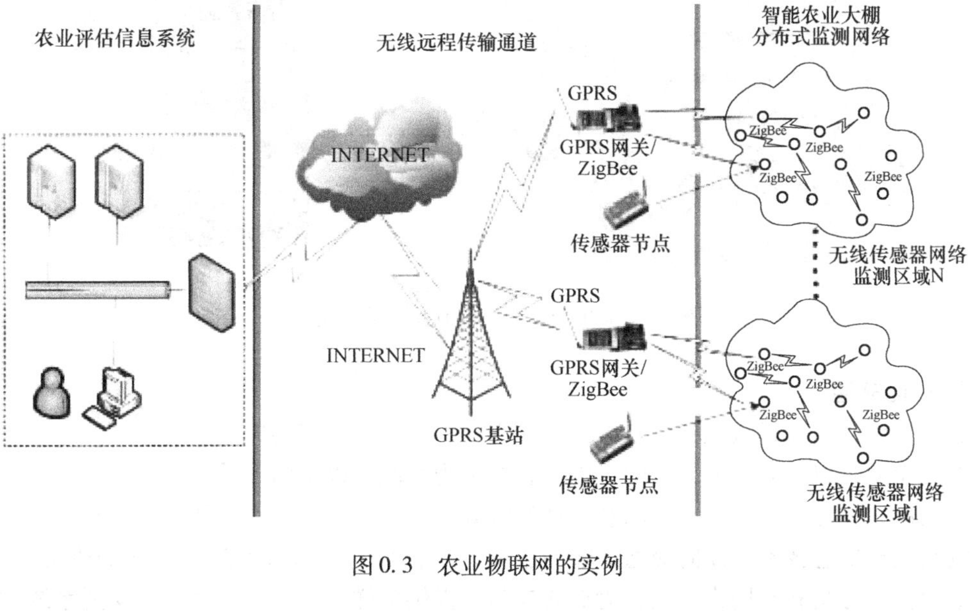

图 0.3　农业物联网的实例

控制系统内部需要植入农作物的种植经验甚至农作物的生长规律，如水分、肥料等因素对生长的影响等，并由此构建一个植物生长模型。掌握了这个模型才能确定控制规律，设计控制器，最终达到自动控制的目的。

系统软件分为两部分：第一部分为现场控制系统，操作管理人员可以通过该系统查看、设定和控制温室内的各项参数和设备；第二部分为远程控制系统，可实现远程查看数据、设定参数的功能。

其中，智能农业温室控制系统的主要功能如下：

1）通过通信线监视温室的当前状态：它可以采集信息，监视室内温度、室内湿度以及各个设备的开关状态。

2）远程设定功能：它可以通过通信线远程设定各个温室的运行参数，如温度目标值、湿度目标值、光照目标值以及设备的开关时间等。

3）远程强制手动控制功能：它可以实现远程强制手动控制各温室内的设备的开关状态。

4）手动/自动切换功能：它可以灵活快速地实现各个设备的手动/自动控制的切换。

5）数据的绘图、统计功能：它能以曲线的方式绘出某个历史时间段的环境数据的变化曲线，并可以进行打印。

6）它可以按年、月、日、时将各个环境数据加以统计，找出任意时间段的最大值、最小值、平均值等信息。

7）短信报警设置、报警条件设置。

智能农业温室控制系统的控制界面如图 0.4 所示。

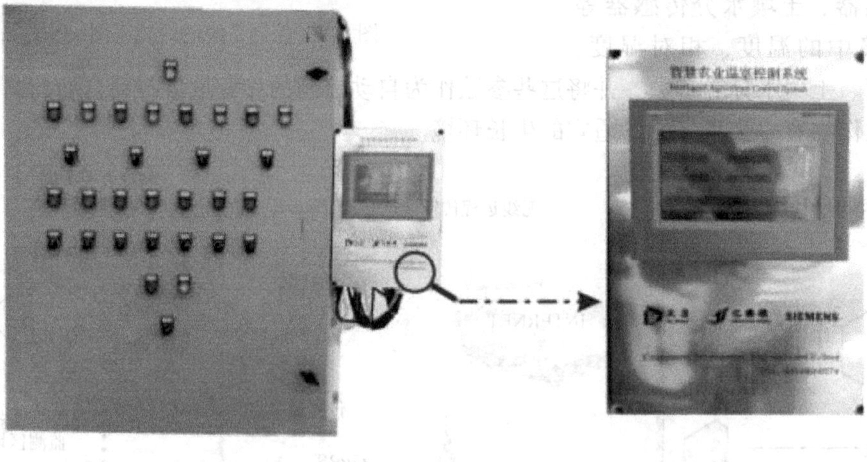

图 0.4　智能农业温室控制系统的控制界面

3. 智能交通

目前人们已越来越认识到物联网在智能交通中可以有很好的应用。

智能交通是以交通需求为导向，以信息技术为手段，以全面提升交通安全、效率和服务品质为目的，充分利用空间、时间和移动的资源，形成的新的交通系统。智能交通又是一个基于现代电子信息技术、面向交通运输的服务系统，它的突出特点是以信息的收集、处理、发布、交换、分析和利用为主线，为交通参与者提供多样性的服务。在智能交通系统中，车辆能靠自己的智能在道路上自由行驶，公路能靠自己的智能将交通流量调整至最佳状态，管理人员能对道路、车辆的行踪掌握得一清二楚。智能交通模型如图 0.5 所示。

智能交通系统能够以先进的物联网信息采集技术为核心，利用多种传感设备，实时、准确地采集路况信息、车辆信息和道路的时间空间占有率，并按照约定的协议，依靠专有的网络对信息进行实时传送、分析处理和反馈，为交通信号控制、交通动态引导以及大范围的交通管制、区域调度提供信息和科学的决策依据，而且能够提供城市重要路口的车流量参数、车辆信息、交通参数等信息，为整个城市的交通管理和交通安全提供参考数据。

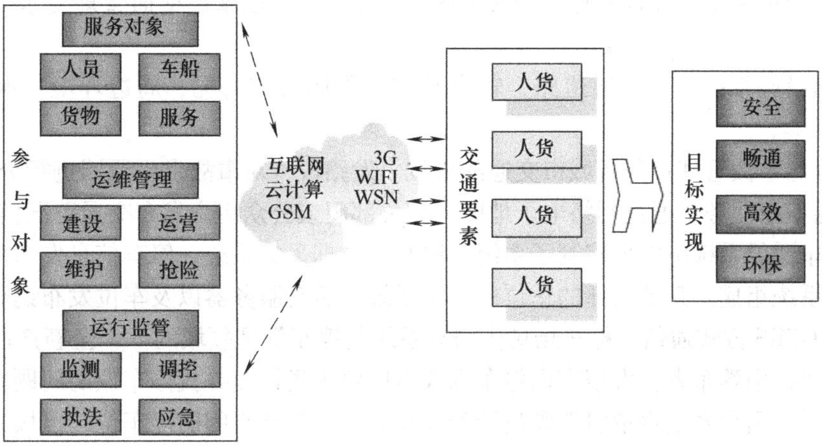

图 0.5　智能交通模型

基于物联网技术的智能交通系统的功能如下：

1）利用先进的监测和传感设备，实时、自动地监测、采集交通信息并传输、存储信息。

2）具备稳定、可靠的软硬件设施和运行环境，具有大范围的信息采集、分析处理能力，同时相关节点具有兼容性，能够相互协调，能与信息中心和相关部门进行信息交换，共享信息。

3）在遇到突发交通事故时，能用恰当的方式报警、提示。

4）相关节点能够接收信息中心发出的各类交通指令，在接收指令后能够及时做出相应的正确反应，并能为常见交通问题的解决提供预案和建议。

5）对采集到的道路交通信息进行分级、批量处理，对道路交通拥挤具有系统、规范的提示和分类，包括偶然发生的交通事件、经常发生的交通拥挤、交通事故以及地面和高架道路上存在的交通问题等，具有对道路交通现状进行分析、判断的能力，并有初步的交通预测功能。

6）系统的硬件设备和软件平台以及通信设施必须符合国家规定的有关信息化安全管理方面的要求。信息采集和发布系统应具有故障自检、自动更新升级等功能，并使系统管理维护人员能够及时了解设备的运行状况，及时维护。

7）应具有通过广播、手机、可变信息屏、车载导航仪等多种形式发布交通信息的能力，以调节、疏导和控制相关区域内交通车流量的变化，而发布的内容可以包括：哪些路段目前处于交通拥挤状况，哪些路段发生交通事故等信息。

智能交通系统包含的子系统大体可分为车辆控制系统、交通监控系统和运营车辆管理系统。按功能实现，系统还可分成交通信息采集、交通指挥中心信息平台、电子标签识别、交通信息指示牌和变频交通灯等多个模块。

一个完整的智能交通系统包括以下几方面：

1）车辆诱导系统：结合交通视频监控和交通诱导系统的车辆诱导 GIS 系统。

2）交通规划：通过 GIS 对道路交通进行规划，优化轨道交通或公共交通的线路设计。

3）红绿灯智能集群优化：红绿灯智能集群优化可以控制城市交通高峰期车的流量。

4）智能指挥调度与综合监控：通过 GIS，指挥人员可以掌握交通管理要素，辅助决策管理。

5）交通设施维护：为交通道路、轨道及相关附属设施情况、周边环境情况等进行检测。

6）安全与事故管理：分析城市交通的事故多发路段，对事故发生原因进行分析。

7）交通信息服务：通过网络电子地图向相关部门或公众用户发布交通路况信息。

城市停车诱导系统由中央控制子系统、停车场数据采集系统、停车信息发布系统，以及无线通信子系统组成。系统内部的车位采集子系统、后台服务器以及车位发布诱导屏之间全部采用无线 GPRS 方式通信。停车场场内引导系统是停车管理领域的一个全新产品，它很好地解决了如何指引驾车者在大型室内停车场或多层停车场快速寻找停车位的问题。当驾车者进入停车场时，引导系统将指引驾驶员沿着最短的路线找到空闲的停车位，可极大地提高车位利用率，提高停车场的服务水平。

城市交通最重要的部分是市内客运，而其最关注的中心点是客流量。对运输企业的管理来说，实时、准确的客流量数据，是企业进行车辆动态调度、线路编排、运营管理、电子站牌提示的重要基础数据之一。而对城市交通规划来说，翔实、精准、时效性高的客流量数据、出行趋势，是城市道路规划、城市功能分区规划、公共交通线路规划等公共决策的重要支撑。

从现有的客流量数据统计情况看，轨道交通企业有条件获得比较准确的客流基础数据，而公交企业的客流数据主要还是来源于运输企业对于票款回收后的反向推算，不具备实时性和与地理位置相关的准确性。所以，在各个城市的智能交通规划中，几乎都将公交客流统计系统作为一个非常重要的组成部分，编入了智能交通系统的子系统。

目前，基于智能视频分析的客流统计技术，已成为车载客流统计的最佳选择，该系统可以满足客流统计的高准确率、高环境适应性、高实时性的要求。同时，在长途客运中，车载客流统计还能起到对站外上下客以及票款的监控作用。

规范的交通行为是有序交通、高效交通的基础。规范交通行为的手段中，除了常见的对于交通卡口的管控外，对于卡口范围之外的交通行为也需要进行高效的管控。

现在，城市“公交优先”的理念已经深入人心，这是对公共资源高效利用的一个良好保障，而且一线城市一般都配备了快速公交（BRT）专用车道、公交车专用道等，全时或分时禁止社会车辆驶入。在监控社会车辆占用专用车道行驶的行为方面，可采用智能视频分析的物联网传感技术。例如沈阳公交通过在公交车前后方安装摄像头对视野内的社会车辆进行分析和抓拍，使任何公交车、BRT 车辆都成为流动的监管点，对社会车辆占用公交车专用道行为具有极强的威慑作用，真正保障了“公交优先”的落实。

安全是交通管理的重要一环。对于智能交通规划和管理来说，交通安全也是在规划中不可或缺的部分。要保障交通安全，需要各种各样的手段进行综合配套管理，包括对酒驾行为的严厉打击、交通设施的完善、交通行为的规范等。

疲劳驾驶是交通事故、交通意外的最重要的诱因之一，所以疲劳驾驶的预防和管理一直都得到了高度的重视。原有的管理手段一般是从制度上去要求，如持续行驶 4h 就需要进入服务站休息或更换司机等。现在随着物联网感知技术的发展，基于智能视频分析的疲劳检测技术已开始进入实用阶段。其通过对人眼、面部细微特征进行分析，结合车辆行驶速度等要素，就可以对处于疲劳状态的驾驶员实现声光提醒，并使驾驶员一直处于良好的精神状态，防止安全事故的发生。

4. 智能家居

随着我国人民生活水平的提高和住房需求的日益增长，智能家居已由概念而越来越真实地走进了千家万户。但究竟什么是智能家居呢?

在这里，可以展望一下智能家居系统能够带给人们的生活变化。出门在外，可以通过电话、计算机来远程遥控家居中的各个智能系统。例如，在回家的路上提前打开家中的空调和热水器；到家开门时，借助门磁或红外传感器，系统会自动打开过道灯，同时打开电子门锁，安防撤防，开启家中的照明灯具和窗帘迎接主人的归来。回到家里，使用遥控器可以方便地控制房间内各种电器；可以通过智能化照明系统选择预设的灯光场景，在书房营造读书时舒适的安静，在卧室营造浪漫的灯光氛围等。这一切，主人都可以安坐在沙发上从容操作。在智能家居里，一个控制器可以遥控家里的一切，比如拉窗帘，给浴池放水并自动加热调节水温，调整窗帘、灯光、音响的状态；厨房配有可视电话，可以一边做饭，一边接打电话或查看门口的来访者；在公司上班时，家里的情况可以显示在办公室的计算机或手机上，随时查看；门口有拍照留影装置，家中无人时如果有来访者，系统会拍下照片供您回来查询。

“智能家居”又称智能住宅，在国外常用Smart Home表示。与智能家居含义近似的有家庭自动化（Home Automation）、电子家庭（Electronic Home、E-home）、数字家园（Digital Family）、家庭网络（Home Net/Networks for Home）、网络家居（Network Home）、智能家庭/建筑（Intelligent Home/Building）等。在我国香港和台湾等地区，还有数码家庭、数码家居等称谓。

智能家居可以以家庭住宅为平台，集成系统、结构、服务、管理和控制于一体，利用最新的网络通信技术、电气和设备自动化技术、计算机技术、无线电技术、综合布线技术等，通过网络化、智能化综合管理家中设备，创造一个安心、舒适、安全、方便、健康、节能和环保的居住生活空间。同时，智能家居还可以依照人体工程学原理，融合个性需求，将与家居生活有关的各个子系统如安防、灯光控制、窗帘控制、煤气阀控制、信息家电、场景联动、地板采暖等有机地结合在一起，实现“以人为本”的全新家居生活。

智能家居模型如图0.6所示。

智能家居的功能主要有以下几方面：

1）遥控控制：可以使用遥控器来控制家中灯光、热水器、电动窗帘、饮水机、空调等设备的开启和关闭；通过遥控器的显示屏可以在一楼（或客厅）来查询并显示出二楼（或卧室）灯光电器的开启关闭状态；这支遥控器还可以控制家中的诸如电视、DVD、音响等使用红外遥控器控制的设备，即是一支万能遥控器。

2）电话远程控制：通过高加密（电话识别）多功能语音电话的远程控制功能，在出差或外边办事时，可以通过手机、固定电话来控制家中的空调和窗帘、灯光电器，使之提前为客户制冷、制热或进行开启和关闭，通过手机或固定电话可以知道家中电路和各种家用电器（例如冰箱里的食物等）是否正常，还可以知道室内的空气质量（屋内外可以安装类似烟雾报警器的电器）从而控制窗户和紫外线杀菌装置进行换气或杀菌，根据外部天气的优劣适当地加湿屋内空气和利用空调等设施对屋内进行升温。此外，主人不在家时，可以通过手机

图 0.6　智能家居模型

或固定电话自动给花草浇水、给宠物喂食，还可以控制卧室的柜橱，对衣物、鞋子、被褥等进行杀菌、晾晒等。

3）定时控制：可以提前设定某些产品的自动开启和关闭时间，如电热水器每天晚上20:30 自动开启加热，23:30 自动断电关闭，在保证享受热水洗浴的同时，也带来省电、舒适和时尚。当然，电动窗帘的自动开启和关闭的时间控制更不在话下。

4）集中控制：可以在进门的玄关处就打开客厅、餐厅和厨房的灯光、厨宝等电器，尤其是在夜晚，可以在卧室控制客厅和卫生间的灯光电器，既方便又安全。另外，还可以查询它们的工作状态。

5）场景控制：轻轻触动一个按键，数种灯光、电器自动执行，可感受和领略科技时尚生活的完美、简捷和高效。

6）网络远程控制：在办公室或在出差的外地，只要是有网络的地方，就可以通过 Internet 登录到家中，在网络世界中通过一个固定的智能家居控制界面来访问家中的电器。例如，利用外地网络计算机，登录相关的 IP 地址，就可以控制远在千里之外您自家的灯光、电器，并且在返回住宅上飞机之前，能将家中的空调或是热水器打开。

7）全球视频监控功能：在任何时间、任何地点都可以直接通过局域网络或宽带网络，使用浏览器，进行远程影像监控、语音通话。另外，还支持远程 PC、本地 SD 卡存储，移动侦测邮件传输、FTP 传输。远程的拍摄与拍照，更可实现家庭的远程安全防护，或带来家庭影音的乐趣。

8）安防报警功能：当有警情发生时，能自动拨打电话，并联动相关电器做报警处理。

9）影音设备共享功能：家庭影音控制系统包括家庭影视交换中心（视频共享）和背景音乐系统（音频共享），是家庭娱乐的多媒体平台。家庭影音控制系统运用先进的微计算机技术、无线遥控技术和红外遥控技术，在程序指令的精确控制下，能够把机顶盒、卫星接收机、DVD 、个人计算机等多路信号源，根据用户的需要发送到每一个房间的电视机、音响等终端设备上，实现客厅的多种视听设备一机共享。这时，家庭就是一个独特设计的AV影视交换中心，客厅的任意四种视听设备共享到五个房间观看并可以遥控（卧室、卫生间、书房等房间任选其二加上客厅），为家中的CD/TV/FM/MP3等音源或数字电视机顶盒、卫星电视机顶盒、IPTV、网络在线电影、DVD等音视频设备解决共享问题，同时解决了音视频设备的异地遥控、换台、音量的操作，效果如同在卧室安装了一个数字电视机顶盒（VCD、DVD）、卫星电视机顶盒一样，极其方便。

10）背景音乐系统：简单地说，就在任何一间房子里，包括客厅、卧室、厨房或卫生间，均可布上背景音乐线，通过一个或多个音源（CD/TV/FM/MP3等音源），就可以让每个房间都能听到美妙的背景音乐。配合AV影视交换产品，用最低的成本，不仅可以实现每个房间音频和视频信号的共享，而且可以使用各房间独立的遥控器选择背景音乐信号源，远程开关机、换台、快进、快退等，是音视频、背景音乐共享和远程控制的最佳的性价比设计方案。

11）数字家庭娱乐系统："数字娱乐"是利用书房计算机作为家庭娱乐的播放中心，客厅或主卧大屏幕电视机上播放和显示的内容来源于互联网上海量的音乐资源、影视资源、电视资源、游戏资源、信息资源等。安装"数码娱乐终端"后，家庭的客厅、卧室、起居室等地方都可以获得视听娱乐内容。这些设备安装十分简单，用网络面板和一根超五类线连接即可。

12）综合布线系统：是通过一个总管理箱将电话线、有线电视线、宽带网络线、音响线等被称为弱电的各种线统一规划在一个有序的状态下，以统一管理居室内的电话、传真、计算机、电视、影碟机、安防监控设备和其他的网络信息家电，使之功能更强大、使用更方便、维护更容易、更易扩展新用途，实现电话分机、局域网组建、有线电视共享等。

13）指纹锁：很多人一定有过这样的尴尬：由于某种原因忘带了家中的房门钥匙，或是家中亲人或客人造访，恰恰不能立即赶回！如果这个时候能在单位或遥远的外地用手机或是电话将房门打开就很方便了。而且，如果能在单位或遥远的外地用手机或是电话能"查询"一下家中数码指纹锁的"开、关"状态，则更会感到安全！应用生物识别、指纹技术与密码技术，就能实现这三项独立开门方式：指纹、密码和机械钥匙，安全方便。

14）新风空气调节：该设备不用整日去开窗（有的卫生间是密闭的），就能定时更换经过过滤的新鲜空气（外面的空气经过过滤进来，同时将屋内的浊气排出）。

15）宠物保姆：拨通家里的电话，就能给自己心爱的宠物喂食，还能听到它的声音。目前已研制开发了具有高科技水平、操作简易的电话远程控制、自动定时控制、遥控控制的宠物喂食机。

16）手机控制：最近几年，数字通信技术、网络技术的迅猛发展大家有目共睹，人们越来越渴望享受更方便、更快捷、更智能、更舒适的数字智能家居生活。在传统家居生活中，很多家电，如空调、彩电、家庭影院等都是用遥控器控制开关或选节目，而在今天，使用手机控制这些家用电器，已不是梦想，智能家居的发展已经让人们能够实现对生活的向往，享受智能家居带来的新生活。例如，手机装有安卓系统，用手机控制家电这套系统不是仅靠软件就可以实现的，而是应通过总线技术，在铺设一套智能家居设备的基础上，通过安装智能家居厂商专有的软件，在计算机上进行设置调试来实现的。

从控制技术的角度看，智能家居大部分还是属于开环控制，结构框图如图0.7所示。

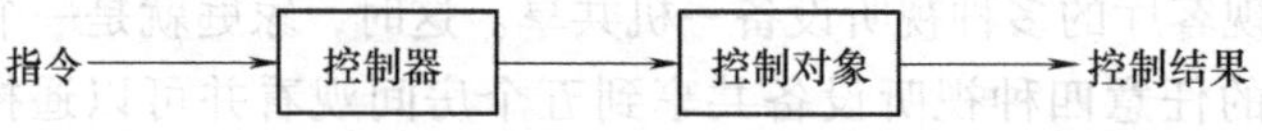

图 0.7　开环控制系统结构框图

一旦需要联动，则往往需要闭环控制，例如窗帘根据光线的变化开启或关闭、空调根据室内外温度调整送气量大小等。比如对窗帘的控制，首先给定光照亮度设定值，光敏传感器（检测变送器）检测到室内亮度（被调量的测量值），反馈到设定值，经过比较，计算出偏差，通过控制器计算，由执行机构给出需要动作的控制量，施加到被控制对象上（窗帘电动机），拉动窗帘开大或关小。该过程不断调整，直到室内达到用户需要的亮度。

闭环控制系统的结构框图如图 0.8 所示。

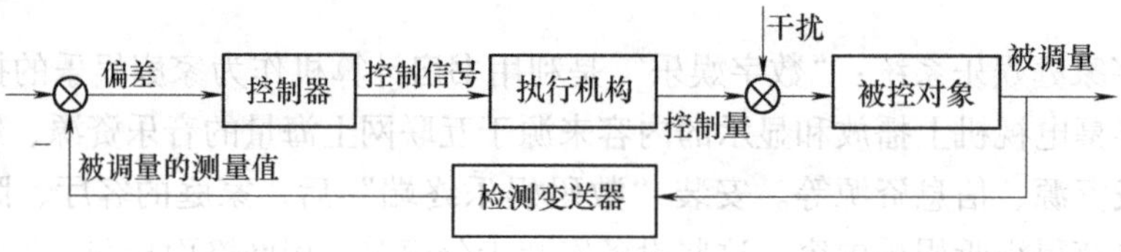

图 0.8　闭环控制系统的结构框图

5. ZigBee 路灯控制系统

在城市路灯照明面临的诸多问题中，节能是一个迫切需要解决的问题。应用 ZigBee 技术的路灯控制系统通过智能照明控制装置，能合理地调整照明时间，不仅可以节省照明系统 20% 以上的用电量，而且可以使照明灯具的使用寿命得到极大的延长。

ZigBee 技术是一种新兴的短距离、低速率无线网络技术，目前已经广泛应用于无线网络监控行业，并取得了较好的效果。

ZigBee 路灯控制系统的组成如下：

1）路灯采集控制终端：由一级终端路灯控制监控柜和二级终端组成。一级终端路灯控制监控柜包括工控机（PLC）、电能测量单片机、多路控制板、监控板；二级终端安装在每盏灯里，包括电力载波模块（EPCW）和输入输出接口板。路灯采集控制终端可实时监控每盏路灯的亮灭情况和电能负荷状态，并具有灯杆损坏报警和漏电报警等功能。

2）无线传输设备：前端采用四信 F8914 ZigBee 模块（见图 0.9），通过 RS232/485（端子接口）与路灯采集控制终端内的 PLC 相连。ZigBee 作为一种无线连接，可工作在2.14GHz（全球流行）、868MHz（欧洲流行）和 915MHz（美国流行）三个频段上，分别具有 250kbit/s、20kbit/s、40kbit/s 的传输速率。

F8914 ZigBee 模块一般为终端节点，终端节点互相之间不能通信，只完成信息的发送和接收。

中心节点采用四信 F8114 ZigBee + GPRS 模块（见图 0.9）。中心节点收到的数据可以通过串口直接输出到服务器上（前端与服务器的距离较近），也可以通过 GPRS 把收到的数据发送到远端的服务器上。其 GPRS 部分采用国际标准 TCP/IP 通信协议，且两种方式都是实现数据透明传输功能。这样，可以省去每个终端的 GPRS 模块，只需要中心节点一个，节约了成本。

3）数据管理中心：数据管理中心具有遥控、遥测和遥信等功能。

①遥控：主站计算机可按设定好的时间曲线自动控制全市路灯的开/关状态，也可在主站手动控制任意的一级终端和二级终端的开/关状态；②遥测：自动巡测或随机检测各个终端的亮灯率、电压、电流、功率因数、有功功率和频率等工作参数，在自动运行时只要终端有变化，它便立即将变化数据向主站传输，无须主站巡检；③遥信：获取各个终端开/关状态、故障和报警等信息，保证系统有效正常地运行。

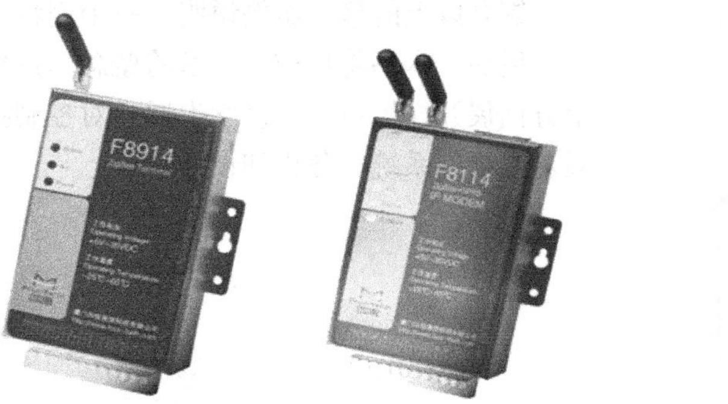

图 0.9　物联网无线终端节点

数据管理中心的工作过程如下：

前端通过标准的 RS232/485 接口与路灯监控一级终端里的 PLC 连接通信，获取的数据直接通过 2.14GHz 频率发送到中心节点。中心节点通过串口与服务器连接，把数据送到后台，由后台管理软件对数据进行分析。后台首先进行 GPRS 拨号上网，然后自动向数据管理中心发起 TCP 连接，握手成功后开始数据透明传输。路灯采集控制终端集中采集数据，通过 PLC 把数据传给前台。前台接收到数据后实时将数据通过 ZigBee 网络传送到后台。后台通过 GPRS 将数据传给数据管理中心，数据管理中心将上传的数据进行分析处理，得出直观的结果和相应的指令后，通过 GPRS 网络发送给后台，再通过 ZigBee 网络传送到前台，并实时通过 RS232/485 传送给 PLC。PLC 根据指令对路灯做出相应的控制处理，以此达到远程控制路灯的目的。

ZigBee 路灯控制系统的功能如下：

根据经纬度精确计算出每天的日出日落时间，进而计算出每天的开关灯精确时间。对路灯运行进行合理、可靠的控制，使照明系统节省 10% ~20% 的用电量。

对路灯全年的开关时间按照临时、周、节假日、经纬度等方式进行设计。对路灯开关灯控制可按设计的时间进行合理控制，即根据经纬度计算每天的日出日落时间设置全年 365 天每天开关灯的精确时间。也可以把全年节假日的特殊开关灯时间进行设置，当有突发事件时，还可以设置一些临时时间方案，使城市照明更具人性化。

对路灯运行状态进行全自动的监控。自动和手动遥控系统可以根据不同类型的路灯与景观灯的控制要求，把全市路灯、景观灯分成若干个组，可以自动遥控开/关全市全夜灯、半夜灯、市政景观灯、楼宇景观灯，也可以手动对各种灯型进行遥控开/关操作。控制模式可以任意添加，也可以根据不同控制模式控制不同回路。

定时自动上报监测数据。可以手动迅速测量，操作者可随时手动巡测各监控终端的电压、电流、有功功率、无功功率和功率因数等各种监测数据。上述参数可以定时自动上报。

自动计算亮灯率。可以根据电压、电流、有功功率和功率因数的变化自动进行亮灯率估算。

查询、打印。可以对各监控终端任意的定时数据和年、月、日统计数据进行查询，也可以对任意一天的实际开关灯时间、数据日志、报警日志、日出日落时间等记录进行查询。显示的表格、曲线图、均可打印，也可以对历史故障进行查询和打印。

ZigBee路灯控制系统已经得到了广泛的应用，也获得了很好的效果，不仅对路灯控制进行了优化，而且实现了节电节能，给智慧城市添了一把力。

综合以上的诸多实例说明，一个完整的物联网系统离不开控制技术的支撑。

后面，本书将从控制技术的概念、建模和分析方法、控制系统的结构、分类和设计等多个方面展开详细讨论，使学生通过对控制技术体系的学习，掌握控制技术的理论与方法，开展对物联网系统的分析和设计。

第1部分 经典控制理论

第1章 自动控制系统的基本概念

本章描述自动控制的基本概念、任务、控制方式，进行控制过程的简单分析，建立对自动控制理论的较为明确的认识。

对自动控制的理解可以从物理规律及数学本质两方面进行。物理规律考察控制过程中各物理量（信号）的运动变化过程及各项性能指标；数学本质则将控制过程归结为对信号（给定与反馈等）的一种变换，从而使控制过程能够满足相应的要求。

1.1 引言

所谓自动控制，是指无需人经常直接参与，而是通过对某一对象施加合乎目的的作用，以使其产生所希望的行为或变化的控制。上述控制虽然不是由人力来直接完成，但却是由人为了某种目的而预先造好的装置来完成的。这样的装置称为控制器。该装置按照人的安排接受某种信息，并遵循一定的法则加工这个信息，使其变为控制作用，以施加在对象上。这样的对象称为被控对象。被控对象在控制作用影响下，在其功能的限度内改变自己的状态。

在这里，控制的目的性往往是很重要的。对同一个被控对象，如果目的不同，所要求的控制也会不同。以一台同步发电机为例，若目的是将它起动起来，那就需要一系列起动、升速的控制设备，按照确定的起动程序进行控制。这种控制属于自动程序控制的类别。若目的是使运行中的发电机电压符合给定值，就需要一台自动电压控制器，通过改变发电机的励磁实现对发电机电压的自动控制。

自动控制的基本概念是：应用自动化仪表或检控装置代替人工操作，自动地对设备或过程进行控制，使之达到预期的状态或性能要求。所谓自动控制系统，就是把控制系统和用于控制的整套自动化仪表或装置组合起来，构成能够完成某种特殊任务的系统。

例如，人造卫星按指定的轨道运行，并始终保持正确的姿势，使它的太阳电池一直朝向太阳，无线电天线一直指向地球；电网的电压和频率自动维持不变；金属切削机床的速度在电网电压或负载发生变化时，能自动保持近似不变等。以上这些，均为自动控制的结果。

自动控制系统的广泛应用不仅能使生产设备或过程实现自动化，还可以极大地提高劳动生产率和产品的质量，改善劳动条件。

自动控制这门学科，以自动控制系统为研究对象，用动力学的方法在运动和发展中考查系统，从而揭示出相同类型或所有类型的系统的动态行为的数学描述。这种数学描述称为控制系统的数学模型。对不同技术领域内的控制系统的行为，要为其建立专用的数学模型，显然需要具有各个相应专门学科的知识。而自动控制理论的任务，就是给出建立数学模型的一般方法，并以数学模型为基础，对该系统进行分析和综合。所谓分析，就是在已知系统数学模型的基础上，分析出系统的性能；所谓综合，就是在对系统性能提出要求的基础上，找出满足要求的系统模型（数学模型）。

自动控制是理论性很强的技术，一般泛称为“自动控制技术”。把实现自动控制所需的各个部件按一定的规律组合起来，去控制被控对象，这个组合体叫做“控制系统”。分析与综合控制系统的理论称之为“控制理论”。

典型自动控制系统的结构框图如图 1.1 所示。

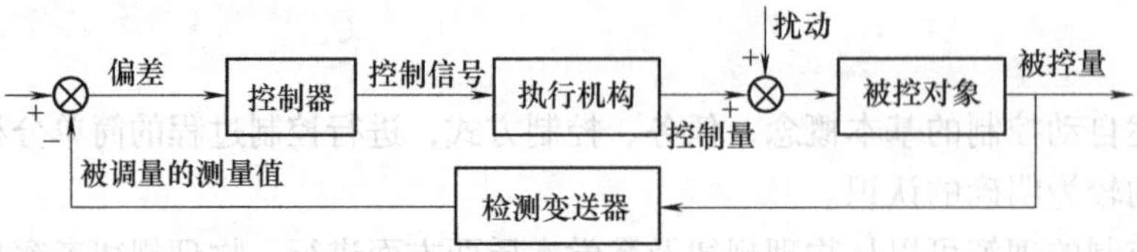

图 1.1　典型自动控制系统的结构框图

以下介绍自动控制系统的几个概念：

1）自动控制系统：由被控对象和自动控制装置按一定的方式连接起来，完成一定的自动控制任务，并具有预定性能的动力学系统。

2）输出量：表现于被控对象或系统的输出端，是要求实现自动控制的物理量，也称被控量。

3）输入量：作用于被控对象或系统的输入端，是可使系统具有预定功能或预定输出的物理量。从对输出量的影响看，可以分为给定输入量和扰动输入量两种。

4）扰动：凡作用在控制系统中，可以引起输出变量变化的除去控制变量以外的其他因素，都称为扰动。扰动变量可以分为内扰和外扰。由控制系统内部产生的扰动，如元件参数的变化等，称为内扰；而由于控制系统外部引入的扰动，如负载变化、能源变化等，称为外扰。扰动对控制系统是一种不利因素。

5）比较元件：其作用是把测量元件检测的被控量实际值与系统的输入量进行比较，求出它们之间的偏差。

6）放大元件：其作用是将比较元件给出的偏差信号进行放大，用来推动执行机构去控制被控对象。

7）执行元件：其作用是直接推动被控对象，使其被控量发生变化。

8）测量元件：其作用是检测被控制的物理量，如果这个物理量是非电量，则一般要转换成电量。

1.2　开环控制系统与闭环控制系统

1.2.1　基本概念

所有控制系统都是由被控对象、控制量、被控制量、给定信号、扰动信号、测量信号、偏差信号、控制信号、调节器［或控制器（内含算法、控制率）］输出的信号以及执行机构组成。

现通过生活中单回路（厕所）给水排水系统，如图 1.2 所示，来介绍自动控制系统中的一些基本概念。

该系统的工作原理如下：给定了水池的标准给定液位，即确定了正常工作以后的水箱储水量。水池上方有一个作为连接阀的调节器的浮球。随着水箱中的水被排出，浮球将随着下降的水位下降，从而开动入水阀补水。水位上升时，浮球跟随着水位上升，当给水量达到了给定液位时，浮球回到了原始位置，同时带动入水阀关闭，系统重归平衡。

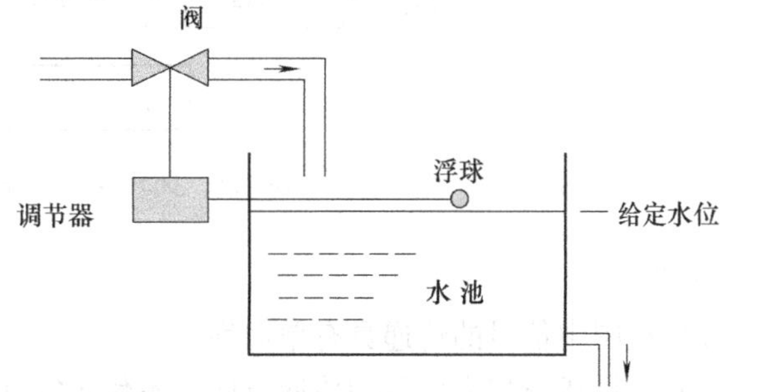

图 1.2　生活中单回路给水排水系统

首先，根据该系统的原理，画出给水排水系统的结构框图，如图 1.3 所示。

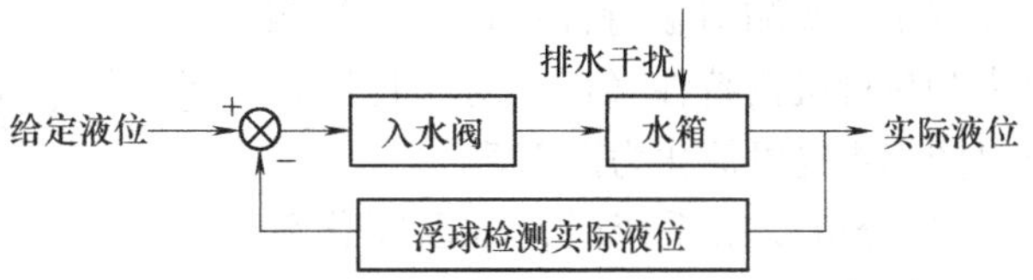

图 1.3　给水排水系统的结构框图

根据上例，可分析控制系统的组成如下：

1）控制对象（被控对象、调节对象、对象）：被控的设备或过程（上例中的水箱）。

2）被控制量（被调参数输出量、控制量）：把被控制的物理量称为被控制量，它常常是表征设备或过程的运行情况或状态，且需要加以控制的参数（上例中的水位）。

3）给定信号（参考输入量）：设定的与被控参数期望值成比例的信号，其作用是为了保证输出量达到所要求的目标（上例中要求的液位）。

4）扰动信号（扰动输入量）：是一种妨碍被控参数达到期望值的外部作用，对系统工作不利。

5）测量信号：监测仪表的输出经变送器变换后的与被控信号实际值成比例的信号（被测量的水位）。

6）偏差信号：给定信号与测量信号的差值信号。

7）控制信号：调节器［或控制器（内含算法、控制率）］输出的信号。

8）执行机构：执行器 + 调节阀（入水阀）。

1.2.2　自动控制系统结构框图

在研究自动控制系统时，为便于分析和描述，将系统的基本组成部分分解，并用框图来表示。闭环控制系统结构框图如图 1.4 所示。

1）环节：是构成系统的基本组成部分，用一个方框表示。

2）框图：将构成系统的所有环节用有向线段连接起来所构成的系统结构框图。其中，有向线段表示环节之间的信号传递关系，指向环节的作用线表示输入，背向环节的作用线表示输出。整个系统的输出为被控参数，整个系统的输入为给定信号和扰动信号。测量信号与给定信号叠加，符号代表信号的极性。

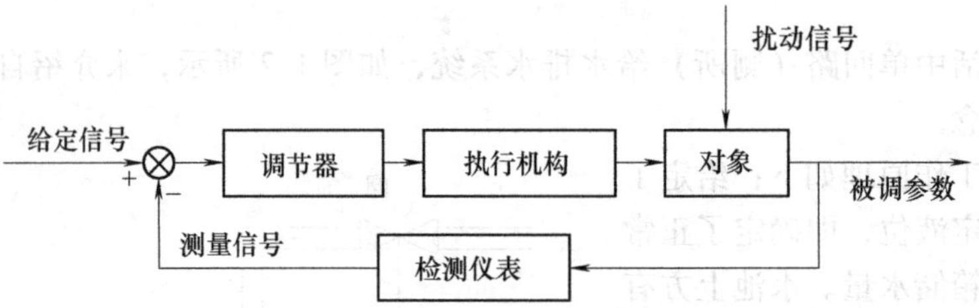

图 1.4　闭环控制系统结构框图

说明:

1）框图中信号的传递具有单向性。

2）作用线只代表信号的传递方向，不代表实际物流方向。

3）框图可简可繁，以能清晰描述信号传递关系以及突出研究环节性能为原则。因为过程控制中，实测对象特性往往包含检测仪表和执行机构特性（广义对象特性），所以图 1.4 也可简化为图 1.5。

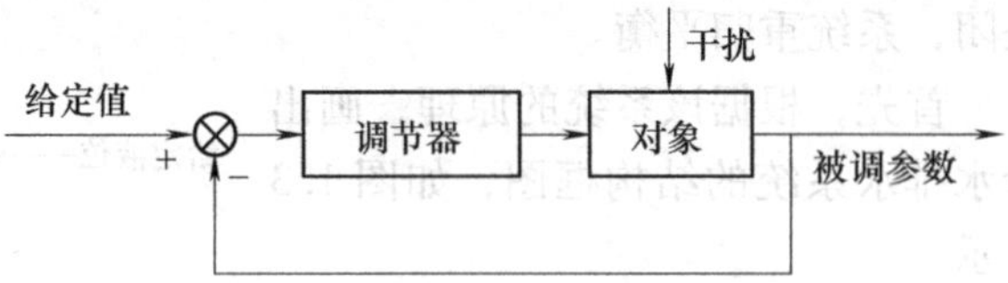

图 1.5　简化的闭环控制系统结构框图

4）分析复杂系统时，可以简化系统内部模块，用一个环节代表一个简化模块。

5）尽管实际控制系统元件各不相同，但概括起来一般都应包括以下几个基本环节，如图 1.6 所示。该图经常作为描述分析系统的工具，所以应重点掌握。

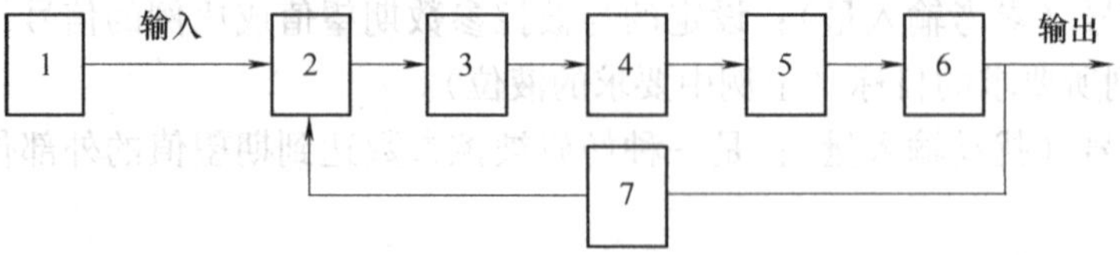

图 1.6　控制系统的基本环节

1—给定环节　2—比较环节　3—校正环节　4—放大环节
5—执行机构　6—控制对象　7—检测装置

下面具体介绍控制系统的每一个环节:

1）给定环节：设定被控量的给定装置，其精度直接影响对控制量的控制精度。例如，电位器、自整角机等模拟信号给定装置，还有精度更高的数字信号给定装置。

2）比较环节：将检测到的被控量与给定量比较，得到偏差信号。当该信号功率较小或物理性能不同时，不能直接作用于执行机构，需要增加中间环节 3）、4）。

3）校正环节：为改善系统动态品质或稳态性能而加入的装置，它可以对偏差信号按照某种规律进行运算，如比例、积分、微分等。

4）放大环节：将偏差信号转换成适合于执行器工作的信号，如功放，SCR 等。

注意，2）、3）、4）合为一体即控制器（装置）。

5）执行机构：直接作用于控制对象，如调节机构、传动装置、电动机等。

6）控制对象：要控制的机器、设备、生产过程。

7）检测装置：测量控制量并转换成与给定量相同的物理量信号。要求其精度高，反映灵敏，性能稳定。传感器一般为测速发电机、热电偶、自整角机等。

1.2.3　开环控制系统与闭环控制系统

为完成控制系统的分析和设计，首先必须对控制对象、控制系统结构有明确的了解。

自动控制系统的性能和行为在很大程度上取决于控制器所接收的信息。这些信息有两种可能的来源：一是来自系统内部，即由系统输入端输入的参考输入信号；另一是来自被控对象的输出端，即反映被控对象的行为或状态信息。把从被控对象输出端获取的信息，通过中间环节再送回到控制器的输入端，称为反馈。中间环节因此又被称为反馈环节。传送反馈信息的载体，称为反馈信号。由于系统中是否采用了反馈对系统性能的影响极大，因此系统的基本结构也就按是否有反馈而分成两大类：开环控制系统和闭环控制系统。

1. 开环控制系统

如果控制系统的输出量对系统没有控制作用，这种系统被称为开环控制系统，其结构框图如图1.7所示。

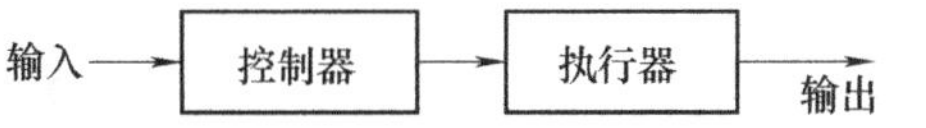

图1.7　开环控制系统结构框图

开环控制系统是一种最简单的控制系统，在控制器和控制对象之间只有正向控制作用，系统的输出量不会对控制器产生任何影响。在该系统中，对于每一个输入量，都有一个与之对应的工作状态和输出量，系统的精度仅取决于元器件的精度和特性调整的精度。这类系统结构简单、成本低、容易控制，但是控制精度低，因为如果在控制器或控制对象上存在干扰，或者由于控制器元器件老化，控制对象结构或参数发生变化，都会导致系统输出的不稳定，使输出值偏离预期值。正因为如此，开环控制系统一般适用于干扰不强或可预测以及控制精度要求不高的场合。

如果系统的给定输入与被控量之间的关系固定，且其内部参数或外来扰动的变化都较小，或这些扰动因素可以事先确定并能给予补偿，则采用开环控制也能取得较为满意的控制效果。

开环控制系统的特点如下：

1）系统输出量不参与控制。

2）系统结构框图不形成闭合回路。

3）系统结构简单，不需监测被调量，输入输出一一对应。

4）控制精度取决于各组成环节的精度。

5）适用于传递关系已知，对输出精度无要求，且不含扰动的场合，如电动机起、制动过程、自动售货机、洗衣机、红绿灯转换系统中。

6）系统有扰动时只能靠人工操作，使输出达到期望值，如直流电动机速度控制系统。

有一种特殊的开环控制，称为前馈控制，其结构框图如图1.8所示，即当系统受到的扰动信号可以测量时，可根据扰动信号的大小对控制作用做相应补偿，以提高系统精度。这种按开环补偿原则建立起来的系统称为开环补偿系统或前馈控制。

前馈控制仍属于一种开环控制，一旦参数搭配关系被破坏（或不匹配），输入就不能准确补偿扰动的干扰作用。因此，该方式一般不单独使用。

2. 闭环控制系统

如果在控制器和被控对象之间，不但存在正向作用，而且存在着反向的作用，即系统的输出量对控制量有直接的影响，那么这类控制就称为闭环控制。

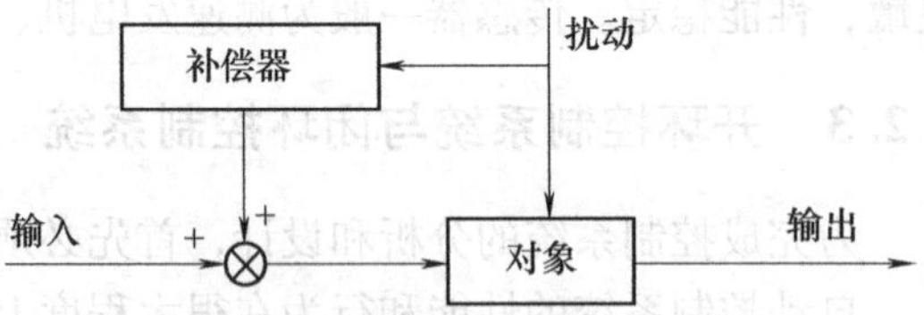

图 1.8　前馈控制结构框图

闭环控制系统是利用检测仪表将系统输出检测出来，经物理量的转换后，馈送到系统的输入端与给定信号比较（相减）得到偏差信号，并利用偏差信号经控制器对控制对象进行控制，抑制扰动对输出量的影响，减小输出量的误差。闭环控制系统结构框图如图 1.9 所示。

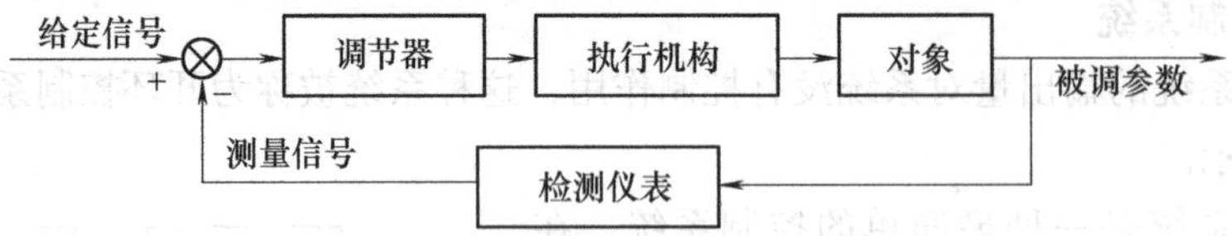

图 1.9　闭环控制系统结构框图

闭环控制系统的特点如下：

1）系统输出参与控制。

2）系统结构框图构成闭合回路。

3）是一种依偏差进行控制的系统，只要偏差存在，就有控制作用，其结果总是试图使偏差减小。

4）对系统内部除反馈通道和给定通道外的一切扰动都有抑制作用。

5）易引起振荡。

将检测出来的输出量送回到系统的输入端，并与输入信号比较，称为反馈。因此，闭环控制又称为反馈控制。在这样的结构下，系统的控制器和控制对象共同构成了前向通道，而反馈装置构成了系统的反馈通道。

在控制系统中，反馈的概念非常重要。若将反馈环节取得的实际输出信号加以处理，并在输入信号中减去这样的反馈量，再将结果输入到控制器中去控制被控对象，则称这样的反馈为负反馈；反之，若由输入量和反馈量相加作为控制器的输入，则称为正反馈。

在一个实际的控制系统中，具有正反馈形式的系统一般是不能改进系统性能的，而且容易使系统的性能变坏，因此不被采用。而具有负反馈形式的系统，它通过自动修正偏离量，使系统趋向于给定值，并抑制系统回路中存在的内扰和外扰的影响，最终可达到自动控制的目的。通常，反馈控制就是指负反馈控制。

与开环系统比较，闭环控制系统的最大特点是检测偏差、纠正偏差。首先，从系统结构上看，闭环系统具有反向通道，即反馈。其次，从功能上看，由于增加了反馈通道，闭环系统的控制精度得到了提高。若采用开环控制，要达到同样的精度，则需高精度的控制器，从而大大增加了成本；由于存在系统的反馈，可以较好地抑制系统各环节中可能存在的扰动和由于元器件的老化而引起的结构和参数的不稳定性；反馈环节的存在，可较好地改善系统的动态性能。当然，如果引入不适当的反馈，如正反馈或者参数选择不恰当，则不仅达不到改善系统性能的目的，甚至还会导致一个稳定的系统变为不稳定的系统。

1.3　对闭环控制系统的基本要求

1.3.1　基本概念

1）系统的状态行为：指输出量受输入量的影响所表现出来的不同状态。具体地讲，是指当扰动量或给定量或给定量的变化规律发生变化时，输出量偏离输入量，其产生的偏差经反馈作用，使系统经历一个短暂的过渡过程，又将趋于原来给定量或按照新的给定量稳定下来，即系统经历了由原来的平衡状态过渡到新的平衡状态的过程。这里，把控制量（输出）处于相对稳定的状态称为静态或稳态，而把控制量处于变化状态的过程称为动态或暂态、瞬态。

2）数学解释：对于 MIMO 系统可以用微分方程描述，而微分方程（线性）的稳态解（特解）正是描述了系统的稳态；而其暂态解正是对应了系统的暂态过程。

3）稳态性能：描述了系统稳态时的稳定程度，用稳态误差表示。它是指系统达到稳态时输出量的实际值与期望值（给定值）之间的误差。若其值为零，则称为无差系统。稳态误差能够表示出系统稳态时的控制精度。

4）暂态性能：描述系统从一个稳态到达另一个稳态期间所表现的能力，主要指标有上升时间、超调量、过渡过程时间、振荡次数等。

由于实际系统中，各元器件都存在着不同程度的滞后，因此系统受干扰后呈现的过渡过程不可避免，且情况各异，如图 1.10 所示。其中，单调过程的特点是暂态过程时间较长；衰减振荡的特点是有超调，输出变化快，最终能稳定下来。

1.3.2　对控制系统的基本要求

为了实现自动控制，必须对控制系统提出一定的要求。对于一个闭环控制系统而言，当输入量和扰动量均不变时，系统输出量也恒定不变，这种状态称为平衡状态或静态、稳态。当输入量或扰动量发生变化时，反馈量将与输入量之间产生新的偏差，通过控制器的作用，从而使输出量最终稳定，即达到一个新的平衡。由于系统中各环节总存在惯性，因此系统从一个平衡点到另一个平衡点无法瞬间完成，即存在一个过渡过程，称为动态过程或暂态过程。

由对暂态过程的分析可知，如果暂态过程不稳定，系统就无法正常工作。通常，在合理的结构及适当的系统参数得以保证时，系统的暂态过程多为图 1.10b 所示的情况（衰减振荡）。

有时为满足生产工艺要求，暂态过程仅仅能保持稳定还不行，还要尽量使过渡过程加快，振荡程度减小，即还要对暂态过程的性能提出指标要求。

过渡过程的形式不仅与系统的结构和参数有关，也与参考输入和外加扰动有关，一般有

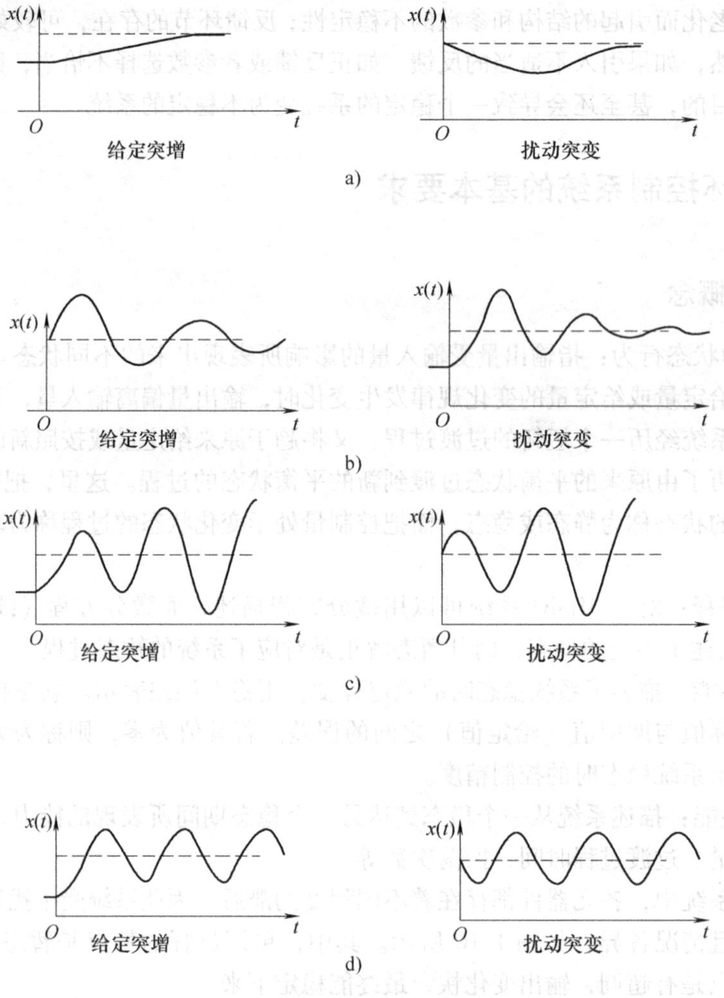

图 1.10　各类系统状态图

a）单调过程　b）衰减振荡　c）持续振荡　d）发散振荡

单调过程、衰减振荡过程、持续振荡过程等形式。此外，系统是否能趋于稳定，如果稳定，系统到达新的平衡状态需要多少时间等，也是重要的指标。通过上面的分析可知，对于一个自动控制系统，需要从如下三方面进行分析：

1. 稳定性

稳定性是指当系统受到干扰后，经过一段时间仍能恢复到原状态或新的平衡状态的性能。

稳定性是对控制系统最基本的要求。所谓系统稳定，一般是指：当系统受到扰动作用时，系统的被控制量偏离了原来的平衡状态，当扰动撤离时，经过若干时间，系统仍能返回到原来的平衡状态。虽然一个稳定的系统，在其内部参数发生微小变化或初始条件发生改变时，一般仍能正常地进行工作，但是考虑到系统在工作过程中，其环境和参数可能产生的变化，所以，在设计时，不仅要求系统能稳定，而且还要求留有一定的裕量。

2. 准确性

准确性是指系统输出量跟随给定量（输入量）的精度的性能。

系统稳态精度通常用稳态误差来表示。如果在参考输入信号作用下，当系统达到稳态后，其稳态输出与参考输入所要求的期望输出之差叫做给定稳态误差。显然，稳态误差越小，表示系统输出跟踪输入的精度越高。系统在扰动信号作用下，其输出必然偏离原平衡状态，但由于系统自动调节的作用，其输出量会逐渐向原平衡状态方向恢复。当达到稳态时，若系统的输出量不能恢复到原平衡状态时的稳态值，则由此所产生的差值称为扰动稳态误差。这种误差越小，表示系统抗扰动的能力越强，其稳态精度也越高。

3. 快速性

快速性是指当系统受到干扰后能迅速恢复原状或达到新的平衡态的性能。

对控制系统，不仅要求其稳定并且有较高的精度，而且还要求其响应具有一定的快速性。对于某些系统来说，快速性是一个十分重要的性能指标。系统响应速度一般可以用上升时间、调整时间和峰值时间来定量地表示。

由于被控对象运行目的不同，各类系统对上述三方面性能要求的侧重点是有差异的。例如，随动系统对快速性和稳态精度的要求较高，而恒值控制系统则一般侧重于稳定性能和抗扰动的能力。在同一个系统中，对上述三个方面的性能要求通常也是相互制约的。例如，为了提高系统的快速性和准确性，就需要增大系统的放大能力，而放大能力的增强，又必然促使系统动态性能的变差，甚至会使系统变为不稳定。反之，若强调系统动态过程的平稳性，则系统的放大倍数就应较小，但这又会导致系统稳态精度降低、动态过程变慢。由此可见，系统动态响应的快速性、准确性与稳定性之间存在着矛盾，在系统设计时需针对具体的要求，均衡考虑。

1.3.3　自动控制系统的类型

对各种各样控制系统进行分类，从不同的观点出发可以有不同的分类方法，通常按下面的方法进行划分。

1. 单变量与多变量控制系统

从输入/输出变量的个数来看系统可分为单变量控制系统与多变量控制系统。

在单变量控制系统中，如图 1.11 所示，可以进行单回路或多回路控制，也可以进行串级控制。单变量控制系统是经典控制理论研究的对象。

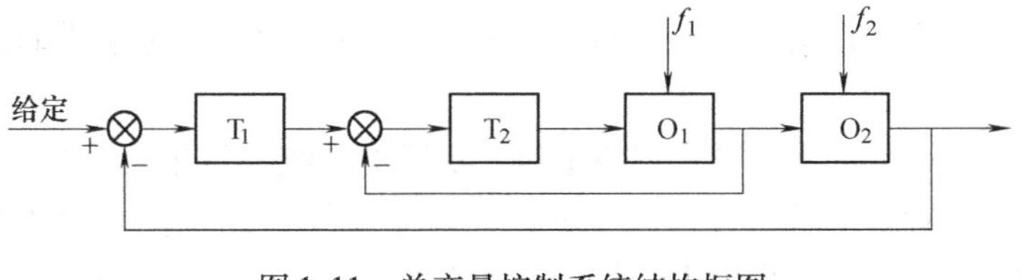

图 1.11　单变量控制系统结构框图

在多变量控制系统中，如图 1.12 所示，控制回路之间有耦合关系，当耦合关系较弱时，常常简化成单变量系统。

2. 线性控制系统和非线性控制系统

若控制系统的所有环节或元件的状态（特性）都可用线性微分方程（差分方程）来描述，则称这种系统为线性控制系统。这种系统的输入与输出之间的关系一般可以用微分方程、传递函数来描述，也可以用状态空间表达式来表示。线性系统的主要特点是具有齐次性和适用叠加原理。如果线性系统中的参数不随时间变化，则称为线性定常系统；反之，则称为线性时变系统。本书主要讨论线性定常系统。

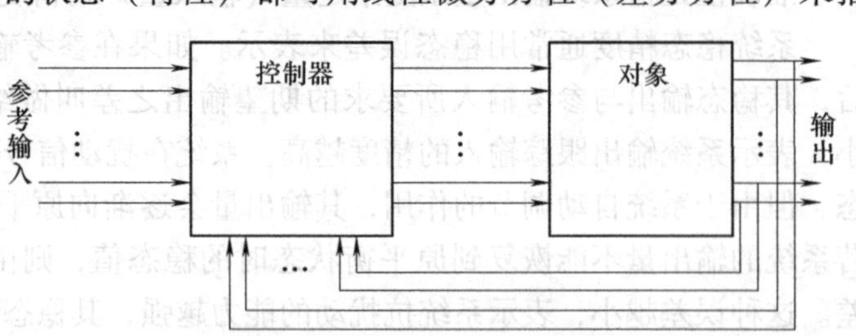

图 1.12　多变量控制系统结构框图

现介绍线性系统的判断方法。对于下式：

$$a_0\frac{\mathrm{d}^n y(t)}{\mathrm{d}t^n}+a_1\frac{\mathrm{d}^{n-1}y(t)}{\mathrm{d}t^{n-1}}+\cdots+a_n y(t)=b_0\frac{\mathrm{d}^m x(t)}{\mathrm{d}t^m}+b_1\frac{\mathrm{d}^{m-1}x(t)}{\mathrm{d}t^{m-1}}+\cdots+b_m x(t) \quad (1.1)$$

式中，$x(t)$ 为输入量，$y(t)$ 为输出量。若方程中，输入量/输出量及各阶导数均为一次幂，且各个系数均与输入量（自变量）无关，就可定义为线性系统。用拉普拉斯变换可求出其输入输出关系函数（传递函数，动态数模）。

若控制系统中至少有一个元件具有非线性特性，则称该系统为非线性控制系统。非线性系统一般不具有齐次性，也不适用叠加原理。其特点是暂态过程与初始条件有关，直接影响其输出响应和稳定性。

典型的非线性环节特性如图 1.13 所示。

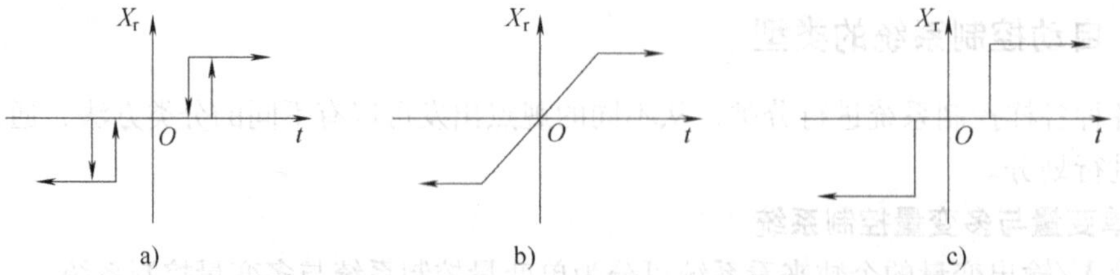

图 1.13　典型的非线性环节特性

a）继电器　b）饱和　c）不灵敏区（死区）

本质非线性是指输入输出曲线上存在间断点、折断点或非单值，否则为非本质非线性。

非本质非线性可在一定信号变化范围（小信号）内线性化。对本质非线性只能定性描述和进行数值计算。

目前，非线性理论还远不成熟。严格地讲，实际的系统都是非线性的，只是在误差允许范围内可进行线性处理。也就是说，绝对的线性控制系统（或元件）是不存在的，因为所用的物理系统和元件在不同的程度上都具有非线性特性。为了简化对系统的分析和设计，在一定的条件下，可以用分析线性系统的理论和方法对它进行研究。

3. 连续控制系统和离散控制系统

若系统的各个组成环节的输入输出信号都是时间的连续函数，则为连续系统，若系统可用微分方程描述，则该系统是连续控制系统。前面所举的液面控制系统和随动系统都属于这类控制系统。

环节中有一个是以离散信号为输入或输出的即是离散系统。离散信号在离散瞬时有意义。离散信号可以通过采样开关对连续信号采样得到，以脉冲序列或数码的形式传递。

4. 恒值控制系统和随动系统

恒值控制系统的参考输入为常量，要求它的被控制量在任何扰动的作用下能尽快地恢复（或接近）到原有的稳态值。由于这类系统能自动地消除各种扰动对被控制量的影响，故它又名自镇定系统。随动系统的参考输入是一个变化的量，一般是随机的，要求系统的被控制量能快速、准确地跟踪参考输入信号的变化而变化。

应当指出，控制系统还可以分为时变系统和非时变系统、有静差系统和无静差系统、最优控制系统和次最优控制系统、自适应系统和自镇定控制系统等。

习　题

1.1　试比较开环控制系统和闭环控制系统的优缺点。

1.2　试列举几个日常生活中的开环和闭环控制系统的例子，并说明其工作原理。

1.3　什么是自动控制？自动控制对于人类活动有什么意义？

1.4　什么是前馈？什么是反馈？什么是负反馈？

1.5　闭环控制系统是怎样实现控制作用的？

1.6　衡量控制系统的性能指标通常有哪些？

1.7　自动控制系统一般由哪几部分组成？每一部分的作用是什么？

1.8　根据图 1.14 所示的电动机速度控制系统工作原理图：

（1）将 a、b 与 c、d 用线连接成负反馈系统；

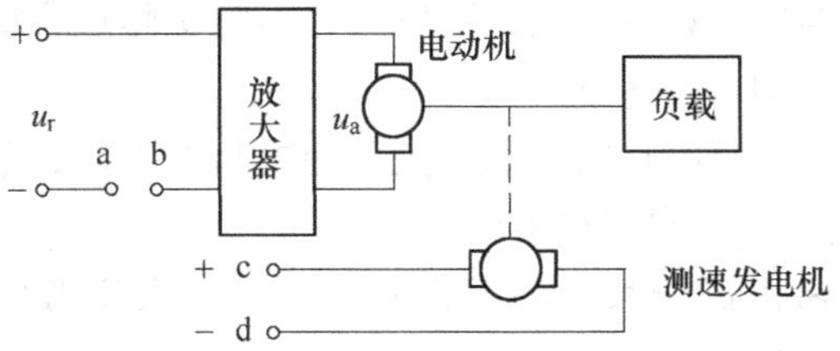

图 1.14　题 1.8 图

（2）画出系统结构框图。

第2章　自动控制系统的数学模型

2.1　数学模型及建模的基本概念

系统的数学模型指的是描述系统输入、输出变量及内部各变量之间静态和动态关系的数学表达式。系统的数学模型关系到整个系统的分析和研究，建立合理的数学模型是分析和研究自动控制系统最重要的基础。

数学模型表达了系统各变量之间的定量关系，是系统内部本质信息的反映，是系统内在客观规律的写照或缩影。

数学模型的类型有静态（稳态）特性模型和动态特性模型。所谓静态模型，即指其因果关系与时间无关。例如，函数表达式 $f(x)=4x+2$，x 是自变量，$f(x)$ 是因变量，x 每取一值，$f(x)$ 就有一个值与之对应，而这种对应关系与时间不发生关系。

自动控制系统的数学模型所要描述的是系统变量与时间之间的动态关系，即构成系统的所有变量（信号）都是时间 t 的函数，所以自动控制系统的数学模型是动态模型。其常见的数学模型有微分方程、框图、信号流图、传递函数和频率特性等，它们之间一般可以进行相互转换。

关于数学模型，有如下几点说明：

1）模型是系统内部本质信息的反映，这说明它不是实际过程的重现，并未考虑过程所有因素，而只是抓住主要的本质的因素。

2）系统的本质特征与建模的目的密切相关。建模目的不同，系统的输入、输出及结构就不同，本质信息也不同，模型自然也不同。

3）模型的精度与所考虑影响系统的因素有关，一般来说考虑的因素越多，模型越精确，当然也越复杂（工程实用性变差）。

4）需正确处理好模型准确性与实用性（简化性）的矛盾，应紧紧围绕建模的目的做文章。

建立数学模型的目的有如下几点：

1）可以定量分析系统动、静态性能，看是否能满足生产工艺要求。

2）可以用于定量的控制计算，对系统行为进行预测，并加以控制。控制精度与模型精度有关。

3）利用模型可以进行有关参数的寻优。

建模的方法大概有三种：

1）机理分析法（适用于机理已知的系统）：也称为白箱问题。根据控制系统内部的运动规律（物理化学规律），分析各变量之间的因果关系建立系统的数学模型，这种方法也称为机理建模。用机理分析法建立对象的数学模型时，对其内部所呈现的运动机理和科学规律，要十分清楚，要抓住主要矛盾，忽略次要因素，力求使建立的模型简单。

2）测试法（实验法、经验法）：适用于机理未知系统，也称为黑箱问题或者灰箱问题。测试法是根据实际测试的数据，按一定的数学方法归纳出系统的数学模型，即人为地在系统上加上某种测试信号，如阶跃、脉冲或正弦等信号，用实验所得的输入和输出数据来辩识系统的结构、阶次和参数，这种方法也称为系统辩识。

3）综合法：专门有一门课“系统辨识与参数估计”详细对此研究。

数学模型的种类如下：

1）经典：微分方程、差分方程、瞬态响应函数、传递函数、频率特性。

2）现代：状态方程、状态空间表达式。

本章重点以机理分析法为基础，介绍微分方程，以及瞬态响应函数和传递函数的建立。

2.1.1 动态微分方程的编写

微分方程是描述自动控制系统动态特性的最基本数学模型。

建立系统微分方程的前提条件如下：

1）给定发生变化或出现扰动之前瞬间，系统应处于平衡状态，被控量各阶段导数为零。(初始为零)。

2）在任一瞬间，系统状态可用几个独立变量完全确定。

3）被控量几个独立变量原始平衡状态下工作点确定后，当给定变化或有扰动时，它们在工作点附近只产生微小偏差（增量）。

所以，微分方程也被称为在小偏差下系统运动状态的增量方程。编写微分方程是描述系统动态特性最基本的方法。

建立系统微分方程的基本步骤如下：

1）明确要解决问题的目的和要求，确定系统的输入变量和输出变量。

2）对问题进行适当的简化，抓住能代表系统运动规律的主要特征，舍去一些次要因素，必要时也可进行一些合理的假设。

3）根据系统所遵循的物理、化学定律，从输入端开始，按照信号传递顺序，依次列出组成系统各元件的微分方程。

4）消去中间变量，得到描述系统输出量与输入量的微分方程。

5）写出微分方程的规范形式，即所有与输出变量有关的项写在方程左边，所有与输入变量有关的项写在方程右边，所有变量均按降阶排列。

建模举例如下：

【例 2.1】 建立一个机械运动系统的数学模型。图 2.1 所示是一个由弹簧、质量块和阻尼器构成的机械运动系统。

已知：弹簧系数 k(N/m)、质量 m(kg)、外力 $F(t)$(N)、阻尼系数 f(N · s/m)。

求：系统动态方程。

【解】

(1) 建立质量块在外力 $F(t)$ 作用下位移 $x(t)$ 变化的方程，确定系统的输入变量 $F(t)$ 和输出变量 $x(t)$。

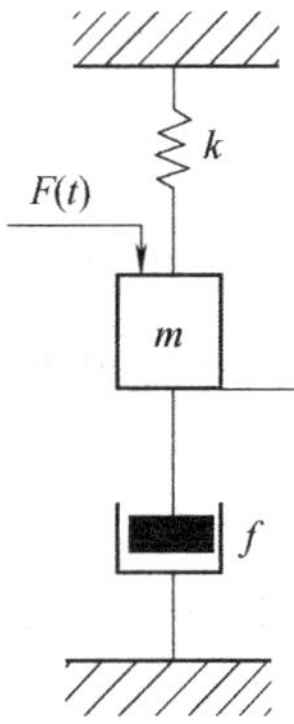

图 2.1 由弹簧、质量块和阻尼器构成的机械运动系统

(2) 为了使问题简化，忽略质量块重力的影响。

(3) 作用于质量块的合力为

$$P = F(t) - kx(t) - f\frac{\mathrm{d}x(t)}{\mathrm{d}t}$$

根据牛顿定律

$$P = m\frac{\mathrm{d}^2x(t)}{\mathrm{d}t}$$

(4) 消去中间变量，写成规范形式为

$$m\frac{\mathrm{d}^2x(t)}{\mathrm{d}t^2} + f\frac{\mathrm{d}x(t)}{\mathrm{d}t} + kx(t) = F(t)$$

【例 2.2】 液位系统的数学模型。图 2.2 所示是一个液位系统。

已知：液箱的横截面积为 $A(\mathrm{m}^2)$，在稳定状态下，流入液箱的液体流量为 $Q_i = Q + q_i(\mathrm{m}^3/\mathrm{s})$ 和流出液箱的液体流量为 $Q_o = Q + q_o(\mathrm{m}^3/\mathrm{s})$ 相同，此时液箱液位为 $H(\mathrm{m})$，当流入液箱的流入量有一增量时，液位的微增量为 dH。

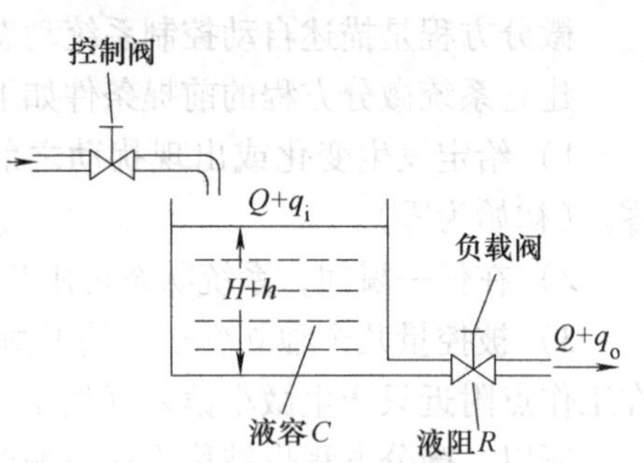

图 2.2　液位系统

求：系统动态方程。

【解】

(1) 对液位系统来讲，当 $Q_i \neq Q_o$ 时，容器的液位就会发生变化，确定系统的输入变量为 Q_i，输出变量为 H。

(2) 根据物质守衡定律，可列出流体流动的方程

$$A\mathrm{d}H = (Q_i - Q_o)\mathrm{d}t$$

即

$$\frac{\mathrm{d}H}{\mathrm{d}t} = \frac{(Q_i - Q_o)}{A}$$

(3) 中间变量与其他因素的关系。Q_o 与出口阀的阻力和液箱液位有关。一般情况下，Q_o 和 H 是非线性关系。假设液位变化不大时，可近似认为满足线性关系

$$Q_o = \frac{H}{R}$$

式中，R 为流出阀的液阻，是常量$(\mathrm{s/m}^2)$。

(4) 消去中间变量 Q_o，写成规范形式为

$$RA\frac{\mathrm{d}H}{\mathrm{d}t} + H = RQ_i$$

若要研究流入量变化对流出量的影响，描述二者关系的微分方程为

$$RA\frac{\mathrm{d}Q_o}{\mathrm{d}t} + Q_o = RQ_i$$

这说明，对同一个物理系统，当研究的目的不同时，所得到的数学模型是不一样的。另外，微分方程中输入变量和输出变量是指系统中具有因果关系的变量，必须和实际系统中具

体物质的流入量和流出量区别开来。

若要考虑其他更多的因素，微分方程将变得更加复杂。

因此可以看出，合理的假设和简化在建立系统的数学模型中是很重要的，不同的简化和假设会得到不同的模型。假设的条件太多或过分简化，虽然数学模型简单，数学处理容易，但可能无法反映出事物的主要特征或达不到应有的准确性。若考虑的因素太多，数学模型将变得很复杂，数学处理困难，增加了解决问题的难度，有时会出现次要因素掩盖了事物主要特征的现象，得不出正确的结果。假设和简化到什么程度，并无统一的规定，主要根据具体问题和实际经验来决定。

系统的微分方程建立以后，还必须对其进行验证。要把根据数学模型进行理论分析的结果和实际结果或实验结果相比较，证明数学模型的合理性。若不符合要求，则必须进行修改。一个成熟的数学模型往往要经过多次修改和验证才能确定下来。

建立数学模型是一个培养综合应用各种知识的过程，需要有抓住问题本质的能力，需要有较高的抽象概括能力和较高的数学修养，还需要有科学的思维方法。数学模型不仅仅用来解释已发生的现象，更重要的是要预测事物的发展，为未来的决策提供指南。因此，建立数学模型的过程也是新观点、新方法产生的过程，是不断创新的过程。可以说，培养创新的意识和创新的能力，与掌握科学知识是同等重要的。

2.1.2 非线性系统(数模)的线性化

对于非本质非线性系统或环节，假设系统工作过程中，其变量的变化偏离稳态工作点增量很小，各变量在工作点处具有一阶连续偏导数，于是将非线性函数(数模)在工作点的某一邻域展开成泰勒级数，忽略高次(二次以上)项，便可得到关于各变量近似线性关系。这一过称为非线性系统(数模)的线性化。

设系统的输入为 $X(t)$，输出为 $Y(t)$，且满足 $Y(t)=f(x)$，其中 $f(x)$ 为非线性函数。设 $t=t_0$ 时，$x=x_0$，$y=y_0$ 为系统的稳定工作点 (x_0, y_0)，在该点处将 $f(x)$ 泰勒展开为

$$\begin{aligned} f(x) &= f(x_0) + \left.\frac{\mathrm{d}f(x)}{\mathrm{d}x}\right|_{x=x_0}(x-x_0) + \left.\frac{\mathrm{d}^2 f(x)}{\mathrm{d}x^2}\right|_{x=x_0}\frac{(x-x_0)^2}{2!} + \cdots \\ &= f(x_0) + f'(x_0)(x-x_0) + f''(x_0)\frac{(x-x_0)^2}{2!} + \cdots \end{aligned} \tag{2.1}$$

当 $|x-x_0|$ 很小时，忽略其二阶以上各项，得

$$f(x) = f(x_0) + f'(x_0)(x-x_0) \tag{2.2}$$

即

$$y = y_0 + f'(x_0)\Delta x \tag{2.3}$$

也即

$$\Delta y = f'_{k}(x_0)\Delta x \tag{2.4}$$

线性化方程与工作点有关，工作点不同，方程就不同。

2.1.3 运动方程无量纲化

有许多情况是，系统机理各异，但数学模型却完全相同，为了将它们抽象成纯数学形式，可以对变量进行无量纲化处理。

对输入输出的无量纲化是通过用它们分别除以各自的最大值(最小值、额定值、量程)

实现的。而对时间变量无量纲化则是令 $\tau = t/T$，T 为系统的时间常数，这样做便于实时模拟，研究系统的过渡过程。

2.1.4 典型系统微分方程的列写

下面以流体运动系统(质量守恒)为列，列出系统的微分方程。

【例 2.3】 两水槽串联，如图 2.3 所示。A_1 和 A_2 为两个水槽的截面积，两个阀门的液阻(阀门阻力)分别为 R_1 和 R_2。输入量为 Q_1，输出量为 Q_2。

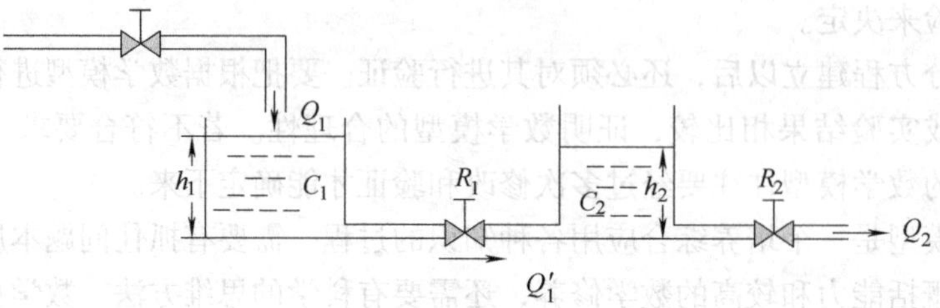

图 2.3 两水槽系统

【解】

$$液阻\ R = \frac{液阻前后液位差\ \Delta h}{流过液阻的流量\ Q}$$

流过节流阀的流体为层流时，液阻为线性；流过节流阀的液体为紊流时，液阻为非线性。可在工作点线性化

$$Q = \alpha \sqrt{\Delta h}$$

$$液容\ C = \frac{流入(出)水槽流体总量变化\ \Delta W}{水槽内液位变化量\ \Delta h}$$

对于本例，液容等于截面积，在工作点附近 R_1 和 R_2 可视为常数，$C_1 = A_1\ C_2 = A_2$。

由质量守恒定律

$$A_1 \frac{\mathrm{d}h_1}{\mathrm{d}t} = Q_1 - Q_1' \qquad Q_1 = \frac{h_1 - h_2}{R_1}$$

$$A_2 \frac{\mathrm{d}h_2}{\mathrm{d}t} = Q_1' 和\ Q_2 \qquad Q_2 = \frac{h_2}{R_2}$$

联立消去 Q_1'、Q_2 和 h_1，得

$$R_1A_1R_2A_2 \frac{\mathrm{d}^2 h_2}{\mathrm{d}t^2} + (R_1A_1 + R_2A_2 + R_2A_1)\frac{\mathrm{d}h_2}{\mathrm{d}t} + h_2 = R_2Q_1$$

【例 2.4】 气动仪表的节流盲室(由气阻和封闭气室串联)如图 2.4 所示。

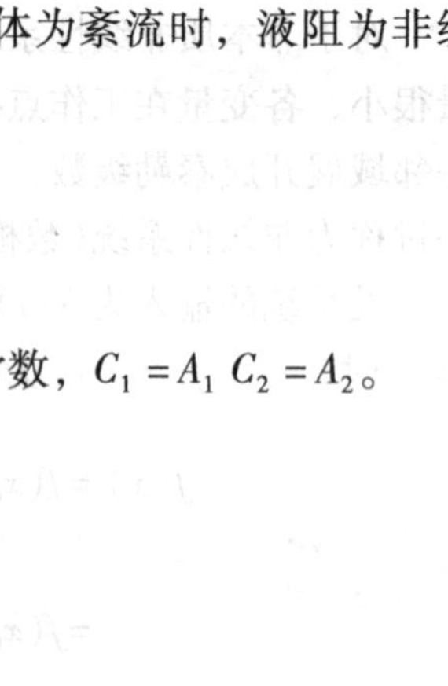

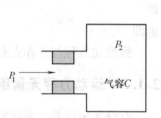

图 2.4 气动仪表的节流盲室

【解】

$$气阻\ R = \frac{气阻两端气压差\ \Delta P}{流过气体的气流量\ G}$$

气流为层流时，气阻为线性；气流为紊流时，气阻为非线

性。可在工作点线性化。

$$\text{气容 } C = \frac{\text{流进容器的气体总量变化 } \Delta W}{\text{容器内气体压力变化量 } \Delta P}$$

$$G = C\frac{\mathrm{d}P}{\mathrm{d}t}$$

式中，G 为气流量，P 为气塞压力。

在 $P_1 > P_2$ 充气过程中有

$$\begin{cases} G = \dfrac{P_1 - P_2}{R} \\ G = C\dfrac{\mathrm{d}P_2}{\mathrm{d}t} \end{cases}$$

最终得

$$RC\frac{\mathrm{d}P_2}{\mathrm{d}t} + P_2 = P_1$$

2.2　传递函数

前面介绍了控制系统的微分方程，它是一种时域描述，也就是说，是以时间为自变量的。对系统进行分析时，根据所得的微分方程，求得微分方程的时间解，也就获得了系统的运动规律。但是微分方程求解时，只要系统的某个参数改变，就需要重新列写和求解微分方程，这很不方便。同时，微分方程这一数学表达形式也不太简洁。

工程上一般用拉普拉斯变换法求解微分方程。拉普拉斯变换将时域的微分方程变换为复域的代数方程，求解代数方程就可以得到系统输出量的拉普拉斯变换。传递函数就是在此基础上产生的。传递函数是系统复域的数学模型，它不仅可以表征系统的动态特性，还可以用它研究系统结构和参数的变化对系统的影响。在经典控制理论中广泛采用的根轨迹分析法和频率响应分析法，就是建立在传递函数的基础上的。传递函数是经典控制理论中最基本、最重要的概念。

1. 基本概念

线性定常系统在零初始条件下，系统输出的拉普拉斯变换与输入的拉普拉斯变换之比，称为该系统的传递函数(简称传函)。数学表达式为

$$G(s) = \frac{Y(s)}{R(s)} \tag{2.5}$$

零初始条件是指当 $t \leqslant 0$ 时，系统输入量 $r(t)$、输出量 $y(t)$ 以及它们的各阶导数均为零。

设线性定常系统的微分方程一般式为

$$a_0 y^{(n)} + a_1 y^{(n-1)} + \cdots + a_{n-1} y' + a_n y = b_0 r^{(m)} + b_1 r^{(m-1)} + \cdots + b_{m-1} r' + b_m r \tag{2.6}$$

式中，r 和 y 分别是系统的输入信号和输出信号，都是时间 t 的函数；$a_i(i=0, 1, 2, \cdots, n)$ 和 $b_j(j=0, 1, 2, \cdots, m$，一般情况下 $m \leqslant n)$ 分别是由系统结构与参数决定的常系数。

当初始条件为零时，式(2.6)等号两端进行拉普拉斯变换，并据传递函数的定义，得系

统的传递函数为

$$(a_0s^n+a_1s^{n-1}+\cdots+a_{n-1}s+a_n)Y(s)=(b_0s^m+b_1s^{m-1}+\cdots+b_{m-1}s+b_m)R(s) \tag{2.7}$$

式中，$Y(s)$和$R(s)$分别是系统输出和输入信号的拉普拉斯变换。

把式(2.7)改写成

$$\begin{aligned}\frac{Y(s)}{R(s)}&=\frac{b_0s^m+b_1s^{m-1}+\cdots+b_{m-1}s+b_m}{a_0s^n+a_1s^{n-1}+\cdots+a_{n-1}s+a_n}=\frac{B(s)}{A(s)}\quad(m\leqslant n)\\&=\frac{b_0}{a_0}\frac{s^m+b_1's^{m-1}+\cdots+b_{m-1}'s+b_m'}{s^n+a_1's^{n-1}+\cdots+a_{n-1}'s+a_n'}\\&=\frac{K(s+z_1)(s+z_2)\cdots(s+z_m)}{(s+p_1)(s+p_2)\cdots(s+p_j)}\\&=\frac{K\prod_{i=1}^{m}(s+z_i)}{\prod_{j=1}^{n}(s+p_j)}\quad\left(K=\frac{b_0}{a_0}\text{为传递系数增益}\right)\end{aligned} \tag{2.8}$$

根据传递函数的定义

$$G(s)=\frac{Y(s)}{R(s)}=\frac{K\prod_{i=1}^{m}(s+z_i)}{\prod_{j=1}^{n}(s+p_j)} \tag{2.9}$$

这是传递函数的零极点表示形式。传递函数是系统数学模型的又一种形式。

传递函数的零点、极点：若$s=-z_i(i=1,2,\cdots,m)$，使$G(s)=0$，则称$-z_i$为$G(s)$的零点，它是分子多项式等于零所组成的方程的根；若$s=-p_j(j=1,2,\cdots,n)$，使$G(s)=\infty$，则称$-p_j$为$G(s)$的极点，它是分母多项式等于零时所组成的方程(称为系统的特征方程)的根，它决定着系统响应的基本特点和动态本质。一般，零、极点可以是实数，也可以是共轭复数。

2. 传递函数的数学表达式

传递函数有两种数学表达式，分别为标准形式和零极点形式。

标准形式为

$$W(s)=\frac{K\prod_{i=1}^{m}(T_is+1)}{s^N\prod_{j=1}^{n-N}(T_js+1)} \tag{2.10}$$

式中，T_i和T_j为环节时间常数(可能有复重根)；K为系统增益或开环放大倍数；N为系统纯零极点个数(无差别次数)。

零极点形式为

$$W(s)=\frac{K_g\prod_{i=1}^{m}(s+z_i)}{s^N\prod_{j=1}^{n-N}(s+P_j)} \tag{2.11}$$

式中，z_i 为分子多项式根，系统零点(开环)；z_j 为分母多项式根，系统极点(开环)

$$K_g = \frac{K\prod_{i=1}^{m} T_i}{\prod_{j=1}^{n-N} T_j} \tag{2.12}$$

3. 关于传递函数的说明

关于传递函数，有如下几点说明：

1）传递函数表征了系统对输入信号的传递能力，是系统的固有特性，与输入信号类型及大小无关。

2）传递函数是复变量 s 的有理分式函数，对于大多数物理系统(环节或元件)，其分子多项式的次数 m 一般不高于分母多项式的次数 n，且所有系数都为实数。

3）传递函数与系统的微分方程相联系，两者可以互相转换。

4）传递函数是系统单位脉冲响应的拉普拉斯变换。

5）传递函数与 s 平面上的零、极点图相对应。

6）传递函数只描述系统的输入—输出特性，而不能表征系统的物理结构及内部所有状况的特性。不同的物理系统可以有相同的传递函数。同一系统中，不同物理量之间对应的传递函数也不相同。

传递函数也有一定的局限性：

1）传递函数的概念只适用于单输入、单输出线性定常系统。

2）传递函数原则上只反映零初始条件下的动态特性。

4. 传递函数的求法

传递函数的求取方法有多种，具体选择哪种方法取决于问题所提供的已知条件。

1）根据系统的阶跃或脉冲等响应函数 $c(t)$，依据传递函数的定义求传递函数。

2）依据框图等效变换求传递函数。

3）依据信号流图化简求传递函数。

4）依据框图或信号流图由梅逊公式求传递函数。

5）基于物理模型，建立构成系统局部元件的微分方程或传递函数，再根据信号的传递规则绘制系统框图，最后选择确定的输入和输出求传递函数。

2.3　典型环节传递函数分析

自动控制系统是由不同功能的元器件构成的。从物理结构上看，控制系统的类型很多，相互差别很大，似乎没有共同之处。由于在对控制系统的分析更强调其动态特性，因此，对于具有相同动态特性或者说具有相同传递函数的所有不同的物理结构、不同工作原理的元器件，在分析时，都可以认为是同一环节。应用环节的概念可以发现，物理结构千差万别的控制系统，基本都是由为数不多的几种类型的环节组成的。这些环节，称为典型环节或基本环节。在经典控制理论中，常见的典型环节有以下六种。下面分别讨论其动态特性，并给出每种典型环节的微分方程、传递函数和阶跃响应。

2.3.1 比例环节(放大环节)

比例环节是一个最基本、最经常遇到的环节。

比例环节的输出变量 $y(t)$ 与输入变量 $r(t)$ 之间满足下列关系：

$$y(t)=kr(t)\text{(微分方程)} \tag{2.13}$$

式中，k 为比例系数，又称为增益或放大系数。

比例环节的传递函数为

$$G(s)=\frac{Y(s)}{R(s)}=K \tag{2.14}$$

比例环节的阶跃响应如下：

当输入信号为阶跃函数时

$$r(t)=\begin{cases}0 & t<0\\ x_0 & t\geqslant 0\end{cases} \tag{2.15}$$

输出信号为

$$y(t)=kx_0 \tag{2.16}$$

比例环节的阶跃输入响应如图 2.5 所示。

从图 2.5 可以看出，比例环节的特点是输出信号和输入信号的形状相同。如输入信号是一个阶跃函数，输出信号也是一个阶跃函数，它不存在惯性，所以比例环节又称为无惯性环节。

杠杆、齿轮变速器、电子放大器等在一定条件下都可以看做比例环节。

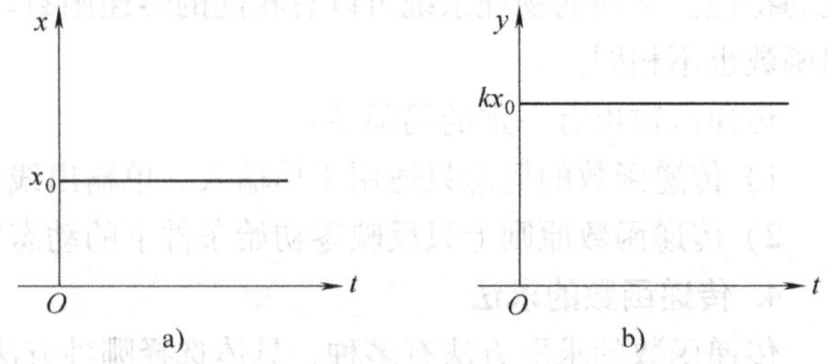

图 2.5 比例环节的阶跃输入响应

a) 阶跃输入 b) 阶跃输出

2.3.2 惯性环节

一阶惯性环节的微分方程为

$$T_c\frac{\mathrm{d}y(t)}{\mathrm{d}t}+y(t)=kr(t) \tag{2.17}$$

式中，T_c 为惯性环节的时间常数；k 为惯性环节的传递系数或称为放大系数。

对式(2.17)进行拉普拉斯变换，即可得惯性环节的传递函数为

$$G(s)=\frac{Y(s)}{R(s)}=\frac{1}{T_c s+1} \tag{2.18}$$

惯性环节的阶跃响应如下：

设输入一个阶跃函数

$$r(t)=x_0\cdot 1(t) \tag{2.19}$$

代入微分方程，可得

$$y(t)=kx_0(1-\mathrm{e}^{-t/T_c}) \tag{2.20}$$

它是一条指数函数的上升曲线，如图 2.6 所示。$y(t)$变化的速度在开始($t=0$)时最大，初始上升速度为

$$\dot{y}(0)=\left.\frac{\mathrm{d}y(t)}{\mathrm{d}t}\right|_{t=0}=\left.\frac{kx}{T_{\mathrm{c}}}\mathrm{e}^{-t/T_{\mathrm{c}}}\right|_{t=0}=\frac{kx_0}{T_{\mathrm{c}}} \tag{2.21}$$

当 $t\to\infty$ 时，可得最后平衡值为

$$y(\infty)=kx_0 \tag{2.22}$$

当 $t=T_{\mathrm{c}}$ 时，

$$y(t)\left|_{t=T_{\mathrm{c}}}=kx_0(1-\mathrm{e}^{-t/T_{\mathrm{c}}})\right|_{t=T_{\mathrm{c}}}=kx_0(1-\mathrm{e}^{-1})=0.632y(\infty) \tag{2.23}$$

可从图 2.6 上求出 T_{c}

根据定义，过渡过程时间为输出到达稳定值的 95%(或 98%)所需的时间。$T_{\mathrm{s}}=3T$($T_{\mathrm{s}}=5T$)。

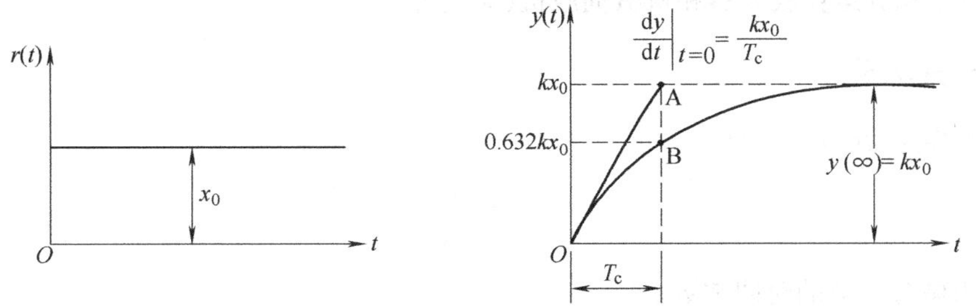

图 2.6　惯性环节的阶跃输入响应

一个流出水箱的水流量由阀门控制的蓄水箱就是一个惯性环节的实例。无源 RC 网络、单溶液槽、盲室压力系统和无套管热电偶系统等，也都是典型的惯性环节。

2.3.3　积分环节

积分环节的输出变量 $y(t)$ 与输入变量 $r(t)$ 之间满足下列关系：

$$y(t)=\frac{1}{T}\int_0^t r(t)\,\mathrm{d}t\text{(微分方程)} \tag{2.24}$$

式中，T 为积分时间。

积分环节的传递函数为

$$G(s)=\frac{Y(s)}{R(s)}=\frac{1}{Ts} \tag{2.25}$$

积分环节的阶跃响应如下：

当输入信号为阶跃函数时

$$r(t)=\begin{cases}0 & t<0\\ x_0 & t\geqslant 0\end{cases} \tag{2.26}$$

输出信号为

$$y(t)=\frac{1}{T}\int_0^t x_0\,\mathrm{d}t=\frac{1}{T}x_0 t \tag{2.27}$$

输出信号 $y(t)$ 随时间 t 的增加而增加，其增加的速率为 $\frac{x_0}{T}$，即输入信号的幅度 x_0 越大，时间常数 T 越小，则上升越快。积分环节的阶跃输入响应如图 2.7 所示。

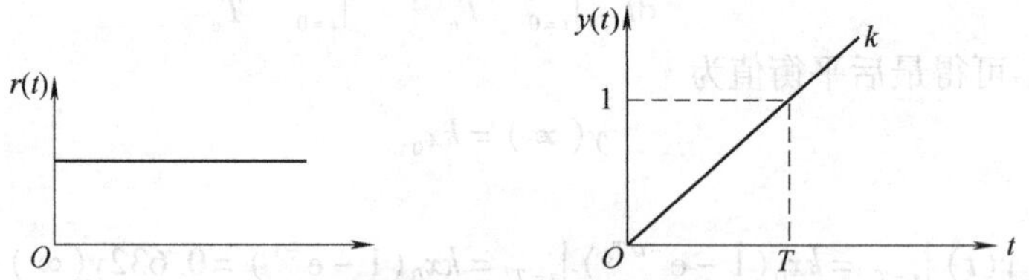

图 2.7　积分环节的阶跃输入响应

蓄水箱和贮气容器等都是积分环节的实例。实用中，积分环节常用于大惯性环节初始段近似，常见于积分运算放大器和机械伺服机(阻尼器)。

2.3.4　微分环节

理想微分环节的动态方程为

$$y = T_d \frac{dr}{dt} \tag{2.28}$$

式中，T_d 为微分环节的时间常数。

对式(2.28)进行拉普拉斯变换，即可得理想微分环节的传递函数

$$G(s) = \frac{Y(s)}{R(s)} = T_d s \tag{2.29}$$

微分环节的阶跃响应如下：

设输入为阶跃函数时，则输出为

$$y(t) = T_d \frac{dx_0 \cdot 1(t)}{dt} = T_d\, x_0\, \delta(t) \tag{2.30}$$

理想微分环节的阶跃输入响应如图 2.8 所示。

理想微分环节的特性是输出与输入的变化速度成正比，故能预示输出信号的变化趋势，常被用来改变系统的动态特性。实际中，测速发电机可近似看成微分环节。

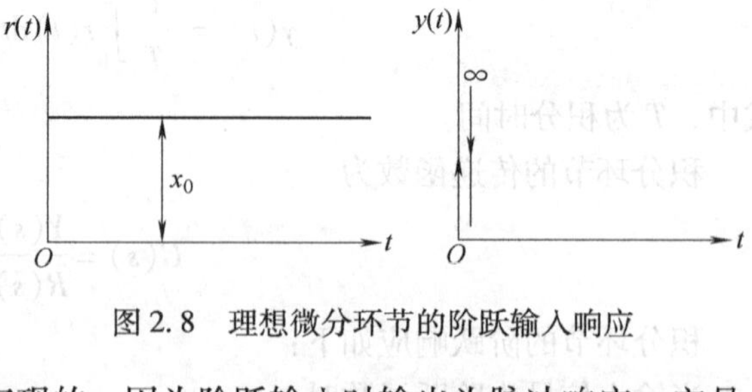

图 2.8　理想微分环节的阶跃输入响应

从物理角度讲，理想微分环节是难以实现的，因为阶跃输入时输出为脉冲响应，它是一个脉冲函数。从图 2.8 可以看出，在输入跳变的瞬时，输出由零跳变到无穷大，故在物理上，严格实现微分环节是不可能的，因为任何一个物理设备都不能瞬时提供无穷大的能量。因此，在实际中遇到的多是带有惯性的实际微分环节，其微分方程为

$$T_d \frac{dy}{dt} + y = k_d T_d \frac{dx}{dt} \tag{2.31}$$

其传递函数为

$$G(s)=\frac{k_{\mathrm{d}}T_{\mathrm{d}}s}{T_{\mathrm{d}}s+1} \tag{2.32}$$

由传递函数可知，实际微分环节相当于一个理想微分环节与一个惯性环节串联。

实际微分环节的阶跃响应如下：

设输入一个阶跃函数，代入微分方程，可得

$$y(t)=k_{\mathrm{d}}x_0\mathrm{e}^{-t/T_{\mathrm{d}}} \tag{2.33}$$

从式(2.33)可看出，实际微分环节的响应曲线的特点是，在 $t=0$ 时，它反映一个与输入成比例的阶跃值 $y(0)=k_{\mathrm{d}}x_0$，当 $t>0$ 时，$y(t)$ 按指数曲线衰减，最后 $t\to\infty$ 时，可得最后平衡值为 $y(\infty)=0$。实际微分环节的阶跃输入响应如图 2.9 所示。

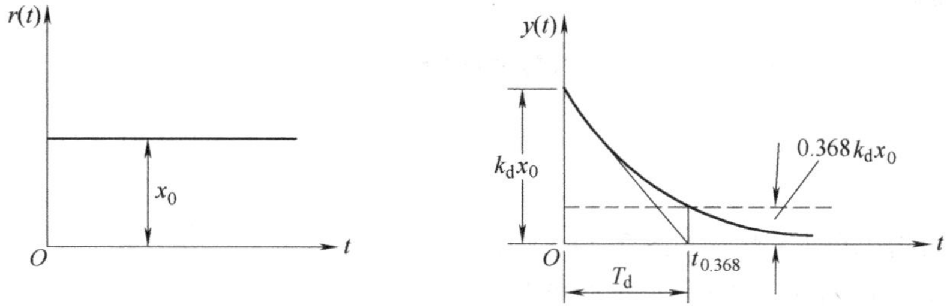

图 2.9　实际微分环节的阶跃输入响应

当 $t=T_{\mathrm{d}}$ 时

$$y(t)\big|_{t=T_{\mathrm{d}}}==k_{\mathrm{d}}x_0\mathrm{e}^{-1}=0.368k_{\mathrm{d}}x_0$$

可从图 2.9 上求出 T_{d}。

RC 微分电路和机械或弹性反馈装置等，都是典型的微分环节。

2.3.5　振荡环节

振荡环节的动态方程为

$$T^2\frac{\mathrm{d}^2y(t)}{\mathrm{d}t^2}+2T\zeta\frac{\mathrm{d}y(t)}{\mathrm{d}t}+y(t)=r(t) \tag{2.34}$$

式(2.34)又常常可以由下列二阶微分方程描述：

$$\frac{\mathrm{d}^2y(t)}{\mathrm{d}t^2}+2\omega_{\mathrm{n}}\zeta\frac{\mathrm{d}y(t)}{\mathrm{d}t}+\omega_{\mathrm{n}}^2y(t)=\omega_{\mathrm{n}}^2r(t) \tag{2.35}$$

式中，ω_{n} 为无阻尼自然振荡频率，$\omega_{\mathrm{n}}=\frac{1}{T}$；$\zeta$ 为阻尼比，$0<\zeta<1$。

式(2.35)是振荡环节的标准形式，许多用二阶微分方程描述的系统，都可以化为这种标准形式。

二阶振荡环节的阶跃输入响应如图 2.10 所示。

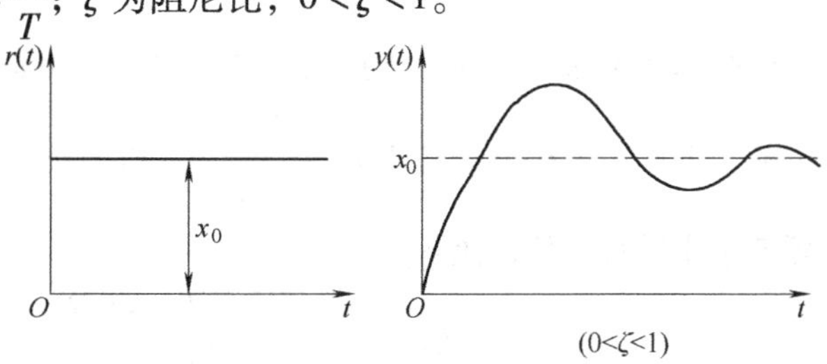

图 2.10　二阶振荡环节的阶跃输入响应

对式(2.35)进行拉普拉斯变换，即可得振荡环节的传递函数

$$G(s)=\frac{Y(s)}{R(s)}=\frac{\omega_n^2}{s^2+2\zeta\omega_n s+\omega_n^2} \tag{2.36}$$

当输入信号为$r(t)=1(t)$的单位阶跃函数时，环节的输出信号$y(t)$的动态响应为

$$y(t)=1-\frac{1}{\sqrt{1-\zeta^2}}e^{-\zeta\omega_n t}\sin\left(\omega_n\sqrt{1-\zeta^2}t+\arctan\frac{\sqrt{1-\zeta^2}}{\zeta}\right) \tag{2.37}$$

由弹簧、重块和阻尼器组成的机械系统就是一个二阶振荡环节。

2.3.6 延迟环节

动态方程为

$$y(t)=r(t-\tau) \tag{2.38}$$

传递函数为

$$G(s)=e^{-\tau s} \tag{2.39}$$

迟延环节的阶跃输入响应如图2.11所示。

由图2.11可以看出，迟延环节的特点是输出信号$y(t)$和输入信号$r(t)$的形状完全相同，只是迟延了一段时间τ。即当$t<\tau$时，$y(t)=0$；当$t>\tau$时，$y(t)=r(t)$。这里τ称为迟延时间。

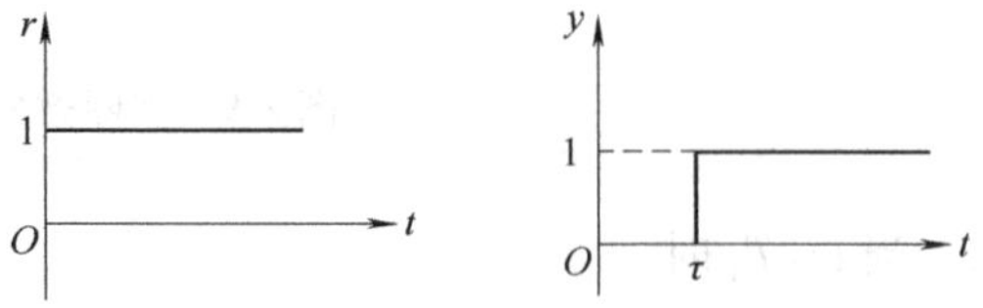

图2.11 迟延环节的阶跃输入响应

大多数过程控制系统中都具有迟延环节，如电厂锅炉燃料的传输、介质压力在管道中的传播等。若控制环节含有迟延环节则对系统的稳定性是不利的，迟延越大，影响越大。

2.4 环节的连接方式

一个复杂的控制系统总是由一些简单的环节通过某种方式连接在一起构成的，这些简单的环节可以归纳为有限的几种。本节首先讨论环节的基本连接方式，然后对一些典型环节的动态特性进行说明。

环节的基本连接方式有串联、并联、反馈三种。

2.4.1 串联

串联环节的特点是前一个环节的输出是后一个环节的输入。

前一个环节的传递函数为$G_1=\frac{R_2(s)}{R_1(s)}$，后一个环节的传递函数为$G_2=\frac{R_3(s)}{R_2(s)}$，显然，两个环节串联后总的传递函数为

$$G(s)=\frac{R_3(s)}{R_1(s)}=\frac{R_2(s)}{R_1(s)}\frac{R_3(s)}{R_2(s)}=G_1(s)G_2(s) \tag{2.40}$$

环节的串联如图2.12所示。

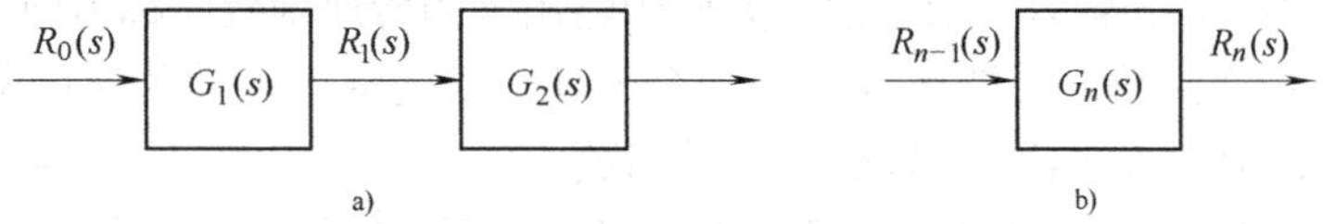

图 2.12　环节的串联

a) 两个环节串联　b) 等效传递函数

可见，两个环节串联后，总的传递函数等于两个环节各自传递函数的乘积。这个结论可推广到 n 个环节串联的情况。设 n 个环节的传递函数分别为 $G_1(s)$，$G_2(s)$，…，$G_n(s)$，则串联后，总的传递函数 $G(s)$ 为

$$G(s) = \prod_{i=1}^{n} G_i(s) \tag{2.41}$$

2.4.2　并联

并联环节的特点是两个环节的输入为同一个信号，而它们的输出相加在一起，作为总的输出。

显然，总的传递函数 $G(s)$ 为

$$G(s) = \frac{R_4(s)}{R_1(s)} = \frac{R_2(s) + R_3(s)}{R_1(s)} = \frac{R_2(s)}{R_1(s)} + \frac{R_3(s)}{R_1(s)} = G_1(s) + G_2(s) \tag{2.42}$$

环节的并联如图 2.13 所示。

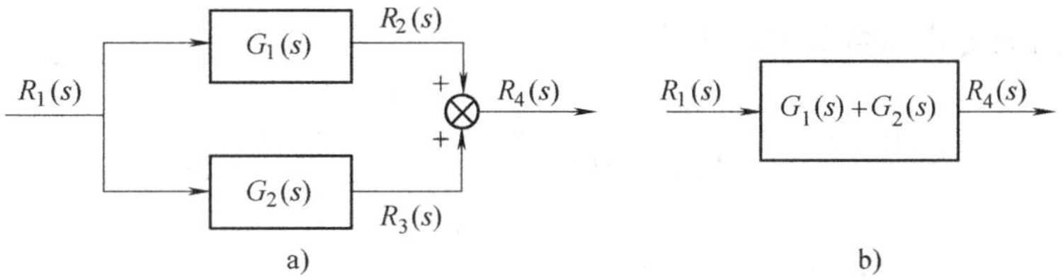

图 2.13　环节的并联

a) 两个环节并联　b) 等效传递函数

可见，两个并联环节的总传递函数等于两个环节各自传递函数的和。对于 n 个环节并联，也有同样的结论。设 n 个环节的传递函数分别为 $G_1(s)$，$G_2(s)$，…，$G_n(s)$，则并联后，总的传递函数 $G(s)$ 为

$$G(s) = \sum_{i=1}^{n} G_i(s) \tag{2.43}$$

以上讨论的并联和串联是指它们的动态特性之间的关系，应与物理上的串联、并联区别开来。

2.4.3　反馈

系统的输出通过某个环节又作用(反馈)到输入，称为反馈环节。如果反馈信号使输入减弱，则称之为负反馈；反之，则称为正反馈。反馈连接如图 2.14 所示。

图 2.14 中，$G_0(s)$为输入 x 沿着信号方向到输出 y 的传递函数，称为前向传递函数，而 $H(s)$为反馈通道传递函数。反馈连接形成一个闭环，沿闭环一周的传递函数 $G_0(s)H(s)$称为开环传递函数，记为 $G_K(s)$（因为开环传递函数包括了反馈系统中所有环节的传递函数，所以含有关于该反馈系统动态特性的丰富的信息，在分析控制系统特性时，往往只通过分析开环传递函数就能得出许多重要的结论）。而$\dfrac{Y(s)}{R(s)}$为系统的闭环传递函数。下面讨论闭环传递函数的形式。

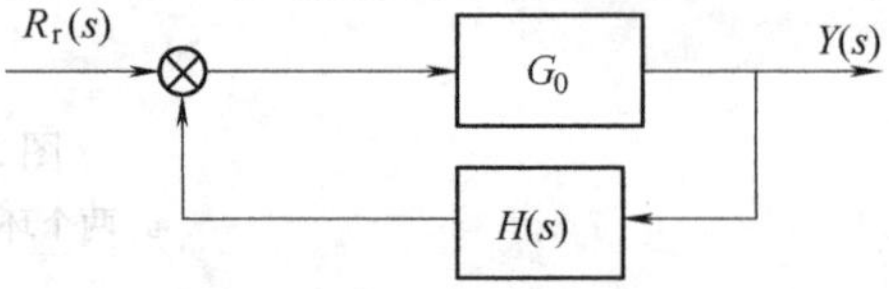

图 2.14　反馈连接

对负反馈连接

$$E(s)=R(s)-Y(s)H(s) \tag{2.44}$$

$$Y(s)=E(s)G_0(s)=[R(s)-Y(s)H(s)]G_0(s) \tag{2.45}$$

故闭环传递函数为

$$G(s)=\frac{Y(s)}{R(s)}=\frac{G_0(s)}{1+G_0(s)H(s)}=\frac{G_0(s)}{1+G_K(s)} \tag{2.46}$$

对于正反馈连接，有

$$G(s)=\frac{Y(s)}{R(s)}=\frac{G_1(s)}{1-G_K(s)} \tag{2.47}$$

在实际应用中主要是负反馈。负反馈连接有如下两个重要性质：

1）如果前向传递函数具有足够大的放大系数，则闭环传递函数等于反馈回路传递函数的倒数，而与前向传递函数无关。因为

$$G(s)=\frac{G_0(s)}{1+G_0(s)H(s)}=\frac{1}{\dfrac{1}{G_0(s)}+H(s)}\approx\frac{1}{H(s)} \tag{2.48}$$

这个性质是一切放大器的基础。

2）在负反馈闭合回路中，不论输入输出取什么信号，其传递函数的分母相同，所不同的只是传递函数的分子。

【例 2.5】　已知系统框图如图 2.15 所示，试求各典型传递函数：$\dfrac{C(s)}{R(s)}$，$\dfrac{E(s)}{R(s)}$，$\dfrac{C(s)}{N(s)}$，$\dfrac{E(s)}{N(s)}$，$\dfrac{C(s)}{F(s)}$，$\dfrac{E(s)}{F(s)}$。

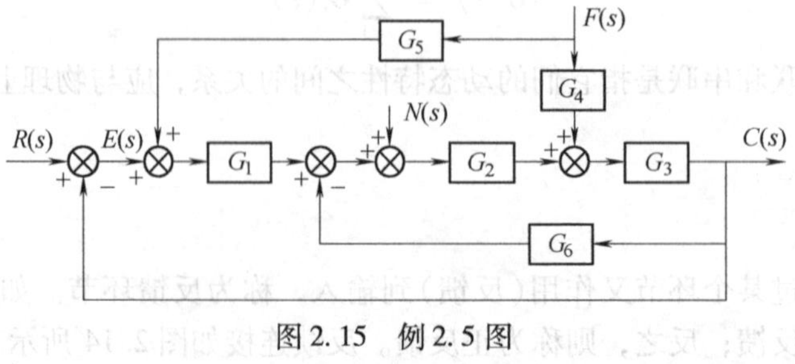

图 2.15　例 2.5 图

【解】 (1) 求$\dfrac{C(s)}{R(s)}$，$\dfrac{E(s)}{R(s)}$。令 $N(s)=0$，$F(s)=0$，有

$$\frac{C(s)}{R(s)}=\frac{G_1G_2G_3}{1+G_1G_2G_3+G_2G_3G_6}$$

$$\frac{E(s)}{R(s)}=\frac{1+G_2G_3G_6}{1+G_1G_2G_3+G_2G_3G_6}$$

(2) 求$\dfrac{C(s)}{N(s)}$，$\dfrac{E(s)}{N(s)}$。令 $R(s)=0$，$F(s)=0$，有

$$\frac{C(s)}{N(s)}=\frac{G_2G_3}{1+G_1G_2G_3+G_2G_3G_6}$$

$$\frac{E(s)}{N(s)}=-\frac{G_2G_3}{1+G_1G_2G_3+G_2G_3G_6}$$

(3) 求$\dfrac{C(s)}{F(s)}$，$\dfrac{E(s)}{F(s)}$。令 $R(s)=0$，$N(s)=0$，有

$$\frac{C(s)}{F(s)}=\frac{G_1G_2G_3G_5+G_3G_4}{1+G_1G_2G_3+G_2G_3G_6}$$

$$\frac{E(s)}{F(s)}=-\frac{G_1G_2G_3G_5+G_3G_4}{1+G_1G_2G_3+G_2G_3G_6}$$

习　题

2.1　什么是传递函数？

2.2　用传递函数作为数学模型来描述系统有什么特点？

2.3　控制系统通常是由哪些典型环节构成的？

2.4　框图的化简原则是什么？

2.5　什么是系统的开环传递函数？

2.6　系统微分方程如下：

$$x_1(t)=r(t)-\tau\dot{c}(t)+k_1n(t)$$
$$x_2(t)=k_0x_1(t)$$
$$x_3(t)=x_2(t)-n(t)-x_5(t)$$
$$T\dot{x}_4(t)=x_3(t)$$
$$x_5(t)=x_4(t)-c(t)$$
$$\dot{c}(t)=x_5(t)-c(t)$$

试求系统的传递函数$\dfrac{C(s)}{R(s)}$及$\dfrac{C(s)}{N(s)}$。其中，r、n 为输入，c 为输出。k_0、k_1、T 均为常数。

第3章　控制系统的时域分析

在建立了系统数学模型(动态微分方程、传递函数)的基础上，就可以分析评价系统的动、静(暂、稳)态特性，并进而寻求改进系统性能的途径。

在经典控制理论中，时域分析法、根轨迹法、频率特性法是分析控制系统特性时常用的三种方法。其中，时域分析法适用于低阶次(三阶以下)系统，比较准确直观，又称直接分析法，可提供输出响应随时间变化的全部信息。

时域分析法就是一种在给定输入条件下，分析系统输出随时间变化的方法，通常用暂态响应性能指标来衡量。

3.1　时域分析法介绍

所谓时域分析法，就是利用解析方法或实验方法求取系统在某一特定的输入作用下其输出的时间响应特性。在热工过程中，常采用的输入为阶跃函数。一个线性系统，输入 $x(t)$ 和输出 $y(t)$ 满足微分方程

$$a_n\frac{d^ny}{dt^n}+a_{n-1}\frac{d^{n-1}y}{dt^{n-1}}+\cdots+a_0y=b_m\frac{d^mx}{dt^m}+b_{m-1}\frac{d^{m-1}x}{dt^{m-1}}+\cdots+b_0x \tag{3.1}$$

在某一特定输入 $x(t)$ 下，根据微分方程的一般理论，输出 $y(t)$ 可表示为

$$y(t)=y_1(t)+y_2(t)$$

式中，$y_1(t)$ 对应于齐次方程的通解，它描述系统的自由运动，叫做系统的瞬态响应，它取决于系统本身的特性，而与输入信号的形式无关，因此系统的时域分析通常也叫做瞬态响应分析；$y_2(t)$ 是非齐次方程的特解，它反映在某一特定输入 $r(t)$ 作用下系统的强迫运动，叫做系统的稳态响应。

时域分析法是一种最基本的控制系统的分析方法，其具有以下特点：

1）直观、准确，物理概念清晰、易于理解。

2）尤其适合于一阶和二阶系统，可用解析方法求出其理论解。计算量会随着系统阶次的升高而急剧增加。由于实际中有许多高阶系统在多数情况下可近似为一阶或二阶系统，因此，对一阶、二阶系统的研究是研究高阶系统的基础，具有较大的实际意义。对于不能用一阶、二阶系统近似的高阶系统，可借助于计算机进行辅助计算或采用其他方法间接进行分析。

3）对于已有的系统，可以方便地利用实验方法求取瞬态响应。

3.2　时域性能指标

一个控制系统控制品质的优劣通常用其性能指标来评价。性能指标可以用计算的方法得到，也可以从控制过程曲线(被调量的阶跃响应曲线)上直观地得出。

控制系统的时间响应，从时间顺序上可以划分为动态和稳态两个阶段。其中，动态过程是指系统在输入信号作用下，输出量从初始状态到接近最终状态的响应过程；稳态是指时间 t 趋于无穷大时系统的输出状态。研究系统的时间响应，必须对动态和稳态过程的特点以及有关的性能指标加以探讨。

一般认为，跟踪和复现阶跃输入对随动系统来说是最严峻的工作条件，所以，通常用系统在单位阶跃输入作用下的输出响应，即单位阶跃响应来衡量系统的控制性能，并依此定义其时域性能指标。

3.2.1　系统的动态和稳态性能指标

图 3.1 所示稳定系统的单位阶跃响应是衰减振荡，其各动态性能指标参数如下：

1）上升时间 t_r：对于具有振荡的系统，t_r 指单位阶跃响应从零第一次上升到稳态值所需的时间；对于单调变化的系统，t_r 指单位阶跃响应从稳态值的 10% 上升到 90% 所需的时间。

2）峰值时间 t_p：单位阶跃响应超过稳态值，到达第一个峰值所需的时间。

3）调节时间 t_s：单位阶跃响应与稳态值之间的偏差达到规定的允许范围（$\Delta = \pm 5\%$ 或 $\pm 2\%$），且以后不再超出此范围的最短时间。调节时间又称为过渡过程时间。

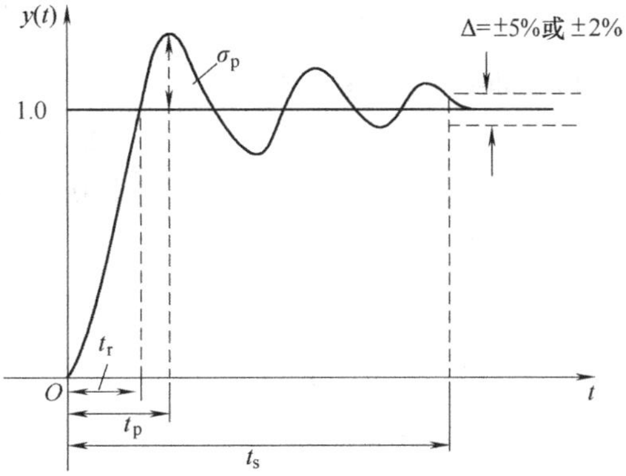

图 3.1　稳定系统的单位阶跃响应

4）超调量 $\delta\%$：单位阶跃响应的最大值超过稳态值的百分比。

在系统稳态运行时，由于系统结构、参数等各种因素，其输出的实际值与期望值之间有偏差。把 t 趋于无穷大时，系统期望值与实际值之差定义为稳态误差 e_{ss}。稳态误差是评价系统稳态性能的指标。

在上述各项性能指标中，上升时间 t_r、峰值时间 t_p 反映的是系统初始阶段的快慢程度，调节时间 t_s 反映的是系统过渡过程的持续时间，它们从总体上反映了系统的快速性；超调量 $\delta\%$ 反映的是系统响应过程的平稳性；稳态误差 e_{ss} 反映的是系统复现和跟踪输入信号的能力，即控制系统的准确性。本书将侧重以上升时间 t_r、调节时间 t_s、超调量 $\delta\%$ 和稳态误差 e_{ss} 这四项指标分别评价系统响应的快速性、平稳性和准确性。

3.2.2　典型输入信号

为了对系统性能进行分析、比较，下面给出几种典型的输入信号：

1）阶跃输入（见图 3.2）

$$r(t)=\begin{cases}0 & t<0\\ A & t\geqslant 0\end{cases}$$

$A=1$ 时称为单位阶跃信号。

2）斜坡（匀速）输入（见图 3.3）

$$r(t)=\begin{cases}0 & t<0\\ At & t\geqslant 0\end{cases}$$

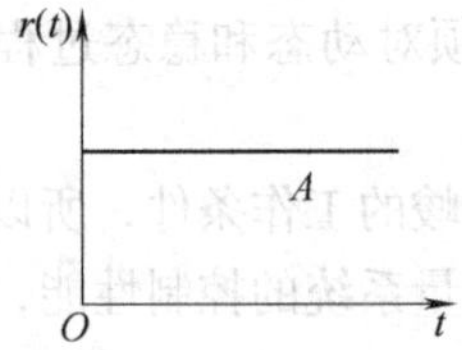

图 3.2　阶跃输入

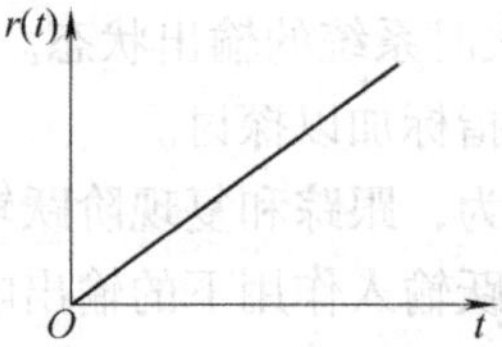

图 3.3　斜坡输入

3）抛物线(匀加速)输入(见图 3.4)

$$r(t)=\begin{cases}0 & t<0\\ At^2 & t\geqslant 0\end{cases}$$

4）脉冲输入(见图 3.5)

$$r(t)=\begin{cases}A/\varepsilon & 0<t<\varepsilon(\varepsilon\to 0)\\ 0 & r<0\quad t\to\varepsilon(\varepsilon\to 0)\end{cases}$$

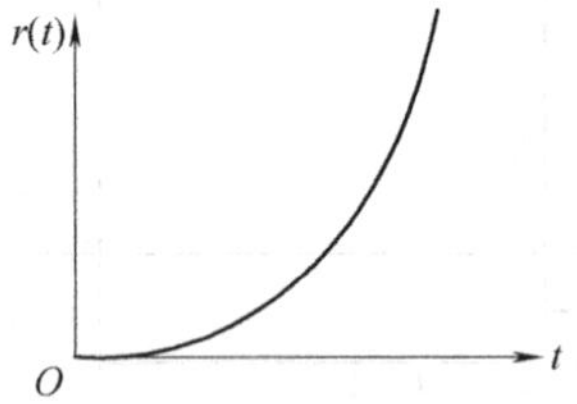

图 3.4　抛物线输入

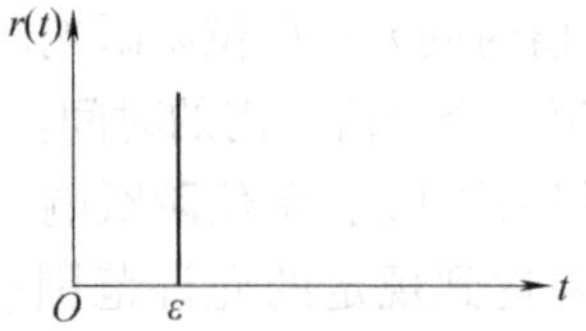

图 3.5　脉冲输入

3.2.3　脉冲响应函数

单位脉冲函数 $\delta(t)$ 输入作用下的输出响应称为脉冲响应函数 $g(t)$。

关于脉冲响应函数，有如下几点需要说明：

1）系统输入一个单位脉冲函数，其输出响应的拉普拉斯变换为其传递函数

$$W(s)=X_c(s)/X_r(s)=L[g(s)]/L[\delta(t)]=L[g(t)]\quad（零初始线性定常）\tag{3.2}$$

2）利用 $g(t)$ 求出任意输入信号下的输出响应。

3）知道系统的单位阶跃响应就可以知道其脉冲响应

$$\delta(t)=d(t)/\mathrm{d}t\tag{3.3}$$

由于阶跃输入时系统处于最不利工作条件下，因此人们常用它作为输入来检验瞬态响应指标，其他典型输入下的响应指标通常能直接或间接地用阶跃响应指标求得。

3.3　一阶系统的动态响应

用一阶微分方程描述的系统称为一阶系统。一些控制元器件及简单系统，如 *RC* 网络、液位控制系统都可用一阶系统来描述。

一阶系统的传递函数为

$$G(s)=\frac{C(s)}{R(s)}=\frac{1}{Ts+1} \tag{3.4}$$

式中，T 称为一阶系统的时间常数，它是唯一表征一阶系统特征的参数，所以一阶系统时间响应的性能指标与 T 密切相关。一阶系统如果作为复杂系统中的一个环节时称为惯性环节。

3.3.1　单位阶跃响应

当 $r(t)=1(t)$ 时，$R(s)=\frac{1}{s}$，故系统单位阶跃响应的象函数为

$$H(s)=G(s)R(s)=\frac{1}{s}\frac{1}{Ts+1}=\frac{1}{s} \tag{3.5}$$

对 $H(s)$ 进行拉普拉斯变换，则

$$h(t)=1-\mathrm{e}^{-\frac{t}{T}} \tag{3.6}$$

式(3.6)表明，对于一阶系统，以初始速率不变时的直线和稳态值交点处的时间为 T。若由实验测得的响应曲线符合以上特点，可确定为一阶系统，并可确定时间常数 T。

3.3.2　单位斜坡响应

当 $r(t)=t\cdot 1(t)$ 时，$R(s)=\frac{1}{s^2}$，故系统单位阶跃响应的象函数为

$$C(s)=G(s)R(s)=\frac{1}{s^2}\frac{1}{Ts+1}=\frac{1}{s^2}-\frac{T}{s}+\frac{T}{s+\frac{1}{T}} \tag{3.7}$$

对 $C(s)$ 进行拉普拉斯反变换，则

$$c(t)=t-T+T\mathrm{e}^{-\frac{t}{T}}\qquad(t\geqslant 0) \tag{3.8}$$

式中，$t-T$ 为稳态分量，$T\mathrm{e}^{-\frac{t}{T}}$ 为暂态分量，当 $t\to\infty$ 时，暂态分量趋于零。

3.3.3　单位脉冲响应

当 $r(t)=\delta(t)$ 时，$R(s)=1$，故系统单位脉冲响应的象函数为

$$K(s)=G(s)R(s)=\frac{1}{Ts+1}=\frac{1}{T}\frac{1}{s+\frac{1}{T}} \tag{3.9}$$

对 $K(s)$ 进行拉普拉斯反变换，则

$$K(t)=\frac{1}{T}\mathrm{e}^{-\frac{t}{T}}\quad(t\geqslant 0) \tag{3.10}$$

3.3.4　单位阶跃、单位斜坡、单位脉冲响应的关系

单位阶跃、单位斜坡、单位脉冲响应为

$$\delta(t)=\frac{\mathrm{d}1(t)}{\mathrm{d}t}=\frac{\mathrm{d}^2[t\cdot 1(t)]}{\mathrm{d}t}$$

$$\begin{aligned}K(s)&=G(s)R(s)=G(s)\\H(s)&=G(s)R(s)=\frac{1}{s}G(s)\\C(s)&=G(s)R(s)=\frac{1}{s^2}G(s)\end{aligned}\tag{3.11}$$

三种响应之间具有如下关系：

$$K(s)=H(s)s=C(s)s^2\tag{3.12}$$

当初始条件为零时，则有

$$K(s)=\frac{\mathrm{d}h(t)}{\mathrm{d}t}=\frac{\mathrm{d}^2c(t)}{\mathrm{d}t^2}\tag{3.13}$$

上式表明，对系统的斜坡响应求导可得到系统的阶跃响应，对系统的阶跃响应求导即为系统的脉冲响应。对于线性定常数系统上述结论均成立，即系统对输入信号导数(或积分)的响应，等于系统对输入信号响应的导数(或积分)。因此分析系统时，选取一种响应作为研究对象就可以了。

3.4 二阶系统的动态响应

为了兼顾控制系统稳定性和快速性相矛盾的瞬态指标，人们总希望系统阶跃响应是非衰减振荡过程，这与二阶系统欠阻尼阶跃响应非常相似。又因二阶系统在数学分析、模型设计上都比较容易，而且高阶系统又能转化(简化)成二阶系统(主导极点)，所以二阶系统是研究的重点。

3.4.1 二阶系统的数学模型

系统闭环传递函数为

$$G(s)=\frac{{\omega_n}^2}{s^2+2\zeta\omega_n s+{\omega_n}^2}\tag{3.14}$$

式中，ξ 称为阻尼系数或阻尼比；ω_n 为无阻尼自然角频率。

ξ 和 ω_n 为二阶系数的两个特征参数。

二阶系统的特征方程为

$$s^2+2\zeta\omega_n s+{\omega_n}^2=0\tag{3.15}$$

当阻尼比取不同值时，二阶系统的特征根在 s 平面上分布位置不同，其单位阶跃响应也不同，以下分别进行讨论。

1. 欠阻尼($0<\zeta<1$)

欠阻尼二阶系统是最为常见的，欠阻尼二阶系统的特征根为

$$s_{1,2}=-\zeta\omega_n\pm \mathrm{j}\omega_n\sqrt{1-\zeta^2}=-\zeta\omega_n\pm \mathrm{j}\omega_d\tag{3.16}$$

式中，ω_d 为有阻尼振动频率，$\omega_d=\sqrt{1-\zeta^2}\omega_n$。

$s_{1,2}$欠阻尼状态下的闭环极点在平面上的位置如图 3.6 所示。

若其特征根矢量与负实轴的夹角为β，则

$$\cos\beta = \zeta \tag{3.17}$$

$$\begin{aligned} H(s) = G(s)R(s) &= \frac{\omega_n^2}{s^2 + 2\zeta\omega_n s + \omega_n^2}\frac{1}{s} = \frac{1}{s} - \frac{s + 2\zeta\omega_n}{(s + \zeta\omega_n)^2 + \omega_d^2} \\ &= \frac{1}{s} - \frac{s + \zeta\omega_n}{(s + \zeta\omega_n)^2 + \omega_d^2} - \frac{\zeta\omega_n}{(s + \zeta\omega_n)^2 + \omega_d^2} \end{aligned} \tag{3.18}$$

故

$$\begin{aligned} h(t) &= 1 - e^{-\zeta\omega_n t}\cos\omega_d t - \frac{\zeta}{\sqrt{1-\zeta^2}}\sin\omega_d t \\ &= 1 - \frac{e^{-\zeta\omega_n t}}{\sqrt{1-\zeta^2}}(\sqrt{1-\zeta^2}\cos\omega_d t + \zeta\sin\omega_d t) \\ &= 1 - \frac{e^{-\zeta\omega_n t}}{\sqrt{1-\zeta^2}}\sin(\omega_d t + \beta) \qquad (t \geqslant 0) \end{aligned} \tag{3.19}$$

由式(3.19)可见，二阶系统欠阻尼时的单位阶跃响应曲线是衰减振荡型的，其振荡频率为 ω_d，故称为 ω_d 为阻尼振荡频率。而且当时间 t 趋于无穷时，系统的稳态值为 1，故稳态误差为 0。

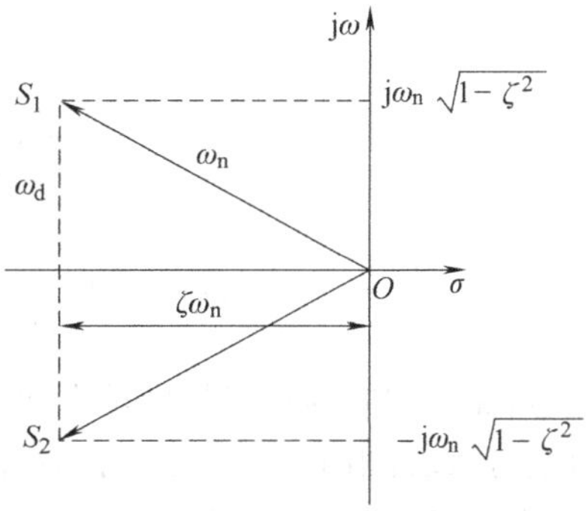

图 3.6 欠阻尼状态下的闭环极点在平面上的位置

2. 无阻尼($\zeta = 0$)

无阻尼时，二阶系统的特征根为两个共轭纯虚根，根 $s_{1,2} = \pm j\omega_n$，如图 3.7 所示，即

$$H(s) = \frac{\omega_n^2}{s^2 + \omega_n^2}\frac{1}{s} = \frac{1}{s} - \frac{s}{s^2 + \omega_n^2} \tag{3.20}$$

故

$$h(t) = 1 - \cos\omega_n t \qquad (t \geqslant 0) \tag{3.21}$$

可见，无阻尼二阶系统的单位阶跃响应曲线是围绕 1 的等幅振荡曲线，其振荡频率为 ω_n，系统不能稳定工作。

3. 临界阻尼($\zeta = 1$)

$$s_{1,2} = -\omega_n \tag{3.22}$$

如果是两个相等的负实根，如图 3.8 所示，则

$$H(s) = \frac{\omega_n^2}{s^2 + 2\omega_n s + \omega_n^2}\frac{1}{s} = \frac{\omega_n^2}{(s + \omega_n)^2}\frac{1}{s} = \frac{1}{s} - \frac{1}{s + \omega_n} - \frac{\omega_n}{(s + \omega_n)^2} \tag{3.23}$$

故

$$h(t) = 1 - e^{-\omega_n t}(1 + \omega_n t) \qquad (t \geqslant 0) \tag{3.24}$$

式(3.24)表明，临界阻尼的二阶系统的单位阶跃响应曲线为单调非周期、无超调的曲线。

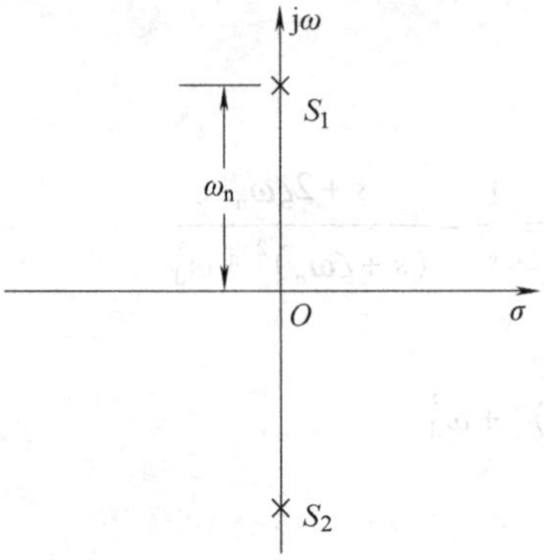

图 3.7　无阻尼状态下的闭环极点

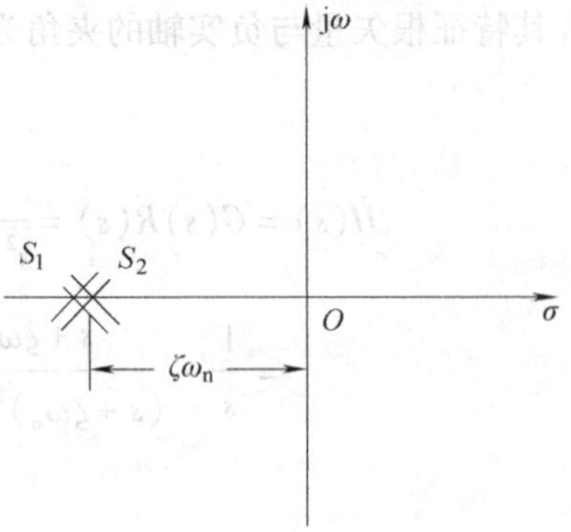

图 3.8　临界阻尼时二阶系统的特征根

4. 过阻尼($\zeta>1$)

过阻尼时，二阶系统的特征根是两个不相等的实根，如图 3.9 所示，即

$$s_{12}=-\zeta\omega_n\pm\sqrt{1-\zeta^2}\omega_n$$

$$H(s)=\frac{\omega_n^2}{s^2+2\zeta\omega_n s+\omega_n^2}\frac{1}{s}=\frac{\omega_n^2}{(s-s_1)(s-s_2)}\frac{1}{s}$$

$$=\frac{1}{s}+\frac{\omega_n^2}{s_1(s_1-s_2)(s-s_1)}+\frac{\omega_n^2}{s_2(s_2-s_1)(s-s_2)} \tag{3.25}$$

故

$$h(t)=1+\frac{\omega_n^2}{s_1(s_1-s_2)}e^{s_1t}+\frac{\omega_n^2}{s_2(s_2-s_1)}e^{s_2t}\qquad(t\geqslant0) \tag{3.26}$$

可见，响应的暂态分量是由两个单调衰减的指数项组成，所以过阻尼二阶系统的单位阶跃响应曲线为单调非周期、无振荡、无超调的曲线。

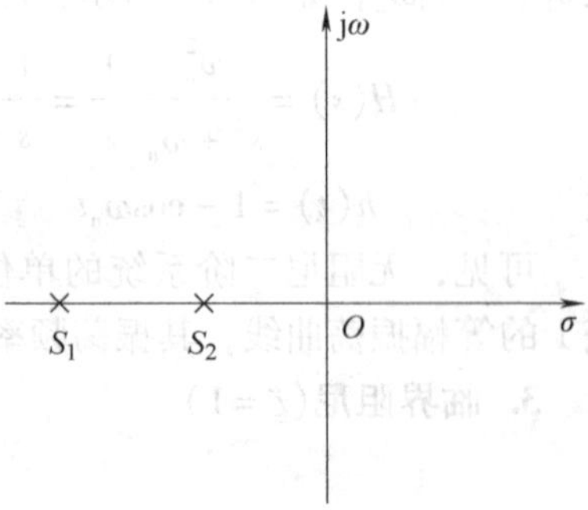

图 3.9　过阻尼时二阶系统的特征根

由以上分析可见，不同阻尼情况时，系统具有不同的响应曲线。

综观全部曲线可以得出以下结论：

1）过阻尼($\zeta>1$)时，其时间响应的调节时间 t_s 最长，进入稳态很慢，但无超调量。

2）临界阻尼($\zeta=1$)时，其时间响应也没有超调量，且响应速度比过阻尼要快。

3）无阻尼($\zeta=0$)，其响应是等辐振荡，没有稳态。

4）欠阻尼($0<\zeta<1$)时，上升时间比较快，调节时间比较短，但有超调量，但如果选择合理的 ζ 值，有可能使超调量比较小，调节时间也比较短。

综上所述，只有二阶欠阻尼系统的阶跃响应有可能兼顾快速性与稳定性，并表现出比较好的性能。因此，下面主要讨论欠阻尼情况下的性能指标计算。

3.4.2　欠阻尼情况下二阶系统的动态性能指标的计算

1）上升时间 t_r

$$t_r = \frac{\pi - \theta}{\omega_d} \tag{3.27}$$

式中　$\theta = \arctan\frac{\sqrt{1-\zeta^2}}{\zeta}$　　$\omega_d = \omega_n\sqrt{1-\zeta^2}$

2）峰值时间 t_p

$$t_p = \frac{\pi}{\omega_d} = \frac{\pi}{\omega_n\sqrt{1-\zeta^2}} \tag{3.28}$$

3）超调量 $\delta\%$

$$\delta\% = e^{-\frac{\zeta\pi}{\sqrt{1-\zeta^2}}} \times 100\% \tag{3.29}$$

4）调节时间 t_s

$$t_s = \begin{cases} \dfrac{3}{\zeta\omega_n} & (\Delta = \pm 5\%) \\ \dfrac{4}{\zeta\omega_n} & (\Delta = \pm 2\%) \end{cases} \tag{3.30}$$

5）其他性能指标：

衰减指数
$$m = \frac{\zeta}{\sqrt{1-\zeta^2}} = \frac{\zeta\omega_n}{\omega_d} \tag{3.31}$$

衰减率
$$\psi = e^{-\frac{2\pi\zeta}{\sqrt{1-\zeta^2}}} = e^{-2\pi m} \tag{3.32}$$

由上面得到的计算各动态性能指标的计算式可看出以下动态性能指标与系统参数之间的关系：

1）超调量 $\delta\%$ 的大小，完全由阻尼比 ζ 决定。ζ 越小，超调量 $\delta\%$ 越大，响应振荡性加强。当 $\zeta = 0.707$ 时，$\delta\% < 5\%$，系统响应的平稳性令人满意。分析表明，此时系统的调节时间也较短，故常称该阻尼比为最佳阻尼比。

2）三个时间指标 t_r、t_p、t_s 与两个系统参数 ζ 和 ω_n 均有关系。当 ζ 一定时，增大 ω_n，三个时间指标均能减小，且 $\delta\%$ 保持不变。

3）当 ω_n 一定时，要减小 t_r 和 t_p，就要减小 ζ；如若要减小 t_s，则要增大 ζ 的值，但 ζ 取值有一定范围，不能过大，也不能过小。

由以上分析可看出，各动态指标之间是有矛盾的，因此，要全面提高动态性能指标是很困难的。

【例3.1】　单位负反馈系统的开环传递函数 $G(s) = \frac{4}{s(s+2)}$，试求：

（1）系统的单位阶跃响应和单位斜坡响应；

（2）峰值时间 t_p、调节时间 t_s 和超调量 $\sigma\%$。

【解】

(1) $\begin{cases}\omega_n^2=4\\2\zeta\omega_n=2\end{cases}\Rightarrow\begin{cases}\omega_n=2\\\zeta=0.5\end{cases}$

系统是典型二阶系统欠阻尼情况，可以利用公式直接计算。

单位阶跃响应为

$$h(t)=1-\frac{e^{-\zeta\omega_n t}}{\sqrt{1-\zeta^2}}\sin(\sqrt{1-\zeta^2}\omega_n t+\beta)$$

$$=1-\frac{e^{-t}}{\sqrt{1-0.5^2}}\sin(2\sqrt{1-0.5^2}t+\arccos 0.5)$$

$$=1-\frac{2\sqrt{3}}{3}e^{-t}\sin(\sqrt{3}t+60°)\quad(t\geqslant 0)$$

单位斜坡响应为

$$c(t)=t-\frac{2\zeta}{\omega_n}+\frac{e^{-\zeta\omega_n t}}{\omega_n\sqrt{1-\zeta^2}}\sin(\sqrt{1-\zeta^2}\omega_n t+2\beta)$$

$$=t-0.5+\frac{\sqrt{3}}{3}e^{-t}\sin(\sqrt{3}t+120°)\quad(t\geqslant 0)$$

(2) 系统性能指标为

$$t_p=\frac{\pi}{\sqrt{1-\zeta^2}\omega_n}=1.81s$$

$$t_s\approx\frac{3}{\zeta\omega_n}=3s\quad(\Delta=5\%)\qquad t_s\approx\frac{4}{\zeta\omega_n}=4s\quad(\Delta=2\%)$$

$$\sigma\%=e^{-\frac{\zeta\pi}{\sqrt{1-\zeta^2}}}\times100\%=16.3\%$$

【例 3.2】系统框图如图 3.10 所示，若系统的 $\sigma\%=15\%$，$t_p=0.8s$。试求：

(1) K_1、K_2 值；

(2) $r(t)=1(t)$时的调节时间 t_s 和上升时间 t_r。

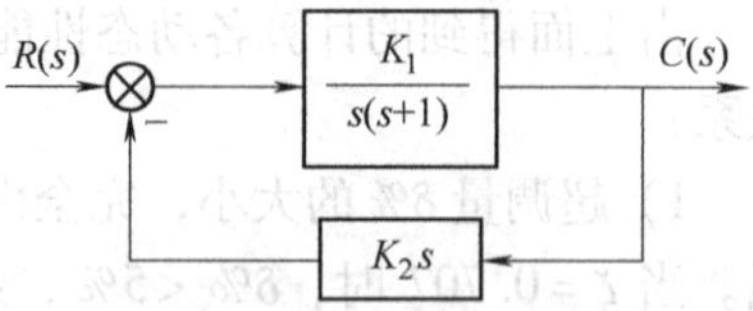

图 3.10　例 3.2 图

【解】(1) 利用系统框图等效变换化系统为单位反馈的典型结构形式后得闭环传递函数为

$$G_K(s)=\frac{\dfrac{K_1}{s(s+1)}}{1+\dfrac{K_1}{s(s+1)}K_2 s}=\frac{K_1}{s[s+(1+K_1K_2)]}\Rightarrow\begin{cases}\omega_n^2=K_1\\2\xi\omega_n=1+K_1K_2\end{cases}$$

根据题意，有

$$\begin{cases}\sigma\%=e^{-\frac{\zeta\pi}{\sqrt{1-\zeta^2}}}\times100\%=15\%\\t_p=\dfrac{\pi}{\sqrt{1-\zeta^2}\omega_n}=0.8s\end{cases}\Rightarrow\begin{cases}\zeta=0.517\\\omega_n=4.588\end{cases}\Rightarrow\begin{cases}K_1=21\\K_2=0.18\end{cases}$$

$$t_s \approx \frac{3}{\omega_n\zeta} = 1.27\text{s} \quad (\Delta = 5\%) \qquad t_s \approx \frac{4}{\omega_n\zeta} = 1.69\text{s} \quad (\Delta = 2\%)$$

(2)

$$t_r = \frac{\pi - \beta}{\omega_n \sqrt{1-\xi^2}} = 0.54\text{s}$$

3.4.3　改善二阶系统性能的措施

从改善典型二阶系统的响应特性分析可以知道，通过调整二阶系统的两个特性参数 ζ 和 ω_n，很难同时满足各项性能指标的要求。一个实际的物理系统，由于所使用部件的结构和参数往往都是固定的，很难改变，因此工程上常采用在系统中加入一些附加环节从而改变系统的结构，来改善系统的性能。

3.5　高阶系统的动态响应和简化分析

用二阶以上微分方程描述的系统，统称为高阶系统。在高阶系统中，凡距虚轴近的闭环极点，指数函数(包括振荡函数的振幅)衰减得就慢，而其在动态过程中所占的分量也较大。如果某一极点远离虚轴，这一极点对应的动态响应分量就小，衰减得就快。如果一个极点附近有闭环零点，它们可视为一对偶极子，它们的作用将会近似相互抵消。如果把那些对动态响应影响不大的项忽略掉，高阶系统就可以用一个较低阶的系统来近似描述。

在高阶系统中，若按求解微分方程得到响应曲线的办法去分析系统的特性，将是十分困难的，因此在工程中，常用低阶近似的方法来分析高阶系统。闭环主导极点的概念就是在这种情况下提出的。若系统距虚轴最近的闭环极点的周围无闭环零点，则称这个极点为闭环主导极点，高阶系统的性能就可以根据这个闭环主导极点近似估算。因为工程上往往将系统设计成衰减振荡的动态特性，所以闭环主导极点通常都选择为共轭复数极点。

图 3.11 所示是一个选择闭环主导极点的例子。图中，共轭复数极点 P_1 和 P_2 距虚轴最近，而 P_3、P_4 和 P_5 三个极点距虚轴的距离大于 5 倍以上，因此可以把 P_1 和 P_2 选为主导极点，把一个五阶系统近似成二阶系统。

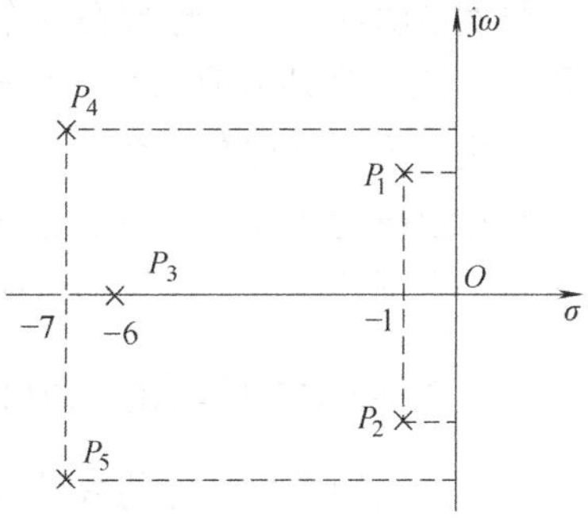

图 3.11　选择闭环主导极点

使用闭环主导极点的概念有一定的条件，因此不能任意使用，否则会产生较大的误差，得不到正确的结论。

【例 3.3】 已知闭环系统的传递函数为

$$G(s) = \frac{1301(s+4.9)}{(s^2+5s+25)(s+5.1)(s+50)}$$

近似分析系统的超调量 $\sigma\%$ 和调节时间 t_s。

【解】 零点 $-z_1 = -4.9$ 和极点 $-p_3 = -5.1$ 可视为一对偶极子，对系统动态性能的影响可以抵消；极点 $-p_4 = -50$ 远离原点，其作用也可以忽略。为了化简后不改变系统的开环增益，得

$$G(s)\approx\frac{1301\times4.9}{5.1\times50(s^2+5s+25)}=\frac{25}{(s^2+5s+25)}$$

$$\begin{cases}\xi=0.5\\ \omega_n=5\end{cases}\Rightarrow\begin{cases}\sigma\%\approx16.3\%\\ t_s\approx1.2\text{s}\quad(\Delta=5\%)\end{cases}$$

3.6 自动控制系统的稳定性分析及代数判据

控制系统的稳定性，直观地讲，就是指在控制系统受到外界扰动影响后，被调量(测量值)偏离给定值，但在有限的时间内，又能通过控制装置的调节作用使被调量重新回到或接近给定值。稳定性是控制系统是否能够进行工作的首要条件，因此，系统的稳定性是非常重要的概念。稳定性的严格数学定义是李雅普诺夫于 1892 年提出的。这里不准备讨论关于稳定性的各种严格定义，而只讨论线性定常系统稳定性的概念、稳定的充分必要条件和代数稳定判据。

3.6.1 稳定性的基本概念

设系统处于某一起始的平衡状态，在外作用的影响下，它离开了平衡状态，当外作用消失后，如果经过足够长的时间它能够恢复到原来起始的平衡状态，则称这样的系统为稳定的系统；否则为不稳定的系统。

稳定指系统所受扰动消失后，经过一段过渡过程仍能恢复到平衡状态。

相对稳定是指系统距零阶稳定状态有一定稳定裕量，和绝对稳定相比，则要求过渡过程短、振荡次数少。在实际系统中，对二者都有严格要求，这样才能正常工作。

临界稳定是指系统输出在原平衡状态附近等幅振荡，有闭环共轭极点分布在虚轴上。

不稳定是指系统所受扰动消失后不能回到平衡位置且偏差越来越大(发散)。

举例说明如下：小球放在一个凹面上，原平衡位置为 A 点，当小球受外力作用当偏离 A 点移至 B 点，当外力消除时，小球经左右滚动，最终回到原平衡位置 A，这个系统是稳定的。反之，把小球放在一个凸面上，原平衡位置为 A，当给外力稍加推动，尽管以后外力消失，小球也将越滚越远，不能返回到原来的平衡位置 A，这样的系统就是不稳定的。当然，这只是一个不严格的、简化的说明，实际的系统要复杂得多。

3.6.2 控制系统稳定的充分必要条件

下面介绍稳定性机理的数学分析。一个线形系统可由线性微分方程描述，即

$$a_ny^{(n)}+a_{n-1}y^{(n-1)}+\cdots+a_1y'+a_0y=b_mx^{(m)}+b_{m-1}x^{(m-1)}+\cdots+b_1x'+b_0x\tag{3.33}$$

其通解 $Y(t)$ = 特解 + 齐次方程通解。其中：

特解：稳态分量(强制分量)，与外作用形式有关；

通解：暂态分量(自由分量)，与系统本身参数结构和初始条件有关。

由于稳定性研究的是系统扰动消除后输出量运动情况(动态的、暂态的、瞬态的)，因此齐次微分方程式便是研究系统稳定的对象，也就是特征方程式可写成传递函数的形式

式(3.33)可写成传递函数的形式

$$\frac{Y(s)}{R(s)}=\frac{b_m s^m+b_{m-1}s^{m-1}+\cdots+b_1 s+b_0}{a_n s^n+a_{n-1}s^{n-1}+\cdots+a_1 s+a_0} \tag{3.34}$$

由式(3.34)得特征方程

$$a_n s^n+a_{n-1}s^{n-1}+\cdots+a_1 s+a_0=0 \tag{3.35}$$

该方程只与参数结构有关。

由特征方程式(3.35)可解得特征根。

有一实根 $-\alpha$，则通解为

$$Ae^{-\alpha t}\begin{cases}-\alpha<0 & \text{单调递减收敛}\\ -\alpha>0 & \text{单调递增发散}\end{cases} \tag{3.36}$$

有共轭复根 $-\alpha\pm j\omega$，则通解为

$$e^{-\alpha t}(B\cos\omega t+C\sin\omega t)\begin{cases}-\alpha<0 & \text{衰减振荡}\\ -\alpha=0 & \text{增幅振荡}\\ -\alpha>0 & \text{等幅振荡}\end{cases} \tag{3.37}$$

由于线性系统具有叠加性，因此只要有一个特征根的实部为正，其暂态响应分量便发散，系统便不稳定。

由系统稳定性定义可见，稳定性是系统去掉外作用后，自身的一种恢复能力，所以是系统的一种固有特性，对于线性定常系统，它只取决于系统本身的结构和参数，而与初始条件和外作用等无关。系统的稳定性只取决于系统的极点，而与系统的零点无关。因此，可以用系统的特征方程来对它进行分析，并由此来讨论系统稳定的充要条件。

线性定常系统稳定的充要条件是：闭环系统特征方程式的所有根全部为负实数或为具有负实部的共轭复数，也就是所有闭环特征根全部位于复平面的左半面。如果至少有一个闭环特征根分布在右半面上，则系统就是不稳定的；如果没有右半面的根，但在虚轴上有根(即有纯虚根)则系统是临界稳定的。在工程上，线性系统处于临界稳定和处于不稳定一样，是不能被采用的。上述结论对于特征方程有重根时仍适用。

对于低阶系统(三阶以下的系统)，特征根的求取过程比较简单。但对于高阶系统而言，既便是求解代数方程，其求解特征根的解题步骤也是相当复杂的，所以直接利用控制系统稳定的充要条件来判断系统的稳定性的方法的适用性不大。尤其是热工控制系统，一般都是三阶以上的系统。因此，为解决高阶系统的稳定性判别问题，引出了具有广泛使用价值的劳斯(Routh)稳定判据。

3.6.3　系统稳定性代数判据

1. 初步判据

定理　系统稳定的必要条件：特征方程所有系数都为正。全为正，系统未必稳定，但若有为零(缺项)或小于零的系数，则可判定必不稳定。

证明　由特征方程式可得

$$a_n\prod_{i=1}^{q}(s+\sigma_i)\prod_{k=1}^{l}[(s+\alpha_k)^2+\omega_k]=0 \tag{3.38}$$

若系统稳定，$-\sigma_I<0$，$-\alpha_k<0$，上式展开后各项系数都大于0。

实际上，对于一、二阶系统，上述结论也是充分的，对于三阶以上的高阶系统则需进一

步判断。

2. 劳斯判据（Routh 稳定判据）

劳斯判据是英国人劳斯于 1877 年提出的，因此得名。

设线性定常系统的特征方程为

$$a_n s^n + a_{n-1} s^{n-1} + \cdots a_i s^i + \cdots a_1 s + a_0 = 0 \tag{3.39}$$

式中，a_n，a_{n-1}，$\cdots a_1$，a_0 是方程的系数，均为实常数。

若特征方程缺项（有等于零的系数）或系数间不同号（有为负值的系数），特征方程的根就不可能都具有负实部，系统必然不稳定。所以，线性定常系统稳定的必要条件是特征方程的所有系数 $a_i > 0$。满足必要条件的系统并不一定稳定，劳斯判据则可以用来进一步判断系统是否稳定。

在应用劳斯判据时，必须计算劳斯表。表 3.1 给出了劳斯表的计算方法。劳斯表中的前两行是根据系统特征方程的系数隔行排列的。从第三行开始，表中的各元素则必须根据上两行元素的值计算求出。读者不难从表中找出计算的方法和规律如下：

$$b_1 = \frac{a_{n-1}a_{n-2} - a_n a_{n-3}}{a_{n-1}} \qquad b_2 = \frac{a_{n-1}a_{n-4} - a_n a_{n-5}}{a_{n-1}}$$

$$c_1 = \frac{b_1 a_{n-3} - a_{n-1} b_2}{b_1} \qquad c_2 = \frac{b_1 a_{n-5} - a_{n-1} b_3}{b_1} \tag{3.40}$$

表 3.1　劳斯表

s^n	a_n	a_{n-2}	a_{n-4}	a_{n-k}	a_{n-2m}
s^{n-1}	a_{n-1}	a_{n-3}	a_{n-5}	a_{n-k}	$a_{n-(2m-1)}$
s^{n-2}	b_1	b_2	b_3		
s^{n-3}	c_1	c_2	c_3		
⋮					
s^1					
s^0					

劳斯判据的内容：当线性定常系统的特征方程 $a_i > 0$，且劳斯表第一列所有元素都大于零时，该线性定常系统是稳定的。这是用劳斯判据表示的线性定常系统稳定的充分必要条件。

若劳斯表中第一列元素的符号正负交替，则系统不稳定。正负号变换的次数就是位于 s 平面右半边的闭环极点的个数。

【例 3.4】　已知系统特征方程式如下：

$$s^4 + 5s^3 + 8s^2 + 16s + 20 = 0$$

判断该系统是否稳定。

【解】　劳斯表

s^4	1	8	20
s^3	5	16	0
s^2	4.8	20	
s^1	−4.83	0	
s^0	20		

劳斯表中第一列元素的符号改变了两次，说明系统不稳定且有两个特征根位于 s 平面右半边。

【例 3.5】 判断三阶系统稳定的条件。三阶系统特征方程式为

$$a_3s^3+a_2s^2+a_1s+a_0=0$$

式中，a_3、a_2、a_1、a_0 均大于零。

【解】 劳斯表

$$\begin{array}{lll} s^3 & a_3 & a_1 \\ s^2 & a_2 & a_0 \\ s^1 & \dfrac{a_2a_1-a_3a_0}{a_2} & 0 \\ s^0 & a_0 & \end{array}$$

根据劳斯判据，当满足 $a_2a_1-a_3a_0>0$ 时，系统稳定。

3. 劳斯判据的特殊情况

在应用劳斯判据判断系统是否稳定时，会遇到以下两种特殊的情况：一种是劳斯表某行第一列的元素出现零值，而该行其他元素则不全为零；另一种是劳斯表某行元素全为零(说明此时系统存在各对称于原点的根，如大小相等、符号相反的实根或(和)一些共轭虚根，或者为实部符号相反的共轭复根)。若遇到这种情况，劳斯表就无法计算下去。下面通过一些例子说明对这种情况如何处理。

【例 3.6】 已知控制系统的特征方程

$$s^5+2s^4+2s^3+4s^2+s+1=0$$

判断该系统是否稳定。

【解】 劳斯表

$$\begin{array}{llll} s^5 & 1 & 2 & 1 \\ s^4 & 1 & 4 & 1 \\ s^3 & 0(\varepsilon) & \dfrac{1}{2} & \\ s^2 & 4-\dfrac{1}{\varepsilon} & 1 & \\ s^1 & \dfrac{1}{2} & & \\ s^0 & 1 & & \end{array}$$

本例中，劳斯表第 3 行元素出现 0，若继续计算，第 4 行的元素将为无穷大。这时可以用一个很小的正数 ε 代替第 3 行的零元素，继续计算下去。很显然

$$4-\frac{1}{\varepsilon}<0$$

劳斯表第 1 列元素的符号改变了两次，说明系统不稳定且有两个特征根位于 s 平面右半边。

在这种情况下，若第 1 列元素全部为正，说明系统特征根有纯虚根，即有闭环极点分布

在 s 平面虚轴上。s 平面虚轴把 s 平面分为两个半边，系统闭环极点若分布在 s 平面左半边，系统一定稳定。所以 s 平面左半边是稳定区。只要系统有闭环极点分布在 s 平面右半边，系统就一定不稳定。所以 s 平面右半边是不稳定区。闭环极点若分布在虚轴上，称其为稳定的临界情况，因为这类闭环极点对应的系统齐次方程的解是等幅振荡或常量，在李雅普诺夫稳定性的定义下，这种情况是稳定的，但不是渐进稳定。在实际的控制工程中，系统稳定或不稳定与李雅普诺夫稳定性定义中的稳定是有差别的。

【例 3.7】 已知控制系统的特征方程

$$s^6+s^5-2s^4-4s^3-7s^2-4s-4=0$$

讨论系统稳定的情况。

【解】 从特征方程上看，此系统不满足线性定常系统稳定的必要条件：$a_i>0$，可以得出结论，系统不稳定。但是为了获取系统在稳定性方面更多的信息，仍然可使用劳斯判据。

劳斯表

s^6	1	−2	−7	−4
s^5	1	−3	−4	0
s^4	1	−3	−4	
s^3	0(4)	0(−6)	0	
s^2	−1.5	−4		
s^1	−16.7			
s^0	−4			

本例中，劳斯表第 4 行出现了全为 0 的行。这种情况下，可以取全为 0 的行上一行的元素构成一个辅助方程，方程中 s 均为偶次

$$s^4-3s^2-4=0$$

对辅助方程求导

$$4s^3-6s=0$$

用辅助方程求导后得到的方程的系数取代全为 0 的行中的对应零元素，再继续劳斯表的计算。本例中劳斯表第 1 列元素改变了一次符号，所以系统特征方程有一个根在 s 平面右半边。

出现某行元素全为 0 的情况，说明系统存在对称于 s 平面原点的特征根。求解辅助方程，可以得到这些根

$$s^4-3s^2-4=0$$

$$s_{1,2}=\pm 2 \qquad s_{3,4}=\pm j$$

但是当一行中的第一列的元素为 0，而且没有其他项时，可以按第一种特殊情况处理。

4. 劳斯判据的应用

以上讨论了利用劳斯判据判定系统稳定性的方法。此外劳斯判据还可以有其他方面的用途：

1）分析参数变化对稳定性的影响，或求使系统稳定时参数的取值范围（这些参数可以是系统的开环增益，也可以是其他参数）。

【例 3.8】 某控制系统特征方程式如下：

$$0.025s^3+0.35s^2+s+K=0$$

试确定 K 的稳定范围。

【解】　劳斯表

s^3	0.025	1
s^2	0.35	K
s^1	$\dfrac{0.35-0.025K}{0.35}$	
s^0	K	

若要系统稳定，则必须

$$0.35-0.025K>0$$
$$K>0$$

由此可得出的稳定范围为

$$0<K<14$$

2）判断出系统根在根平面的分布情况。

【例 3.9】　已知控制系统特征方程为

$$s^5+4s^4+4s^3+8s^2+10s+6=0$$

试判别系统的稳定性，并指出闭环极点在根平面的左平面、右平面和虚轴的个数。

【解】　劳斯表

s^5	1	4	10
s^4	4	8	6
s^3	2	$\dfrac{17}{2}$	
s^2	-9	6	
s^1	$\dfrac{59}{6}$		
s^0	6		

由劳斯表可知，第一列元素符号变化两次，所以系统不稳定，且有两个根在右半平面：而劳斯表中无全为 0 的行，故无虚轴上的根：因特征方程为五阶，所以有三个根在左半平面。

3）判断系统的稳定性裕度

所谓稳定性裕度是指系统不但稳定，而且要有一定的稳定性储备，这样系统才能正常工作。稳定性裕度有各种表示方法，其中之一是使其极点不但全在 s 平面左半部，而且保证全部极点都位于 s 平面左半部一条平行于虚轴的直线 $\delta=-a(a>0)$ 的左侧，如图 3.12 所示的阴影部分。

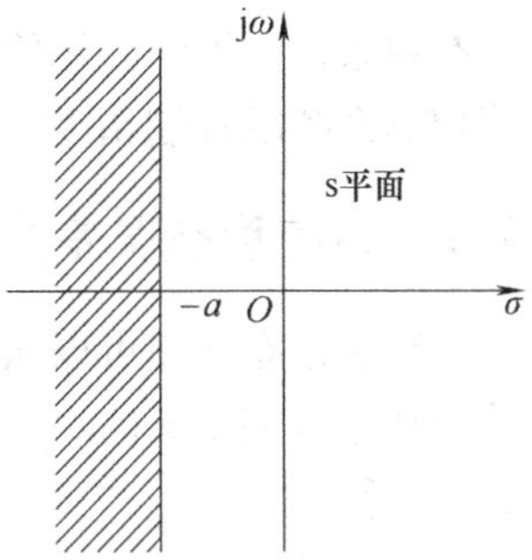

图 3.12　稳定性裕度

利用劳斯判据可判断系统是否满足要求，此时，只要利用坐标变换将原特征方程 $D(s)=0$ 变为 $D(s_1-a)=0$，然后利用劳斯判据根据方程判断 $D(s_1-a)=0$ 即可。

【例 3.10】 一控制系统如图 3.13 所示，其中 K 为控制器可变参数，选择 K 使闭环传递函数的极点都在 s 平面上 $\delta=-1$ 线的左侧。

【解】 系统特征方程为

$$1+G_K(s)=0$$

即

$$1+\frac{K}{(s+2)^3}=0$$

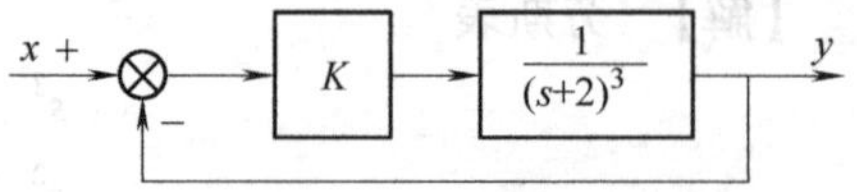

图 3.13　例 3.10 图

$$s^3+6s^2+12s+8+K=0$$

以 $s=s_1-1$ 代入上式，得

$$(s_1-1)^3+6(s_1-1)^2+12(s_1-1)+8+K=0$$

经整理得

$$s_1^3+3s_1^2+3s_1+1+K=0$$

根据上式构造劳斯表如下：

s^3	1	3
s^2	3	$1+K$
s^1	$\frac{8-K}{3}$	
s^0	$1+K$	

若要系统稳定，则必须

$$\frac{8-K}{3}>0$$

$$1+K>0$$

即

$$-1<K<8$$

故当 $-1<K<8$ 时，系统的全部极点都在 s 平面上 $\delta=-1$ 线的左侧。

3.7　控制系统的稳态误差分析

控制系统的性能包括动态性能和稳态性能。系统的稳态性能主要用稳态误差来衡量。所谓稳态误差，是指系统达到稳态时，输出量的期望值与稳态值之间存在的差值。稳态误差的大小是稳态系统时域性能的重要指标。稳态误差并不包括由于元件的非线性、零点漂移、老化等原因所造成的永久性的误差。没有稳态误差的系统称为无差系统，具有稳态误差的系统称为有差系统。通常，用给定稳态误差来衡量随动系统的控制精度，用扰动稳态误差来衡量恒值控制系统的控制精度。

3.7.1　系统稳态误差的概念

系统的稳态误差可以从输入端定义，也可以从输出端定义。在自动控制理论中，使用较多的是从输入端定义的稳态误差。本节主要介绍从输入端定义的稳态误差。控制系统框图如图 3.14 所示。

1. 误差定义

对于误差，有不同的定义，常用的误差定义有以下两种：

1）从输出端定义的误差：系统输出量的期望值与实际值之差，即

$$e(t)=c_r(t)-c(t) \tag{3.41}$$

式中，$e(t)$为误差；$c_r(t)$为与系统给定输入量相对应的期望输出量；$c(t)$为系统的实际输出量。

这种定义物理意义明确，但在实际系统中往往不可测量，故不常用。

2）从输入端定义的误差：系统给定输入量与主反馈量之差，即

$$e(t)=r(t)-b(t) \tag{3.42}$$

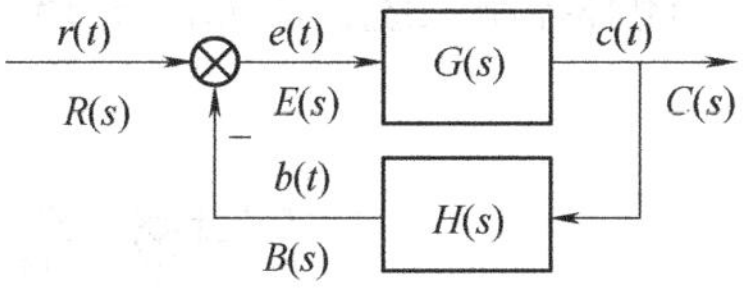

图3.14　控制系统框图

式中，$r(t)$为给定输入量；$b(t)$为系统实际输出量$c(t)$经反馈后送到输入端的反馈量。

这种定义的误差在实际系统中容易测量，便于进行理论分析，故在控制系统的分析中，常用这种定义的误差。

2. $c_r(t)$与$r(t)$

对于被控量的期望值$c_r(t)$，也有不同的定义。对于负反馈系统，当反馈通路传递函数$H(s)$是常数（通常如此）时，本书定义，偏差信号$e(t)=0$时的被控量的值就是期望输出值。

令$E(s)=0$，则$C(s)=C_r(s)$，$R(s)-H(s)C_r(s)=0$，故

$$C_r(s)=\frac{R(s)}{H(s)} \qquad c_r(t)=\frac{1}{H(s)}r(t)$$

由误差的第一种定义，有

$$E_1(s)=C_r(s)-C(s)\Rightarrow E_1(s)=\frac{R(s)}{H(s)}-C(s) \tag{3.43}$$

由误差的第二种定义，有

$$E(s)=R(s)-B(s)=R(s)-H(s)C(s)\Rightarrow E_1(s)=\frac{1}{H(s)}E(s)$$

$$e_1(t)=\frac{1}{H(s)}e(t) \tag{3.44}$$

对于单位负反馈系统，即$H(s)=1$，上面两种定义的误差是一样的。

3. 稳态误差的定义

从输入端定义的误差为

$$e(t)=r(t)-b(t) \tag{3.45}$$

当时间$t\to\infty$时，该差值就是稳态误差，用e_{ss}表示，即

$$e_{ss}=\lim_{t\to\infty}e(t)=\lim_{t\to\infty}[r(t)-b(t)] \tag{3.46}$$

定义：稳定的控制系统，在输入变量的作用下，动态过程结束后，进入稳定状态下的误差，称为稳态误差。

对于单位反馈系统，$H(s)=1$，$b(t)=y(t)$，其稳态误差e_{ss}为

$$e_{ss}=\lim_{t\to\infty}e(t)=\lim_{t\to\infty}[r(t)-y(t)] \tag{3.47}$$

本节研究由参考输入信号$r(t)$和扰动信号$n(t)$引起的稳态误差，它们与系统的结构和

参数、信号的函数形式(阶跃、斜坡或加速度)以及信号进入系统的位置有关。对于不稳定的系统，误差的瞬态分量很大，这时研究和减小稳态误差都没有实际意义，所以这里只研究稳定系统的稳态误差。

4. 稳态误差的分类

闭环控制系统框图如图 3.15 所示。

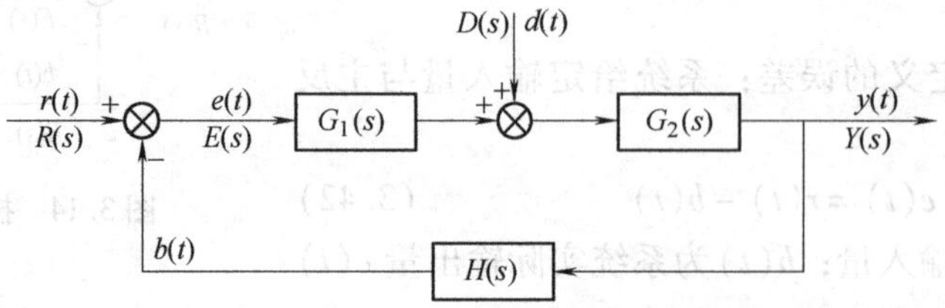

图 3.15　闭环控制系统框图

当给定输入 $r(t)$ 和扰动输入 $d(t)$ 同时作用时，如图 3.15 所示，输出 $y(t)$ 的拉普拉斯变换 $Y(s)$ 为

$$\begin{aligned} Y(s) &= G_1(s)G_2(s)E(s)+D(s)G_2(s) \\ &= G_1(s)G_2(s)[R(s)-H(s)Y(s)]+D(s)G_2(s) \end{aligned} \tag{3.48}$$

将式(3.48)整理后得

$$Y(s)=\frac{G_1(s)G_2(s)}{1+G_1(s)G_2(s)H(s)}R(s)+\frac{G_2(s)}{1+G_1(s)G_2(s)H(s)}D(s) \tag{3.49}$$

误差 $e(t)$ 的拉普拉斯变换为

$$E(s)=R(s)-H(s)Y(s)=\frac{1}{1+G_1(s)G_2(s)H(s)}R(s)-\frac{G_2(s)H(s)}{1+G_1(s)G_2(s)H(s)}D(s) \tag{3.50}$$

式(3.50)表明，误差 $E(s)$ 既与给定值输入 $R(s)$ 及扰动输入 $D(s)$ 有关，也与系统的结构有关，即与 $G_1(s)$、$G_2(s)$、$H(s)$ 等有关。

式(3.50)等号右边第一项对应于给定值 $r(t)$ 输入所引起的误差，用 $E_r(s)$ 代表；右边第二项对应于扰动输入 $n(t)$ 所引起的误差，用 $E_n(s)$ 代表，因此式(3.50)可写成

$$E(s)=E_r(s)+E_n(s) \tag{3.51}$$

其中

$$E_r(s)=\frac{1}{1+G_1(s)G_2(s)H(s)}R(s)$$

$$E_n(s)=\frac{-G_2(s)H(s)}{1+G_1(s)G_2(s)H(s)}D(s)$$

而

$$\frac{E(s)}{R(s)}=\frac{1}{1+G_1(s)G_2(s)H(s)}$$

称给定输入 $r(t)$ 系统的误差传递函数

$$\frac{E(s)}{D(s)}=\frac{-G_2(s)H(s)}{1+G_1(s)G_2(s)H(s)}$$

称扰动输入 $d(t)$ 系统的误差传递函数。

对 $E_r(s)$ 和 $E_n(s)$ 两式分别利用拉普拉斯变换的终值定理，可得给定稳态误差 e_{ssr} 为

$$e_{ssr}=\lim_{s\to 0}\frac{s}{1+G_1(s)G_2(s)H(s)}R(s) \tag{3.52}$$

及扰动稳态误差 e_{ssn} 为

$$e_{ssn}=\lim_{s\to 0}\frac{-sG_2(s)H(s)}{1+G_1(s)G_2(s)H(s)}D(s) \tag{3.53}$$

3.7.2　控制系统按开环结构中积分环节数分类

由于稳态误差与系统的结构有关，这里介绍一种控制系统按开环结构中积分环节数来分类的方法。

假设系统的开环传递函数有下列形式：

$$G(s)H(s)=\frac{K\prod_{i=1}^{m}(\tau_i s+1)}{s^N\prod_{j=1}^{n-N}(T_j s+1)} \tag{3.54}$$

式中，K 为开环放大系数；N 为开环结构中串联的积分环节数；τ_j 为开环传递函数分子多项式的时间常数，$i=1$，2，…，m；T_j 为开环传递函数分母多项式的时间函数，$j=1$，2，…，$n-N$。

控制系统根据不同的 N 值可分为下列类型：

当 $N=0$，即控制系统开环传递函数不含积分环节时，称为 0 型系统；当 $N=1$ 时，称为Ⅰ型系统；当 $N=2$ 时，称为Ⅱ型系统。

由于当 $N>2$ 时，对系统的稳定性是不利的，因此一般不采用，这里不再讨论。

3.7.3　给定值输入下的稳态误差计算

1. 按照误差定义利用终值定理计算系统的稳态误差

【例 3.11】 如图 3.15 所示的系统，已知 $G_1(s)=2$，$G_2(s)=\frac{1}{s+1}$，$H(s)=1$，确定系统当 $r(t)=10\cdot 1(t)$ 时，系统的给定稳态误差 e_{ssr}。

【解】 首先判断系统的稳定性。系统的特征方程为

$$1+G_1(s)G_2(s)H(s)=0\Rightarrow 1+\frac{2}{s+1}=0\Rightarrow s+3=0$$

系统稳定，而

$$E_{ssr}=\frac{1}{1+G_1(s)G_2(s)H(s)}R(s)=\frac{1}{s+3}R(s)$$

$$e_{ssr}=\lim_{s\to 0}sE_{ssr}=\lim_{s\to 0}s\frac{1}{s+3}R(s)=\lim_{s\to 0}s\frac{1}{s+3}\frac{10}{s}=\frac{10}{3}$$

2. 利用开环结构形式及输入信号的形式计算系统的稳态误差

当系统结构复杂时，用上述方法计算给定值扰动下的稳态误差，由于需要求取系统的闭

环传递函数，因此计算过程比较复杂，尤其是对于多回路的复杂系统，计算过程更为繁琐。另外这种计算方法既不能显示出系统产生误差的原因，也不能确定减小误差的措施。尤其是对于设计指标要求必须具有静态无差能力的系统，上述求取误差的方法，无法确定设计无差系统的直观方法。为寻找求取系统稳态性能的简单直观方法并且研究内部结构与系统稳态误差的内在联系，这里引出一个概念，即用开环结构确定闭环系统的稳态性能。

从例 3.11 可看出，给定稳态误差将与给定值输入类型、开环放大系数和系统的类型(0 型、Ⅰ型、Ⅱ型等)有关。通常采用单位阶跃输入、单位斜坡输入和单位抛物线输入等来研究给定稳态误差。每种输入又可以作用于不同类型的系统，从而得到稳态误差的不同计算结果。下面介绍不同情况下给定稳态误差的计算。

1）单位阶跃输入：当输入为单位阶跃函数时，图 3.15 中，$r(t)=1(t)\Rightarrow R(s)=\frac{1}{s}$，代入上述 e_{ssr} 计算公式可得给定稳态误差 e_{ssr} 为

$$e_{ssr}=\lim_{s\to 0}\frac{s}{1+G_1(s)G_2(s)H(s)}\frac{1}{s} \tag{3.55}$$

令 $G_1(s)G_2(s)=G(s)$，并定义

$$K_p=\lim_{s\to 0}G(s)H(s) \tag{3.56}$$

K_p 称为稳态位置误差系数。

将 $G(s)$、K_p 代入式(3.55)得

$$e_{ssr}=\lim_{s\to 0}\frac{1}{1+G(s)H(s)}=\frac{1}{1+\lim\limits_{s\to 0}G(s)H(s)}=\frac{1}{1+K_p} \tag{3.57}$$

对于 0 型系统

$$K_p=\lim_{s\to 0}\frac{K\prod_{i=1}^{m}(\tau_i s+1)}{\prod_{j=1}^{n}(T_j s+1)}=K \qquad e_{ssr}=\frac{1}{1+K} \tag{3.58}$$

对于Ⅰ型或高于Ⅰ型的系统

$$K_p=\lim_{s\to 0}\frac{K\prod_{i=1}^{m}(\tau_i s+1)}{s^N\prod_{j=1}^{n-N}(T_j+1)}=\infty \quad (N\geqslant 1) \qquad e_{ssr}=\frac{1}{1+K_p}=0 \tag{3.59}$$

从以上分析可以看出，由于 0 型系统中没有积分环节，单位阶跃输入时的稳态误差为一定值，它的大小差不多与系统开环传递函数 K 成反比。K 愈大，e_{ssr} 愈小，但总有误差。因此，这种开环结构没有积分环节的 0 型系统，又称为有差系统。

虽然实际生产过程的控制系统一般是允许存在误差的，只要误差不超过规定的指标就可以，但总是希望稳态误差越小越好，因此，常在稳定条件允许的前提下，增大 K_p 或 K。若要求系统对阶跃输入的稳态误差为零，则系统必须是Ⅰ型或高于Ⅰ型的，即其前向通道中必须具有积分环节。

2）单位斜坡输入：当输入为单位斜坡函数时，图 3.15 中的 $r(t)=t\Rightarrow R(s)=\frac{1}{s^2}$，代入

式(3.52)，得给定稳态误差为[同样令 $G_1(s)G_2(s)=G(s)$]

$$e_{ssr}=\lim_{s\to 0}\frac{s}{1+G(s)G(s)}\frac{1}{s^2}=\lim_{s\to 0}\frac{1}{s(1+G(s)H(s))}$$

$$=\lim_{s\to 0}\frac{1}{s+sG(s)H(s)}=\lim_{s\to 0}\frac{1}{sG(s)H(s)} \tag{3.60}$$

定义：$K_v=\lim\limits_{s\to 0}sG(s)H(s)$，$K_v$ 称为稳态速度误差系数。则

$$e_{ssr}=\frac{1}{K_v}$$

对于 0 型系统

$$K_v=\lim_{s\to 0}s\frac{K\prod\limits_{i=1}^{m}(\tau_i s+1)}{\prod\limits_{j=1}^{n}(T_j s+1)}=0 \qquad e_{ssr}=\frac{1}{K_v}=\infty \tag{3.61}$$

对于Ⅰ型系统

$$K_v=\lim_{s\to 0}s\frac{K\prod\limits_{i=1}^{m}(\tau_i s+1)}{s\prod\limits_{j=1}^{n-1}(T_j s+1)}=K \qquad e_{ssr}=\frac{1}{K_v}=\frac{1}{K} \tag{3.62}$$

对于Ⅱ型或高于Ⅱ型的系统

$$K_v=\lim_{s\to 0}s\frac{K\prod\limits_{i=1}^{m}(\tau_i s+1)}{s^N\prod\limits_{j=1}^{n-N}(T_j s+1)}=\infty \qquad e_{ssr}=\frac{1}{K_v}=0 \tag{3.63}$$

上述分析表明：对于 0 型系统，输出不能紧跟等速度输入(斜坡输入)，最后稳态误差趋近∞；对于Ⅰ型系统，输出能跟踪等速度输出，但总有误差($1/K$)。为了减少误差，必须使前向通道系统的 K_v 或 K 值足够大；对于Ⅱ型或Ⅱ型以上系统，稳态误差为零。这种系统有时称为二阶无差系统。

所以对于斜坡输入信号，要使系统稳态误差为定值或为零，必须使前向通道串联的积分环节数 N 大于等于 1，也就是要有足够的积分环节数。

3）单位抛物线输入：当输入为单位抛物线函数(即等加速度函数)时，图 3.15 中的

$$r(t)=\frac{1}{2}t^2(t>0)\Rightarrow R(s)=\frac{1}{s^3} \tag{3.64}$$

代入式(3.52)得给定稳态误差为

$$e_{ssr}=\lim_{s\to 0}\frac{s}{1+G(s)H(s)}\frac{1}{s^3}=\lim_{s\to 0}\frac{1}{s^2+s^2G(s)H(s)}=\lim_{s\to 0}\frac{1}{s^2G(s)H(s)} \tag{3.65}$$

定义：$K_a=\lim\limits_{s\to 0}s^2G(s)H(s)$，$K_a$ 称为稳态加速度误差参数。将 K_a 代入式(3-65)得

$$e_{ssr}=\frac{1}{K_a}$$

对于 0 型系统

$$K_{\mathrm{a}}=\lim_{s\to 0}s^2\frac{K\prod_{i=1}^{m}(\tau_i s+1)}{\prod_{j=1}^{n}(T_j s+1)}=0\qquad e_{\mathrm{ssr}}=\frac{1}{K_{\mathrm{a}}}=\infty \tag{3.66}$$

对于Ⅰ型系统

$$K_{\mathrm{a}}=\lim_{s\to 0}s^2\frac{K\prod_{i=1}^{m}(\tau_i s+1)}{s\prod_{j=1}^{n-1}(T_j s+1)}=0\qquad e_{\mathrm{ssr}}=\infty \tag{3.67}$$

对于Ⅱ型系统

$$K_{\mathrm{a}}=\lim_{s\to 0}s^2\frac{K\prod_{i=1}^{m}(\tau_i s+1)}{s^2\prod_{j=1}^{n-2}(T_j s+1)}=K\qquad e_{\mathrm{ssr}}=\frac{1}{K_{\mathrm{a}}}=\frac{1}{K} \tag{3.68}$$

对于Ⅲ型或高于Ⅲ型的系统

$$K_{\mathrm{a}}=\infty\qquad e_{\mathrm{ssr}}=0 \tag{3.69}$$

所以，当输入为单位抛物线函数时，0 型和Ⅰ型系统都不能满足要求，Ⅱ型系统能工作，但要有足够大的 K_{a} 或 K 使稳态误差在允许范围之内。只有Ⅲ型或Ⅲ型以上的系统，输出才能紧跟输入，且稳态误差为零。但是必须指出，当前向通道积分环节增多时，系统的动态稳定性将变得很差以至不能正常工作。

当输入信号是上述典型输入的组合时，为使系统满足稳态影响的要求，N 值应按最复杂的输入函数来选定(例如输入函数包含有阶跃和斜坡两种函数时，N 必须大于或等于 1)。

【例 3.12】 单位反馈系统前向通道的传递函数为

$$G(s)=\frac{10}{s(s+1)}$$

求系统在输入信号 $r(t)=3+2t+3t^2$ 作用下的稳态误差。

【解】 首先判断系统的稳定性。系统的特征方程为

$$s^2+s+10=0$$

系统稳定。

根据叠加原理分别求 $r_1(t)=3$，$r_2(t)=2t$，$r_3(t)=3t^2$ 的稳态误差。

本系统为Ⅰ型系统，$r_1(t)=3$ 为阶跃函数，$K_{\mathrm{p}}=\infty$。因此有

$$e_{\mathrm{ss1}}=\frac{3}{1+K_{\mathrm{p}}}=0$$

$r_2(t)=2t$ 为斜坡函数，稳态速度误差系数 $K_{\mathrm{v}}=K=10$，由此得到

$$e_{\mathrm{ss2}}=\frac{R}{K_{\mathrm{v}}}=\frac{2}{10}=0.2$$

$r_3(t)=3t^2$ 为抛物线函数，稳态加速度误差系数 $K_{\mathrm{a}}=0$，因此

$$e_{ss3}=\frac{R}{K_a}=\frac{6}{0}=\infty$$

系统的稳态误差为

$$e_{ss}=e_{ss1}+e_{ss2}+e_{ss3}=\infty$$

3.7.4 扰动输入下稳态误差的计算

控制系统除了受到给定值输入的作用外，还经常处于各种扰动输入的作用下。在控制系统受到扰动时，即使给定值不变也会产生稳态误差。另外，系统的元器件受环境影响、老化、磨损等会使系统特性发生变化，也可以产生稳态误差。系统在扰动作用下的稳态误差大小反映了系统抗干扰的能力。

1. 按照误差定义利用终值定理计算系统的稳态误差

【例 3.13】 如图 3.15 所示的系统，已知 $G_1(s)=2$，$G_2(s)=\frac{1}{s+1}$，$H(s)=1$，确定系统当 $n(t)=5\cdot 1(t)$时系统的稳态误差 e_{ssd}。

【解】 首先判断系统的稳定性。系统的特征方程为

$$1+G_1(s)G_2(s)H(s)=0\Rightarrow 1+\frac{2}{s+1}=0\Rightarrow s+3=0$$

系统稳定，而

$$E_{ssn}=-\frac{G_2(s)}{1+G_1(s)G_2(s)H(s)}N(s)=-\frac{\frac{1}{s+1}}{1+\frac{2}{s+1}}N(s)$$

$$e_{ssn}=\lim_{s\to 0}sE_{ssn}=-\lim_{s\to 0}s\frac{1}{s+3}N(s)=-\lim_{s\to 0}s\frac{1}{s+3}\frac{5}{s}=-\frac{5}{3}$$

2. 利用开环结构形式及输入信号的形式计算系统的稳态误差

扰动输入能从各种不同部位作用到系统。系统对于某种形式的给定输入的稳态误差可能为零，但是由于作用的部位不同，对同样形式的扰动输入，其稳态误差未必为零。

对于图 3.15，这里来讨论该系统在扰动 $d(t)$作用下的稳态误差。按叠加原理，假定 $R(s)=0$,系统中只有扰动输入，则 $D(s)$引起的稳态误差 $E_d(s)$为

$$E_d(s)=\frac{-G_2(s)H(s)}{1+G_1(s)G_2(s)H(s)}D(s) \tag{3.70}$$

当 $G_1(s)G_2(s)H(s)\gg 1$ 时，式(3.70)可近似写成

$$E_d(s)\approx -\frac{D(s)}{G_1(s)} \tag{3.71}$$

扰动稳态误差 e_{ssd}(时域表示)为

$$e_{ssd}=\lim_{s\to 0}sE_d(s)\approx -\lim_{s\to 0}s\frac{D(s)}{G_1(s)} \tag{3.72}$$

设

$$G_1(s) = \frac{K_1 \prod_{i=1}^{m_1} (\tau_i s + 1)}{s^{N_1} \prod_{j=1}^{n_1 - N_1} (T_j s + 1)} \tag{3.73}$$

式中，K_1 为 $G_1(s)$的放大系数；N_1 为 $G_1(s)$含有的积分环节数。

则

$$e_{ssd} = -\lim_{s \to 0} sD(s) \frac{s^{N_1}}{K_1} \tag{3.74}$$

为了降低和消除扰动引起的稳态误差，可以在扰动作用点前的传递函数 $G_1(s)$中引入积分环节和提高放大系数 K_1，而且这样做可以仅仅消除扰动引起的稳态误差而又不影响系统的稳定性。值得说明的是，扰动稳态误差与干扰的作用点有关。

若要求取系统在给定值输入和扰动输入同时作用下的稳态误差，只要将二者叠加就可以了。

表 3.2 给出了在输入信号作用下系统的稳态误差。

表 3.2　输入信号作用下系统的稳态误差

静态误差系数			阶跃输入 $r(t) = R \cdot 1(t)$	斜坡输入 $r(t) = Rt$	加速度输入 $r(t) = \frac{1}{2}Rt^2$
K_p	K_v	K_a	$e_{ss} = \frac{R}{1+K_p}$	$e_{ss} = \frac{R}{K_v}$	$e_{ss} = \frac{R}{K_a}$
K	0	0	$\frac{R}{1+K}$	∞	∞
∞	K	0	0	$\frac{R}{K}$	∞
∞	∞	K	0	0	$\frac{R}{K}$
∞	∞	∞	0	0	0

由以上分析可知，为减小稳态误差，提高系统准确性，要根据输入信息形式选择系统类型(提高系统类型)；在考虑系统稳定的前提下，可尽量提高开环放大倍数；要保证反馈通道各环节参数恒定及给定信号精度。即减少稳态误差的方法有如下几种：

1）保证反馈通道各环节参数的精度和给定信号的精度。

2）增大开环总增益(错开原则)，并加在扰动作用点前。

3）增加系统前向通道中积分环节数目(提型)。

习　题

3.1　为了了解系统的运动规律，都定义了哪些性能指标？

3.2　进行控制系统稳定性分析的条件是什么？稳定性判据的理论依据是什么？

3.3　在进行系统稳态性能分析之前，首先应该确定什么？

3.4　各种扰动下系统的型别是如何确定的?

3.5　已知系统结构框图如图 3.16 所示。

(1) 当 $K_d=0$ 时，求系统的阻尼比 ξ、无阻尼振荡频率 ω_n 和单位斜坡输入时的稳态误差;

(2) 确定 K_d 以使 $\xi=0.707$，并求当输入为单位斜坡函数时系统的稳态误差。

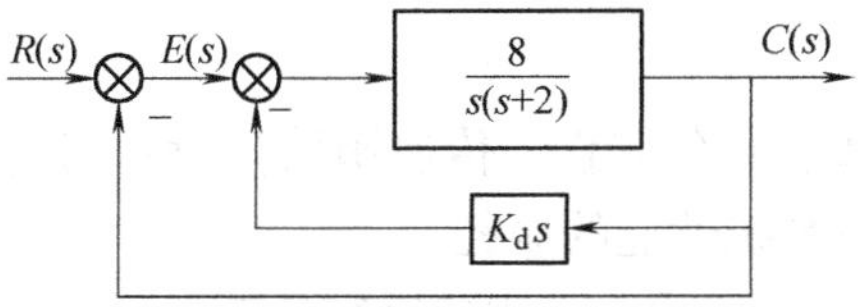

图 3.16　题 3.5 图

3.6　单位负反馈系统的开环传递函数为 $G(s)=\dfrac{K}{s(s+10)}$，系统单位阶跃响应的超调量 $\sigma\%\leqslant16.3\%$。若误差 $e(t)=r(t)-c(t)$，当输入 $r(t)=(10+t)\cdot1(t)$ 时其稳态误差 $e_{ss}\leqslant0.1$。试求:

(1) K 值;

(2) 单位阶跃响应的调节时间 t_s;

(3) 当 $r(t)=(10+t+t^2)\cdot1(t)$ 时的稳态误差 e_{ss}。

第4章 控制系统的频域分析

建立了系统数学模型(动态微分方程、传递函数)，就可以分析评价系统的动、静(暂、稳)态特性，并进而寻求改进系统性能的途径。

通过前面的分析可知，用时域响应来描述系统的动态性能最为直观准确。但是，用分析方法求解系统的时域响应往往比较繁琐，对于高阶系统就更加困难，对于有些系统或元器件很难列写出其微分方程。而且，对于高阶系统，系统结构和参数同系统动态性能之间没有明确的关系，不易看出系统结构和参数对系统动态性能的影响，当系统的动态性能不能满足生产工艺要求时，很难指出改善系统性能的途径。虽然根轨迹分析法在这一点上有了显著的进步，但也只能研究一个参数变化对系统性能的影响，而且对于复杂系统的设计采用这种方法，计算量也比较大。

本章研究的频域分析法是以控制系统的频率特性作为数学模型，不去求解系统的微分方程或动态方程，而是做出系统频率特性的图形，然后通过频域与时域之间的关系来分析系统的性能，因而比较方便。频率特性不仅可以反映系统的性能，还可以反映系统的参数和结构与系统性能的关系，因此研究频率特性，可以了解如何改变系统的参数和结构来改善系统的性能。另外，由于频率特性有明确的物理意义，可以用实验方法较为准确地测取，这对于那些难以用解析法建立数学模型的系统或元器件更具有实际意义，因此被广泛地应用于工程实际，是一种必须掌握的控制系统性能分析法。

4.1 频率特性的基本概念

4.1.1 频域分析法的基本思想

频域分析法是一种控制系统性能分析的图解方法。它把时间域里难以定量分析的复杂系统通过模型变换转换到频率域进行研究，从而使复杂的计算过程变成直观的图示形式，将系统动静态性能以新的指标形式清晰地展现出来。

通常，人们研究系统性能时，都是在给系统强加一定形式的扰动信号，并通过系统的动态调节过程获取动态性能指标的。在时域分析法中，选用的扰动信号一般为阶跃、脉冲和斜坡形式，而在频域分析法中，是通过研究控制系统对不同频率正弦信号的反映揭示系统的本质结构特征的。相比较而言，频域分析法更具有明确的物理意义和工程使用价值。

4.1.2 频域分析法的特点

1）用绘图的方法代替复杂的计算过程。

2）用开环频率特性曲线研究闭环系统的性能。

3）有明确的物理意义和工程实用价值。

4.1.3　频率特性的定义

控制系统对正弦输入信号的稳态响应称为系统的频率响应。

下面讨论线性定常系统的频率响应。图 4.1 所示为一个线性定常系统。系统的传递函数为 $G(s)$，输入函数是正弦函数

$$x(t)=X\sin\omega t$$

式中，为 X 正弦函数的最大振幅；ω 为角频率。

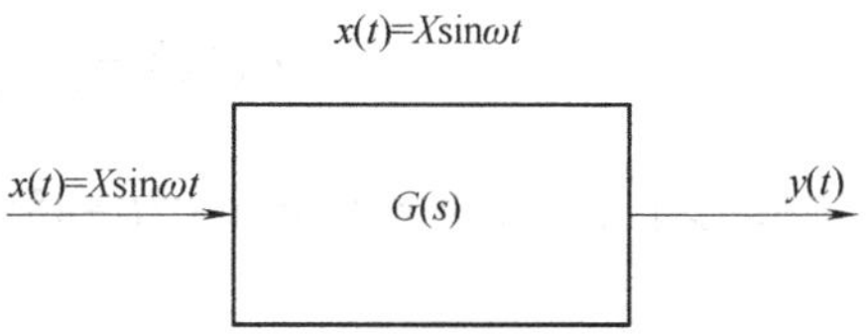

图 4.1　线性定常系统

$x(t)$的拉普拉斯变换为

$$X(s)=\frac{\omega X}{s^2+\omega^2} \tag{4.1}$$

$$Y(s)=G(s)X(s)\Rightarrow\cdots\Rightarrow y(t)=Y\sin(\omega t+\phi) \tag{4.2}$$

由此可知，线性定常系统在正弦输入信号的作用下，其输出的稳态分量是与输入信号相同频率的正弦函数，但振幅和相位不同。

线性定常系统对正弦输入的稳态响应是由系统的特性决定的。稳态输出与输入的振幅比为

$$\frac{Y}{X}=|G(\mathrm{j}\omega)| \tag{4.3}$$

稳态输出与输入的相位差为

$$\phi=\angle G(\mathrm{j}\omega) \tag{4.4}$$

定义：系统的稳态输出正弦信号与输入正弦信号的振幅比称为幅频特性，相位差称为相频特性。幅频特性和相频特性都是输入信号的频率 ω 的函数。采用复数的模和辐角表示振幅比和相位差称为系统的频率特性。用数学式表示为

$$G(\mathrm{j}\omega)=\frac{Y(\mathrm{j}\omega)}{X(\mathrm{j}\omega)}=|G(\mathrm{j}\omega)|\mathrm{e}^{\mathrm{j}\phi(\omega)} \tag{4.5}$$

系统的频率特性是系统传递函数 $G(s)$的特殊形式，它们之间的关系是

$$G(\mathrm{j}\omega)=G(s)\big|_{s=\mathrm{j}\omega} \tag{4.6}$$

式(4.6)表明，频率特性函数是一种特殊的传递函数，即只在虚轴上取值。频率特性包含了线性定常系统稳定性、动态特性的信息，反映了系统本身固有的特性。

利用系统的频率特性，在频域中对控制系统进行分析和设计的方法称为频域分析法。频域分析法避免了求解复杂的微分方程，而且对难以写出其微分方程的复杂对象，也可以用实验法求得频率特性进行分析。频域分析法是一种图解方法，在工程上应用比较方便，因而在控制工程中获得了广泛的应用，并已形成了一套完整的分析和设计控制系统的理论和方法。

【例 4.1】　设单位反馈系统的开环传递函数为

$$G_K(s)=\frac{1}{s+1}$$

当系统的输入 $x(t)=\sin(2t+45°)$时，求系统的稳态输出。

分析：此题主要考核频率特性的物理意义。

【解】　系统的闭环传递函数为

$$G(s)=\frac{G_{\mathrm{K}}(s)}{1+G_{\mathrm{K}}(s)}=\frac{1}{s+2}$$

频率特性为

$$G(\mathrm{j}\omega)=\frac{1}{2+\mathrm{j}\omega}=\frac{1}{\sqrt{4+\omega^2}}\angle-\arctan\frac{\omega}{2}$$

系统输入信号为 $x(t)=\sin(2t+45^\circ)$，$\omega=2$，$A_0=1$，即

$$G(\mathrm{j}2)=\frac{1}{2\sqrt{2}}\angle-45^\circ$$

系统的稳态输出为

$$\begin{aligned}c(t)&=A_0\left|G(\mathrm{j}\omega)\right|\sin[\omega t+45^\circ+\angle G(\mathrm{j}\omega)]\\&=\frac{1}{2\sqrt{2}}\sin(2t+45^\circ-45^\circ)\\&=\frac{1}{2\sqrt{2}}\sin 2t\end{aligned}$$

4.2　频率特性的表示方法

频率特性的表示方法分为频率特性的解析式和频率特性的图示(曲线)两类。在频域分析法中，采用的数学模型是频率特性曲线，在寻找频率特性曲线的绘制规律及形式特征时，需要运用频率特性的解析式方法。通过频域分析法，可以用开环频率特性曲线研究闭环系统的性能。

4.2.1　频率特性的解析式方法

直角坐标式

$$G(\mathrm{j}\omega)=R(\omega)+\mathrm{j}I(\omega)\tag{4.7}$$

式中，$R(\omega)$称为实频特性 $I(\omega)$称为虚频特性。

极坐标式

$$G(\mathrm{j}\omega)=A(\omega)\mathrm{e}^{\mathrm{j}\phi(\omega)}\tag{4.8}$$

式中，$A(\omega)$称为幅频特性，$A(\omega)=\left|G(\mathrm{j}\omega)\right|$；

$\phi(\omega)$称为相频特性，$\phi(\omega)=\angle G(\mathrm{j}\omega)$。

直角坐标式和极坐标式之间的关系是

$$\begin{cases}R(\omega)=A(\omega)\cos\phi(\omega)\\I(\omega)=A(\omega)\sin\phi(\omega)\\A(\omega)=\sqrt{R^2(\omega)+I^2(\omega)}\\\phi(\omega)=\arctan\dfrac{I(\omega)}{R(\omega)}\end{cases}\tag{4.9}$$

【例 4.2】　求惯性环节的频率特性。

【解】　惯性环节的传递函数为

$$G(s)=\frac{K}{Ts+1}$$

频率特性为

$$G(\mathrm{j}\omega)=G(s)\big|_{s=\mathrm{j}\omega}=\frac{K}{1+\mathrm{j}T\omega}$$

$$=\frac{K}{1+(T\omega)^2}-\mathrm{j}\frac{KT\omega}{1+(T\omega)^2}$$

实频特性和虚频特性分别为

$$R(\omega)=\frac{K}{1+(T\omega)^2}$$

$$I(\omega)=-\frac{KT\omega}{1+(T\omega)^2}$$

幅频特性和相频特性分别为

$$A(\omega)=|G(\mathrm{j}\omega)|=\frac{K}{\sqrt{1+(T\omega)^2}}$$

$$\phi(\omega)=\angle G(\mathrm{j}\omega)=-\arctan T\omega$$

4.2.2 频率特性的图示方法

频率特性、传递函数和微分方程都可以表示控制系统的动态性能，而采用频率特性的优点是可以用图示表示。因此，工程上常常不是用频率特性的函数表达式而是用图示来分析系统的性能。要掌握频域分析法必须首先了解并掌握频率特性的各种图示方法。下面分别介绍控制工程中常用的三种频率特性的图示方法。

1. 极坐标图

极坐标图是根据复数的矢量表示方法来表示频率特性的。频率特性函数 $G(\mathrm{j}\omega)$ 可表示为

$$G(\mathrm{j}\omega)=|G(\mathrm{j}\omega)|\mathrm{e}^{\mathrm{j}\phi|\omega|} \tag{4.10}$$

只要知道了某一频率下的模 $|G(\mathrm{j}\omega)|$ 与辐角 $\angle G(\mathrm{j}\omega)$，就可以在极坐标系下确定一个矢量。矢量的末端点随 ω 变动就可以得到一条矢端曲线。这就是频率特性曲线。

工程上的极坐标图常和直角坐标系共同画在一个平面上，横坐标是频率特性的实部，纵坐标是频率特性的虚部，形成一个直角坐标复平面。在直角坐标复平面中，由实频特性和虚频特性的具体值确定平面上的点，这个点就是由坐标系原点指向该点的矢量的端点。

极坐标图的优点是利用实频特性和虚频特性做频率特性图比较方便，利用复数的矢量表示求幅频特性和相频特性比较简单。

极坐标图又称为奈奎斯特(Nyquist)图或幅相特性图。

2. 对数频率特性图

在控制系统的结构框图中常遇到一些环节里的串联和反馈，在求总的传递函数时，总会遇到传递函数的相乘运算。对这些环节进行频率特性的计算，同样会遇到相乘的问题，计算十分复杂。若对频率特性取对数后再运算，则可以变乘法为加法，使计算变得容易进行。基于这种思想，可以把幅频特性和相频特性按对数坐标来表示，称为对数频率特性。要完整地

表示频率特性，需要两个坐标平面，一个表示幅频特性，一个表示相频特性。

表示幅频特性的坐标平面称为对数幅频特性图。其横坐标是频率，对频率取常用对数并按对数值进行分度。在横坐标上，每一个分度单位，频率相差十倍，称这个分度单位的长度为十倍频程。在横坐标上并不标出频率的对数值，而是直接标出频率值，这样比较直观。对数幅频特性图的纵坐标是 $L(\omega)$

$$L(\omega)=20\lg|G(j\omega)| \tag{4.11}$$

式中，$L(\omega)$ 称为增益，单位为 dB。

纵坐标是按分贝均匀分度的。

对数相频特性图的横坐标与对数幅频特性图相同，纵坐标直接按相位角 $\phi(\omega)$ 的值分度，不取对数。因为相位角的运算就是加法运算。

应用对数频率特性图除了运算简便外，还有一个突出的优点，即在低频段可以“展宽”频率特性，便于了解频率特性的细节特点，而在高频段可以“压缩”频率特性，因为高频段的频率特性曲线都比较简单，近似于直线。

由于 $\omega=0$ 和 $|G(j\omega)|=0$ 的对数不存在，所以在对数频率特性图上无法表示这些点。

对数频率特性图又称伯德(Bode)图。

3. 对数幅相图

对数频率特性图需要两个坐标平面表示频率特性，有时不太方便。对数幅相图则把两个平面合为一个坐标平面。其横坐标为相频特性的相位角的值，纵坐标为对数幅频特性 $L(\omega)$ 的值，频率 ω 作为一个参变量在图中标出。对数幅相图又称为尼柯尔斯图。

总之，对数频率特性图是由对数幅频特性和对数相频特性曲线组成，是工程实际中应用最多的一组曲线，本章重点研究它的应用。

4.3 典型环节的频率特性

前面已提到，频域分析法是利用开环频率特性曲线研究闭环系统性能的一种简单的图示方法。用频域分析法研究系统的性能，首先要解决开环频率特性曲线的绘制问题，而开环传递函数通常是由典型环节的乘积组成的，所以，较详细地了解典型环节的频率特性是绘制开环频率特性曲线的基础。

构成控制系统的典型环节主要包括比例环节、积分环节、微分环节、惯性环节、振荡环节和迟时环节。

4.3.1 比例环节

比例环节的传递函数为

$$G(s)=K \tag{4.12}$$

式中，K 为放大系数。

比例环节的频率特性为

$$G(j\omega)=K \tag{4.13}$$

比例环节的频率特性是一个不随频率变化的实常数。

在极坐标图上，比例环节是实轴上的一点。该点的具体位置由 K 的大小确定。比例环节的极坐标图如图 4.2 所示。

在对数坐标图上，由于

$$L(\omega)=20\lg K \qquad \phi(\omega)=0° \tag{4.14}$$

因此多数对数幅频特性是一条平行于 ω 轴的直线，对数相频特性是过 0°线的一条直线，如图 4.3 所示。

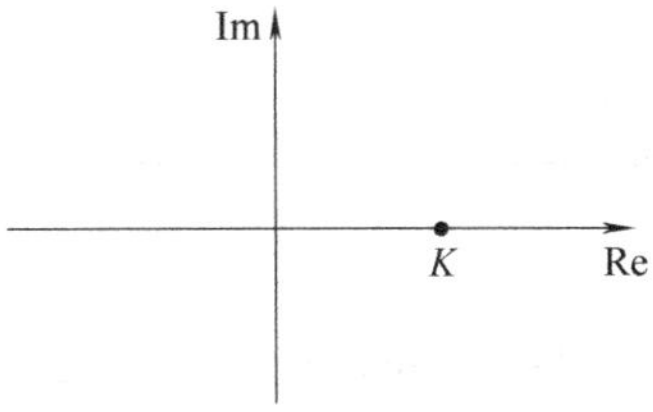

图 4.2　比例环节的极坐标图

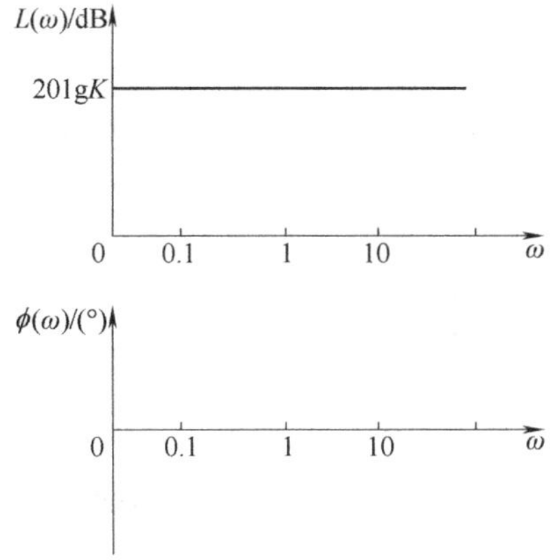

图 4.3　比例环节的伯德图

4.3.2　积分环节

积分环节的传递函数为

$$G(s)=\frac{1}{s} \tag{4.15}$$

积分环节的频率特性为

$$G(\mathrm{j}\omega)=\frac{1}{\mathrm{j}\omega}=-\mathrm{j}\frac{1}{\omega} \tag{4.16}$$

积分环节的幅频特性和相频特性为

$$|G(\mathrm{j}\omega)|=\frac{1}{\omega} \qquad \phi(\omega)=-90° \tag{4.17}$$

图 4.4 所示是积分环节的极坐标图。由于其相角恒为 −90°，因此频率特性曲线是负虚轴，当 ω 从 $0\sim\infty$ 变化时，频率特性从负无穷远处沿虚轴变化到零(图中的箭头表示频率特性随 ω 变化的方向)。

积分环节的伯德图(对数频率特性)如图 4.5 所示。

对数幅频特性为

$$L(\omega)=20\lg\frac{1}{\omega}=-20\lg\omega \tag{4.18}$$

显然对数幅频特性在全频范围内是一条直线，这条直线过 $\omega=1$，$L(\omega)=0$ 点，斜率是 −20dB/dec(十倍频程)，即频率增大十倍，$L(\omega)$下降 20dB。对数相频特性，由于 $\phi(\omega)=-90°$，是一条平行于 ω 轴的直线。

在对数频率特性图上，对数幅频特性是斜线时，应当在图中标注斜线的斜率。例如积分

环节应标为 -20dB/十倍频程。为了简化做图，本书约定，只在斜线上标出具体数值即可，所表示的斜率即为 dB/十倍频程。

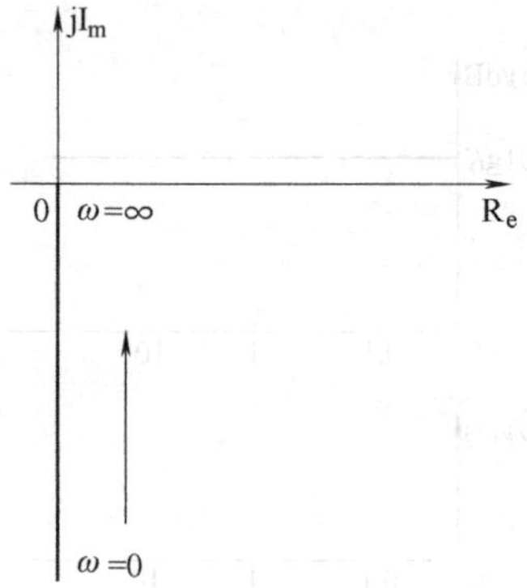

图 4.4　积分环节的极坐标图

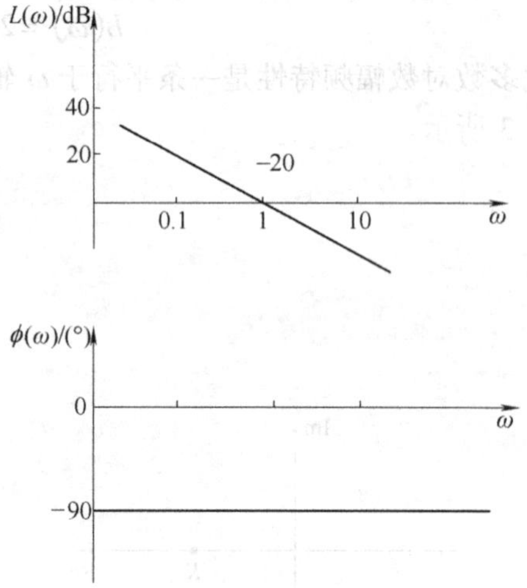

图 4.5　积分环节的伯德图

4.3.3　微分环节

微分环节的传递函数为

$$G(s)=s \tag{4.19}$$

微分环节的频率特性为

$$G(\mathrm{j}\omega)=\mathrm{j}\omega \tag{4.20}$$

图 4.6 给出了微分环节的极坐标图，频率特性曲线位于正虚轴上。

微分环节的对数频率特性为

$$L(\omega)=20\lg\omega \qquad \phi(\omega)=90° \tag{4.21}$$

伯德图如图 4.7 所示。

把图 4.4 和图 4.5 所示积分环节的对数频率特性相比较会发现，两者的对数频率特性曲线关于 ω 轴对称。若两个环节的传递函数互为倒数，则它们的对数频率特性曲线关于 ω 轴相互对称。

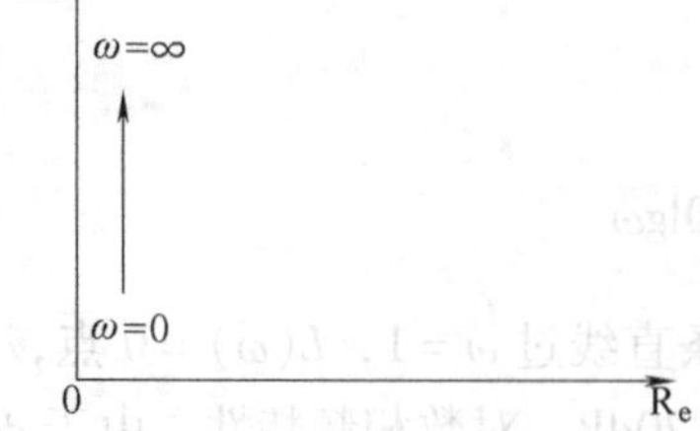

图 4.6　微分环节的极坐标图

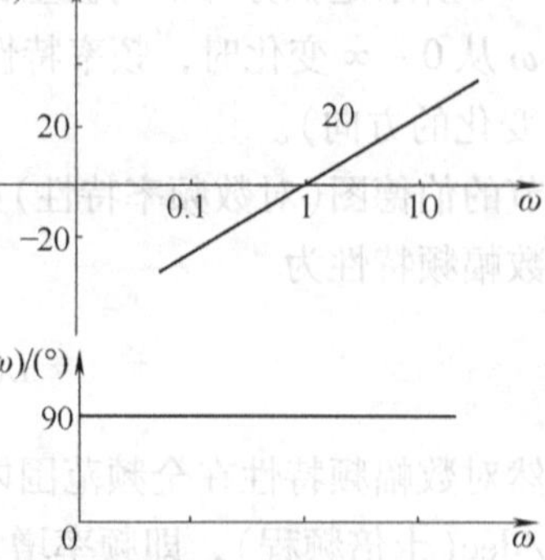

图 4.7　微分环节的伯德图

4.3.4　惯性环节

惯性环节的传递函数为

$$G(s)=\frac{1}{Ts+1} \tag{4.22}$$

惯性环节的频率特性为

$$G(\mathrm{j}\omega)=\frac{1}{1+(T\omega)^2}-\mathrm{j}\frac{T\omega}{1+(T\omega)^2} \tag{4.23}$$

惯性环节频率特性的极坐标图如图4.8所示，是一个圆心在实轴上(0.5，j0)点，直径为1的下半圆。

惯性环节的对数频率特性为

$$\begin{cases}L(\omega)=20\lg A(\omega)=20\lg\dfrac{1}{\sqrt{1+(\omega T)^2}}=-20\lg\sqrt{1+(\omega T)^2}\\ \phi(\omega)=-\arctan T\end{cases} \tag{4.24}$$

当$\omega<<\frac{1}{T}$时，$L(\omega)\approx-20\lg1=0\text{dB}$，也就是说，对数幅频特性在低频段是以零分贝线作为渐近线的。频率越低就越接近于零分贝线。

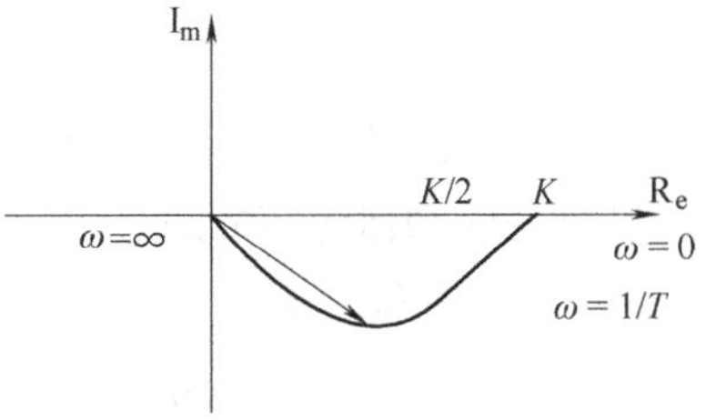

图4.8　惯性环节频率特性的极坐标图

而当$\omega>>\frac{1}{T}$时，$L(\omega)\approx-20\lg T\omega\text{dB}$，这是斜率为-20dB/十倍频程的一条直线，称为高频渐近线。频率越高，对数幅频特性曲线就越接近于高频渐近线。低频渐近线和高频渐近线相交于$\omega=\frac{1}{T}$点处。该点称$\frac{1}{T}$为转折频率(或截止频率)。实际上，在$\omega<0.1\frac{1}{T}$和$\omega>10\frac{1}{T}$时，惯性环节的对数幅频特性基本上与高频和低频渐近线重合。在中频段，即在$0.1\frac{1}{T}<\omega<10\frac{1}{T}$的范围内，对数幅频特性与高频和低频渐近线有误差，最大的误差发生在转折频率处，误差为3dB。在画对数幅频特性图时，可以先画出高低频渐近线，在此基础上对中频段进行修正，从而得到准确的对数幅频特性曲线。

惯性环节对数幅频特性修正的范围并不大，误差最大也只有3dB，所以在不少情况下，直接用低频渐近线和高频渐近线来表示对数幅频特性。

惯性环节的对数相频特性曲线，在$\omega<<\frac{1}{T}$时，$\phi\to0°$，在$\omega=\frac{1}{T}$时，$\phi=-45°$，$\omega>>\frac{1}{T}$时，$\phi\to-90°$。

图4.9所示为惯性环节的伯德图。

一阶微分环节的传递函数为

$$G(s) = Ts + 1 \tag{4.25}$$

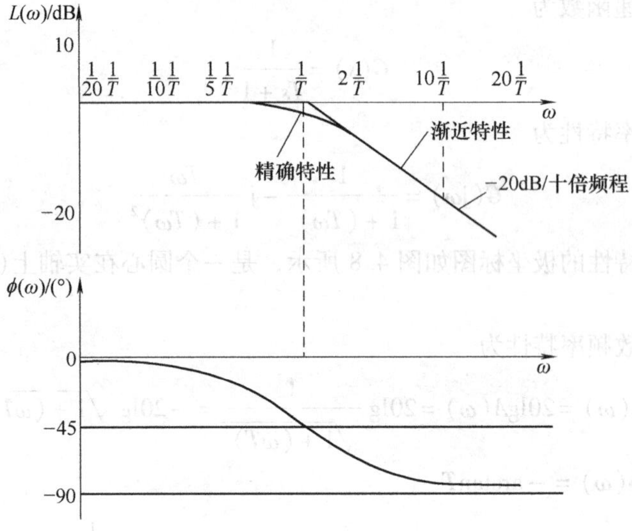

图 4.9　惯性环节的伯德图

一阶微分环节的传递函数和惯性环节的传递函数互为倒数。因此，一阶微分环节的对数频率特性曲线和惯性环节的对数频率特性曲线以 ω 轴对称。图 4.10 给出了一阶微分环节的伯德图(对数频率特性)。

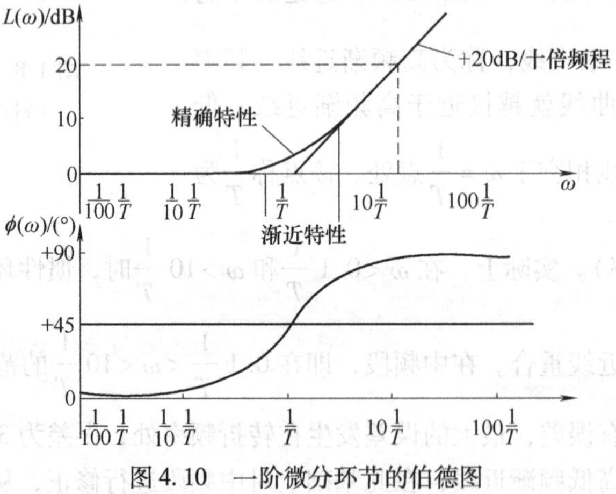

图 4.10　一阶微分环节的伯德图

4.3.5　振荡环节

振荡环节的传递函数为

$$G(s) = \left.\frac{1}{T^2s^2 + 2\xi Ts + 1}\right|_{s=\mathrm{j}\omega} = \frac{1}{1 - \omega^2T^2 + \mathrm{j}2\xi\omega T} = \frac{1}{1 - \left(\dfrac{\omega}{\omega_n}\right)^2 + \mathrm{j}2\xi\dfrac{\omega}{\omega_n}} \tag{4.26}$$

式中，$\omega_n = \dfrac{1}{T}$，为系统无阻尼自振频率。

振荡环节的频率特性为

$$G(\mathrm{j}\omega)=\frac{1}{(1-T^{2}\omega^{2})+\mathrm{j}2\xi T\omega} \tag{4.27}$$

实频特性为

$$R(\omega)=\frac{1-T^{2}\omega^{2}}{(1-T^{2}\omega^{2})^{2}+(2\xi T\omega)^{2}} \tag{4.28}$$

虚频特性为

$$I(\omega)=\frac{-2\xi T\omega}{(1-T^{2}\omega^{2})^{2}+(2\xi T\omega)^{2}} \tag{4.29}$$

幅频特性为

$$|G(\mathrm{j}\omega)|=\frac{1}{\sqrt{(1-T^{2}\omega^{2})^{2}+(2\xi T\omega)^{2}}} \tag{4.30}$$

相频特性为

$$\phi(\omega)=-\arctan\frac{2\xi T\omega}{1-T^{2}\omega^{2}} \tag{4.31}$$

振荡环节的频率特性曲线与 ξ 有关。图 4.11 所示是振荡环节的极坐标图。

当 $\omega=\dfrac{1}{T}=\omega_{\mathrm{n}}$ 时，$R(\omega)=0$，$I(\omega)=\dfrac{1}{2\xi}$，此时

$$G(\mathrm{j}\omega)=-\mathrm{j}\frac{1}{2\xi}$$

即振荡环节的极坐标图与虚轴相交的频率是环节的无阻尼自然振荡频率。当 $\omega=0$ 时，$|G(\mathrm{j}\omega)|=1$，$\phi(\omega)=0°$，是正实轴上的(1，j0) 点。当 $\omega\to\infty$ 时，$|G(\mathrm{j}\omega)|=0$，$\phi(\omega)=-180°$，频率特性曲线以负实轴相切的方向终止于原点。振荡环节的幅频特性 $|G(\mathrm{j}\omega)|$ 当 ω 从 0 ~ ∞ 变化时，并不是从 1 单调变化到 0。振荡环节的频率特性曲线有一个谐振峰，谐振峰值为 $M_{\mathrm{r}}=\dfrac{1}{2\xi\sqrt{1-\xi^{2}}}$；对应的谐振频率为 $\omega_{\mathrm{r}}=\omega_{\mathrm{n}}\sqrt{1-\xi^{2}}$。图 4.12 所示惯性环节的谐振线，表示了振荡环节谐振峰及谐振频率的极坐标图。

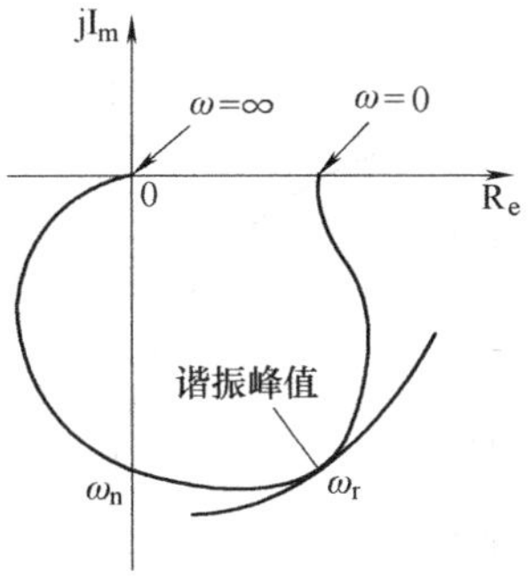

图 4.11　振荡环节的极坐标图

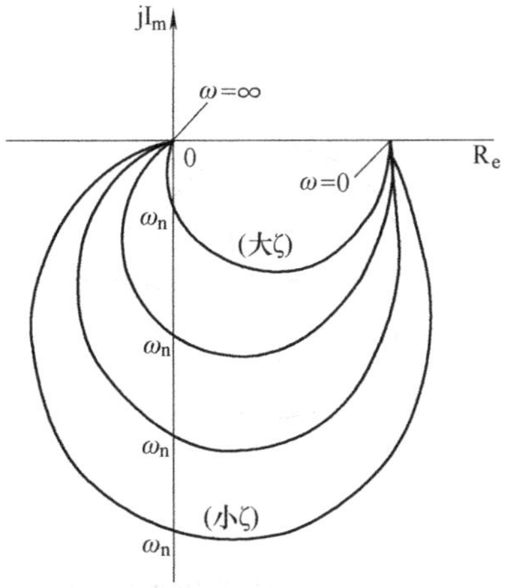

图 4.12　惯性环节的谐振线

振荡环节的对数频率特性曲线可仿照惯性环节的做图方法，即先找出高、低频渐近线，再进行精确修正。振荡环节的对数幅频特性为

$$L(\omega) = -20\lg\sqrt{(1-T^2\omega^2)^2+(2\xi T\omega)^2} \tag{4.32}$$

当 $\omega << \frac{1}{T}$ 时，$L(\omega) \approx -20\lg 1 = 0\text{dB}$，即振荡环节对数幅频特性的低频渐近线为零分贝线。

而当 $\omega >> \frac{1}{T}$ 时，则有 $L(\omega) \approx -40\lg T\omega$，这是以 -40dB/十倍频程为斜率的一条直线，称为振荡环节的高频渐近线。高、低频渐近线相交于 $\frac{1}{T}$，称为振荡环节的转折频率，也是振荡环节的无阻尼自然振荡频率。

振荡环节的对数相频特性曲线，当 $\omega = 0$ 时，$\phi(\omega) = 0°$，在对数坐标图上，0°是低频渐进线。当 $\omega = \frac{1}{T}$ 时，$\phi(\omega) = -90°$，当 $\omega \to \infty$ 时，$\phi(\omega)$ 以 $-180°$线为渐近线。

4.3.6　延时环节

延时环节的传递函数为

$$G(s) = e^{-\tau s} \tag{4.33}$$

延时环节的频率特性为

$$G(j\omega) = e^{-j\tau\omega} \tag{4.34}$$

延时环节的幅频和相频特性

$$|G(j\omega)| = 1 \qquad \phi(\omega) = -\tau\omega \tag{4.35}$$

不论 ω 如何变化总等于1，因此它在极坐标图(见图4.13)上的频率特性是一个单位圆。

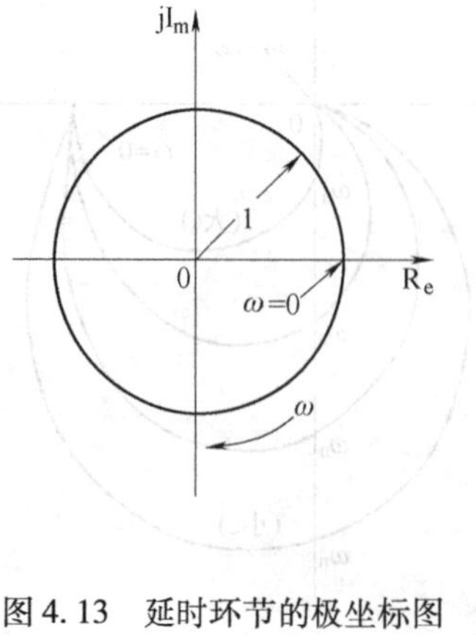

图4.13　延时环节的极坐标图

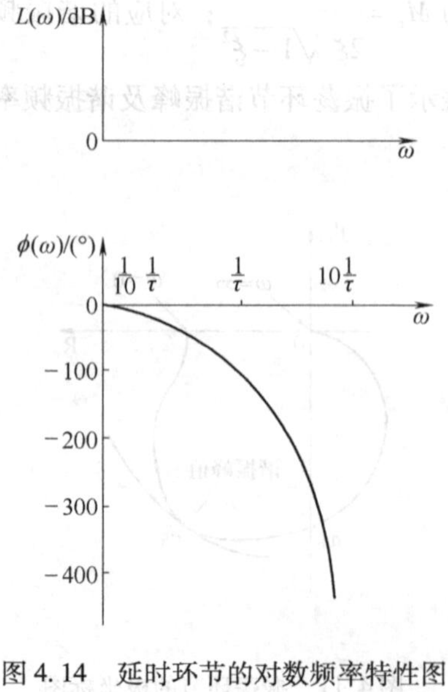

图4.14　延时环节的对数频率特性图

延时环节的对数频率特性

$$L(\omega)=20\lg|G(\mathrm{j}\omega)|=0\mathrm{dB}\qquad \phi(\omega)=-57.3\tau\omega^{\circ} \tag{4.36}$$

在对数幅频特性图上(见图 4.14)是过 0dB 的水平直线。

4.4　控制系统的开环频率特性

根据传递函数求出的频率特性称为开环频率特性。开环频率特性和开环传递函数一样，在控制系统的分析中具有十分重要的作用。

设系统的开环传递函数为

$$G_0(s)H(s)=G_1(s)G_2(s)\cdots G_n(s) \tag{4.37}$$

开环频率特性为

$$\begin{aligned}G(\mathrm{j}\omega)H(\mathrm{j}\omega)&=G_1(\mathrm{j}\omega)G_2(\mathrm{j}\omega)\cdots G_n(\mathrm{j}\omega)\\&=|G_0(\mathrm{j}\omega)H(\mathrm{j}\omega)|\mathrm{e}^{\mathrm{j}\phi|\omega|}\end{aligned} \tag{4.38}$$

幅频特性为

$$|G_0(\mathrm{j}\omega)H|\mathrm{j}\omega||=|G_1(\mathrm{j}\omega)||G_2(\mathrm{j}\omega)|\cdots|G_n(\mathrm{j}\omega)| \tag{4.39}$$

相频特性为

$$\phi(\omega)=\phi_1(\omega)+\phi_2(\omega)\cdots\phi_n(\omega) \tag{4.40}$$

4.4.1　开环频率特性的极坐标图

绘制开环频率特性的极坐标图，必须计算出某一频率下的幅值和辐角，从而给出开环频率特性曲线。用计算机通过专用的程序绘制开环频率特性曲线的极坐标图十分方便。

【例 4.3】　系统的开环传递函数如下：

$$G_{\mathrm{k}}(s)=\frac{4(5s+1)}{s(25s+1)(0.5s+1)(0.1s+1)}$$

绘制开环频率特性的极坐标图。

【解】

$$G(\mathrm{j}\omega)=\frac{10}{(1+\mathrm{j}\omega)(1+\mathrm{j}0.1\omega)}$$

$$\begin{aligned}|G(\mathrm{j}\omega)|&=10\left|\frac{1}{1+\mathrm{j}\omega}\right|\left|\frac{1}{1+\mathrm{j}0.1\omega}\right|\\&=10\frac{1}{\sqrt{1+\omega^2}}\frac{1}{\sqrt{1+(0.1\omega)^2}}\end{aligned}$$

$$\begin{aligned}\phi&=\phi_1+\phi_2+\phi_3\\&=0+(-\arctan\omega)+(-\arctan 0.1\omega)\\&=-(\arctan\omega+\arctan 0.1\omega)\end{aligned}$$

不同频率下的幅值和辐角见表 4.1。

表 4.1　例 4.3 表

ω/(rad/s)	0	1	2	4	6	8	10
$\vert G(j\omega)\vert$	10	7.03	4.4	2.26	1.4	0.97	0.71
$\phi(\omega)$	0°	50.7°	88.2°	97.7°	111.5°	121.5°	129.3°

根据上面数据绘出的开环频率特性曲线，如图 4.15 所示。

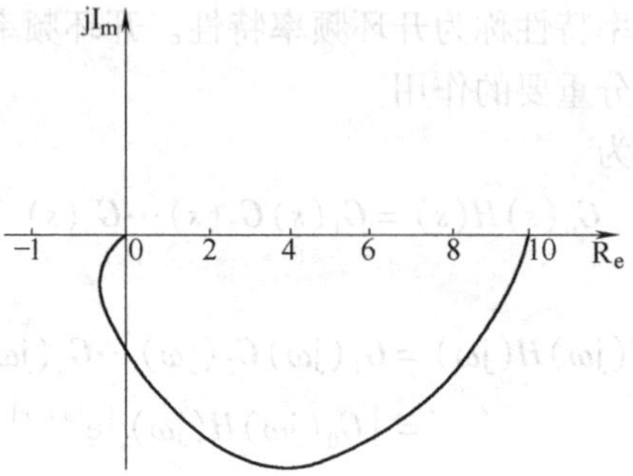

图 4.15　例 4.3 图

4.4.2　开环频率特性的对数频率特性图

用对数坐标表示的频率特性曲线，在绘图方面比极坐标图相对简单。

$$L(\omega)=20\lg|G_0(j\omega)H(j\omega)|$$
$$=20(\lg|G_1(j\omega)|+\lg|G_2(j\omega)|+\cdots+\lg|G_n(j\omega)|)\quad(4.41)$$

对于开环对数相频特性

$$\phi(\omega)=\phi_1(\omega)+\phi_2(\omega)+\cdots+\phi_n(\omega)\quad(4.42)$$

绘制开环对数频率特性的步骤如下：

1) 先画出除比例环节外其余各环节的对数幅频特性的渐近线。

2) 从低频端开始，以每个转折频率为界，对频率进行分段。

3) 每段内的斜率相加，从最左边开始按各段斜率首尾相接，画出开环对数幅频特性的渐近线。

4) 将纵坐标分度值移动 $20\lg K$。

5) 相频曲线则相加得到总的对数相频特性。

下面的例子进一步说明绘制开环对数频率特性的画法。

【例 4.4】　系统的开环传递函数如下：

$$G_0(s)H(s)=\frac{4(0.5s+1)}{s(2s+1)\left(\frac{1}{64}s^2+0.05s+1\right)}$$

绘制开环对数频率特性曲线。

【解】　开环传递函数由五个环节串联而成，它们依次是比例环节、积分环节、惯性环节、一阶微分环节、振荡环节。将其对数幅频特性曲线依次编为 $L_1(\omega)$、$L_2(\omega)$、$L_3(\omega)$、$L_4(\omega)$ 和 $L_5(\omega)$，将其对数相频特性曲线依次编为 $\phi_1(\omega)$、$\phi_2(\omega)$、$\phi_3(\omega)$、$\phi_4(\omega)$ 和

$\phi_5(\omega)$。开环传递函数共有三个转折频率，它们是：惯性环节，转折频率 0.5；一阶微分环节，转折频率 2；振荡环节，转折频率 8。

先在对数幅频特性坐标图上画出各典型环节的对数幅频特性曲线或渐近线，在对数相频特性坐标图上画出各典型环节的相频特性，然后按上面所说的步骤即可绘制出开环对数频率特性曲线，如图 4.16 所示。

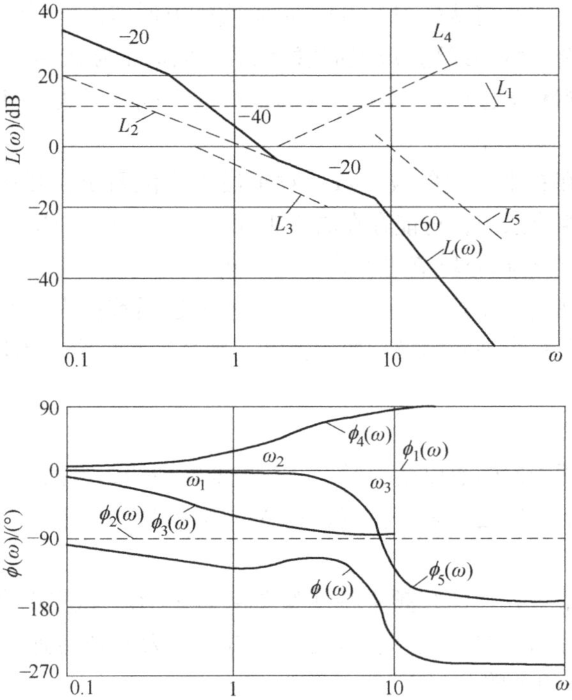

图 4.16　例 4.4 图

4.5　控制系统的稳定性分析

频率法中对系统稳定性的分析是应用奈奎斯特(Nyquist)判据进行的。奈奎斯特判据是根据控制系统的开环频率特性判断闭环系统是否稳定的判据。应用奈奎斯特判据，不仅能解决系统是否稳定的问题，而且还能了解系统稳定的程度，并找出改善系统动态特性的途径。因此，奈奎斯特判据是频域分析的基础。

4.5.1　奈奎斯特判据的优点

1) 由奈奎斯特曲线，可以直接观察出闭环系统的稳定性，避免了复杂的数学运算过程。

2) 能够直接从频率特性曲线上确定系统的型别以及了解系统的稳定裕量。

3) 系统的性能指标求取方法灵活，可以从图上测量求得，也可以通过理论计算获得。

4.5.2　奈奎斯特判据的理论依据

奈奎斯特判据是通过映射定理推导得到的，其思路仍然是判断所有特征根是否全部分布

在 s 平面的左半平面。由于篇幅有限，在这里不做推导，直接给出判据，并重点介绍判据的使用方法。有关奈奎斯特判据的推导过程，可以参考自动控制原理的有关书籍。

4.5.3　奈奎斯特判据

1. 基本概念

1)穿次：奈奎斯特曲线与从(-1，j0)点向负实轴方向引出的射线的交点定义为穿次。

2)正负穿次：奈奎斯特曲线随 ω 增加从射线的上面向下穿次为正穿次，反之为负穿次。正穿次数记为 a，负穿次数记为 b。当奈奎斯特曲线起于或终于从(-1，j0)点向负实轴方向引出的射线时，记为1/2 次穿。

3)开环传递函数在右半平面的极点数：对于最小相位系统，开环传递函数在右半平面无极点，只有非最小相位系统，可能存在右半平面的极点，记为 P。

4) 开环传递函数含有积分环节的个数：记为 ν。

5)闭环传递函数在右半平面的极点数：若闭环传递函数在右半平面无极点，则系统稳定，若闭环传递函数在右半平面的极点数不为零，则系统不稳定。闭环传递函数在右半平面的极点数记为 N。

2. 奈奎斯特判据

若已知系统的开环传递函数以及所对应的奈奎斯特曲线，且满足 $N=P-2(a-b)=0$ 的条件，则闭环系统稳定；反之，则不稳定，且 N 的个数为闭环系统特征根在右半平面的个数。

【例 4.5】　已知系统开环幅相频率特性如图 4.17 所示，试根据奈奎斯特判据判别系统的稳定性，并说明闭环右半平面的极点个数。其中，p 为开环传递函数在 s 右半平面极点数，ν 为开环积分环节的个数。

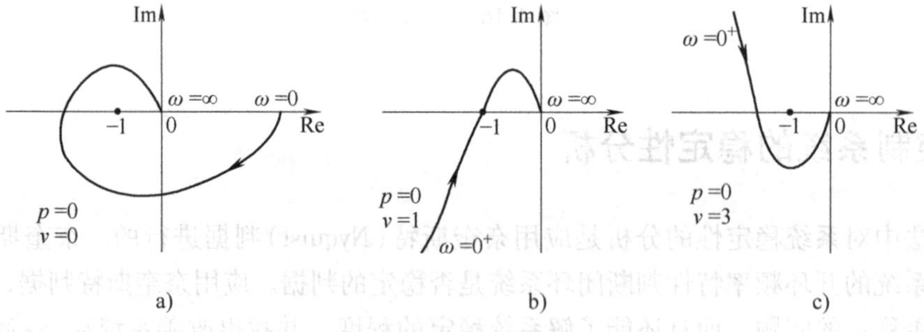

图 4.17　例 4.5 图

【解】

(1)图 4.17a 中，$a=0$，$b=1$，$z=p-2(a-b)=-2(0-1)=2$。

系统不稳定，s 右半平面有两个闭环极点。

(2)图 4.17b 中，作辅助线，如图 4.18 所示解图(1)，曲线经过(-1，j0)点一次，虚轴上有两个闭环极点，s 右半平面没有闭环极点。系统临界稳定。

(3)图 4.17c 中，作辅助线，如图 4.18 所示解图(2)，$a=1$，$b=1$，$z=p-2(a-b)=-2(1-1)=0$。系统稳定，s 右半平面没有闭环极点。

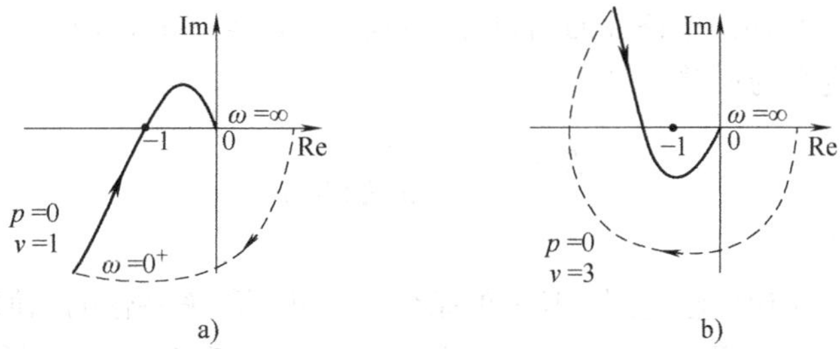

图 4.18　例 4.5 解图

4.5.4　相对稳定性

只判断控制系统是否稳定并且以稳定和不稳定来区分系统，这种稳定性分析称为绝对稳定性问题。在更多的情况下，还需要知道控制系统的稳定程度如何，这就是相对稳定性问题。应用奈奎斯特判据不仅可以判断系统是否稳定，而且可以分析系统的相对稳定性问题。

图 4.19 所示是一个控制系统的开环频率特性曲线的局部($P=0$)。当系统的 K 较小时，开环频率特性曲线不包围(-1，j0)点。继续增大 K，开环频率特性曲线仍未包围(-1，j0)点，系统还是稳定的。但开环频率特性曲线更靠近(-1，j0)点，可以说它的稳定程度不如前者。再增大 K，开环频率特性曲线通过(-1，j0)点，系统处于临界稳定状态。随着 K 的继续增大，开环频率特性曲线包围了(-1，j0)点，系统变成了不稳定系统。图 4.19 表明，对于稳定的系统，开环频率特性曲线越靠近(-1，j0)点，系统的稳定程度越低。对于不稳定的系统，开环频率特性曲线离(-1，j0)点越远，不稳定程度越大。

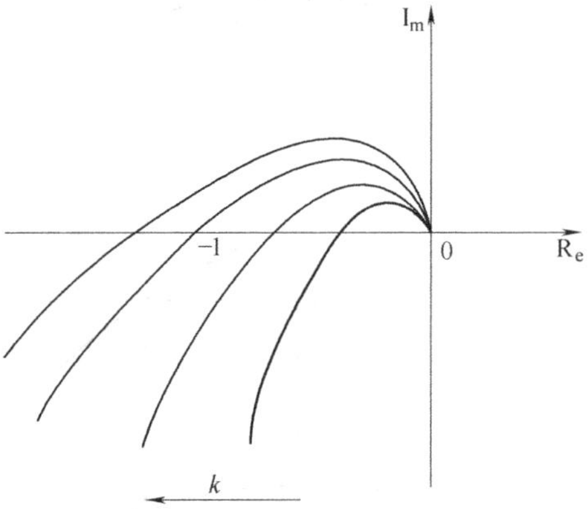

图 4.19　开环频率特性随 K 变化

开环频率特性曲线通过(-1，j0)点时，必然满足

$$|G_0(j\omega)H(j\omega)|=1 \qquad \phi(\omega)=-180° \tag{4.43}$$

开环频率特性曲线靠近(-1，j0)点的程度就是系统相对稳定的程度。工程上，可以采用稳定裕量来具体描述系统相对稳定性的大小。稳定裕量是由相位裕量和增益裕量共同决定的。

1) 相位裕量：当开环频率特性的幅频特性满足 $|G_0(j\omega)H(j\omega)|=1$ 时，开环相频特性的相位角 $\phi(\omega)$ 与 $-180°$ 之差，定义为系统的相位裕量，如图 4.20a 所示

$$\gamma=\phi(\omega)-(-180°)=\phi(\omega)+180° \tag{4.44}$$

式中，γ 为系统的相位裕量。

$\gamma>0$，相位裕量为正值，系统稳定。

在开环频率特性的对数坐标图上，满足 $|G_0(j\omega)H(j\omega)|=1$ 的是对数幅频特性曲线穿越线 0dB 的点，这时对应的频率称为幅值穿越频率 ω_c，在开环相频曲线上对应 ω_c 的相位角即

为相位裕量，如图 4.20b 所示。

2）增益裕量：当开环频率特性的相频特性满足 $\phi(\omega) = -180°$时，对应于该频率下开环幅频特性的倒数，定义为增益裕量

$$K_g = \frac{1}{|G_0(j\omega)H(j\omega)|} \tag{4.45}$$

式中，K_g 称为增益裕量。

增益裕量表示，在相位已达到 -180°的条件下，开环频率特性的幅值在此时还可以放大多少倍才变得不稳定。若 $K_g > 1$，则称为正的增益裕量；若 $K_g < 1$，则称为负的增益裕量。若系统稳定，则增益裕量必须为正。

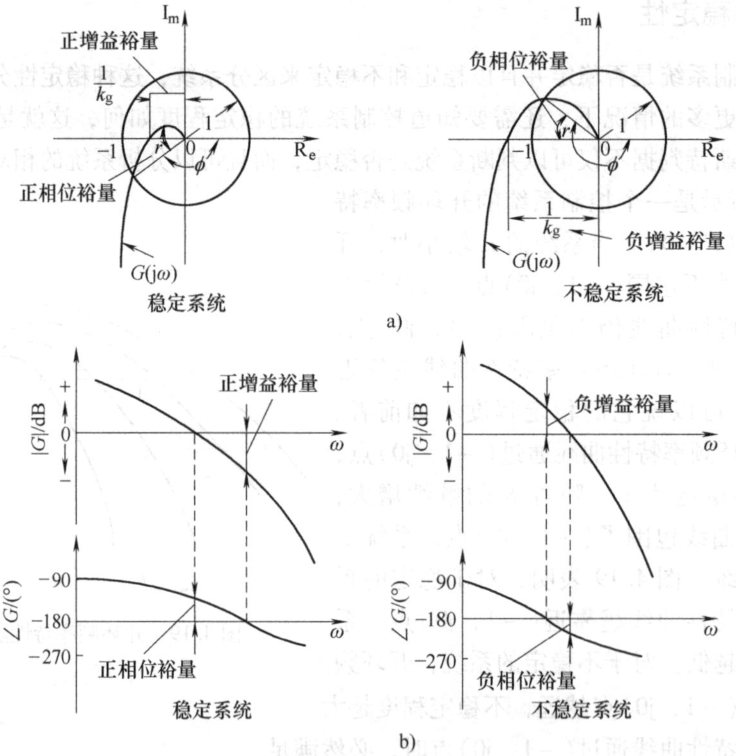

图 4.20 相位裕量和增益裕量

a）极坐标图 b）对数坐标图

在开环对数相频特性图上，满足 $\phi(\omega) = -180°$时，相频特性曲线穿越 -180°线，此时对应的频率称为相位穿越频率 ω_g，与此频率相对应的开环频率特性距 0dB 线的距离即为幅值的增益裕量，如图 4.20b 所示。

稳定裕量反映了控制系统在增益和相位方面的稳定储备量。一个控制系统设计时是稳定的，但在其后的运行中可能面临许多不确定因素，如制造时的偏差、测量的误差、环境等因素对元器件参数的影响，以及运行条件的变化等，都可能使系统的参数甚至结构产生变化。如果系统具有相当的稳定裕量，系统在这些不确定因素影响下，仍能保持稳定，那么系统就比较可靠。增益裕量和相位裕量一同使用，才能表示稳定裕量。稳定裕量还可以反映出系统的动态特性。稳定裕量小的系统，振荡比较剧烈，往往超调量较大；而稳定裕量过大，则系

统的动态响应变慢。工程上一般使系统保持 30°~60°的相位裕量和大于 6dB 的增益裕量。

以上讨论的相位裕量和增益裕量的计算和结论只适用于最小相位系统。最小相位系统是指开环传递函数在 s 平面右半边无零极点的系统。控制工程中遇到的多数系统都是最小相位系统。

4.6　频域分析法中的系统性能指标

4.6.1　静态性能指标在奈奎斯特曲线或伯德曲线上的呈现形式

控制系统的性能指标主要由频率特性曲线低频段的形式确定。

1）系统型别：对于最小相位系统而言，根据已知系统的开环频率特性曲线就可以直接得到系统开环传递函数的型别，在奈奎斯特曲线上，曲线的起点位置表征了系统含有积分环节的个数；在伯德曲线上，低频段的斜率表征了系统含有积分环节的个数。由此，即可确定系统的型别。

2）开环增益（给定输入下的开环增益）：对于最小相位系统而言，在奈奎斯特曲线上，当开环传递函数不含积分环节时，曲线起点到原点的距离即为系统的开环增益；在伯德曲线的对数幅频特性上，从 $\omega=1$ 处引垂线与低频段折线交点的纵坐标即为 $20\lg K$。

4.6.2　控制系统的动态频域指标

控制系统的动态性能主要由频率特性曲线中频段的形式确定。

1）穿越（截止）频率 ω_c：是频域分析法中的一个重要指标。从宏观上分析，在系统稳定的前提条件下，ω_c 越大，表明系统允许通过且放大的信号频段越宽，对输入信号反应的灵敏度越强，系统的调节速度应加快。但这时，抗拒高频干扰信号的能力下降，对系统的稳定性不利。

2）相位裕量 γ 和幅值裕量 K_g：是用于衡量系统稳定程度的重要指标。其中，工程上常用的是相位裕量 γ。从宏观上分析，相位裕量 γ 越大，系统的稳定程度越好，但调节速度会随之减慢。

3）抗高频干扰的能力：控制系统的抗干扰能力主要用频率特性曲线高频段折线的斜率和转折频率的大小来确定。高频段折线的斜率越负，对高频信号的衰减能力越强；转折频率越小，被衰减信号的频率段越宽。

应当指出的是，控制系统的动态性能指标主要取决于伯德曲线的中频段，即穿越频率附近的频段。穿越频率所对应的幅频特性决定了系统的相位裕量的大小，而系统的动态性能正是由相位裕量所决定的。根据最小相位系统幅频和相频的对应关系，若要保证系统具有一定的稳定裕量，则穿越频率处所在折线的斜率应为 -20dB/dec，且该折线应该具有较长的频带宽度，以确保系统具有较大的相位裕量。

4.6.3　频域指标的计算

1. 依据开环频率特性曲线计算最小相位系统动态性能指标

已知系统开环传递函数为 $G_K(s)$，令

$$\angle G_K(j\omega_g) = -180° \Rightarrow \omega_g \Rightarrow K_g = \frac{1}{|G(j\omega_g)|} \tag{4.46}$$

令

$$|G_K(j\omega_c)| = 1 \Rightarrow \omega_c \Rightarrow \gamma = 180° - \angle G_K(j\omega_c) \tag{4.47}$$

2. 依据开环对数频率特性折线近似计算最小相位系统动态性能指标

已知系统开环传递函数为 $G_K(s)$，绘制伯德曲线(折线)草图，令

$$20\lg|G(j\omega_c)| = 0 \Rightarrow |G(j\omega_c)| = 1 \Rightarrow \omega_c \Rightarrow \quad \gamma = 180° - |G(j\omega_c)| \tag{4.48}$$

注：$|G(j\omega_c)|$为按频率分段折线的表示形式，可以简化计算。令

$$\angle G_K(j\omega_g) = -180° \Rightarrow \omega_g \tag{4.49}$$

$$\Rightarrow K_g = 20\lg\frac{1}{|G(j\omega_g)|} = -20\lg|G(j\omega_g)| \tag{4.50}$$

式中，K_g 的单位为 dB。

注：动态性能指标也可以在曲线上根据定义直接读出。

频域分析法中，主要频域指标包括穿越频率、相位裕量和幅值裕量。求解系统相角裕度 γ 和幅值裕度 K_g 的关键在于求开环系统的截止频率 ω_c 和相角交界频率 ω_g。其中，截止频率 ω_c 的求取，除下面题解中给出的近似解法外，还可通过设幅频特性 $|G(j\omega)H(j\omega)| = 1$ 求出，但这种方法计算起来十分麻烦，往往要解高阶方程，因此，一般都采用题解中给出的近似方法计算。

【例 4.6】 系统开环传递函数如下，试分别绘制各系统的对数幅频特性的渐近线和对数相频特性曲线。

(1) $G(s) = \dfrac{2}{(2s+1)(8s+1)}$ (2) $G(s) = \dfrac{10(s+1)}{s^2}$

【解】 (1)

① $K = 2$，$20\lg K = 6.02$。

②转折频率：$\omega_1 = \dfrac{1}{8} = 0.125$，一阶惯性环节；$\omega_2 = \dfrac{1}{2} = 0.5$，一阶惯性环节。

③ $\nu = 0$，低频渐近线斜率为 0。

④ 系统相频特性按下式计算：

$$\phi(\omega) = -\arctan 8\omega_1 - \arctan 2\omega_2$$

表 4.2

0.01	0.05	0.1	0.2	0.5	1	10
−5.7°	−27.5°	−50.0°	−79.8°	−121.0°	−146.3°	−176.4°

系统的对数幅频特性的渐近线和对数相频特性曲线如图 4.21a 所示。

(2)

① $K = 10$，$20\lg K = 20$。

② 转折频率：$\omega_1 = 1$，一阶微分环节。

③ $\nu = 2$，低频渐近线斜率为 −40dB/dec，且过(1，20dB)点。

④ 系统相频特性按下式计算：

$$\phi(\omega) = \arctan\omega_1 - 180°$$

表　4.3

0.1	0.2	0.5	1	2	5	10
-174.3°	-168.7°	-153.4°	-135°	-116.6°	-101.3°	-95.7°

系统的对数幅频特性的渐近线和对数相频特性曲线如图 4.21b 所示。

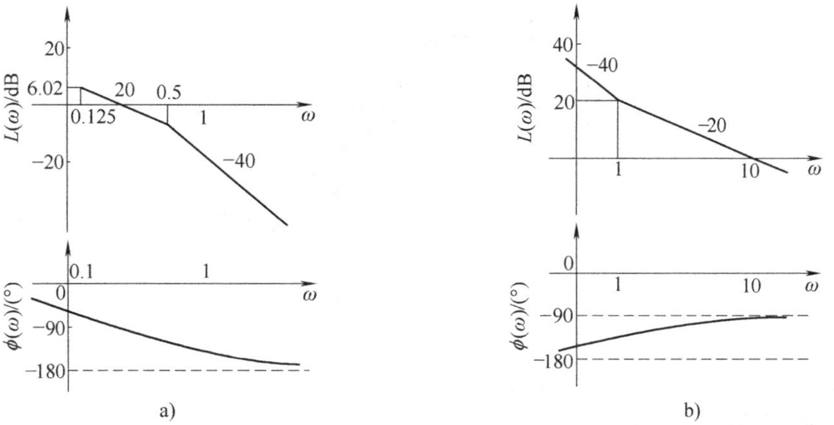

图 4.21　例 4.6 图

【例 4.7】　设单位负反馈系统开环传递函数如下：

(1) $G(s) = \dfrac{as+1}{s^2}$，试确定使相角裕量等于 45°的 a 值；

(2) $G(s) = \dfrac{K}{(0.01s+1)^3}$，试确定使相角裕量等于 45°的 K 值；

(3) $G(s) = \dfrac{K}{s(s^2+s+100)}$，试确定使幅值裕量等于 20dB 的 K 值。

【解】

(1)令

$$\gamma = 180° + \angle G(\mathrm{j}\omega_c) = 180° - 180° + \arctan\alpha\omega_c = 45° \Rightarrow \alpha\omega_c = 1$$

由

$$A(\omega_c) = |G(\mathrm{j}\omega_c)| = \frac{\sqrt{\alpha^2\omega_c^{\ 2} + 1}}{\omega_c^{\ 2}} = 1 \Rightarrow \alpha = 0.84$$

(2) 令

$$\gamma = 180° + \angle G(\mathrm{j}\omega_c) = 180° - 3\arctan 0.01\omega_c = 45° \Rightarrow \omega_c = 100$$

由

$$A(\omega_c) = |G(\mathrm{j}\omega_c)| = \frac{K}{\left(\sqrt{(0.01\omega_c)^2 + 1}\right)^3} = \frac{K}{\left(\sqrt{1+1}\right)^3} = 1 \quad \Rightarrow \quad K = 2^{1.5} = 2.83$$

(3) 令$\angle G(\mathrm{j}\omega) = -90° - \arctan\dfrac{\omega_g}{100 - \omega_g^{\ 2}} = -180° \quad \Rightarrow \quad \omega_g = 10$

$$K = -20\lg|G(j\omega_g)| = 20\text{dB}$$

$$\Rightarrow |G(j\omega_g)| = \frac{K}{\omega_g\sqrt{(100-\omega_g^{\ 2})^2+\omega_g^{\ 2}}} = \frac{K}{100} = 0.1 \Rightarrow K = 10$$

【例 4.8】 设最小相位系统开环对数幅频特性如图 4.22 所示。

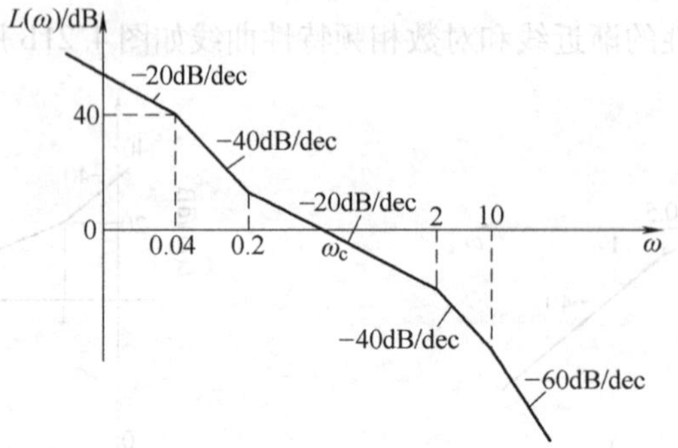

图 4.22　例 4.8 图

(1)写出系统开环传递函数 $G(s)$;

(2) 计算开环截止频率 ω_c;

(3) 计算系统的相角裕量;

(4) 若给定输入信号 $r(t)=1+0.5t$ 时，系统的稳态误差是多少?

【解】 (1)

$$40 = 20\lg\frac{K}{0.04} \Rightarrow K = 4$$

$$G_k(s) = \frac{4(5s+1)}{s(25s+1)(0.5s+1)(0.1s+1)}$$

(2)方法一，利用开环对数幅频特性近似计算穿越频率 ω_c

$$20\lg\frac{\omega_c}{0.2} + 40\lg\frac{0.2}{0.04} = 40$$

$$\Rightarrow \quad \omega_c \approx 0.8$$

方法二，根据定义计算穿越频率 ω_c

$$\frac{4\sqrt{25\omega_c^2+1}}{\omega_c\sqrt{625\omega_c^2+1}\sqrt{0.25\omega_c^2+1}\sqrt{0.01\omega_c^2+1}} = 1 \quad \Rightarrow \quad \omega_c \approx 0.77$$

(3)计算相角裕量

$$\gamma = 180° + \angle G_k(j\omega_c)\big|_{\omega_c=0.8} = 52.45°$$

或

$$\gamma = 180° + \angle G_k(j\omega_c)\big|_{\omega_c=0.77} = 53°$$

(4)系统稳态误差。$\nu=1$，Ⅰ型系统，$k_v=4$，有

$$e_{ss} = \frac{r_0}{k_v} = \frac{0.5}{4} = 0.125$$

习　　题

4.1　什么是控制系统的频率特性?

4.2　控制系统的频率特性有哪些表示方法?

4.3　对数频率特性有哪些优点?

4.4　什么叫最小相位系统?

4.5　什么是系统的稳定裕量?

4.6　频域分析法中系统的动态性能指标有哪些?

4.7　频域指标与时域指标之间有什么关系?

4.8　系统开环频率特性在各频段的特征反映了系统的什么特性?

4.9　系统开环传递函数如下，试分别绘制各系统的对数幅频特性的渐近线和对数相频特性曲线。

(1) $G(s)=\dfrac{2}{(2s+1)(8s+1)}$　　　(2) $G(s)=\dfrac{10(s+1)}{s^2}$

4.10　设单位负反馈系统开环传递函数

(1) $G(s)=\dfrac{as+1}{s^2}$，试确定使相角裕量等于45°的 a 值;

(2) $G(s)=\dfrac{K}{(0.01s+1)^3}$，试确定使相角裕量等于45°的 K 值;

(3) $G(s)=\dfrac{K}{s(s^2+s+100)}$，试确定使幅值裕量等于20dB 的 K 值。

4.11　设最小相位系统开环对数幅频特性如图4.23所示。

(1)写出系统开环传递函数 $G(s)$;

(2)计算开环截止频率 ω_c;

(3)计算系统的相角裕量;

(4)若给定输入信号 $r(t)=1+0.5t$ 时，系统的稳态误差是多少?

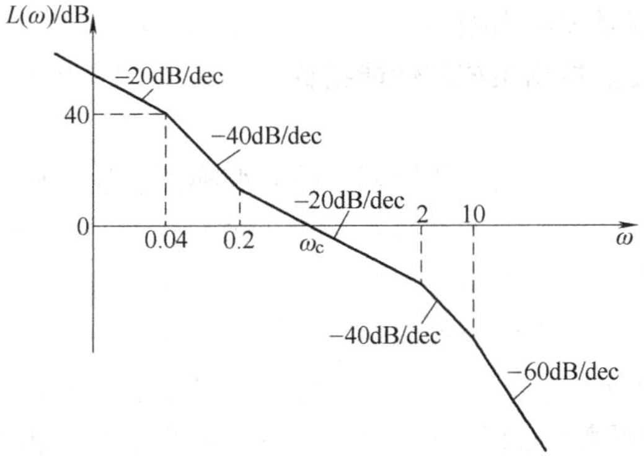

图4.23　题4.11图

第 5 章　控制系统的校正方法

前面几章系统地介绍了控制系统分析的方法，即时域分析法和频率特性法，并介绍了控制系统性能指标的估算方法、影响性能指标的因素以及改善系统性能指标的可行途径，揭示了控制系统性能指标的矛盾性，从而为控制系统的设计奠定了基础。

对于一个实际系统，不但要求具有稳定性，而且应具有一定的稳定裕量，即相对稳定性，以保证系统具有满意的性能指标。另外，值得指出的是，实际系统一般是用来满足特定的目标的，并不是对所有的动静态指标都有要求。因此，控制系统也只需满足特定的性能指标，其设计一般都具有明确的目的性。例如，加热炉过程，由于对象的热惯性很大，响应速度很慢，对于系统的瞬态指标要求并不太高，主要是满足其稳态指标要求，而雷达系统则既要求响应速度快又要求稳态精度高。

为了使系统满足一定的性能指标，最简单的方法就是调整系统的开环增益。不过，在许多情况下，仅仅调整系统的开环增益，虽然会使一些指标得到改善，但也会使另一些指标被破坏，甚至使系统失去稳定。为了解决这一矛盾，通常要在系统中引入附加装置以改善系统的性能指标。这种附加装置称为“校正装置”。

5.1　校正的基本概念

5.1.1　控制系统的校正及其思路

在控制工程中，一般是先给出控制系统的性能指标，然后按这些指标的要求设计控制系统以满足特定任务的需要。控制系统的性能指标主要反映的是控制系统的稳定性、快速性、超调量和控制精度。

组成一个控制系统的被控对象、传感器、信号变换器、执行机构等都是控制系统的重要设备和装备，这些设备和装备的性能往往不可变动或只能允许稍做变动。因此，在设计中，可以认为这些是一个控制系统中的不可变部分。当然，如果只由这些设备组成控制系统，控制系统的性能也是不可变的，不但很难满足预先给定的性能指标，而且无法调整。解决这个问题的办法就是在系统中人为引入一个可以调整的附加装置——控制器(控制器有些情况下也称为校正装置)，通过调整控制器的参数，使系统最终满足性能指标的要求。由此可见，控制器的设计是控制系统设计的核心。

确定控制器的功能、结构和参数的过程称为控制系统的校正。

在被控对象数学模型 $G_0(s)$ 已知的前提下，一般需要根据控制系统的性能指标选择一种设计方案。其中，性能指标包括动态性能指标和静态性能指标，设计方案则包括对系统的结构选择和确定控制器参数取值等内容。

控制系统的结构与校正的方法并非是唯一的，因此，如何选择设计结构，如何确定校正装置的参数，才能够既使得系统满足设计指标要求，又能使设计过程的计算简单且易于工程实现，是该问题的核心所在。

5.1.2 设计指标

1)稳定性。

2)静态指标：稳态误差 e_{ss}或位置误差系数 k_p、速度误差系数 k_v 和加速度误差系数 k_a。

3)动态指标：

①时域：调节时间 t_s、超调量 $\sigma\%$ 和峰值时间 t_p，或确定系统主导极点位置；

②频域：穿越频率 ω_c 和相位裕量 γ。

5.1.3 控制系统设计的结构及特点

1. 串联校正

串联校正的系统结构如图5.1所示。图中，$G_0(s)$为被控对象的传递函数，$G_c(s)$为校正装置的传递函数，闭环系统的性能指标取决于 $G_c(s)G_0(s)$的结构与参数的取值。由于$G_0(s)$固定不变，因此设计的任务是，怎样选择 $G_c(s)$的结构与参数的取值，使得 $G_c(s)G_0(s)$构成的闭环控制系统满足性能指标的要求。

2. 串联加局部反馈校正

当串联校正不能完全满足动态性能的设计指标要求时，可选择加局部反馈校正，通过改变被控对象的结构提高系统的性能指标。

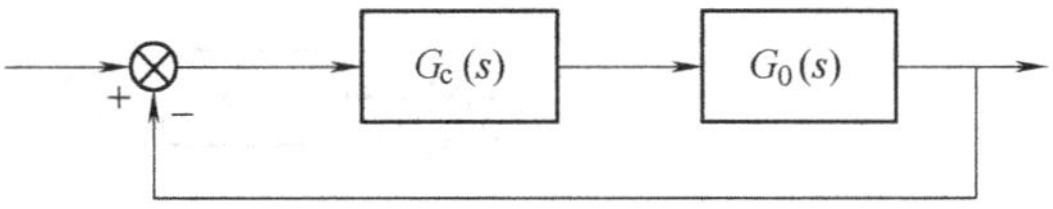

图5.1 串联校正的系统结构

串联加局部反馈校正的系统结构一般如图5.2所示。

原被控对象的传递函数为

$$G_0(s)=G_{01}(s)G_{02}(s) \tag{5.1}$$

加局部反馈校正后，被控对象的传递函数改变为

$$G_k(s)=\frac{G_{01}(s)G_{02}(s)}{1+G_{01}(s)G_c(s)} \tag{5.2}$$

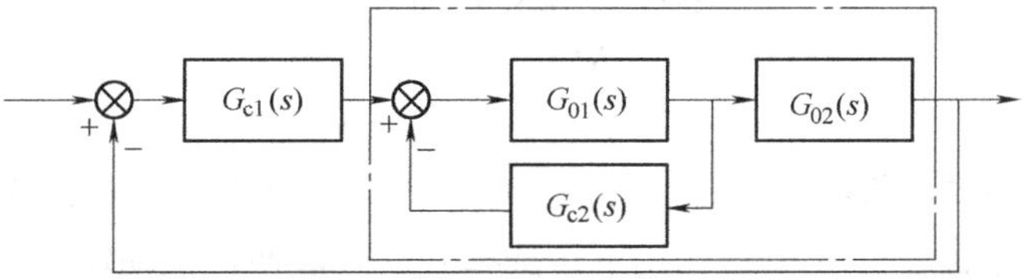

图5.2 串联加局部反馈校正的系统结构

3. 串联反馈加前馈校正

1)对给定值的前馈校正：系统结构如图5.3所示。由于前馈作用的介入不会破坏系统的稳定性，所以，当设计的串联反馈控制系统已经基本满足系统稳定性设计要求时，加入对给定值的前馈校正可以提高测量值跟踪给定值的能力。

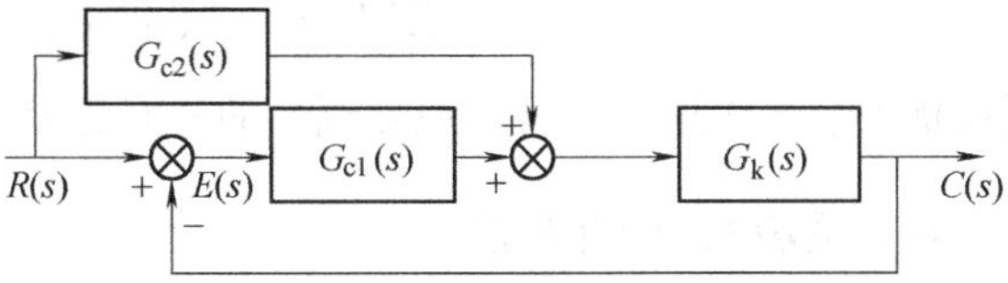

图5.3 串联反馈加对给定值的前馈校正的系统结构

校正后给定输入下的误差传递函数为

$$\frac{E_{\mathrm{r}}(s)}{R(s)}=\frac{1-G_{\mathrm{c2}}(s)G_{\mathrm{K}}(s)}{1+G_{\mathrm{c1}}(s)G_{\mathrm{K}}(s)}\qquad E_{\mathrm{r}}(s)=\frac{1-G_{\mathrm{c2}}(s)G_{\mathrm{K}}(s)}{1+G_{\mathrm{c1}}(s)G_{\mathrm{K}}(s)}R(s)\tag{5.3}$$

若选择 $G_{\mathrm{c2}}(s)=\dfrac{1}{G_{\mathrm{K}}(s)}$，使得 $1-G_{\mathrm{c2}}(s)G_{\mathrm{K}}(s)=0$，则给定值变化时，被调量无动态和静态跟踪差，设计难度主要是 $G_{\mathrm{c2}}(s)$ 的工程实现。

若在确定的典型输入信号 $r(t)$ 作用下，选择 $G_{\mathrm{c2}}(s)$ 能使得给定输入下的稳态误差 $e_{\mathrm{ssr}}=\lim\limits_{s\to 0}sE_{\mathrm{r}}(s)=\lim\limits_{s\to 0}s\dfrac{1-G_{\mathrm{c2}}(s)G_{\mathrm{K}}(s)}{1+G_{\mathrm{c1}}(s)G_{\mathrm{K}}(s)}R(s)=0$，则在给定输入作用下，可实现被调量的静态无差跟踪。

2）对扰动值的前馈校正：系统结构如图 5.4 所示。当设计的串联反馈控制系统已经基本满足系统稳定性设计要求时，加入对扰动信号的前馈校正可以提高系统抗拒干扰的能力。

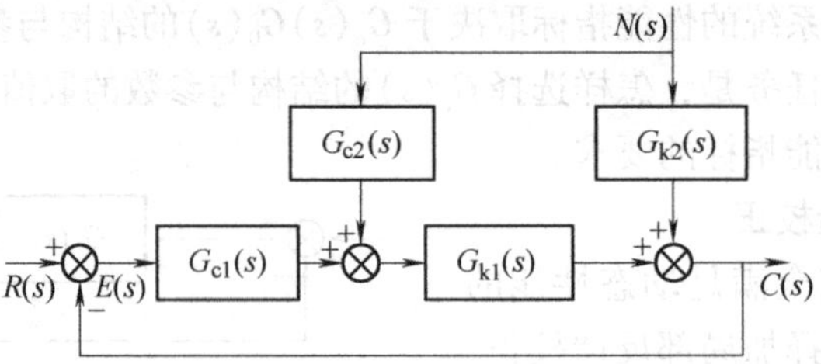

图 5.4　串联反馈加对扰动值的前馈校正的系统结构

校正后扰动输入下的误差传递函数为

$$\frac{E_{\mathrm{n}}(s)}{N(s)}=-\frac{G_{\mathrm{K2}}+G_{\mathrm{c2}}(s)G_{\mathrm{K1}}(s)}{1+G_{\mathrm{c1}}(s)G_{\mathrm{K1}}(s)}\qquad E_{\mathrm{n}}(s)=-\frac{G_{\mathrm{K2}}+G_{\mathrm{c2}}(s)G_{\mathrm{K1}}(s)}{1+G_{\mathrm{c1}}(s)G_{\mathrm{K}}(s)}N(s)\tag{5.4}$$

若选择

$$G_{\mathrm{c2}}(s)=-\frac{G_{\mathrm{K2}}(s)}{G_{\mathrm{K1}}(s)}\tag{5.5}$$

使得

$$G_{\mathrm{K2}}(s)+G_{\mathrm{c2}}(s)G_{\mathrm{K1}}(s)=0\tag{5.6}$$

又因为

$$R(s)=0$$

所以

$$C(s)=-E_{\mathrm{n}}(s)=0\tag{5.7}$$

则扰动作用时，对被调量没有任何动、静态影响。设计难度主要是 $G_{\mathrm{c2}}(s)$ 的工程实现。

若在确定的典型扰动信号 $n(t)$ 作用下，选择 $G_{\mathrm{c2}}(s)$ 能使得扰动输入下的稳态误差

$$e_{\mathrm{ssn}}=\lim_{s\to 0}sE_{\mathrm{n}}(s)=\lim_{s\to 0}s\frac{1-G_{\mathrm{c2}}(s)G_{\mathrm{K}}(s)}{1+G_{\mathrm{c1}}(s)G_{\mathrm{K}}(s)}N(s)=0\tag{5.8}$$

则在扰动输入作用下，可实现被调量的静态无差跟踪。

5.1.4　系统校正的方法

系统校正的方法可以采用时域法、根轨迹法和频域法。当所设计的控制系统的性能指标是以频域指标形式给出时，一般采用频域法校正。本章只讨论频域法校正，读者若想了解更多的校正方法，请参阅其他书籍。

频域法校正的过程是：根据给定的性能指标，找出与性能指标相对应的开环频率特性，称之为预期频率特性，然后与系统的不可变部分的频率特性相比较，根据二者的差别，确定校正装置的频率特性和参数。总之，最终应使加入校正装置后系统的频率特性与预期的频率特性一致。

5.2　串联校正典型环节特性

在控制工程中，串联校正应用比较广泛。串联校正环节的特性按照其频率特性上相位超前或滞后的性质可分为三类：超前校正、滞后校正和滞后-超前校正。以下分别介绍典型的超前、滞后和滞后-超前校正环节的特性。

5.2.1　超前校正环节特性

超前校正装置的传递函数为

$$G_c(s)=\frac{\alpha Ts+1}{Ts+1}(\alpha>1) \tag{5.9}$$

超前校正装置可以产生超前相角。α 是超前校正装置的可调参数，表示了超前校正的强度。超前校正装置最大的超前相角为

$$\phi_{max}=\arctan\frac{\alpha-1}{\alpha+1} \tag{5.10}$$

产生超前相角最大值的频率为

$$\omega_m=\frac{1}{\sqrt{\alpha}T}\quad L(\omega_m)=10\lg\alpha \tag{5.11}$$

若控制系统不可变部分的频率特性在截止频率附近有相角滞后，利用校正装置产生的超前角可以补偿相角滞后，以提高系统的相位稳定裕量，改善系统的动态特性。

5.2.2　滞后校正环节特性

滞后校正装置的传递函数为

$$G_c(s)=\frac{\beta Ts+1}{Ts+1}\qquad(\beta<1) \tag{5.12}$$

其中，β 表示超前校正强度。滞后校正装置产生相位滞后，最大的相位滞后角发生在转折频率的几何中点频率处。滞后校正装置基本上是一个低通滤波器，对于低频信号没有影响，而在高频段造成衰减。滞后网络在高频段对数频率特性的衰减值为

$$\Delta L(\omega)=-20\lg\beta \tag{5.13}$$

滞后校正正是利用这一对数频率衰减特性，而不是利用其相位的滞后特性。

为了避免滞后校正装置的滞后角发生在校正后的截止频率附近，降低稳定裕量，所以在选择滞后校正装置时，应使其转折频率$\frac{1}{\beta T}$远小于 ω'_c。在中频段和高频段，由于滞后校正装置的高频衰减作用，使开环增益下降，因此会使截止频率左移，增加系统的相位裕量，改变系统的动态特性。在低频段，由于滞后校正装置不影响开环增益，因此不会影响系统的稳

态特性。不过，由于系统的截止频率降低，系统的响应速度将变慢。

如果把滞后校正装置配置在低频段，系统的相频特性变化很小，即系统的动态特性变化不大，但开环增益却因此可以提高，使稳态性能得到改善。在控制系统动态特性较好，需要改变其稳态性能时，采用滞后校正，可以提高稳态精度，同时又对动态特性不产生大的影响。这是滞后校正装置的主要用途之一。

5.2.3　滞后-超前校正环节特性

滞后校正主要用来改善系统的稳态性能，超前校正主要用来提高系统的稳定裕量，改善动态性能，如果把二者结合起来，就能同时改善系统的稳态性能和动态性能。这种校正方式称为滞后-超前校正。

5.3　用频域法设计串联校正环节

若系统的性能指标以稳态误差、相位裕量和增益裕量等频域指标表示，则用频域法设计串联校正环节是很方便的。在伯德图上把校正环节的幅频和相频曲线分别加在原系统的幅频和相频曲线上就能清楚地显示校正环节的作用，同时也能方便地根据性能指标确定所需要的校正环节。

5.3.1　希望的开环频率特性

希望的开环频率特性是：低频段增益应足够大，以保证稳态精度的要求；中频段一般以 -20dB/dec 的斜率穿越零分贝线，并维持一定的宽度，以保证合适的相位裕量和增益裕量，从而使系统具有良好的动态性能；高频段的增益要尽可能小，以便使系统噪声影响降低到最小程度。

5.3.2　串联超前校正的一般步骤

1）根据 $G_0(s)$ 的结构和系统静态性能指标的要求，确定校正装置 $G_c(c) = \frac{k_c}{s^v}G_c'(s)$ 中的 v 和 k_c。

2）由 $\frac{k_c}{s^v}G_0(s)$ 计算系统的穿越频率 ω_c 和相位裕量 γ。当 γ 和 ω_c 均不满足要求，且穿越频率在 -40dB 的折线上时，一般可以选择串联超前校正。

3）计算超前网络的补偿角：$\phi = \gamma^* - \gamma + \Delta$（$\gamma^*$ 为希望相角裕量，$\Delta \approx 5° \sim 8°$）。

4）计算校正装置的参数：$\alpha = \frac{1+\sin\phi}{1-\sin\phi}$。

5）计算校正后的穿越频率 ω_c'：令 $L(\omega_c') + 10\lg\alpha = 0$，让最大超前角处在校正后的穿越频率处。

6）计算校正装置的时间常数 T：$T = \frac{1}{\sqrt{\alpha}\omega_m} = \frac{1}{\sqrt{\alpha}\omega_c'}$。

7）获得超前校正网络传递函数：$G_c=\dfrac{\alpha Ts+1}{Ts+1}$。

8）动态性能校验：由$\dfrac{k_c}{s^v}\dfrac{aTs+1}{Ts+1}G_0(s)$计算校正后的系统性能指标，若不满足，则适当增大超前角，重复上述计算过程，或选择滞后-超前校正方案。

【例 5.1】 单位反馈控制系统的开环传函为 $G(s)=\dfrac{2500K}{s(s+25)}$，要求 $K_v=100$，相位裕量 $\gamma\geqslant45°$，截止频率不低于 65rad/s，试设计一个超前校正装置来满足要求的性能指标。

【解】 （1）$G(s)$可改写成

$$G(s)=\frac{100K}{s\left(\dfrac{s}{2s}+1\right)}$$

今要求

$$K_V=100,\qquad 100=K_V=\lim_{s\to0}sG(s)=\lim_{s\to0}\frac{100K}{\dfrac{s}{2s}+1}=100K=100$$

$$K=1,\ G(s)=\frac{100}{s\left(\dfrac{s}{2s}+1\right)}$$

$$(2)\ L(\omega)=\begin{cases}20\tan\dfrac{100}{\omega} & (\omega<25)\\[2ex] 20\tan\dfrac{100}{\omega\dfrac{\omega}{2s}} & (\omega>25)\end{cases}$$

因为 $Q\omega_c'$ 在 $\omega>25$ 处，所以令

$$20\tan\frac{100}{\dfrac{\omega^2}{25}}=0,\ \omega_c'=50\text{rad/s}$$

或

$$40\tan\frac{\omega_c}{25}=20\tan\frac{100}{25}\Rightarrow\omega_c'=50\text{rad/s}$$

$$\phi(\omega_c)=-90°-\arctan\frac{\omega_c'}{25}$$

$$r=180°+\phi(\omega_c)=26.56°<45°$$

不满足要求。

（3）令 $\phi_m=30°$

$$\alpha=\frac{1+\sin\phi_m}{1-\sin\phi_m}=\frac{1+\sin30°}{1-\sin30°}=3$$

$$40\tan\frac{\omega_m}{\omega_c}=10\tan\alpha\Rightarrow\omega_m=65.8>65\text{rad/s}$$

(4) $T=\dfrac{1}{\omega_m\sqrt{\alpha}}=\dfrac{1}{65.8\times\sqrt{3}}=0.009\qquad \alpha T=3\times0.009=0.027$

所以校正环节 $G_0(s)=\dfrac{1+0.027s}{1+0.009s}$

满足要求。

习　题

5.1　控制系统动态性能指标的校正方法有哪些？试述其校正环节的形式及使用方法？通常会产生什么样的校正效果？

5.2　对于最小相位系统而言，采用频域法实现控制系统的动、静态校正的基本思路是什么？静态校正的理论依据是什么？动态校正的理论依据是什么？

5.3　控制系统的开环传递函数为

$$G(s)=\frac{10}{s(0.5s+1)(0.1s+1)}$$

(1) 绘制系统的伯德图，并求取穿越频率和相角裕量；

(2)采用传递函数为 $G_c(s)=\dfrac{0.37s+1}{0.049s+1}$ 的串联超前校正装置，绘制校正后的系统伯德图，并求取穿越频率和相角裕量，讨论校正后系统性能有何改进。

第 2 部分　现代控制理论

第 6 章　系 统 描 述

一个复杂系统可能有多个输入和多个输出，并且这些输入与输出之间，往往以某种方式相互关联或耦合。现代控制理论的任务是分析这样的系统，其手段是简化系统的数学表达式，借助计算机来进行各种大量乏味的分析与计算。对于系统分析，往往采用状态空间法。

不同于经典控制理论是建立在系统的输入-输出关系或传递函数的基础之上，现代控制理论则是以 n 个一阶微方程来描述系统，并将这些微分方程组合成一个一阶向量-矩阵微分方程。应用向量-矩阵表示方法，可极大地简化系统的数学表达式，而且状态变量、输入或输出数目的增多并不增加方程的复杂性。事实上，用这种方法分析复杂的多输入-多输出系统，仅比分析用一阶微分方程描述的系统在方法上稍复杂一些。

本章讨论状态空间方法的系统描述，以单输入-单输出系统为例。同时给出包括适用于多输入-多输出或多变量系统在内的状态空间表达式的一般形式、线性多变量系统状态空间表达式的标准形式和传递函数矩阵，并介绍利用 MATLAB 进行各种模型之间的相互转换方法。

6.1　状态空间表达式

状态和状态空间并不是新的概念，长期以来，它们已在质点和刚体动力学中得到广泛的应用。但是在将这两个概念引入系统控制理论，使之适合于描述一般意义下系统的运动过程，它们才具有了更为一般性的含义。

下面，先给出状态和状态空间的定义。

定义 6.1[状态]　足以完全表征系统状态的最小个数的一组变量为状态变量。一个动力学系统的状态定义为由其状态变量组 $x_1(t)$，$x_2(t)$，…，$x_n(t)$所组成的一个列向量，表示为

$$\boldsymbol{x}(t)=\begin{bmatrix} x_1(t) \\ \vdots \\ x_n(t) \end{bmatrix}$$

并且，状态 $\boldsymbol{x}$ 的维数定义为其组成状态变量 $x_1(t)$，$x_2(t)$，…，$x_n(t)$的个数，即 $\dim\boldsymbol{x}=n$。

定义 6.2[状态空间]　状态空间定义为状态向量的一个集合，状态空间的维数等同于状态的维数。

对于一个连续时间线性系统，其状态空间描述为

$$\begin{cases} \dot{\boldsymbol{x}}=\boldsymbol{A}\boldsymbol{x}+\boldsymbol{B}\boldsymbol{u} \\ \boldsymbol{y}=\boldsymbol{C}\boldsymbol{x}+\boldsymbol{D}\boldsymbol{u} \end{cases}$$

式中，$\boldsymbol{x}$ 为 n 维状态；$\boldsymbol{u}$ 为 p 维输入；$\boldsymbol{y}$ 为 q 维输出。

上式中，称 $n\times n$ 阵 $\boldsymbol{A}$ 为系统矩阵，$n\times p$ 阵 $\boldsymbol{B}$ 为输入矩阵，$q\times n$ 阵 $\boldsymbol{C}$ 为输出矩阵，$q\times p$ 阵 $\boldsymbol{D}$ 为传输矩阵，它们由系统的结构和参数决定。

考虑由下式定义的系统：

$$y^{(n)}+a_1y^{(n-1)}+\cdots+a_{n-1}y'+a_ny=b_0u^{(n)}+b_1u^{(n-1)}+\cdots+b_{n-1}u'+b_nu \tag{6.1}$$

式中，u 为输入；y 为输出。

式(6.1)也可写为

$$\frac{Y(s)}{U(s)}=\frac{b_0s^n+b_1s^{n-1}\cdots+b_{n-1}s+b_n}{s^n+a_1s^{n-1}+\cdots+a_{n-1}s+a_n} \tag{6.2}$$

下面给出由式(6.1)或式(6.2)定义的系统状态空间表达式的能控标准形、能观测标准形和对角线(或 Jordan 形)标准形。

6.1.1　能控标准形

系统的能控性，是指对一个系统，其内部状态，是否受到输入的影响。能控标准形是完全能控系统的一种状态空间描述，能够凸显出系统的能控性特性。

下列状态空间表达式为能控标准形：

$$\begin{bmatrix}\dot{x}_1\\ \dot{x}_2\\ \vdots\\ \dot{x}_{n-1}\\ \dot{x}_n\end{bmatrix}=\begin{bmatrix}0 & 1 & 0 & \cdots & 0\\ 0 & 0 & 1 & \cdots & 0\\ \vdots & \vdots & \vdots & & \vdots\\ 0 & 0 & 0 & \cdots & 1\\ -a_n & -a_{n-1} & -a_{n-2} & \cdots & -a_1\end{bmatrix}\begin{bmatrix}x_1\\ x_2\\ \vdots\\ x_{n-1}\\ x_n\end{bmatrix}+\begin{bmatrix}0\\ 0\\ \vdots\\ 0\\ 1\end{bmatrix}u \tag{6.3}$$

$$y=[b_n-a_nb_0 \vdots b_{n-1}-a_{n-1}b_0 \vdots \cdots \vdots b_1-a_1b_0]\begin{bmatrix}x_1\\ x_2\\ \vdots\\ x_n\end{bmatrix}+b_0u \tag{6.4}$$

证明：

因为由式(6.2)

$$G(s)=\frac{Y(s)}{U(s)}=\frac{b_0s^n+b_1s^{n-1}+\cdots+b_n}{s^n+a_1s^{n-1}+\cdots+a_n}=b_0+\frac{(b_1-a_1b_0)s^{n-1}+\cdots+(b_n-a_nb_0)}{s^n+a_1s^{n-1}+\cdots+a_n}$$

所以

$$Y(s)=b_0U(s)+\frac{(b_1-a_1b_0)s^{n-1}+\cdots+(b_n-a_nb_0)}{s^n+a_1s^{n-1}+\cdots+a_n}U(s)$$

设 $Z(s)=\dfrac{1}{s^n+a_1s^{n-1}+\cdots+a_n}U(s)$，则

$$Y(s)=b_0U(s)+[(b_1-a_1b_0)s^{n-1}+\cdots+(b_n-a_nb_0)]Z(s)$$

令 $x_1=z$，$x_2=z^{(1)}$，…，$x_n=z^{(n-1)}$，可得

$$\dot{x}_1=z^{(1)}=x_2$$
$$\dot{x}_2=z^{(2)}=x_3$$
$$\cdots$$

$$\dot{x}_{n-1} = z^{(n-1)} = x_n$$
$$\dot{x}_n = z^{(n)} = -a_1 z^{(n-1)} - \cdots - a_{n-1} z^{(1)} - a_n z - u$$

进一步

$$\dot{x} = \begin{bmatrix} z^{(1)} \\ z^{(2)} \\ \vdots \\ z^{(n)} \end{bmatrix} = \begin{bmatrix} 0 & 1 & 0 & \cdots & 0 \\ 0 & 0 & 1 & \cdots & 0 \\ \vdots & & & \ddots & \\ -a_n & -a_{n-1} & -a_{n-2} & \cdots & -a_1 \end{bmatrix} \begin{bmatrix} x_1 \\ x_2 \\ \vdots \\ x_n \end{bmatrix} + \begin{bmatrix} 0 \\ \vdots \\ 0 \\ 1 \end{bmatrix} u = \boldsymbol{Ax} + \boldsymbol{B}u$$

$$y = [\, b_n - a_n b_0 \vdots b_{n-1} - a_{n-1} b_0 \vdots \cdots \vdots b_1 - a_1 b_0 \,] \begin{bmatrix} x_1 \\ x_2 \\ \vdots \\ x_n \end{bmatrix} + b_0 u = \boldsymbol{Cx} + \boldsymbol{D}u$$

在讨论控制系统设计的极点配置方法时，这种能控标准形是非常重要的。

6.1.2 能观测标准形

能观测性是指，内部状态能否在输出中得到反映。能观测标准形是对完全能观测系统而言的一种状态空间描述，能凸显系统的能观测特征。

下列状态空间表达式为能观测标准形：

$$\begin{bmatrix} \dot{x}_1 \\ \dot{x}_2 \\ \vdots \\ \dot{x}_n \end{bmatrix} = \begin{bmatrix} 0 & 0 & \cdots & 0 & -a_n \\ 1 & 0 & \cdots & 0 & -a_{n-1} \\ \vdots & \vdots & & \vdots & \vdots \\ 0 & 0 & \cdots & 1 & -a_1 \end{bmatrix} \begin{bmatrix} x_1 \\ x_2 \\ \vdots \\ x_n \end{bmatrix} + \begin{bmatrix} b_n - a_n b_0 \\ b_{n-1} - a_{n-1} b_0 \\ \cdots \\ b_1 - a_1 b_0 \end{bmatrix} u \tag{6.5}$$

$$y = [0 \quad 0 \quad \cdots \quad 0 \quad 1] \begin{bmatrix} x_1 \\ x_2 \\ \vdots \\ x_{n-1} \\ x_n \end{bmatrix} + b_0 u \tag{6.6}$$

注意：

补充：

上述式(6.5)、(6.6)等价于

$$\begin{cases} \dot{\hat{\boldsymbol{x}}} = \hat{\boldsymbol{A}} \hat{\boldsymbol{x}} + \hat{\boldsymbol{B}} u \\ \boldsymbol{y} = \hat{\boldsymbol{C}} \hat{\boldsymbol{x}} + \hat{\boldsymbol{D}} \boldsymbol{u} \end{cases}$$

其中

$$\hat{\boldsymbol{A}} = \boldsymbol{A}^{\mathrm{T}} = \begin{bmatrix} 0 & 0 & \cdots & -a_n \\ 1 & 0 & & -a_{n-1} \\ 0 & 1 & & \vdots \\ \vdots & \vdots & \ddots & \\ 0 & 0 & & -a_1 \end{bmatrix}, \quad \hat{\boldsymbol{B}} = \boldsymbol{C}^{\mathrm{T}} = [0 \quad \cdots \quad 0 \quad 1]$$

$$\hat{\boldsymbol{C}} = \boldsymbol{B}^{\mathrm{T}} = \begin{bmatrix} b_n - a_n b_0 \\ b_{n-1} - a_{n-1} b_0 \\ \cdots \\ b_1 - a_1 b_0 \end{bmatrix}, \quad \hat{\boldsymbol{D}} = b_0$$

注意，式(6.5)给出的状态方程中 $n\times n$ 维系统矩阵是式(6.3)所给出的相应矩阵的转置。

6.1.3　对角线标准形

参考由式(6.2)定义的传递函数，再考虑分母多项式中只含相异根的情况，对此，式(6.2)可写成

$$\frac{Y(s)}{U(s)}=\frac{b_0s^n+b_1s^{n-1}+\cdots+b_{n-1}s+b_n}{(s+p_1)(s+p_2)\cdots(s+p_n)}=b_0+\frac{c_1}{s+p_1}+\frac{c_2}{s+p_2}+\cdots+\frac{c_n}{s+p_n} \tag{6.7}$$

设

$$\frac{U(s)}{s+p_1}=x_1,\ \frac{U(s)}{s+p_2}=x_2,\ \cdots,\ \frac{U(s)}{s+p_n}=x_n$$

得

$$\dot{x}_i=-p_ix_i+u,\ y=b_0u+c_1x_1+\cdots+c_nx_n$$

该系统的状态空间表达式的对角线标准形由下式确定：

$$\begin{bmatrix}\dot{x}_1\\\dot{x}_2\\\vdots\\\dot{x}_n\end{bmatrix}=\begin{bmatrix}-p_1 & & & 0\\ & -p_2 & & \\ & & \ddots & \\ 0 & & & -p_n\end{bmatrix}\begin{bmatrix}x_1\\x_2\\\vdots\\x_n\end{bmatrix}+\begin{bmatrix}1\\1\\\vdots\\1\end{bmatrix}u \tag{6.8}$$

$$y=[c_1\quad c_2\quad\cdots\quad c_n]\begin{bmatrix}x_1\\x_2\\\vdots\\x_n\end{bmatrix}+b_0u \tag{6.9}$$

6.1.4　Jordan 标准形

下面考虑式(6.2)的分母多项式中含有重根的情况。此时，(6.7)式中的推导不再适用，需要做出一定调整，由此得到的结果，称为 Jordan 标准形。例如，假设除了前三个即 $p_1=p_2=p_3$ 相等外，其余极点 $p_i(i=4,\ \cdots,\ n)$ 相异。于是，$Y(s)/U(s)$ 因式分解后为

$$\frac{Y(s)}{U(s)}=\frac{b_0s^n+b_1s^{n-1}+\cdots+b_{n-1}s+b_n}{(s+p_1)^3(s+p_4)(s+p_5)\cdots(s+p_n)}$$

该式的部分分式展开式为

$$\frac{Y(s)}{U(s)}=b_0+\frac{c_1}{(s+p_1)^3}+\frac{c_2}{(s+p_1)^2}+\frac{c_3}{(s+p_1)}+\frac{c_4}{s+p_4}+\cdots+\frac{c_n}{s+p_n}$$

该系统状态空间表达式的 Jordan 标准形由下式确定：

$$\begin{bmatrix}\dot{x}_1\\\dot{x}_2\\\dot{x}_3\\\dot{x}_4\\\vdots\\\dot{x}_n\end{bmatrix}=\begin{bmatrix}-p_1 & 1 & 0 & 0 & \cdots & 0\\ 0 & -p_1 & 1 & \cdots & & \cdots\\ 0 & 0 & -p_1 & 0 & \cdots & 0\\ 0 & \cdots & 0 & -p_4 & & 0\\ \vdots & & \vdots & & \ddots & \\ 0 & \cdots & 0 & 0 & & -p_n\end{bmatrix}\begin{bmatrix}x_1\\x_2\\x_3\\x_4\\\vdots\\x_n\end{bmatrix}+\begin{bmatrix}0\\0\\1\\1\\\vdots\\1\end{bmatrix} \tag{6.10}$$

$$y=[c_1 \quad c_2 \quad \cdots \quad c_n]\begin{bmatrix}x_1\\x_2\\\vdots\\x_n\end{bmatrix}+b_0u \tag{6.11}$$

【例 6.1】 考虑由下式确定的系统:

$$\frac{Y(s)}{U(s)}=\frac{s+3}{s^2+3s+2}$$

试求其状态空间表达式的能控标准形、能观测标准形和对角线标准形。

【解】 能控标准形为

$$\begin{bmatrix}\dot{x}_1(t)\\\dot{x}_2(t)\end{bmatrix}=\begin{bmatrix}0 & 1\\-2 & -3\end{bmatrix}\begin{bmatrix}x_1(t)\\x_2(t)\end{bmatrix}+\begin{bmatrix}0\\1\end{bmatrix}u(t)$$

$$y(t)=[3 \quad 1]\begin{bmatrix}x_1(t)\\x_2(t)\end{bmatrix}$$

能观测标准形为

$$\begin{bmatrix}\dot{x}_1(t)\\\dot{x}_2(t)\end{bmatrix}=\begin{bmatrix}0 & -2\\1 & -3\end{bmatrix}\begin{bmatrix}x_1(t)\\x_2(t)\end{bmatrix}+\begin{bmatrix}3\\1\end{bmatrix}u(t)$$

$$y(t)=[0 \quad 1]\begin{bmatrix}x_1(t)\\x_2(t)\end{bmatrix}$$

对角线标准形为

$$\begin{bmatrix}\dot{x}_1(t)\\\dot{x}_2(t)\end{bmatrix}=\begin{bmatrix}-1 & 0\\0 & -2\end{bmatrix}\begin{bmatrix}x_1(t)\\x_2(t)\end{bmatrix}+\begin{bmatrix}1\\1\end{bmatrix}u(t)$$

$$y(t)=[2 \quad -1]\begin{bmatrix}x_1(t)\\x_2(t)\end{bmatrix}$$

6.2 线性时不变系统的特征结构

6.2.1 系统矩阵 *A* 的特征值

$n\times n$ 维系统矩阵 $\boldsymbol{A}$ 的特征值是下列特征方程的根:

$$|\lambda\boldsymbol{I}-\boldsymbol{A}|=0$$

这些特征值也为称特征根。

例如，考虑下列矩阵:

$$A=\begin{bmatrix}0 & 1 & 0\\ 0 & 0 & 1\\ -6 & -11 & -6\end{bmatrix}$$

特征方程为

$$|\lambda I-A| = \begin{vmatrix}\lambda & -1 & 0\\ 0 & \lambda & -1\\ 6 & 11 & \lambda+6\end{vmatrix} = \lambda^3+6\lambda^2+11\lambda+6$$
$$=(\lambda+1)(\lambda+2)(\lambda+3)=0$$

这里 A 的特征值就是特征方程的根，即 -1、-2 和 -3。

6.2.2　n 维系统矩阵的对角线化

如果一个具有相异特征值的 $n\times n$ 维矩阵 A 由下式给出

$$A=\begin{bmatrix}0 & 1 & 0 & \cdots & 0\\ 0 & 0 & 1 & \cdots & 0\\ \vdots & \vdots & \vdots & & \vdots\\ 0 & 0 & 0 & \cdots & 1\\ -a_n & -a_{n-1} & -a_{n-2} & \cdots & -a_1\end{bmatrix} \tag{6.12}$$

作如下非奇异线性变换 $X=P\cdot Z$，其中

$$P=\begin{bmatrix}1 & 1 & \cdots & 1\\ \lambda_1 & \lambda_2 & \cdots & \lambda_n\\ \vdots & \vdots & & \vdots\\ \lambda_1^{n-1} & \lambda_2^{n-1} & \cdots & \lambda_n^{n-1}\end{bmatrix}$$

称为范德蒙(Vandemone)矩阵，这里 λ_1，λ_2，…，λ_n 是系统矩阵 A 的 n 个相异特征值。将 $P^{-1}AP$ 变换为对角线矩阵，即

$$P^{-1}AP=\begin{bmatrix}\lambda_1 & & & 0\\ & \lambda_2 & & \\ & & \ddots & \\ 0 & & & \lambda_n\end{bmatrix}$$

如果由方程式(6.12)定义的矩阵 A 含有重特征值，则不能将上述矩阵对角线化。例如，3×3 维矩阵

$$A=\begin{bmatrix}0 & 1 & 0\\ 0 & 0 & 1\\ -a_3 & -a_2 & -a_1\end{bmatrix}$$

有特征值 λ_1、λ_2、λ_3，作非奇异线性变换 $X=S\cdot Z$，其中

$$S=\begin{bmatrix}1 & 0 & 1\\ \lambda_1 & 1 & \lambda_3\\ \lambda_1^2 & 2\lambda_1 & \lambda_3^2\end{bmatrix}$$

得到

$$S^{-1}AS=\begin{bmatrix}\lambda_1 & 1 & 0\\ 0 & \lambda_1 & 0\\ 0 & 0 & \lambda_3\end{bmatrix}$$

该式是一个 Jordan 标准形。

【例 6.2】 考虑下列系统的状态空间表达式：

$$\begin{bmatrix}\dot{x}_1\\ \dot{x}_2\\ \dot{x}_3\end{bmatrix}=\begin{bmatrix}0 & 1 & 0\\ 0 & 0 & 1\\ -6 & -11 & -6\end{bmatrix}\begin{bmatrix}x_1\\ x_2\\ x_3\end{bmatrix}+\begin{bmatrix}0\\ 0\\ 6\end{bmatrix}u \tag{6.13}$$

$$y=[1\quad 0\quad 0]\begin{bmatrix}x_1\\ x_2\\ x_3\end{bmatrix} \tag{6.14}$$

【解】 式(6.13)和式(6.14)可写为如下标准形式：

$$\dot{\boldsymbol{x}}=\boldsymbol{A}\boldsymbol{x}+\boldsymbol{B}u \tag{6.15}$$

$$y=\boldsymbol{C}\boldsymbol{x} \tag{6.16}$$

式中

$$\boldsymbol{A}=\begin{bmatrix}0 & 1 & 0\\ 0 & 0 & 1\\ -6 & -11 & -6\end{bmatrix},\ \boldsymbol{B}=\begin{bmatrix}0\\ 0\\ 6\end{bmatrix},\ \boldsymbol{C}=[1\quad 0\quad 0]$$

矩阵 $\boldsymbol{A}$ 的特征值为

$$\lambda_1=-1,\ \lambda_2=-2,\ \lambda_3=-3$$

这三个特征值相异。如果作变换

$$\begin{bmatrix}x_1\\ x_2\\ x_3\end{bmatrix}=\begin{bmatrix}1 & 1 & 1\\ -1 & -2 & -3\\ 1 & 4 & 9\end{bmatrix}\begin{bmatrix}z_1\\ z_2\\ z_3\end{bmatrix}$$

或

$$\boldsymbol{X}=\boldsymbol{P}\cdot\boldsymbol{Z} \tag{6.17}$$

定义一组新的状态变量 z_1、z_2 和 z_3，式中

$$\boldsymbol{P}=\begin{bmatrix}1 & 1 & 1\\ \lambda_1 & \lambda_2 & \lambda_3\\ \lambda_1^2 & \lambda_2^2 & \lambda_3^2\end{bmatrix} \tag{6.18}$$

那么，通过将式(6.17)代入式(6.15)，可得

$$\boldsymbol{P}\dot{\boldsymbol{Z}}=\boldsymbol{A}\boldsymbol{P}\boldsymbol{Z}+\boldsymbol{B}u$$

将上式两端左乘 $\boldsymbol{P}^{-1}$，得

$$\dot{\boldsymbol{Z}}=\boldsymbol{P}^{-1}\boldsymbol{A}\boldsymbol{P}\boldsymbol{Z}+\boldsymbol{P}^{-1}\boldsymbol{B}u \tag{6.19}$$

或者

$$\begin{bmatrix}\dot{z}_1\\ \dot{z}_2\\ \dot{z}_3\end{bmatrix}=\begin{bmatrix}3 & 2.5 & 0.5\\ -3 & -4 & -1\\ 1 & 1.5 & 0.5\end{bmatrix}\begin{bmatrix}0 & 1 & 0\\ 0 & 0 & 1\\ -6 & -11 & -6\end{bmatrix}\begin{bmatrix}1 & 1 & 1\\ -1 & -2 & -3\\ 1 & 4 & 9\end{bmatrix}\begin{bmatrix}z_1\\ z_2\\ z_3\end{bmatrix}$$

$$+\begin{bmatrix} 3 & 2.5 & 0.5 \\ -3 & -4 & -1 \\ 1 & 1.5 & 0.5 \end{bmatrix}\begin{bmatrix} 0 \\ 0 \\ 6 \end{bmatrix}u$$

化简得

$$\begin{bmatrix} \dot{z}_1 \\ \dot{z}_2 \\ \dot{z}_3 \end{bmatrix}=\begin{bmatrix} -1 & 0 & 0 \\ 0 & -2 & 0 \\ 0 & 0 & -3 \end{bmatrix}\begin{bmatrix} z_1 \\ z_2 \\ z_3 \end{bmatrix}+\begin{bmatrix} 3 \\ -6 \\ 3 \end{bmatrix}u \tag{6.20}$$

式(6.20)也是一个状态方程，它描述了由式(6.13)定义的同一个系统。

输出方程式(6.16)可修改为

$$\boldsymbol{y}=\boldsymbol{CP}\cdot\boldsymbol{Z}$$

或

$$y=\begin{bmatrix} 1 & 0 & 0 \end{bmatrix}\begin{bmatrix} 1 & 1 & 1 \\ -1 & -2 & -3 \\ 1 & 4 & 9 \end{bmatrix}\begin{bmatrix} z_1 \\ z_2 \\ z_3 \end{bmatrix}=\begin{bmatrix} 1 & 1 & 1 \end{bmatrix}\begin{bmatrix} z_1 \\ z_2 \\ z_3 \end{bmatrix} \tag{6.21}$$

注意：由式(6.18)定义的变换矩阵 $\boldsymbol{P}$ 将 $\boldsymbol{Z}$ 的系统矩阵转变为对角线矩阵。由式(6.20)显然可看出，三个纯量状态方程是解耦的。注意，式(6.19)中的矩阵 $\boldsymbol{P}^{-1}\boldsymbol{AP}$ 的对角线元素和矩阵 $\boldsymbol{A}$ 的三个特征值相同。此处强调 $\boldsymbol{A}$ 和 $\boldsymbol{P}^{-1}\boldsymbol{AP}$ 的特征值相同，这一点非常重要。作为一般情况，下面将证明这一点。

6.2.3 特征值的不变性

同一系统，经非奇异变换后，得：$\dot{Z}=P^{-1}ATZ+P^{-1}Bu$，$y=CPZ+Du$

其特征方程为：$|\sigma I-P^{-1}AP|=0$

为证明线性变换下特性值的不变性，需证明 $|\lambda\boldsymbol{I}-\boldsymbol{A}|$ 和 $|\lambda\boldsymbol{I}-\boldsymbol{P}^{-1}\boldsymbol{AP}|$ 的特征多项式相同。由于乘积的行列式等于各行列式的乘积，故

$$\begin{aligned}|\lambda\boldsymbol{I}-\boldsymbol{P}^{-1}\boldsymbol{AP}| &= |\lambda\boldsymbol{P}^{-1}\boldsymbol{P}-\boldsymbol{P}^{-1}\boldsymbol{AP}| = |\boldsymbol{P}^{-1}(\lambda\boldsymbol{I}-\boldsymbol{A})\boldsymbol{P}| \\ &= |\boldsymbol{P}^{-1}||\lambda\boldsymbol{I}-\boldsymbol{A}||\boldsymbol{P}| = |\boldsymbol{P}^{-1}||\boldsymbol{P}||\lambda\boldsymbol{I}-\boldsymbol{A}|\end{aligned}$$

注意到行列式 $|\boldsymbol{P}^{-1}|$ 和 $|\boldsymbol{P}|$ 的乘积等于乘积 $|\boldsymbol{P}^{-1}\boldsymbol{P}|$ 的行列式，从而

$$|\lambda\boldsymbol{I}-\boldsymbol{P}^{-1}\boldsymbol{AP}|=|\boldsymbol{P}^{-1}\boldsymbol{P}||\lambda\boldsymbol{I}-\boldsymbol{A}|=|\lambda\boldsymbol{I}-\boldsymbol{A}|$$

这就证明了在线性变换下矩阵 $\boldsymbol{A}$ 的特征值是不变的。

6.2.4 状态变量组的非唯一性

前面已阐述过，给定系统的状态变量组不是唯一的。设 x_1，x_2，…，x_n 是一组状态变量，可取任意一组函数

$$\hat{x}_1=X_1(x_1,\ x_2,\ \cdots,\ x_n)$$
$$\hat{x}_2=X_2(x_1,\ x_2,\ \cdots,\ x_n)$$
$$\vdots$$

$$\hat{x}_n = X_n(x_1, x_2, \cdots, x_n)$$

作为系统的另一组状态变量，这里假设对每一组变量 $\hat{x}_1$，$\hat{x}_2$，…，$\hat{x}_n$ 都对应于唯一的一组 x_1，x_2，…，x_n 的值；反之亦然。因此，如果 $\boldsymbol{X}$ 是一个状态向量，则

$$\hat{\boldsymbol{X}} = \boldsymbol{P}\boldsymbol{X}$$

也是一个状态向量，这里假设变换矩阵 $\boldsymbol{P}$ 是非奇异的。显然，这两个不同的状态向量都能表达同一系统的动态行为的同一信息。

6.3 系统模型之间的相互变换

本节讨论如何使用 MATLAB 在系统模型的传递函数与状态方程之间的相互变换。下面先讨论如何由传递函数变换为状态方程。

将闭环传递函数写为

$$\frac{Y(s)}{U(s)} = \frac{\text{含 } s \text{ 的分子多项式}}{\text{含 } s \text{ 的分母多项式}} = \frac{\text{num}}{\text{den}}$$

当有了这一传递函数表达式后，使用如下 MATLAB 命令：

[A, B, C, D] = tf2ss (num, den)

就可给出状态空间表达式。应着重强调，任何系统的状态空间表达式都不是唯一的。对于同一系统，可有许多个(无穷多个)状态空间表达式。上述 MATLAB 命令仅给出了一种可能的状态空间表达式。

6.3.1 传递函数系统的状态空间表达式

考虑以下传递函数：

$$\frac{Y(s)}{U(s)} = \frac{s}{(s+10)(s^2+4s+16)} = \frac{s}{s^3+14s^2+56s+160} \tag{6.22}$$

对于该系统，有多个(无穷多个)可能的状态空间表达式，其中一种可能的状态空间表达式为

$$\begin{bmatrix} \dot{x}_1 \\ \dot{x}_2 \\ \dot{x}_3 \end{bmatrix} = \begin{bmatrix} 0 & 1 & 0 \\ 0 & 0 & 1 \\ -160 & -56 & -14 \end{bmatrix} \begin{bmatrix} x_1 \\ x_2 \\ x_3 \end{bmatrix} + \begin{bmatrix} 0 \\ 1 \\ -14 \end{bmatrix} u$$

$$y = \begin{bmatrix} 1 & 0 & 0 \end{bmatrix} \begin{bmatrix} x_1 \\ x_2 \\ x_3 \end{bmatrix} + [0] u$$

另外一种可能的状态空间表达式(在无穷多个中)为

$$\begin{bmatrix} \dot{x}_1 \\ \dot{x}_2 \\ \dot{x}_3 \end{bmatrix} = \begin{bmatrix} -14 & -56 & -160 \\ 1 & 0 & 0 \\ 0 & 1 & 0 \end{bmatrix} \begin{bmatrix} x_1 \\ x_2 \\ x_3 \end{bmatrix} + \begin{bmatrix} 1 \\ 0 \\ 0 \end{bmatrix} u \tag{6.23}$$

$$y = \begin{bmatrix} 0 & 1 & 0 \end{bmatrix} \begin{bmatrix} x_1 \\ x_2 \\ x_3 \end{bmatrix} + [0]u \tag{6.24}$$

下面的例子是，用 MATLAB 将式(6.22)给出的传递函数变换为由式(6.23)和式(6.24)给出的状态空间表达式。对于此处考虑的系统，MATLAB Program 6-1 将产生矩阵 $\boldsymbol{A}$、$\boldsymbol{B}$、$\boldsymbol{C}$ 和 $\boldsymbol{D}$。

MATLAB Program　6-1

```
Num = [0  0  1  0];
Den = [1  14  56  160];
[A, B, C, D] = tf2ss(num, den)
A =
   -14   -56   -160
     1     0      0
     0     1      0
B =
   1
   0
   0
C =
   0  1  0
D =
   0
```

6.3.2　由状态空间表达式到传递函数的变换

为了从状态空间方程得到传递函数，采用以下命令：

[num,den] = ss2tf [A,B,C,D,iu]

对多输入的系统，必须具体化 iu。例如，如果系统有三个输入(u1，u2，u3)，则 iu 必须为 1、2 或 3 中的一个，其中 1 表示 u1，2 表示 u2，3 表示 u3。

如果系统只有一个输入，则可采用

[num, den] = ss2tf (A, B, C, D)

或

[num, den] = ss2tf (A, B, C, D, 1)

下面，用例 6.3 和 MATLAB Program 6-2 说明由状态空间表达式到传递函数的变换。

【例 6.3】　试求下列状态方程所定义的系统的传递函数：

$$\begin{bmatrix}\dot{x}_1\\ \dot{x}_2\\ \dot{x}_3\end{bmatrix}=\begin{bmatrix}0 & 1 & 0\\ 0 & 0 & 1\\ -5.008 & -25.1026 & -5.03247\end{bmatrix}\begin{bmatrix}x_1\\ x_2\\ x_3\end{bmatrix}+\begin{bmatrix}0\\ 25.04\\ -121.005\end{bmatrix}u$$

$$y=\begin{bmatrix}1 & 0 & 0\end{bmatrix}\begin{bmatrix}x_1\\ x_2\\ x_3\end{bmatrix}$$

【解】 MATLAB Program 6-2 将产生给定系统的传递函数。所得传递函数为

$$\frac{Y(s)}{U(s)}=\frac{25.04s+5.008}{s^3+5.0325s^2+25.1026s+5.008}$$

MATLAB Program 6-2

```
A=[0  1  0;  0  0  1;  -5.008   -25.1026  -5.032471];
B=[0;  25.04;  -121.005];
C=[1  0  0];
D=[0];
[num, den]=ss2tf(A, B, C, D)
num =
      0   -0.0000   25.0400   5.0080
den =
      1.0000   5.0325   25.1026   5.0080
% ***** The same result can be obtained by entering the following command *****
[num, den]=ss2tf(A, B, C, D, 1)
num =
      0   -0.0000   25.0400   5.0080
den =
      1.0000   5.0325   25.1026   5.0080
```

对于系统有多个输入与多个输出的情况，见例6.4。

【例6.4】 考虑一个多输入-多输出系统。

【解】 当系统输出多于一个时，MATLAB 命令：

[NUM,den]=ss2tf(A,B,C,D,iu)

对每个输入产生所有输出的传递函数(分子系数转变为具有与输出相同行的矩阵 NUM)。考虑由下式定义的系统：

$$\begin{bmatrix}\dot{x}_1\\ \dot{x}_2\end{bmatrix}=\begin{bmatrix}0 & 1\\ -25 & -4\end{bmatrix}\begin{bmatrix}x_1\\ x_2\end{bmatrix}+\begin{bmatrix}1 & 1\\ 0 & 1\end{bmatrix}\begin{bmatrix}u_1\\ u_2\end{bmatrix}$$

$$\begin{bmatrix}y_1\\ y_2\end{bmatrix}=\begin{bmatrix}1 & 0\\ 0 & 1\end{bmatrix}\begin{bmatrix}x_1\\ x_2\end{bmatrix}+\begin{bmatrix}0 & 0\\ 0 & 0\end{bmatrix}\begin{bmatrix}u_1\\ u_2\end{bmatrix}$$

该系统有两个输入和两个输出，包括四个传递函数：$Y_1(s)/U_1(s)$、$Y_2(s)/U_1(s)$、

$Y_1(s)/U_2(s)$和$Y_2(s)/U_2(s)$（当考虑输入u_1时，可设u_2为零。反之亦然），见下列 MATLAB 输出：

```
A=[0  1; -25  -4];
B=[1  1;   0  1];
C=[1  0;   0  1];
D=[0  0;   0  0]
[NUM, den]=ss2tf(A, B, C, D, 1)
NUM =
    0  1     4
    0  0   -25
den =
    1  4  25
[NUM, den]=ss2tf(A, B, C, D, 2)
NUM =
    0  1.0000    5.0000
    0  1.0000  -25.000
den =
    1  4  25
```

以上就是下列四个传递函数的 MATLAB 表达式：

$$\frac{Y_1(s)}{U_1(s)}=\frac{s+4}{s^2+4s+25} \qquad \frac{Y_2(s)}{U_1(s)}=\frac{-25}{s^2+4s+25}$$

$$\frac{Y_1(s)}{U_2(s)}=\frac{s+5}{s^2+4s+25} \qquad \frac{Y_2(s)}{U_2(s)}=\frac{s-25}{s2+4s+25}$$

习　题

6.1　考虑以下系统的传递函数：

$$\frac{Y(s)}{U(s)}=\frac{s+6}{s^2+5s+6}$$

试求该系统状态空间表达式的能控标准形和可观测标准形。

6.2　考虑下列单输入-单输出系统：

$$\dddot{y}+6\ddot{y}+11\dot{y}+6y=6u$$

试求该系统状态空间表达式的对角线标准形。

6.3　考虑由下式定义的系统：

$$\dot{\boldsymbol{x}}=\boldsymbol{Ax}+\boldsymbol{Bu}$$

$$\boldsymbol{y}=\boldsymbol{Cx}$$

式中

$$\boldsymbol{A}=\begin{bmatrix}1 & 2\\ -4 & -3\end{bmatrix},\ \boldsymbol{B}=\begin{bmatrix}1\\ 2\end{bmatrix},\ \boldsymbol{C}=[1 \quad 1]$$

试将该系统的状态空间表达式变换为能控标准形。

6.4　考虑由下式定义的系统：

$$\dot{\boldsymbol{x}} = \boldsymbol{A}\boldsymbol{x} + \boldsymbol{B}u$$
$$y = \boldsymbol{C}\boldsymbol{x}$$

式中

$$\boldsymbol{A} = \begin{bmatrix} -1 & 0 & 1 \\ 1 & -2 & 0 \\ 0 & 0 & -3 \end{bmatrix}, \boldsymbol{B} = \begin{bmatrix} 0 \\ 0 \\ 1 \end{bmatrix}, \boldsymbol{C} = \begin{bmatrix} 1 & 1 & 0 \end{bmatrix}$$

试求其传递函数 $Y(s)/U(s)$。

6.5　考虑下列矩阵：

$$\boldsymbol{A} = \begin{bmatrix} 0 & 1 & 0 & 0 \\ 0 & 0 & 1 & 0 \\ 0 & 0 & 0 & 1 \\ 1 & 0 & 0 & 0 \end{bmatrix}$$

试求矩阵 $\boldsymbol{A}$ 的特征值 λ_1，λ_2，λ_3 和 λ_4。再求变换矩阵 $\boldsymbol{P}$，使得 $\boldsymbol{P}^{-1}\boldsymbol{A}\boldsymbol{P} = \mathrm{diag}(\lambda_1, \lambda_2, \lambda_3, \lambda_4)$。

第7章　线性多变量系统的运动分析

在上一章讨论了状态方程的描述、标准形和模型转换，本章将讨论线性多变量系统的运动分析，即线性状态方程的求解。对于线性定常系统，要保证状态方程解的存在性和唯一性，即系统矩阵 $\boldsymbol{A}$ 和输入矩阵 $\boldsymbol{B}$ 中各元必须有界。一般来说，在实际工程中，这个条件是一定满足的。

7.1　线性系统状态方程的解

给定线性定常系统非齐次状态方程为

$$\Sigma:\ \dot{\boldsymbol{x}}(t)=\boldsymbol{A}\boldsymbol{x}(t)+\boldsymbol{B}\boldsymbol{u}(t) \tag{7.1}$$

式中，$\boldsymbol{x}(t)\in\mathbf{R}^n$，$\boldsymbol{u}(t)\mathbf{R}^r$；$\boldsymbol{A}\in\mathbf{R}^{n\times n}$，$\boldsymbol{B}\in\mathbf{R}^{n\times r}$，且初始条件为$\boldsymbol{x}(t)\big|_{t=0}=\boldsymbol{x}(0)$。

将式(7.1)写为

$$\dot{\boldsymbol{x}}(t)-\boldsymbol{A}\boldsymbol{x}(t)=\boldsymbol{B}\boldsymbol{u}(t)$$

在上式两边左乘 $\mathrm{e}^{-\boldsymbol{A}t}$，可得

$$\mathrm{e}^{-\boldsymbol{A}t}[\dot{\boldsymbol{x}}(t)-\boldsymbol{A}x(t)]=\frac{\mathrm{d}}{\mathrm{d}t}[\mathrm{e}^{-\boldsymbol{A}t}\boldsymbol{x}(t)]=\mathrm{e}^{-\boldsymbol{A}t}\boldsymbol{B}\boldsymbol{u}(t)$$

将上式由0积分到 t，得

$$\mathrm{e}^{-\boldsymbol{A}t}x(t)-\boldsymbol{x}(0)=\int_0^t\mathrm{e}^{-\boldsymbol{A}\tau}\boldsymbol{B}\boldsymbol{u}(\tau)\mathrm{d}\tau$$

故可求出其解为

$$\boldsymbol{x}(t)=\mathrm{e}^{\boldsymbol{A}t}x(0)+\int_0^t\mathrm{e}^{\boldsymbol{A}(t-\tau)}\boldsymbol{B}\boldsymbol{u}(\tau)\mathrm{d}\tau \tag{7.2a}$$

或

$$\boldsymbol{x}(t)=\boldsymbol{\phi}(t)\boldsymbol{x}(0)+\int_0^t\boldsymbol{\phi}(t-\tau)\boldsymbol{B}\boldsymbol{u}(\tau)\mathrm{d}\tau \tag{7.2b}$$

式中，$\boldsymbol{\phi}(t)$为系统的状态转移矩阵，$\boldsymbol{\phi}(t)=\mathrm{e}^{\boldsymbol{A}t}$。

对于线性时变系统非齐次状态方程

$$\dot{\boldsymbol{x}}(t)=\boldsymbol{A}(t)\boldsymbol{x}(t)+\boldsymbol{B}(t)\boldsymbol{u}(t) \tag{7.3}$$

类似可求出其解为

$$x(t)=\boldsymbol{\phi}(t,0)\boldsymbol{x}(0)+\int_0^t\boldsymbol{\phi}(t,\tau)\boldsymbol{B}(\tau)\boldsymbol{u}(\tau)\mathrm{d}\tau \tag{7.4}$$

一般说来，线性时变系统的状态转移矩阵 $\boldsymbol{\phi}(t,\ t_0)$只能表示成一个无穷项之和，只有在特殊情况下，才能写成矩阵指数函数的形式。

7.2　状态转移矩阵的性质

定义 7.1　时变系统状态转移矩阵 $\boldsymbol{\phi}(t,\ t_0)$是满足如下矩阵微分方程和初始条件

$$\begin{cases}\dot{\boldsymbol{\phi}}(t,\ t_0)=\boldsymbol{A}(t)\boldsymbol{\phi}(t,\ t_0)\\ \boldsymbol{\phi}(t_0,\ t_0)=\boldsymbol{I}\end{cases} \tag{7.5}$$

的解。

下面不加证明地给出线性时变系统状态转移矩阵的几个重要性质：

1) $\boldsymbol{\phi}(t,\ t)=\boldsymbol{I}$。

2) $\boldsymbol{\phi}(t_2,\ t_1)\boldsymbol{\phi}(t_1,\ t_0)=\boldsymbol{\phi}(t_2,\ t_0)$。

3) $\boldsymbol{\phi}^{-1}(t,\ t_0)=\boldsymbol{\phi}(t_0,\ t)$。

4) 当 $\boldsymbol{A}$ 给定后，$\boldsymbol{\phi}(t,\ t_0)$ 唯一。

5) 计算时变系统状态转移矩阵的公式

$$\boldsymbol{\phi}(t,t_0)=\boldsymbol{I}+\int_{t_0}^{t}\boldsymbol{A}(\tau)\mathrm{d}\tau+\int_{t_0}^{t}\boldsymbol{A}(\tau_1)\left[\int_{t_0}^{\tau_1}\boldsymbol{A}(\tau_2)\mathrm{d}\tau_2\right]\mathrm{d}\tau_1+\cdots \tag{7.6a}$$

式(7.6a)一般不能写成封闭形式，可按精度要求，用数值计算的方法取有限项近似。特别地，只有当满足

$$\boldsymbol{A}(t)\left[\int_{t_0}^{t}\boldsymbol{A}(\tau)\mathrm{d}\tau\right]=\left[\int_{t_0}^{t}\boldsymbol{A}(\tau)\mathrm{d}\tau\right]\boldsymbol{A}(t)$$

即在矩阵乘法可交换的条件下，$\boldsymbol{\phi}(t,\ t_0)$才可表示为如下矩阵指数函数形式：

$$\boldsymbol{\phi}(t,t_0)=\exp\left\{\int_{t_0}^{t}\boldsymbol{A}(\tau)\mathrm{d}\tau\right\} \tag{7.6b}$$

显然，定常系统的状态转移矩阵 $\boldsymbol{\phi}(t-t_0)$不依赖于初始时刻 t_0，其性质仅是上述时变系统的特例。

【例 7.1】　试求线性定常系统

$$\begin{bmatrix}\dot{x}_1\\ \dot{x}_2\end{bmatrix}=\begin{bmatrix}0&1\\-2&-3\end{bmatrix}\begin{bmatrix}x_1\\x_2\end{bmatrix}$$

的状态转移矩阵 $\boldsymbol{\phi}(t)$和状态转移矩阵的逆 $\boldsymbol{\phi}^{-1}(t)$。

【解】　对于该系统

$$\boldsymbol{A}=\begin{bmatrix}0&1\\-2&-3\end{bmatrix}$$

其状态转移矩阵由下式确定：

$$\boldsymbol{\phi}(t)=\mathrm{e}^{\boldsymbol{A}t}=\mathrm{L}^{-1}[(s\boldsymbol{I}-\boldsymbol{A})^{-1}]$$

由于

$$s\boldsymbol{I}-\boldsymbol{A}=\begin{bmatrix}s&0\\0&s\end{bmatrix}-\begin{bmatrix}0&1\\-2&-3\end{bmatrix}=\begin{bmatrix}s&-1\\2&s+3\end{bmatrix}$$

其逆矩阵为

$$(s\boldsymbol{I}-\boldsymbol{A})^{-1}=\frac{1}{(s+1)(s+2)}\begin{bmatrix}s+3&1\\-2&s\end{bmatrix}=\begin{bmatrix}\dfrac{s+3}{(s+1)(s+2)}&\dfrac{1}{(s+1)(s+2)}\\ \dfrac{-2}{(s+1)(s+2)}&\dfrac{s}{(s+1)(s+2)}\end{bmatrix}$$

因此

$$\boldsymbol{\phi}(t)=\mathrm{e}^{At}=\mathrm{L}^{-1}[(s\boldsymbol{I}-\boldsymbol{A})^{-1}]=\begin{bmatrix}2\mathrm{e}^{-t}-\mathrm{e}^{-2t} & \mathrm{e}^{-t}-\mathrm{e}^{-2t}\\ -2\mathrm{e}^{-t}+2\mathrm{e}^{-2t} & -\mathrm{e}^{-t}+2\mathrm{e}^{-2t}\end{bmatrix}$$

由于$\boldsymbol{\phi}^{-1}(t)=\boldsymbol{\phi}(-t)$，故可求得状态转移矩阵的逆为

$$\boldsymbol{\phi}^{-1}(t)=\mathrm{e}^{-At}=\begin{bmatrix}2\mathrm{e}^{t}-\mathrm{e}^{2t} & \mathrm{e}^{t}-\mathrm{e}^{2t}\\ -2\mathrm{e}^{t}+2\mathrm{e}^{2t} & -\mathrm{e}^{t}+2\mathrm{e}^{2t}\end{bmatrix}$$

【例 7.2】 求下列系统的时间响应：

$$\begin{bmatrix}\dot{x}_1\\ \dot{x}_2\end{bmatrix}=\begin{bmatrix}0 & 1\\ -2 & -3\end{bmatrix}\begin{bmatrix}x_1\\ x_2\end{bmatrix}+\begin{bmatrix}0\\ 1\end{bmatrix}\boldsymbol{u}$$

式中，$u(t)$为$t=0$时作用于系统的单位阶跃函数，即$u(t)=1(t)$。

【解】 对该系统

$$\boldsymbol{A}=\begin{bmatrix}0 & 1\\ -2 & -3\end{bmatrix},\ \boldsymbol{B}=\begin{bmatrix}0\\ 1\end{bmatrix}$$

状态转移矩阵$\boldsymbol{\phi}(t)=\mathrm{e}^{At}$已在例 7.1 中求得，即

$$\boldsymbol{\phi}(t)=\mathrm{e}^{At}=\begin{bmatrix}2\mathrm{e}^{-t}-\mathrm{e}^{-2t} & \mathrm{e}^{-t}-\mathrm{e}^{-2t}\\ -2\mathrm{e}^{-t}+2\mathrm{e}^{-2t} & -\mathrm{e}^{-t}+2\mathrm{e}^{-2t}\end{bmatrix}$$

因此，系统对单位阶跃输入的响应为

$$\boldsymbol{x}(t)=\mathrm{e}^{At}x(0)+\int_0^t\begin{bmatrix}2\mathrm{e}^{-(t-\tau)}-\mathrm{e}^{-2(t-\tau)} & \mathrm{e}^{-(t-\tau)}-\mathrm{e}^{-2(t-\tau)}\\ -2\mathrm{e}^{-(t-\tau)}+2\mathrm{e}^{-2(t-\tau)} & -\mathrm{e}^{-(t-\tau)}+2\mathrm{e}^{-2(t-\tau)}\end{bmatrix}\begin{bmatrix}0\\ 1\end{bmatrix}1(t)\mathrm{d}\tau$$

或

$$\begin{bmatrix}x_1(t)\\ x_2(t)\end{bmatrix}=\begin{bmatrix}2\mathrm{e}^{-t}-\mathrm{e}^{-2t} & \mathrm{e}^{-t}-\mathrm{e}^{-2t}\\ -2\mathrm{e}^{-t}+2\mathrm{e}^{-2t} & -\mathrm{e}^{-t}+2\mathrm{e}^{-2t}\end{bmatrix}\begin{bmatrix}x_1(0)\\ x_2(0)\end{bmatrix}+\begin{bmatrix}\frac{1}{2}-\mathrm{e}^{-t}+\frac{1}{2}\mathrm{e}^{-2t}\\ \mathrm{e}^{-t}-\mathrm{e}^{-2t}\end{bmatrix}$$

如果初始状态为零，即$X(0)=0$，可将$X(t)$简化为

$$\begin{bmatrix}x_1(t)\\ x_2(t)\end{bmatrix}=\begin{bmatrix}\frac{1}{2}-\mathrm{e}^{-t}+\frac{1}{2}\mathrm{e}^{-2t}\\ \mathrm{e}^{-t}-\mathrm{e}^{-2t}\end{bmatrix}$$

7.3 向量矩阵分析中的若干结果

本节将补充介绍在 7.4 节中将用到的有关矩阵分析中一些结果，即着重讨论凯莱-哈密尔顿(Caley-Hamilton)定理和最小多项式。

7.3.1 凯莱-哈密尔顿定理

在证明有关矩阵方程的定理或解决有关矩阵方程的问题时，凯莱-哈密尔顿定理是非常有用的。

考虑$n\times n$维矩阵$\boldsymbol{A}$及其特征方程

$$|\lambda\boldsymbol{I}-\boldsymbol{A}|=\lambda^n+a_1\lambda^{n-1}+\cdots+a_{n-1}\lambda+a_n=0$$

凯莱-哈密尔顿定理指出，矩阵 $\boldsymbol{A}$ 满足其自身的特征方程，即

$$\boldsymbol{A}^n + a_1\boldsymbol{A}^{n-1} + \cdots + a_{n-1}\boldsymbol{A} + a_n\boldsymbol{I} = 0 \tag{7.7}$$

为了证明此定理，注意到 $(\lambda\boldsymbol{I}-\boldsymbol{A})$ 的伴随矩阵 $\mathrm{adj}(\lambda\boldsymbol{I}-\boldsymbol{A})$ 是 λ 的 $n-1$ 次多项式，即

$$\mathrm{adj}(\lambda\boldsymbol{I}-\boldsymbol{A}) = \boldsymbol{B}_1\lambda^{n-1} + \boldsymbol{B}_2\lambda^{n-2} + \cdots + \boldsymbol{B}_{n-1}\lambda + \boldsymbol{B}_n$$

式中，$\boldsymbol{B}_1 = \boldsymbol{I}$。

由于

$$(\lambda\boldsymbol{I}-\boldsymbol{A})\mathrm{adj}(\lambda\boldsymbol{I}-\boldsymbol{A}) = [\mathrm{adj}(\lambda\boldsymbol{I}-\boldsymbol{A})](\lambda\boldsymbol{I}-\boldsymbol{A}) = |\lambda\boldsymbol{I}-\boldsymbol{A}|\boldsymbol{I}$$

可得

$$\begin{aligned} |\lambda\boldsymbol{I}-\boldsymbol{A}|\boldsymbol{I} &= \boldsymbol{I}\lambda^n + a_1\boldsymbol{I}\lambda^{n-1} + \cdots + a_{n-1}\boldsymbol{I}\lambda + a_n\boldsymbol{I} \\ &= (\lambda\boldsymbol{I}-\boldsymbol{A})(\boldsymbol{B}_1\lambda^{n-1} + \boldsymbol{B}_2\lambda^{n-2} + \cdots + \boldsymbol{B}_{n-1}\lambda + \boldsymbol{B}_n) \\ &= (\boldsymbol{B}_1\lambda^{n-1} + \boldsymbol{B}_2\lambda^{n-2} + \cdots + \boldsymbol{B}_{n-1}\lambda + \boldsymbol{B}_n)(\lambda\boldsymbol{I}-\boldsymbol{A}) \end{aligned}$$

从上式可看出，$\boldsymbol{A}$ 和 $\boldsymbol{B}_i(i=1,\ 2,\ \cdots,\ n)$ 相乘的次序是可交换的。因此，如果 $(\lambda\boldsymbol{I}-\boldsymbol{A})$ 及其伴随矩阵 $\mathrm{adj}(\lambda\boldsymbol{I}-\boldsymbol{A})$ 中有一个为零，则其乘积为零。如果在上式中用 $\boldsymbol{A}$ 代替 λ，显然 $\lambda\boldsymbol{I}-\boldsymbol{A}$ 为零。这样

$$\boldsymbol{A}^n + a_1\boldsymbol{A}^{n-1} + \cdots + a_{n-1}\boldsymbol{A} + a_n\boldsymbol{I} = 0$$

即证明了凯莱-哈密尔顿定理。

7.3.2　最小多项式

按照凯莱-哈密尔顿定理，任一 $n\times n$ 维矩阵 $\boldsymbol{A}$ 满足其自身的特征方程，然而特征方程不一定是 $\boldsymbol{A}$ 满足的最小阶次的纯量方程。将矩阵 $\boldsymbol{A}$ 为其根的最小阶次多项式称为最小多项式，也就是说，定义 $n\times n$ 维矩阵 $\boldsymbol{A}$ 的最小多项式为最小阶次的多项式 $\varphi(\lambda)$，即

$$\varphi(\lambda) = \lambda^m + a_1\lambda^{m-1} + \cdots + a_{m-1}\lambda + a_m, \qquad m \leqslant n$$

使得 $\varphi(\boldsymbol{A}) = 0$，或者

$$\varphi(\boldsymbol{A}) = \boldsymbol{A}^m + a_1\boldsymbol{A}^{m-1} + \cdots + a_{m-1}\boldsymbol{A} + a_m\boldsymbol{I} = 0$$

最小多项式在 $n\times n$ 维矩阵多项式的计算中起着重要作用。

假设 λ 的多项式 $d(\lambda)$ 是 $(\lambda\boldsymbol{I}-\boldsymbol{A})$ 的伴随矩阵 $\mathrm{adj}(\lambda\boldsymbol{I}-\boldsymbol{A})$ 的所有元素的最高公约式。可以证明，如果将 $d(\lambda)$ 的 λ 最高阶次的系数选为1，则最小多项式 $\varphi(\lambda)$ 由下式给出：

$$\varphi(\lambda) = \frac{|\lambda\boldsymbol{I}-\boldsymbol{A}|}{d(\lambda)} \tag{7.8}$$

注意，$n\times n$ 维矩阵 $\boldsymbol{A}$ 的最小多项式 $\varphi(\lambda)$ 可按下列步骤求出：

1）根据伴随矩阵 $\mathrm{adj}(\lambda\boldsymbol{I}-\boldsymbol{A})$，写出作为 λ 的因式分解多项式的 $\mathrm{adj}(\lambda\boldsymbol{I}-\boldsymbol{A})$ 的各元素。

2）确定作为伴随矩阵 $\mathrm{adj}(\lambda\boldsymbol{I}-\boldsymbol{A})$ 各元素的最高公约式 $d(\lambda)$。选取 $d(\lambda)$ 的 λ 最高阶次系数为1。如果不存在公约式，则 $d(\lambda)=1$。

3）最小多项式 $\varphi(\lambda)$ 可由 $|\lambda\boldsymbol{I}-\boldsymbol{A}|$ 除以 $d(\lambda)$ 得到。

7.4　矩阵指数函数 $\mathrm{e}^{\boldsymbol{A}t}$ 的计算

前已指出，状态方程的解实质上可归结为计算状态转移矩阵，即矩阵指数函数 $\mathrm{e}^{\boldsymbol{A}t}$。$\mathrm{e}^{\boldsymbol{A}t}$ 的求解方法很多，下面介绍四种常用解法。除此之外，在计算机上利用 MATLAB，可以简便

地计算 e^{At}。

除了上述方法外，对 e^{At} 的计算还有几种分析方法可供使用，这里介绍其中的四种计算方法。

7.4.1　方法一：直接计算法（矩阵指数函数）

将 e^{At} 展开为幂线数

$$e^{At}=\boldsymbol{I}+\boldsymbol{A}t+\frac{\boldsymbol{A}^2t^2}{2!}+\frac{\boldsymbol{A}^3t^3}{3!}+\cdots=\sum_{k=0}^{\infty}\frac{1}{k!}\boldsymbol{A}^kt^k \tag{7.9}$$

可以证明，对所有常数矩阵 $\boldsymbol{A}$ 和有限的 t 值来说，这个无穷级数都是收敛的。

7.4.2　方法二：对角线标准形与 Jordan 标准形法

若可将矩阵 $\boldsymbol{A}$ 变换为对角线标准形，那么 e^{At} 可由下式给出：

$$e^{At}=\boldsymbol{P}e^{\Lambda t}\boldsymbol{P}^{-1}=\boldsymbol{P}\begin{bmatrix} e^{\lambda_1 t} & & & 0\\ & e^{\lambda_2 t} & & \\ & & \ddots & \\ 0 & & & e^{\lambda_n t}\end{bmatrix}\boldsymbol{P}^{-1} \tag{7.10}$$

式中，$\boldsymbol{P}$ 是将 $\boldsymbol{A}$ 对角线化的非奇异线性变换矩阵。

类似地，若矩阵 $\boldsymbol{A}$ 可变换为 Jordan 标准形，则 e^{At} 可由下式确定出：

$$e^{At}=\boldsymbol{S}e^{Jt}\boldsymbol{S}^{-1} \tag{7.11}$$

【例 7.3】　考虑如下矩阵：

$$\boldsymbol{A}=\begin{bmatrix}0 & 1 & 0\\ 0 & 0 & 1\\ 1 & -3 & 3\end{bmatrix}$$

【解】　该矩阵的特征方程为

$$|\lambda\boldsymbol{I}-\boldsymbol{A}|=\lambda^3-3\lambda^2+3\lambda-1=(\lambda-1)^3=0$$

因此，矩阵 $\boldsymbol{A}$ 有三个相重特征值 $\lambda=1$。可以证明，矩阵 $\boldsymbol{A}$ 也将具有三重特征向量（即有两个广义特征向量）。易知，将矩阵 $\boldsymbol{A}$ 变换为 Jordan 标准形的变换矩阵为

$$\boldsymbol{S}=\begin{bmatrix}1 & 0 & 0\\ 1 & 1 & 0\\ 1 & 2 & 1\end{bmatrix}$$

矩阵 $\boldsymbol{S}$ 的逆为

$$\boldsymbol{S}^{-1}=\begin{bmatrix}1 & 0 & 0\\ -1 & 1 & 0\\ 1 & -2 & 1\end{bmatrix}$$

于是

$$\boldsymbol{S}^{-1}\boldsymbol{A}\boldsymbol{S}=\begin{bmatrix}1 & 0 & 0\\ -1 & 1 & 0\\ 1 & -2 & 1\end{bmatrix}\begin{bmatrix}0 & 1 & 0\\ 0 & 0 & 1\\ 1 & -3 & 3\end{bmatrix}\begin{bmatrix}1 & 0 & 0\\ 1 & 1 & 0\\ 1 & 2 & 1\end{bmatrix}$$

$$=\begin{bmatrix}1&1&0\\0&1&1\\0&0&1\end{bmatrix}=\boldsymbol{J}$$

注意到

$$\mathrm{e}^{\boldsymbol{J}t}=\begin{bmatrix}\mathrm{e}^t & t\mathrm{e}^t & \frac{1}{2}t^2\mathrm{e}^t\\ 0 & \mathrm{e}^t & t\mathrm{e}^t\\ 0 & 0 & \mathrm{e}^t\end{bmatrix}$$

可得

$$\mathrm{e}^{\boldsymbol{A}t}=\boldsymbol{S}\mathrm{e}^{\boldsymbol{J}t}\boldsymbol{S}^{-1}$$

即

$$\begin{bmatrix}1&0&0\\1&1&0\\1&2&1\end{bmatrix}\begin{bmatrix}\mathrm{e}^t & t\mathrm{e}^t & \frac{1}{2}t^2\mathrm{e}^t\\ 0 & \mathrm{e}^t & t\mathrm{e}^t\\ 0 & 0 & \mathrm{e}^t\end{bmatrix}\begin{bmatrix}1&0&0\\-1&1&0\\1&-2&1\end{bmatrix}$$

$$=\begin{bmatrix}\mathrm{e}^t-t\mathrm{e}^t+\frac{1}{2}t^2\mathrm{e}^t & t\mathrm{e}^t-t^2\mathrm{e}^t & \frac{1}{2}t^2\mathrm{e}^t\\ \frac{1}{2}t^2\mathrm{e}^t & \mathrm{e}^t-t\mathrm{e}^t-t^2\mathrm{e}^t & t\mathrm{e}^t+\frac{1}{2}t^2\mathrm{e}^t\\ t\mathrm{e}^t+\frac{1}{2}t^2\mathrm{e}^t & -3t\mathrm{e}^t-t^2\mathrm{e}^t & \mathrm{e}^t+2t\mathrm{e}^t+\frac{1}{2}t^2\mathrm{e}^t\end{bmatrix}$$

7.4.3　方法三：拉氏变换法

若使用拉普拉斯变换法，则 $\mathrm{e}^{\boldsymbol{A}t}$ 可由下式计算：

$$\mathrm{e}^{\boldsymbol{A}t}=\mathrm{L}^{-1}[(s\boldsymbol{I}-\boldsymbol{A})^{-1}] \tag{7.12}$$

为了求出 $\mathrm{e}^{\boldsymbol{A}t}$，关键是必须首先求出 $(\boldsymbol{SI}-\boldsymbol{A})$ 的逆。一般来说，当系统矩阵 $\boldsymbol{A}$ 的阶次较高时，可采用递推算法。

【例 7.4】　考虑如下矩阵：

$$\boldsymbol{A}=\begin{bmatrix}0&1\\0&-2\end{bmatrix}$$

试用前面介绍的两种方法计算 $\mathrm{e}^{\boldsymbol{A}t}$。

【解】　方法一：由于 $\boldsymbol{A}$ 的特征值为 0 和 -2（$\lambda_1=0$，$\lambda_2=-2$），故可求得所需的变换矩阵 $\boldsymbol{P}$ 为

$$\boldsymbol{P}=\begin{bmatrix}1&1\\0&-2\end{bmatrix}$$

因此，由式(7.10)可得

$$e^{At}=\begin{bmatrix}1 & 1\\0 & -2\end{bmatrix}\begin{bmatrix}e^{0} & 0\\0 & e^{-2t}\end{bmatrix}\begin{bmatrix}1 & \frac{1}{2}\\0 & -\frac{1}{2}\end{bmatrix}=\begin{bmatrix}1 & \frac{1}{2}(1-e^{-2t})\\0 & e^{-2t}\end{bmatrix}$$

方法二：由于

$$s\boldsymbol{I}-\boldsymbol{A}=\begin{bmatrix}s & 0\\0 & s\end{bmatrix}-\begin{bmatrix}0 & 1\\0 & -2\end{bmatrix}=\begin{bmatrix}s & -1\\0 & s+2\end{bmatrix}$$

可得

$$(s\boldsymbol{I}-\boldsymbol{A})^{-1}=\begin{bmatrix}\frac{1}{s} & \frac{1}{s(s+2)}\\0 & \frac{1}{s+2}\end{bmatrix}$$

因此

$$e^{At}=L^{-1}[(s\boldsymbol{I}-\boldsymbol{A})^{-1}]=\begin{bmatrix}1 & \frac{1}{2}(1-e^{-2t})\\0 & e^{-2t}\end{bmatrix}$$

7.4.4 方法四：化 e^{At} 为 A 的有限项法

第四种是利用凯莱-哈密尔顿定理，化 e^{At} 为 $\boldsymbol{A}$ 的有限项，然后通过求待定时间函数获得 e^{At} 的方法。必须指出，这种方法相当系统，而且计算过程简单。

设 $\boldsymbol{A}$ 的最小多项式阶数为 m。可以证明，采用赛尔维斯特内插公式，通过求解行列式

$$\begin{vmatrix}1 & \lambda_1 & \lambda_1^2 & \cdots & \lambda_1^{m-1} & e^{\lambda_1 t}\\1 & \lambda_2 & \lambda_2^2 & \cdots & \lambda_2^{m-1} & e^{\lambda_2 t}\\\vdots & \vdots & \vdots & & \vdots & \vdots\\1 & \lambda_m & \lambda_m^2 & \cdots & \lambda_m^{m-1} & e^{\lambda_m t}\\\boldsymbol{I} & \boldsymbol{A} & \boldsymbol{A}^2 & \cdots & \boldsymbol{A}^{m-1} & e^{At}\end{vmatrix}=0 \tag{7.13}$$

即可求出 e^{At}。利用式(7.13)求解时，所得 e^{At} 是以 $\boldsymbol{A}^k(k=0,1,2,\cdots,m-1)$ 和 $e^{\lambda_i t}(i=1,2,3,\cdots,m)$ 的形式表示的。

此外，也可采用如下等价的方法。

将式(7.13)按最后一行展开，容易得到

$$e^{At}=a_0(t)\boldsymbol{I}+a_1(t)\boldsymbol{A}+a_2(t)\boldsymbol{A}^2+\cdots+a_{m-1}(t)\boldsymbol{A}^{m-1} \tag{7.14}$$

从而通过求解下列方程组：

$$\begin{aligned}&a_0(t)+a_1(t)\lambda_1+a_2(t)\lambda_1^2+\cdots+a_{m-1}(t)\lambda_1^{m-1}=e^{\lambda_1 t}\\&a_0(t)+a_1(t)\lambda_2+a_2(t)\lambda_2^2+\cdots+a_{m-1}(t)\lambda_2^{m-1}=e^{\lambda_2 t}\\&\qquad\vdots\\&a_0(t)+a_1(t)\lambda_m+a_2(t)\lambda_m^2+\cdots+a_{m-1}(t)\lambda_m^{m-1}=e^{\lambda_m t}\end{aligned} \tag{7.15}$$

可确定出 $a_k(t)(k=0,1,2,\cdots,m-1)$，进而代入式(7.14)即可求得 e^{At}。

如果 A 为 $n\times n$ 维矩阵，且具有相异特征值，则所需确定的 $a_k(t)$ 的个数为 $m=n$，即有

$$e^{At}=a_0(t)I+a_1(t)A+a_2(t)A^2+\cdots+a_{n-1}(t)A^{n-1} \tag{7.16}$$

如果 A 含有相重特征值，但其最小多项式有单根，则所需确定的 $a_k(t)$ 的个数小于 n，这里将不再进一步介绍。

【例 7.5】 考虑如下矩阵：

$$A=\begin{bmatrix}0 & 1\\ 0 & -2\end{bmatrix}$$

试用化 e^{At} 为 A 的有限项法计算 e^{At}。

【解】 矩阵 A 的特征方程为

$$\det(\lambda I-A)=\lambda(\lambda+2)=0$$

可得相异特征值为 $\lambda_1=0$，$\lambda_2=-2$。

由式(7.13)，可得

$$\begin{vmatrix}1 & \lambda_1 & e^{\lambda_1 t}\\ 1 & \lambda_2 & e^{\lambda_2 t}\\ I & A & e^{At}\end{vmatrix}=0$$

即

$$\begin{vmatrix}1 & 0 & 1\\ 1 & -2 & e^{-2t}\\ I & A & e^{At}\end{vmatrix}=0$$

将上述行列式展开，可得

$$-2e^{At}+A+2I-Ae^{-2t}=0$$

或

$$e^{At}=\frac{1}{2}(A+2I-Ae^{-2t})=\frac{1}{2}\left\{\begin{bmatrix}0 & 1\\ 0 & -2\end{bmatrix}+\begin{bmatrix}2 & 0\\ 0 & 2\end{bmatrix}-\begin{bmatrix}0 & 1\\ 0 & -2\end{bmatrix}e^{-2t}\right\}$$

$$=\begin{bmatrix}1 & \frac{1}{2}(1-e^{-2t})\\ 0 & e^{-2t}\end{bmatrix}$$

另一种可选用的方法是采用式(7.16)。首先，由

$$a_0(t)+a_1(t)\lambda_1=e^{\lambda_1 t}$$

$$a_0(t)+a_1(t)\lambda_2=e^{\lambda_2 t}$$

确定待定时间函数 $a_0(t)$ 和 $a_1(t)$。由于 $\lambda_1=0$，$\lambda_2=-2$，上述两式变为

$$a_0(t)=1$$

$$a_0(t)-2a_1(t)=e^{-2t}$$

求解此方程组，可得

$$a_0(t)=1,\ a_1(t)=\frac{1}{2}(1-e^{-2t})$$

因此

$$e^{At}=a_0(t)\boldsymbol{I}+a_1(t)\boldsymbol{A}=\boldsymbol{I}+\frac{1}{2}(1-e^{-2t})\boldsymbol{A}=\begin{bmatrix}1 & \frac{1}{2}(1-e^{-2t})\\ 0 & e^{-2t}\end{bmatrix}$$

习　题

7.1　考虑下列矩阵：

$$\boldsymbol{A}=\begin{bmatrix}0 & 1\\ -2 & -3\end{bmatrix}$$

试利用三种方法计算 e^{At}。

7.2　给定线性定常系统

$$\dot{\boldsymbol{x}}=\boldsymbol{A}\boldsymbol{x}$$

式中

$$\boldsymbol{A}=\begin{bmatrix}0 & 1\\ -3 & -2\end{bmatrix}$$

且初始条件为

$$\boldsymbol{x}(0)=\begin{bmatrix}1\\ -1\end{bmatrix}$$

试求该齐次状态方程的解 $\boldsymbol{x}(t)$。

第 8 章　Lyapunov 稳定性分析

8.1　引言

线性定常系统的稳定性分析方法很多。然而，对于非线性系统和线性时变系统，这些稳定性分析方法实现起来却非常困难，甚至不可能。Lyapunov 稳定性分析是解决非线性系统稳定性问题的一般方法。

一百多年以前（1892 年），伟大的俄国数学力学家亚历山大·米哈依诺维奇·李亚普诺夫（A. M. Lyapunov）（1857—1918），以天才条件和精心研究，创造性地发表了其博士论文“运动稳定性的一般问题”，给出了稳定性概念的严格数学定义，并提出了解决稳定性问题的方法，从而奠定了现代稳定性理论的基础。

在这一历史性著作中，Lyapunov 研究了平衡状态及其稳定性、运动及其稳定性、扰动方程的稳定性，得到了系统 $\dot{\boldsymbol{x}}=f(\boldsymbol{x},t)$ 的给定运动 $\boldsymbol{x}=\varphi(t)$（包括平衡状态 $\boldsymbol{x}=\boldsymbol{x}_e$）的稳定性，等价于给定运动 $\boldsymbol{x}=\varphi(t)$（包括平衡状态 $\boldsymbol{x}=\boldsymbol{x}_e$）的扰动方程 $\dot{\tilde{\boldsymbol{x}}}=\tilde{f}(\tilde{\boldsymbol{x}}, t)$ 的原点（或零解）的稳定性。

在上述基础上，Lyapunov 提出了两类解决稳定性问题的方法，即 Lyapunov 第一法和 Lyapunov 第二法。

第一法通过求解微分方程的解来分析运动稳定性，即通过分析非线性系统线性化方程特征值分布来判别原非线性系统的稳定性；

第二法则是一种定性方法，它无需求解困难的非线性微分方程，而转而构造一个 Lyapunov 函数，研究它的正定性及其对时间的沿系统方程解的全导数的负定或半负定，来得到稳定性的结论。这一方法在学术界广泛应用，影响极其深远。一般所说的 Lyapunov 方法就是指 Lyapunov 第二法。

虽然在非线性系统的稳定性分析中，Lyapunov 稳定性理论具有基础性的地位，但在具体确定许多非线性系统的稳定性时，却并不是直截了当的。技巧和经验在解决非线性问题时显得非常重要。在本章中，对于实际非线性系统的稳定性分析仅限于几种简单的情况。

本章 8.1 节为概述；8.2 节介绍 Lyapunov 意义下的稳定性定义；8.3 节给出 Lyapunov 稳定性定理，并将其应用于非线性系统的稳定性分析；8.4 节讨论线性定常系统的 Lyapunov 稳定性分析。

8.2　Lyapunov 意义下的稳定性问题

对于一个给定的控制系统，稳定性分析通常是最重要的。如果系统是线性定常的，那么有许多稳定性判据，如 Routh-Hurwitz 稳定性判据和 Nyquist 稳定性判据等可资利用。然而，如果系统是非线性的，或是线性时变的，则上述稳定性判据就将不再适用。

本节所要介绍的 Lyapunov 第二法（也称 Lyapunov 直接法）是确定非线性系统和线性时变系统的最一般的方法。当然，这种方法也可适用于线性定常系统的稳定性分析。此外，它还可应用于线性二次型最优控制等许多问题。

8.2.1　平衡状态、给定运动与扰动方程的原点

考虑如下非线性系统：

$$\dot{\boldsymbol{x}}=f(\boldsymbol{x},\ t) \tag{8.1}$$

式中，$\boldsymbol{x}$ 为 n 维状态向量；$f(\boldsymbol{x},\ t)$是变量 x_1，x_2，…，x_n 和 t 的 n 维向量函数。

假设在给定初始条件下，式（8.1）有唯一解 $\boldsymbol{\Phi}(t;\ x_0,\ t_0)$，且当 $t=t_0$ 时，$\boldsymbol{x}=\boldsymbol{x}_0$。于是

$$\boldsymbol{\Phi}(t_0;\ \boldsymbol{x}_0,\ t_0)=\boldsymbol{x}_0$$

在式（8.1）的系统中，总存在

$$f(\boldsymbol{x}_e,\ t)\equiv 0,\quad 对所有\ t \tag{8.2}$$

则称 $\boldsymbol{x}_e$ 为系统的平衡状态或平衡点。如果系统是线性定常的，也就是说$f(\boldsymbol{x},\ t)=\boldsymbol{A}\boldsymbol{x}$，则当 $\boldsymbol{A}$ 为非奇异矩阵时，系统存在一个唯一的平衡状态 $\boldsymbol{x}_e=0$；当 $\boldsymbol{A}$ 为奇异矩阵时，系统将存在无穷多个平衡状态。对于非线性系统，则有一个或多个平衡状态，这些状态对应于系统的常值解（对所有 t，总存在 $\boldsymbol{x}=\boldsymbol{x}_e$）。平衡状态的确定不包括式（8.1）的系统微分方程的解，只涉及式（8.2）的解。

任意一个孤立的平衡状态（即彼此孤立的平衡状态）或给定运动 $\boldsymbol{x}=\varphi(t)$都可通过坐标变换，统一化为扰动方程 $\dot{\tilde{\boldsymbol{x}}}=\tilde{f}(\tilde{\boldsymbol{x}},\ t)$的坐标原点，即 $\tilde{f}(0,\ t)=0$ 或 $\tilde{\boldsymbol{x}}_e=0$。在本章中，除非特别申明，都将是仅讨论扰动方程关于原点处的平衡状态的稳定性问题。这种所谓“原点稳定性问题”，由于使问题得到极大简化，又不会丧失一般性，从而为稳定性理论的建立奠定了坚实的基础，这是 Lyapunov 的一个重要贡献。

8.2.2　Lyapunov 意义下的稳定性定义

下面首先给出 Lyapunov 意义下的稳定性定义，然后回顾某些必要的数学基础，以便在下一小节具体给出 Lyapunov 稳定性定理。

定义 8.1　设系统

$$\dot{\boldsymbol{x}}=f(\boldsymbol{x},\ t),\ f(\boldsymbol{x}_e,\ t)\equiv 0$$

的平衡状态 $\boldsymbol{x}_e=0$ 的 H 邻域为

$$\|\boldsymbol{x}-\boldsymbol{x}_e\|\leqslant H$$

其中，$H>0$，$\|\cdot\|$为向量的 2 范数或欧几里德范数，即

$$\|\boldsymbol{x}-\boldsymbol{x}_e\|=[(x_1-x_{1e})^2+(x_2-x_{2e})^2+\cdots+(x_n-x_{ne})^2]^{1/2}$$

类似地，也可以相应定义球域 $S(\varepsilon)$和 $S(\delta)$。

在 H 邻域内，若对于任意给定的 $0<\varepsilon<H$，均有：

1）如果对应于每一个 $S(\varepsilon)$，存在一个 $S(\delta)$，使得当 t 趋于无穷时，始于 $S(\delta)$的轨迹不脱离 $S(\varepsilon)$，则式（8.1）系统的平衡状态 $\boldsymbol{x}_e=0$ 称为在 Lyapunov 意义下是稳定的。一般地，实数 δ 与 ε 有关，通常也与 t_0 有关。如果 δ 与 t_0 无关，则称此时之平衡状态 $\boldsymbol{x}_e=0$ 为一致稳定的平衡状态。

以上定义意味着：首先选择一个球域 $S(\varepsilon)$，对应于每一个 $S(\varepsilon)$，必存在一个球域 $S(\delta)$，使得当 t 趋于无穷时，始于 $S(\delta)$ 的轨迹总不脱离球域 $S(\varepsilon)$。

2）如果平衡状态 $\boldsymbol{x}_e=0$，在 Lyapunov 意义下是稳定的，并且始于域 $S(\delta)$ 的任一条轨迹，当时间 t 趋于无穷时，都不脱离 $S(\varepsilon)$，且收敛于 $\boldsymbol{x}_e=0$，则称式（8.1）系统之平衡状态 $\boldsymbol{x}_e=0$ 为渐近稳定的，其中球域 $S(\delta)$ 被称为平衡状态 $\boldsymbol{x}_e=0$ 的吸引域。

类似地，如果 δ 与 t_0 无关，则称此时之平衡状态 $\boldsymbol{x}_e=0$ 为一致渐近稳定的。

实际上，渐近稳定性比 Lyapunov 意义下的稳定性更重要。考虑到非线性系统的渐近稳定性是一个局部概念，所以简单地确定渐近稳定性并不意味着系统能正常工作，通常有必要确定渐近稳定性的最大范围或吸引域。吸引域是发生渐近稳定轨迹的那部分状态空间，换句话说，发生于吸引域内的每一个轨迹都是渐近稳定的。

3）对所有的状态（状态空间中的所有点），如果由这些状态出发的轨迹都保持渐近稳定性，则平衡状态 $\boldsymbol{x}_e=0$ 称为大范围渐近稳定。或者说，如果式（8.1）系统的平衡状态 $\boldsymbol{x}_e=0$ 渐近稳定的吸引域为整个状态空间，则称此时系统的平衡状态 $\boldsymbol{x}_e=0$ 是大范围渐近稳定的。显然，大范围渐近稳定的必要条件是在整个状态空间中只有一个平衡状态。

在控制工程问题中，总希望系统具有大范围渐近稳定的特性。如果平衡状态不是大范围渐近稳定的，那么问题就转化为确定渐近稳定的最大范围或吸引域，这通常非常困难。然而，对所有的实际问题，如能确定一个足够大的渐近稳定的吸引域，以致扰动不会超过它就可以了。

4）如果对于某个实数 $\varepsilon>0$ 和任一个实数 $\delta>0$，不管这两个实数多么小，在 $S(\delta)$ 内总存在一个状态 $\boldsymbol{x}_0$，使得始于这一状态的轨迹最终会脱离开 $S(\varepsilon)$，那么平衡状态 $\boldsymbol{x}_e=0$ 称为不稳定的。

图 8.1a、b 和 c 分别表示平衡状态及对应于稳定性、渐近稳定性和不稳定性的典型轨迹。在图 8.1a、b 和 c 中，球域 $S(\delta)$ 制约着初始状态 $\boldsymbol{x}_0$，而球域 $S(\varepsilon)$ 是起始于 $\boldsymbol{x}_0$ 的轨迹的边界。

注意，由于上述定义不能详细地说明可容许初始条件的精确吸引域，因而除非 $S(\varepsilon)$ 对应于整个状态平面，否则这些定义只能应用于平衡状态的邻域。

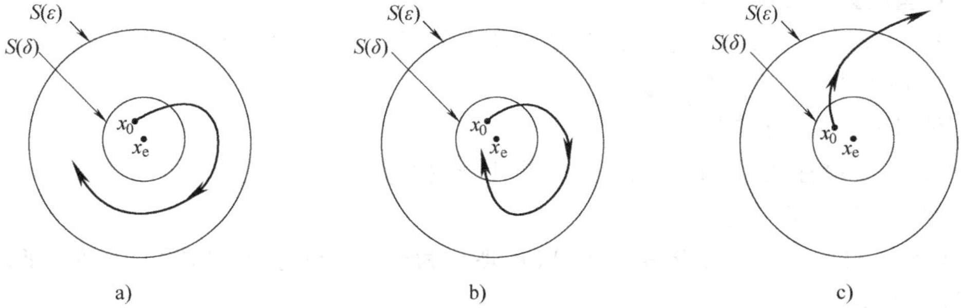

图 8.1　几种平衡状态的典型轨迹

a）稳定平衡状态及一条典型轨迹　b）渐近稳定平衡状态及一条典型轨迹

c）不稳定平衡状态及一条典型轨迹

此外，在图 8.1c 中，轨迹离开了 $S(\varepsilon)$，这说明平衡状态是不稳定的。然而，图 8.1c 却不能说明轨迹将趋于无穷远处，这是因为轨迹还可能趋于在 $S(\varepsilon)$ 外的某个极限环（如果线性定常系统是不稳定的，则在不稳定平衡状态附近出发的轨迹将趋于无穷远。但在非线性系统中，这一结论并不一定正确)。

上述各个定义的内容，对于理解本章介绍的线性和非线性系统的稳定性分析，是最低限度的要求。注意，这些定义不是确定平衡状态稳定性概念的唯一方法。实际上，在其他文献中还有另外的定义。

对于线性系统，渐近稳定等价于大范围渐近稳定。但对于非线性系统，一般只考虑吸引域为有限范围的渐近稳定。

最后指出，在经典控制理论中已经学过的稳定性概念，与 Lyapunov 意义下的稳定性概念是有一定的区别的。例如，在经典控制理论中只有渐近稳定的系统才称为是稳定的系统，而仅在 Lyapunov 意义下是稳定的，但却不是渐近稳定的系统，则被称之为不稳定系统。两者的区别与联系见表 8.1。

表 8.1　线性系统稳定性概念与 Lyapunov 意义下的稳定性概念

经典控制理论(线性系统)	不稳定[$\mathrm{Re}(s)>0$]	临界情况[($\mathrm{Re}(s)=0$)]	稳定[$\mathrm{Re}(s)<0$]
Lyapunov 意义下	不稳定	稳定	渐近稳定

8.2.3　预备知识

1. 纯量函数的正定性

如果对所有在域 Ω 中的非零状态 $\boldsymbol{x}\neq 0$，有 $V(\boldsymbol{x})>0$，且在 $\boldsymbol{x}=0$ 处有 $V(0)=0$，则在域 Ω（域 Ω 包含状态空间的原点）内的纯量函数 $V(\boldsymbol{x})$ 称为正定函数。

如果时变函数 $V(\boldsymbol{x},t)$ 由一个定常的正定函数作为下限，即存在一个正定函数 $V(\boldsymbol{x})$，使得

$$V(\boldsymbol{x},t)>V(\boldsymbol{x}),\quad 对所有\ t\geqslant t_0$$
$$V(0,t)=0,\quad 对所有\ t\geqslant t_0$$

则称时变函数 $V(\boldsymbol{x},t)$ 在域 Ω（Ω 包含状态空间原点）内是正定的。

2. 纯量函数的负定性

如果 $-V(\boldsymbol{x})$ 是正定函数，则纯量函数 $V(\boldsymbol{x})$ 称为负定函数。

3. 纯量函数的正半定形

如果纯量函数 $V(\boldsymbol{x})$ 除了原点以及某些状态等于零外，在域 Ω 内的所有状态都是正定的，则 $V(\boldsymbol{x})$ 称为正半定纯量函数。

4. 纯量函数的负半定性

如果 $-V(\boldsymbol{x})$ 是正半定函数，则纯量函数 $V(\boldsymbol{x})$ 称为负半定函数。

5. 纯量函数的不定性

如果在域 Ω 内，不论域 Ω 多么小，$V(\boldsymbol{x})$ 既可为正值，也可为负值时，则纯量函数 $V(\boldsymbol{x})$ 称为不定的纯量函数。

【例 8.1】　本例给出按照以上分类的几种纯量函数，这里假设 $\boldsymbol{x}$ 为二维向量。

(1) $V(\boldsymbol{x})=x_1^2+2x_2^2$，　正定的

(2) $V(\boldsymbol{x})=(x_1+x_2)^2$，　正半定的

(3) $V(\boldsymbol{x})=-x_1^2-(3x_1+2x_2)^2$，　负定的

(4) $V(\boldsymbol{x})=x_1x_2+x_2^2$，　不定的

(5) $V(\boldsymbol{x})=x_1^2+\dfrac{2x_2^2}{1+x_2^2}$,　　正定的

6. 二次型

建立在 Lyapunov 第二法基础上的稳定性分析中，有一类纯量函数起着很重要的作用，即二次型函数。例如

$$V(\boldsymbol{x})=\boldsymbol{x}^{\mathrm{T}}\boldsymbol{P}\boldsymbol{x}=[x_1\quad x_2\quad \cdots\quad x_n]\begin{bmatrix}p_{11} & p_{12} & \cdots & p_{1n}\\ p_{12} & p_{22} & \cdots & p_{2n}\\ \vdots & \vdots & & \vdots\\ p_{1n} & p_{2n} & \cdots & p_{nn}\end{bmatrix}\begin{bmatrix}x_1\\ x_2\\ \vdots\\ x_n\end{bmatrix}$$

注意，这里的 $\boldsymbol{x}$ 为实向量，$\boldsymbol{P}$ 为实对称矩阵。

7. 复二次型或 Hermite 型

如果 $\boldsymbol{x}$ 是 n 维复向量，$\boldsymbol{P}$ 为 Hermite 矩阵，则该复二次型函数称为 Hermite 型函数。例如

$$V(\boldsymbol{x})=\boldsymbol{x}^{\mathrm{H}}\boldsymbol{P}\boldsymbol{x}=[\bar{x}_1\quad \bar{x}_2\quad \cdots\quad \bar{x}_n]\begin{bmatrix}p_{11} & p_{12} & \cdots & p_{1n}\\ \bar{p}_{12} & p_{22} & \cdots & p_{2n}\\ \vdots & \vdots & & \vdots\\ \bar{p}_{1n} & \bar{p}_{2n} & \cdots & p_{nn}\end{bmatrix}\begin{bmatrix}x_1\\ x_2\\ \vdots\\ x_n\end{bmatrix}$$

在基于状态空间的稳定性分析中，经常使用 Hermite 型，而不使用二次型，这是因为 Hermite 型比二次型更具一般性（对于实向量 $\boldsymbol{x}$ 和实对称矩阵 $\boldsymbol{P}$，Hermite 型 $\boldsymbol{x}^{\mathrm{H}}\boldsymbol{P}\boldsymbol{x}$ 等于二次型 $\boldsymbol{x}^{\mathrm{T}}\boldsymbol{P}\boldsymbol{x}$）。

二次型或者 Hermite 型 $V(\boldsymbol{x})$ 的正定性可用赛尔维斯特准则判断。该准则指出，二次型或 Hermite 型 $V(\boldsymbol{x})$ 为正定的充要条件是矩阵 $\boldsymbol{P}$ 的所有主子行列式均为正值，即

$$p_{11}>0,\quad \begin{vmatrix}p_{11} & p_{12}\\ \bar{p}_{12} & p_{22}\end{vmatrix}>0,\ \cdots,\quad \begin{vmatrix}p_{11} & p_{12} & \cdots & p_{1n}\\ \bar{p}_{12} & p_{22} & \cdots & p_{2n}\\ \vdots & \vdots & & \vdots\\ \bar{p}_{1n} & \bar{p}_{2n} & \cdots & p_{nn}\end{vmatrix}>0$$

注意，$\bar{p}_{ij}$是 p_{ij}的复共轭。对于二次型，$\bar{p}_{ij}=p_{ij}$。

如果 $\boldsymbol{P}$ 是奇异矩阵，且它的所有主子行列式均非负，则 $V(\boldsymbol{x})=\boldsymbol{x}^{\mathrm{H}}\boldsymbol{P}\boldsymbol{x}$ 是正半定的。

如果 $-V(\boldsymbol{x})$是正定的，则 $V(\boldsymbol{x})$是负定的。同样，如果 $-V(\boldsymbol{x})$是正半定的，则 $V(\boldsymbol{x})$是负半定的。

【例 8.2】 试证明下列二次型是正定的。

$$V(\boldsymbol{x})=10x_1^2+4x_2^2+x_3^2+2x_1x_2-2x_2x_3-4x_1x_3$$

【解】 二次型 $V(\boldsymbol{x})$可写为

$$V(\boldsymbol{x})=\boldsymbol{x}^{\mathrm{T}}\boldsymbol{P}\boldsymbol{x}=[x_1\quad x_2\quad x_3]\begin{bmatrix}10 & 1 & -2\\ 1 & 4 & -1\\ -2 & -1 & 1\end{bmatrix}\begin{bmatrix}x_1\\ x_2\\ x_3\end{bmatrix}$$

利用赛尔维斯特准则，可得

$$10>0, \quad \begin{vmatrix} 10 & 1 \\ 1 & 4 \end{vmatrix}>0, \quad \begin{vmatrix} 10 & 1 & -2 \\ 1 & 4 & -1 \\ -2 & -1 & 1 \end{vmatrix}>0$$

因为矩阵 $\boldsymbol{P}$ 的所有主子行列式均为正值，所以 $V(\boldsymbol{x})$ 是正定的。

8.3 Lyapunov 稳定性理论

1892 年，A. M. Lyapunov 提出了两种方法（称为第一法和第二法），用于确定由常微分方程描述的动力学系统的稳定性。

第一法包括了利用微分方程显式解进行系统分析的所有步骤，也称为间接法。

第二法不需求出微分方程的解，也就是说，采用 Lyapunov 第二法，可以在不求出状态方程解的条件下，确定系统的稳定性。由于求解非线性系统和线性时变系统的状态方程通常十分困难，因此这种方法显示出极大的优越性。第二法也称为直接法。

尽管采用 Lyapunov 第二法分析非线性系统的稳定性时，需要相当的经验和技巧，然而当其他方法无效时，这种方法却能解决非线性系统的稳定性问题。

8.3.1 Lyapunov 第一法

Lyapunov 第一法的基本思路是，首先将非线性系统线性化，然后计算线性化方程的特征值，最后根据线性化方程的特征值判定原非线性系统的稳定性。

设非线性系统的状态方程为

$$\dot{\boldsymbol{x}}=f(\boldsymbol{x},\ t),\ f(\boldsymbol{x}_e,\ t)\equiv 0$$

或写成

$$\dot{x}_i=f_i(x_1,\ x_2,\ \cdots,\ x_n,\ t), \quad i=1,\ 2,\ \cdots,\ n$$

将非线性函数 $f_i(\cdot)$ 在平衡状态 $\boldsymbol{x}_e=0$ 处附近展成 Taylor 级数，则有

$$f_i(x_1,\ x_2,\ \cdots,\ x_n,\ t)=f_{i0}+\frac{\partial f_i}{\partial x_1}x_1+\frac{\partial f_i}{\partial x_2}x_2+\cdots+\frac{\partial f_i}{\partial x_n}x_n+\bar{f}_i(x_1,\ x_2,\ \cdots,\ x_n,\ t)$$

式中，f_{i0} 为常数，$\partial f_i/\partial \boldsymbol{x}_j$ 为一次项系数，且 $\bar{f}_i(x_1,\ x_2,\ \cdots,\ x_n,\ t)$ 为所有高次项之和。

由于 $f_i(0,\ 0,\ \cdots,\ 0,\ t)=f_{i0}\equiv 0$，故线性化方程为

$$\dot{\boldsymbol{x}}=\boldsymbol{A}\boldsymbol{x}$$

其中

$$\boldsymbol{A}=\frac{\partial f(\boldsymbol{x},\ t)}{\partial \boldsymbol{x}^{\mathrm{T}}}=\begin{bmatrix} \frac{\partial f_1}{\partial x_1} & \frac{\partial f_1}{\partial x_2} & \cdots & \frac{\partial f_1}{\partial x_n} \\ \frac{\partial f_2}{\partial x_1} & \frac{\partial f_2}{\partial x_2} & \cdots & \frac{\partial f_2}{\partial x_n} \\ \vdots & \vdots & & \vdots \\ \frac{\partial f_n}{\partial x_1} & \frac{\partial f_n}{\partial x_2} & \cdots & \frac{\partial f_n}{\partial x_n} \end{bmatrix}_{n\times n}$$

为 Jacobian 矩阵。

线性化方程（忽略高阶小量），是一种十分重要且广泛使用的近似分析方法。这是因为，在工程技术中，很多系统实质上都是非线性的，而非线性系统求解十分困难，所以经常使用线性化系统近似它。

然而，这样做是否正确？已知，线性（化）系统与非线性系统具有根本的区别，如非线性系统才会出现自振、突变、自组织、混沌等，因此一般说来，关于线性化系统的解和有关结论是不能随意推广到原来的非线性的。现在，把问题的范围缩小，只考虑 $\boldsymbol{x}_e=0$ 的稳定性问题，并提出在什么条件下，可用线性化系统代替原非线性系统的问题。Lyapunov 证明了三个定理，给出了明确的结论。应该指出，这些定理为线性化方法奠定了理论基础，从而具有重要的理论与实际意义。

定理 8.1（Lyapunov） 如果线性化系统的系统矩阵 $\boldsymbol{A}$ 的所有特征值都具有负实部，则原非线性系统的平衡状态 $\boldsymbol{x}_e=0$ 总是渐近稳定的，而且系统的稳定性与高阶导数项无关。

定理 8.2（Lyapunov） 如果线性化系统的系统矩阵 $\boldsymbol{A}$ 的特征值中，至少有一个具有正实部，则不论高阶导数项的情况如何，原非线性系统的平衡状态 $\boldsymbol{x}_e=0$ 总是不稳定的。

定理 8.3（Lyapunov） 如果线性化系统的系统矩阵 $\boldsymbol{A}$ 实部为零的特征值，而其余特征值实部均为负，则在此临界情况下，原非线性系统平衡状态 $\boldsymbol{x}_e=0$ 的稳定性决定于高阶导数项，既可能不稳定，也可能稳定。此时不能再用线性化方程来表征原非线性系统的稳定性。

上述三个定理也称为 Lyapunov 第一近似定理。这些定理为“线性化”提供了重要的理论基础，即对任一非线性系统，若其线性化系统关于平衡状态 $\boldsymbol{x}_e=0$ 渐近稳定或不稳定，则原非线性系统也有同样的结论。但对临界情况，则必须考虑高阶导数项。

8.3.2 Lyapunov 第二法

由力学经典理论可知，对于一个振动系统，若系统总能量（正定函数）连续减小（这意味着总能量对时间的导数为负定），直到平衡状态时为止，则此振动系统是稳定的。

Lyapunov 第二法是建立在更为普遍意义的基础上的，即如果系统有一个渐近稳定的平衡状态，则当其运动到平衡状态的吸引域内时，系统存储的能量随着时间的增长而衰减，直到在平稳状态达到极小值为止。然而对于一些纯数学系统，毕竟还没有一个定义“能量函数”的简便方法。为了克服这个困难，Lyapunov 定义了一个虚构的能量函数，称为 Lyapunov 函数。当然，这个函数无疑比能量更为一般，且其应用也更广泛。实际上，任一纯量函数只要满足 Lyapunov 稳定性定理（见定理 8.4 和 8.5）的假设条件，都可作为 Lyapunov 函数（其构造可能十分困难）。

Lyapunov 函数与 $x_1, x_2, \cdots, x_n$ 和 t 有关，用 $V(x_1, x_2, \cdots, x_n, t)$ 或者 $V(\boldsymbol{x}, t)$ 来表示 Lyapunov 函数。如果在 Lyapunov 函数中不含 t，则用 $V(x_1, x_2, \cdots, x_n)$ 或 $V(\boldsymbol{x})$ 表示。在 Lyapunov 第二法中，$V(\boldsymbol{x}, t)$ 和其对时间的全导数 $\dot{V}(\boldsymbol{x}, t)=\mathrm{d}V(\boldsymbol{x}, t)/\mathrm{d}t$ 的符号特征，提供了判断平衡状态处的稳定性、渐近稳定性或不稳定性的准则。这种间接方法不必直接求出给定非线性状态方程的解。

1. 关于渐近稳定性

可以证明：如果 $\boldsymbol{x}$ 为 n 维向量，且其纯量函数 $V(\boldsymbol{x})$ 正定，则满足

$$V(\boldsymbol{x})=C$$

状态的 $\boldsymbol{x}$ 处于 n 维状态空间的封闭超曲面上，且至少处于原点附近，这里 C 为正常数。此时，随着 $\|\boldsymbol{x}\|\to\infty$，上述封闭曲面可扩展为整个状态空间。如果 $C_1<C_2$，则超曲面 $V(\boldsymbol{x})=C_1$ 完全处于超曲面 $V(\boldsymbol{x})=C_2$ 的内部。

对于给定的系统，若可求得正定的纯量函数 $V(\boldsymbol{x})$，并使其沿轨迹对时间的全导数总为负定，则随着时间的增加，$V(\boldsymbol{x})$将取越来越小的 C 值。随着时间的进一步增长，最终 $V(\boldsymbol{x})$变为零，而 $\boldsymbol{x}$ 也趋于零。这意味着，状态空间的原点是渐近稳定的。Lyapunov 主稳定性定理就是前述事实的普遍化，它给出了渐近稳定的充分条件。

定理 8.4（Lyapunov，皮尔希德斯基，巴巴辛，克拉索夫斯基） 考虑如下非线性系统：

$$\dot{\boldsymbol{x}}(t)=\boldsymbol{f}[\boldsymbol{x}(t),t]$$

式中

$$\boldsymbol{f}(0,t)\equiv 0,\qquad \text{对所有 } t\geqslant t_0$$

如果存在一个具有连续一阶偏导数的纯量函数 $V(\boldsymbol{x},t)$，且满足以下条件：

1) $V(\boldsymbol{x},t)$正定。

2) $\dot{V}(\boldsymbol{x},t)$负定。

则在原点处的平衡状态是（一致）渐近稳定的。

进一步地，若$\|\boldsymbol{x}\|\to\infty$，$V(\boldsymbol{x},t)\to\infty$（径向无穷大），则在原点处的平衡状态 $\boldsymbol{x}_e=0$ 是大范围一致渐近稳定的。

【例 8.3】 考虑如下非线性系统：

$$\dot{x}_1=x_2-x_1(x_1^2+x_2^2)$$
$$\dot{x}_2=-x_1-x_2(x_1^2+x_2^2)$$

显然原点（$x_1=0$，$x_2=0$）是唯一的平衡状态。试确定其稳定性。

【解】 如果定义一个正定纯量函数 $V(\boldsymbol{x})$

$$V(\boldsymbol{x})=2x_1\dot{x}_1+2x_2\dot{x}_2-2(x_1^2+x_2^2)^2$$

是负定的，这说明 $V(\boldsymbol{x})$沿任一轨迹连续地减小，因此 $V(\boldsymbol{x})$是一个 Lyapunov 函数。由于$V(\boldsymbol{x})$随着$\|\boldsymbol{x}\|\to\infty$ 而变为无穷，则由定理 8.4，该系统在原点处的平衡状态是大范围渐近稳定的。

注意，如使 $V(\boldsymbol{x})$取一系列的常值0，C_1，C_2，…（$0<C_1<C_2<\cdots$），则 $V(\boldsymbol{x})=0$ 对应于状态平面的原点，而 $V(\boldsymbol{x})=C_1$，$V(\boldsymbol{x})=C_2$，…，描述了包围状态平面原点的互不相交的一簇圆，如图 8.2 所示。还应注意，由于 $V(\boldsymbol{x})$是径向无穷大的，即随着$\|\boldsymbol{x}\|\to\infty$，$V(\boldsymbol{x})\to\infty$，所以这一簇圆可扩展到整个状态平面。

由于圆 $V(\boldsymbol{x})=C_k$ 完全处在 $V(\boldsymbol{x})=C_{k+1}$ 的内部，所以典型轨迹从外向里穿过各 V 圆，从而 Lyapunov 函数 $V(\boldsymbol{x})$的几何意义之一，可解释为状态 $\boldsymbol{x}$ 到状态空间原点 $\boldsymbol{x}_e=0$ 之间距离的一种度量。如果原点与瞬时状态 $\boldsymbol{x}(t)$之间的距离随 t 的增加而连续地减小，即 $\dot{V}[\boldsymbol{x}(t)]<0$，则 $x(t)\to 0$。

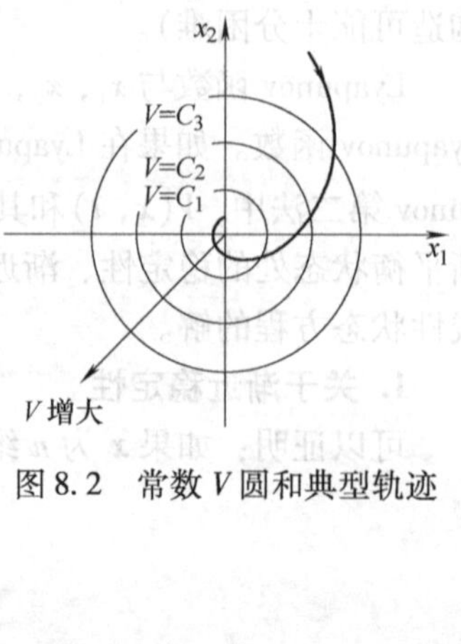

图 8.2 常数 V 圆和典型轨迹

定理 8.4 是 Lyapunov 第二法的基本定理，下面对这一重要定理作如下几点说明：

1) 这里仅给出了充分条件，也就是说，如果构造出了 Lyapunov 函数 $V(\boldsymbol{x},t)$，那么系统是渐近稳定的。但如果找不到这样的 Lyapunov 函数，则并不能给出任何结论。例如，不能据此说该系统是不稳定的。

2）对于渐近稳定的平衡状态，则 Lyapunov 函数必存在。

3）对于非线性系统，通过构造某个具体的 Lyapunov 函数，可以证明系统在某个稳定域内是渐近稳定的，但这并不意味着稳定域外的运动是不稳定的。对于线性系统，如果存在渐近稳定的平衡状态，则它必定是大范围渐近稳定的。

4）这里给出的稳定性定理，既适合于线性系统、非线性系统，也适合于定常系统、时变系统，具有极其一般的普遍意义。

显然，定理8.4 仍有一些限制条件，比如 $\dot{V}(\boldsymbol{x}, t)$ 必须是负定函数。如果在 $\dot{V}(\boldsymbol{x}, t)$ 上附加一个限制条件，即除了原点以外，沿任一轨迹 $\dot{V}(\boldsymbol{x}, t)$ 均不恒等于零，则要求 $\dot{V}(\boldsymbol{x}, t)$ 负定的条件可用 $\dot{V}(\boldsymbol{x}, t)$ 取负半定的条件来代替。

定理 8.5（克拉索夫斯基，巴巴辛）　考虑如下非线性系统：

$$\dot{\boldsymbol{x}}(t)=f[\boldsymbol{x}(t), t]$$

式中

$$f(0, t)\equiv 0, \qquad 对所有\ t \geqslant t_0$$

若存在具有连续一阶偏导数的纯量函数 $V(\boldsymbol{x}, t)$，且满足以下条件：

1）$V(\boldsymbol{x}, t)$ 是正定的。

2）$\dot{V}(\boldsymbol{x}, t)$ 是负半定的。

3）$\dot{V}[\boldsymbol{\Phi}(t; \boldsymbol{x}_0, t_0), t]$ 对于任意 t_0 和任意 $\boldsymbol{x}_0 \neq 0$，在 $t \geqslant t_0$ 时，不恒等于零，这里，$\boldsymbol{\Phi}(t; \boldsymbol{x}_0, t_0)$ 表示在 t_0 时从 $\boldsymbol{x}_0$ 出发的轨迹或解。

4）当 $\|\boldsymbol{x}\| \to \infty$ 时有 $V(\boldsymbol{x}) \to \infty$。

则在系统原点处的平衡状态 $\boldsymbol{x}_e=0$ 是大范围渐近稳定的。

注意，若 $\dot{V}(\boldsymbol{x}, t)$ 不是负定的，而只是负半定的，则典型点的轨迹可能与某个特定曲面 $V(\boldsymbol{x}, t)=C$ 相切，然而由于 $\dot{V}[\boldsymbol{\Phi}(t; \boldsymbol{x}_0, t_0), t]$ 对任意 t_0 和任意 $\boldsymbol{x}_0 \neq 0$，在 $t \geqslant t_0$ 时不恒等于零，所以典型点就不可能保持在切点处（在这点上，$\dot{V}(\boldsymbol{x}, t)=0$），因而必然要运动到原点。

【例 8.4】　给定连续时间的定常系统

$$\dot{x}_1=x_2$$
$$\dot{x}_2=-x_1-(1+x_2)^2 x_2$$

判定其稳定性。

【解】　系统的平衡状态为 $x_1=0$，$x_2=0$。现取 $V(\boldsymbol{x})=x_1^2+x_2^2$，且有：

（1）$V(\boldsymbol{x})=x_1^2+x_2^2$ 为正定；

（2）$$V(\boldsymbol{x})=\begin{bmatrix}\dfrac{\partial V}{\partial x_1} & \dfrac{\partial V}{\partial x_2}\end{bmatrix}\begin{bmatrix}\dot{x}_1\\ \dot{x}_2\end{bmatrix}$$

$$=[2x_1 \quad 2x_2]\begin{bmatrix}x_2\\ -x_1-(1+x_2)^2 x_2\end{bmatrix}$$

$$=-2x_2^2(1+x_2)^2$$

可以看出，除以下情况：①x_1 任意、$x_2=0$，②x_1 任意、$x_2=-1$ 时，以及 $\dot{V}(\boldsymbol{x})=0$ 以外，均有 $\dot{V}<0$。$\dot{V}(\boldsymbol{x})$ 为半负定。

（3）检查是否 $\dot{V}(\boldsymbol{\Phi}(t; \boldsymbol{x}_0, 0)) \neq 0$。考察①的情况：$\overline{\boldsymbol{\Phi}}(t; \boldsymbol{x}_0, 0)=[x_1(t), 0]^{\mathrm{T}}$ 是否为

系统的扰动解，由于 $x_2=0$ 可导出 $\dot{x}_2=0$，将此代入系统的方程得到

$$\dot{x}_1(t)=x_2(t)=0$$

$$0=\dot{x}_2=-(1+x_2(t))^2-x_1=-x_1(t)$$

这表明，除点($x_1=0$，$x_2=0$)外，$\overline{\Phi}(t;\ x_0,\ 0)=[x_1(t),\ 0]^{\mathrm{T}}$ 不是系统的扰动解。

考察②的情况：$\overline{\Phi}(t;\ x_0,\ 0)=[x_1(t),\ -1]^{\mathrm{T}}$，则 $x_2=-1$ 可导出 $\dot{x}_2(t)=0$，将此代入系统方程

$$\dot{x}_1=x_2=-1$$

$$0=\dot{x}_2(t)=-(1+x_2(t))^2x_2(t)-x_1(t)=-x_1(t)$$

矛盾，$\overline{\Phi}(t;\ \boldsymbol{x}_0,\ 0)=[x_1(t),\ -1]^{\mathrm{T}}$ 不是系统的扰动解。

(4) 当 $\|\boldsymbol{x}\|=\sqrt{x_1^2+x_2^2}\to\infty$，显然有 $V(\boldsymbol{x})\to\infty$。

综上，系统在原点平衡状态大范围渐近稳定。

2. 关于稳定性

然而，如果存在一个正定的纯量函数 $V(\boldsymbol{x},\ t)$，使得 $\dot{V}(\boldsymbol{x},\ t)$ 始终为零，则系统可以保持在一个极限环上。在这种情况下，原点处的平衡状态称为在 Lyapunov 意义下是稳定的。

3. 关于不稳定性

如果系统平衡状态 $\boldsymbol{x}_e=0$ 是不稳定的，则存在纯量函数 $W(\boldsymbol{x},\ t)$，可用其确定平衡状态的不稳定性。下面介绍不稳定性定理。

定理 8.6（Lyapunov） 考虑如下非线性系统：

$$\dot{\boldsymbol{x}}(t)=f[\boldsymbol{x}(t),\ t]$$

式中

$$f(0,\ t)\equiv 0,\qquad \text{对所有 } t\geqslant t_0$$

若存在一个纯量函数 $W(\boldsymbol{x},\ t)$，具有连续的一阶偏导数，且满足下列条件：

1) $W(\boldsymbol{x},\ t)$ 在原点附近的某一邻域内是正定的。

2) $\dot{W}(\boldsymbol{x},\ t)$ 在同样的邻域内是正定的。

则原点处的平衡状态是不稳定的。

8.3.3 线性系统的稳定性与非线性系统的稳定性比较

在线性定常系统中，若平衡状态是局部渐近稳定的，则它是大范围渐近稳定的。然而在非线性系统中，不是大范围渐近稳定的平衡状态可能是局部渐近稳定的。因此，线性定常系统平衡状态的渐近稳定性的含义和非线性系统的含义完全不同。

如果要具体检验一个实际非线性系统平衡状态的渐近稳定性，则仅用前述非线性系统的线性化模型的稳定性分析，即 Lyapunov 第一法是远远不够的，必须研究没有线性化的非线性系统。有如下几种基于 Lyapunov 第二法的方法可达成这一目的，如克拉索夫斯基方法、Schultz-Gibson 变量梯度法、鲁里叶（Lure'）法，以及波波夫方法等。下面仅讨论非线性系统稳定性分析的克拉索夫斯基方法。

8.4 线性定常系统的 Lyapunov 稳定性分析

考虑如下线性定常自治系统：

$$\dot{\boldsymbol{x}}=\boldsymbol{A}\boldsymbol{x} \tag{8.3}$$

式中，$\boldsymbol{x}\in\mathbf{R}^n$，$\boldsymbol{A}\in\mathbf{R}^{n\times n}$。

假设 $\boldsymbol{A}$ 为非奇异矩阵，则有唯一的平衡状态 $\boldsymbol{x}_e=0$，其平衡状态的稳定性很容易通过 Lyapunov 第二法进行研究。

对于式（8.3）的系统，选取如下二次型 Lyapunov 函数，即

$$V(\boldsymbol{x})=\boldsymbol{x}^{\mathrm{H}}\boldsymbol{P}\boldsymbol{x}$$

式中，$\boldsymbol{P}$ 为正定 Hermite 矩阵（如果 $\boldsymbol{x}$ 是实向量，且 $\boldsymbol{A}$ 是实矩阵，则 $\boldsymbol{P}$ 可取为正定的实对称矩阵）。

$V(\boldsymbol{x})$沿任一轨迹的时间导数为

$$\begin{aligned}\dot{V}(\boldsymbol{x})&=\dot{\boldsymbol{x}}^{\mathrm{H}}\boldsymbol{P}\boldsymbol{x}+\boldsymbol{x}^{\mathrm{H}}\boldsymbol{P}\dot{\boldsymbol{x}}=(\boldsymbol{A}\boldsymbol{x})^{\mathrm{H}}\boldsymbol{P}\boldsymbol{x}+\boldsymbol{x}^{\mathrm{H}}\boldsymbol{P}\boldsymbol{A}\boldsymbol{x}\\&=\boldsymbol{x}^{\mathrm{H}}\boldsymbol{A}^{\mathrm{H}}\boldsymbol{P}\boldsymbol{x}+\boldsymbol{x}^{\mathrm{H}}\boldsymbol{P}\boldsymbol{A}\boldsymbol{x}=\boldsymbol{x}^{\mathrm{H}}(\boldsymbol{A}^{\mathrm{H}}\boldsymbol{P}+\boldsymbol{P}\boldsymbol{A})\boldsymbol{x}\end{aligned}$$

由于 $V(\boldsymbol{x})$取为正定，对于渐近稳定性，要求 $\dot{V}(\boldsymbol{x})$为负定的，因此必须有

$$\dot{V}(\boldsymbol{x})=-\boldsymbol{x}^{\mathrm{H}}\boldsymbol{Q}\boldsymbol{x}$$

式中

$$\boldsymbol{Q}=-(\boldsymbol{A}^{\mathrm{H}}\boldsymbol{P}+\boldsymbol{P}\boldsymbol{A})$$

为正定矩阵。因此，对于式（8.3）的系统，其渐近稳定的充分条件是 $\boldsymbol{Q}$ 正定。为了判断 $n\times n$ 维矩阵的正定性，可采用赛尔维斯特准则，即矩阵为正定的充要条件是矩阵的所有主子行列式均为正值。

在判别 $\dot{V}(\boldsymbol{x})$时，方便的方法不是先指定一个正定矩阵 $\boldsymbol{P}$，然后检查 $\boldsymbol{Q}$ 是否也是正定的，而是先指定一个正定的矩阵 $\boldsymbol{Q}$，然后检查由

$$\boldsymbol{A}^{\mathrm{H}}\boldsymbol{P}+\boldsymbol{P}\boldsymbol{A}=-\boldsymbol{Q}$$

确定的 $\boldsymbol{P}$ 是否也是正定的。这可归纳为如下定理。

定理 8.7　线性定常系统 $\dot{\boldsymbol{x}}=\boldsymbol{A}\boldsymbol{x}$ 在平衡点 $\boldsymbol{x}_e=0$ 处渐近稳定的充要条件是：对于 $\forall\boldsymbol{Q}>0$，$\exists\boldsymbol{P}>0$，满足如下 Lyapunov 方程：

$$\boldsymbol{A}^{\mathrm{H}}\boldsymbol{P}+\boldsymbol{P}\boldsymbol{A}=-\boldsymbol{Q}$$

这里 $\boldsymbol{P}$、$\boldsymbol{Q}$ 均为 Hermite 矩阵或实对称矩阵。此时，Lyapunov 函数为

$$V(\boldsymbol{x})=\boldsymbol{x}^{\mathrm{H}}\boldsymbol{P}\boldsymbol{x},\ \dot{V}(\boldsymbol{x})=-\boldsymbol{x}^{\mathrm{H}}\boldsymbol{Q}\boldsymbol{x}$$

特别地，当 $\dot{V}(\boldsymbol{x})=-\boldsymbol{x}^{\mathrm{H}}\boldsymbol{Q}\boldsymbol{x}\neq0$ 时，可取 $\boldsymbol{Q}\geqslant0$（正半定）。

现对该定理作以下几点说明：

1）如果系统只包含实状态向量 $\boldsymbol{x}$ 和实系统矩阵 $\boldsymbol{A}$，则 Lyapunov 函数 $\boldsymbol{x}^{\mathrm{H}}\boldsymbol{P}\boldsymbol{x}$ 为 $\boldsymbol{x}^{\mathrm{T}}\boldsymbol{P}\boldsymbol{x}$，且 Lyapunov 方程为

$$\boldsymbol{A}^{\mathrm{T}}\boldsymbol{P}+\boldsymbol{P}\boldsymbol{A}=-\boldsymbol{Q}$$

2）如果 $\dot{V}(\boldsymbol{x})=-\boldsymbol{x}^{\mathrm{H}}\boldsymbol{Q}\boldsymbol{x}$ 沿任一条轨迹不恒等于零，则 $\boldsymbol{Q}$ 可取正半定矩阵。

3）如果取任意的正定矩阵 $\boldsymbol{Q}$，或者如果 $\dot{V}(\boldsymbol{x})$沿任一轨迹不恒等于零时取任意的正半定矩阵 $\boldsymbol{Q}$，并求解矩阵方程

$$\boldsymbol{A}^{\mathrm{H}}\boldsymbol{P}+\boldsymbol{P}\boldsymbol{A}=-\boldsymbol{Q}$$

以确定 $\boldsymbol{P}$，则对于在平衡点 $\boldsymbol{x}_e=0$ 处的渐近稳定性，$\boldsymbol{P}$ 为正定是充要条件。

注意，如果正半定矩阵 $\boldsymbol{Q}$ 满足下列秩的条件：

$$\text{rank}\begin{bmatrix} Q^{1/2} \\ Q^{1/2}A \\ \vdots \\ Q^{1/2}A^{n-1} \end{bmatrix} = n$$

则 $\dot{V}(t)$ 沿任意轨迹不恒等于零。

4）只要选择的矩阵 $\boldsymbol{Q}$ 为正定的（或根据情况选为正半定的），则最终的判定结果将与矩阵 $\boldsymbol{Q}$ 的不同选择无关。

5）为了确定矩阵 $\boldsymbol{P}$ 的各元素，可使矩阵 $\boldsymbol{A}^{\mathrm{H}}\boldsymbol{P}+\boldsymbol{P}\boldsymbol{A}$ 和矩阵 $-\boldsymbol{Q}$ 的各元素对应相等。为了确定矩阵 $\boldsymbol{P}$ 的各元素 $p_{ij}=\bar{p}_{ji}$，将导致 $n(n+1)/2$ 个线性方程。如果用 λ_1，λ_2，…，λ_n 表示矩阵 A 的特征值，则每个特征值的重数与特征方程根的重数是一致的，并且如果每两个根的和

$$\lambda_j+\lambda_k\neq 0$$

则 $\boldsymbol{P}$ 的元素将唯一地被确定。注意，如果矩阵 $\boldsymbol{A}$ 表示一个稳定系统，那么 $\lambda_j+\lambda_k$ 的和总不等于零。

6）在确定是否存在一个正定的 Hermite 或实对称矩阵 $\boldsymbol{P}$ 时，为方便起见，通常取 $\boldsymbol{Q}=\boldsymbol{I}$，这里 $\boldsymbol{I}$ 为单位矩阵。从而，$\boldsymbol{P}$ 的各元素可按下式确定：

$$\boldsymbol{A}^{\mathrm{H}}\boldsymbol{P}+\boldsymbol{P}\boldsymbol{A}=-\boldsymbol{I}$$

然后再检验 $\boldsymbol{P}$ 是否正定。

【例 8.5】 设二阶线性定常系统的状态方程为

$$\begin{bmatrix} \dot{x}_1 \\ \dot{x}_2 \end{bmatrix}=\begin{bmatrix} 0 & 1 \\ -1 & -1 \end{bmatrix}\begin{bmatrix} x_1 \\ x_2 \end{bmatrix}$$

显然，平衡状态是原点。试确定该系统的稳定性。

【解】 不妨取 Lyapunov 函数为

$$V(\boldsymbol{x})=\boldsymbol{x}^{\mathrm{T}}\boldsymbol{P}\boldsymbol{x}$$

此时实对称矩阵 $\boldsymbol{P}$ 可由下式确定：

$$\boldsymbol{A}^{\mathrm{T}}\boldsymbol{P}+\boldsymbol{P}\boldsymbol{A}=-\boldsymbol{I}$$

上式可写为

$$\begin{bmatrix} 0 & -1 \\ 1 & -1 \end{bmatrix}\begin{bmatrix} p_{11} & p_{12} \\ p_{12} & p_{22} \end{bmatrix}+\begin{bmatrix} p_{11} & p_{12} \\ p_{12} & p_{22} \end{bmatrix}\begin{bmatrix} 0 & 1 \\ -1 & -1 \end{bmatrix}=\begin{bmatrix} -1 & 0 \\ 0 & -1 \end{bmatrix}$$

将矩阵方程展开，可得联立方程组为

$$\begin{aligned} -2p_{12} &= -1 \\ p_{11}-p_{12}-p_{22} &= 0 \\ 2p_{12}-2p_{22} &= -1 \end{aligned}$$

从方程组中解出 p_{11}、p_{12}、p_{22}，可得

$$\begin{bmatrix} p_{11} & p_{12} \\ p_{12} & p_{22} \end{bmatrix}=\begin{bmatrix} \dfrac{3}{2} & \dfrac{1}{2} \\ \dfrac{1}{2} & 1 \end{bmatrix}$$

为了检验 $\boldsymbol{P}$ 的正定性，下面校核各主子行列式：

$$\frac{3}{2}>0,\qquad \begin{vmatrix} \frac{3}{2} & \frac{1}{2} \\ \frac{1}{2} & 1 \end{vmatrix}>0$$

显然，$\boldsymbol{P}$ 是正定的。因此，在原点处的平衡状态是大范围渐近稳定的，且 Lyapunov 函数为

$$V(\boldsymbol{x})=\boldsymbol{x}^{\mathrm{T}}\boldsymbol{P}\boldsymbol{x}=\frac{1}{2}(3x_1^2+2x_1x_2+2x_2^2)$$

此时

$$\dot{V}(\boldsymbol{x})=-(x_1^2+x_2^2)$$

【**例 8.6**】　试确定如图 8.3 所示系统的增益 K 的稳定范围。

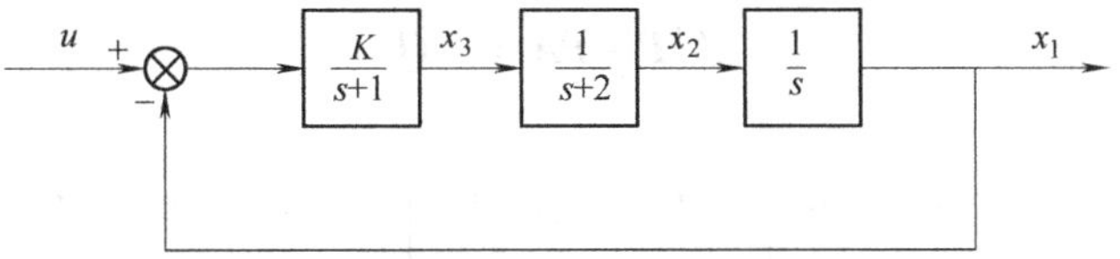

图 8.3　例 8.6 控制系统

【**解**】　容易推得系统的状态方程为

$$\begin{bmatrix}\dot{x}_1\\ \dot{x}_2\\ \dot{x}_3\end{bmatrix}=\begin{bmatrix}0 & 1 & 0\\ 0 & -2 & 1\\ -K & 0 & -1\end{bmatrix}\begin{bmatrix}x_1\\ x_2\\ x_3\end{bmatrix}+\begin{bmatrix}0\\ 0\\ K\end{bmatrix}u$$

在确定 K 的稳定范围时，假设输入 $\boldsymbol{u}$ 为零。于是上式可写为

$$\dot{x}_1=x_2 \tag{8.4}$$

$$\dot{x}_2=-2x_2+x_3 \tag{8.5}$$

$$\dot{x}_3=-Kx_1-x_3 \tag{8.6}$$

由式(8.4) ~ 式(8.6)可发现，原点是平衡状态。假设取正半定的实对称矩阵 $\boldsymbol{Q}$ 为

$$\boldsymbol{Q}=\begin{bmatrix}0 & 0 & 0\\ 0 & 0 & 0\\ 0 & 0 & 1\end{bmatrix} \tag{8.7}$$

由于除原点外 $\dot{V}(\boldsymbol{x})=-\boldsymbol{x}^{\mathrm{T}}\boldsymbol{Q}\boldsymbol{x}$ 不恒等于零,因此可选上式的 $\boldsymbol{Q}$。为了证实这一点,注意

$$\dot{V}(\boldsymbol{x})=-\boldsymbol{x}^{\mathrm{T}}\boldsymbol{Q}\boldsymbol{x}=-x_3^2$$

取 $\dot{V}(\boldsymbol{x})$ 恒等于零，意味着 x_3 也恒等于零。如果 x_3 恒等于零，x_1 也必恒等于零，因为由式（8.6）可得

$$0=-Kx_1=0$$

如果 x_1 恒等于零，x_2 也恒等于零。因为由式（8.4）可得

$$0=x_2$$

于是 $\dot{V}(\boldsymbol{x})$ 只在原点处才恒等于零。因此，为了分析稳定性，可采用由式（8.7）定义的矩阵 $\boldsymbol{Q}$。

也可检验下列矩阵的秩：

$$\begin{bmatrix} \boldsymbol{Q}^{1/2} \\ \boldsymbol{Q}^{1/2}\boldsymbol{A} \\ \boldsymbol{Q}^{1/2}\boldsymbol{A}^2 \end{bmatrix} = \begin{bmatrix} 0 & 0 & 0 \\ 0 & 0 & 0 \\ 0 & 0 & 1 \\ 0 & 0 & 0 \\ 0 & 0 & 0 \\ -K & 0 & -1 \\ 0 & 0 & 0 \\ 0 & 0 & 0 \\ K & -K & 1 \end{bmatrix}$$

显然，对于 $K\neq0$，其秩为 3。因此可选择这样的 $\boldsymbol{Q}$ 用于 Lyapunov 方程。

现在求解如下 Lyapunov 方程：

$$\boldsymbol{A}^{\mathrm{T}}\boldsymbol{P} + \boldsymbol{P}\boldsymbol{A} = -\boldsymbol{Q}$$

它可重写为

$$\begin{bmatrix} 0 & 0 & -K \\ 1 & -2 & 0 \\ 0 & 1 & -1 \end{bmatrix}\begin{bmatrix} p_{11} & p_{12} & p_{13} \\ p_{12} & p_{22} & p_{23} \\ p_{13} & p_{23} & p_{33} \end{bmatrix} + \begin{bmatrix} p_{11} & p_{12} & p_{13} \\ p_{12} & p_{22} & p_{23} \\ p_{13} & p_{23} & p_{33} \end{bmatrix}\begin{bmatrix} 0 & 1 & 0 \\ 0 & -2 & 1 \\ -K & 0 & -1 \end{bmatrix} = \begin{bmatrix} 0 & 0 & 0 \\ 0 & 0 & 0 \\ 0 & 0 & -1 \end{bmatrix}$$

对 $\boldsymbol{P}$ 的各元素求解，可得

$$\boldsymbol{P} = \begin{bmatrix} \dfrac{K^2+12K}{12-2K} & \dfrac{6K}{12-2K} & 0 \\ \dfrac{6K}{12-2K} & \dfrac{3K}{12-2K} & \dfrac{K}{12-2K} \\ 0 & \dfrac{K}{12-2K} & \dfrac{6K}{12-2K} \end{bmatrix}$$

为使 $\boldsymbol{P}$ 成为正定矩阵，其充要条件为

$$12-2K>0 \text{ 和 } K>0$$

或

$$0<K<6$$

因此，当 $0<K<6$ 时，系统在 Lyapunov 意义下是稳定的，也就是说，原点是大范围渐近稳定的。

习　题

8.1　试确定下列二次型是否为正定的：

$$Q = x_1^2 + 4x_2^2 + x_3^2 + 2x_1x_2 - 6x_2x_3 - 2x_1x_3$$

8.2　试确定下列二次型是否为负定的：

$$Q = -x_1^2 - 3x_2^2 - 11x_3^2 + 2x_1x_2 - 4x_2x_3 - 2x_1x_3$$

8.3　试确定下列非线性系统的原点稳定性：

$$\dot{x}_1 = -x_1 + x_2 + x_1(x_1^2 + x_2^2)$$

$$\dot{x}_2 = x_1 - x_2 + x_2(x_1^2 + x_2^2)$$

考虑下列二次型函数是否可以作为一个可能的 Lyapunov 函数：

$$V = x_1^2 + x_2^2$$

8.4　试写出下列系统的几个 Lyapunov 函数：

$$\begin{bmatrix} \dot{x}_1 \\ \dot{x}_2 \end{bmatrix} = \begin{bmatrix} -1 & 1 \\ 2 & -3 \end{bmatrix} \begin{bmatrix} x_1 \\ x_2 \end{bmatrix}$$

并确定该系统原点的稳定性。

8.5　试确定下列线性系统平衡状态的稳定性：

$$\dot{x}_1 = -x_1 - 2x_2 + 2$$

$$\dot{x}_2 = x_1 - 4x_2 - 1$$

第 9 章　线性多变量系统的综合与设计

9.1　引言

前面介绍的内容都属于系统的描述与分析。系统的描述主要解决系统的建模、各种数学模型（时域、频域、内部、外部描述）之间的相互转换等；系统的分析主要研究系统的定量变化规律（如状态方程的解，即系统的运动分析等）和定性行为（如能控性、能观测性、稳定性等）。系统的综合问题是指，在已知系统结构和参数的基础上，引入反馈控制规律，使导出的闭环系统达到某种期望的性能。一般说来，这种控制规律常取反馈形式，因为无论是在抗干扰性或鲁棒性能方面，反馈闭环系统的性能都远优于非反馈或开环系统。在本章中，将以状态空间描述和状态空间方法为基础，仍然在时域中讨论线性反馈控制规律的综合与设计方法。

9.1.1　问题的提法

给定系统的状态空间表达式

$$\dot{\boldsymbol{x}} = \boldsymbol{A}\boldsymbol{x} + \boldsymbol{B}\boldsymbol{u}$$
$$\boldsymbol{y} = \boldsymbol{C}\boldsymbol{x}$$

若给定系统的某个期望的性能指标，它既可以是时域或频域的某种特征量（如超调量、过渡过程时间、极零点等），也可以是使某个性能函数取极小或极大。此时，综合问题就是寻求一个控制作用 $\boldsymbol{u}$，使得在该控制作用下系统满足所给定的期望性能指标。

通常做法是在控制系统中引入反馈，构成闭环结构。反馈包含两种基本类型：“状态反馈”和“输出反馈”。

对于线性状态反馈控制律

$$\boldsymbol{u} = -\boldsymbol{K}\boldsymbol{x} + \boldsymbol{r}$$

对于线性输出反馈控制律

$$\boldsymbol{u} = -\boldsymbol{H}\boldsymbol{y} + \boldsymbol{r}$$

式中，$\boldsymbol{r}$ 为参考输入向量，$\boldsymbol{r} \in R^r$。

由此构成的闭环反馈系统分别为

$$\dot{\boldsymbol{x}} = (\boldsymbol{A} - \boldsymbol{B}\boldsymbol{K})\boldsymbol{x} + \boldsymbol{B}\boldsymbol{r}$$
$$\boldsymbol{y} = \boldsymbol{C}\boldsymbol{x}$$

或

$$\dot{\boldsymbol{x}} = (\boldsymbol{A} - \boldsymbol{B}\boldsymbol{H}\boldsymbol{C})\boldsymbol{x} + \boldsymbol{B}\boldsymbol{r}$$
$$\boldsymbol{y} = \boldsymbol{C}\boldsymbol{x}$$

闭环反馈系统的系统矩阵分别为

$$A_K = A - BK$$
$$A_H = A - BHC$$

即 $\Sigma_K = (A - BK, B, C)$ 或 $\Sigma_H = (A - BHC, B, C)$。

闭环传递函数矩阵

$$G_K(s) = C^{-1}[sI - (A - BK)]^{-1}B$$
$$G_H(s) = C^{-1}[sI - (A - BHC)]^{-1}B$$

这里应着重指出，作为综合问题，将必须考虑三个方面的因素：①抗外部干扰问题；②抗内部结构不确定性与参数的摄动问题，即鲁棒性（Robustness）问题；③控制规律的工程实现问题。

一般说来，综合和设计是两个有区别的概念。综合将在考虑工程可实现或可行的前提下，来确定控制规律 u；而对设计，则还必须考虑许多实际问题，如控制器物理实现中线路的选择、元件的选用、参数的确定等。

9.1.2　性能指标的类型

总的说来，综合问题中的性能指标可分为非优化型和优化型性能指标两种类型。两者的差别为：非优化型指标是一类不等式型的指标，即只要性能值达到或好于期望指标就算是实现了综合目标，而优化型指标则是一类极值型指标，综合目标是使性能指标在所有可能的控制中使其取极小或极大值。

对于非优化型性能指标，可以有多种提法，常用的提法有：

1）以渐近稳定作为性能指标，相应的综合问题称为镇定问题。

2）以一组期望的闭环系统极点作为性能指标，相应的综合问题称为极点配置问题。从线性定常系统的运动分析中可知，如时域中的超调量、过渡过程时间及频域中的增益稳定裕度、相位稳定裕度，都可以被认为等价于系统极点的位置，因此相应的综合问题都可视为极点配置问题。

3）以使一个多输入-多输出（MIMO）系统实现为“一个输入只控制一个输出”作为性能指标，相应的综合问题称为解耦问题。在工业过程控制中，解耦控制有着重要的应用。

4）以使系统的输出 $y(t)$ 无静差地跟踪一个外部信号 $y_0(t)$ 作为性能指标，相应的综合问题称为跟踪问题。

对于优化型性能指标，则通常取为相对于状态 x 和控制 u 的二次型积分性能指标，即

$$J[u(t)] = \int_0^{\infty} (x^{\mathrm{T}}Qx + u^{\mathrm{T}}Ru)\,\mathrm{d}t$$

其中，加权阵 $Q = Q^{\mathrm{T}} > 0$ 或 $\geqslant 0$，$R = R^{\mathrm{T}} > 0$ 且 $(A, Q^{1/2})$ 能观测。综合的任务就是确定 $u^*(t)$，使相应的性能指标 $J[u^*(t)]$ 极小。通常，将这样的控制 $u^*(t)$ 称为最优控制，确切地说，是线性二次型最优控制问题，即 LQ 调节器问题。

9.1.3　研究综合问题的主要内容

主要有两个方面：

1）可综合条件。可综合条件也就是控制规律的存在性问题。可综合条件的建立，可避免综合过程的盲目性。

2）控制规律的算法问题。这是问题的关键。作为一个算法，评价其优劣的主要标准是数值稳定性，即是否出现截断或舍入误差在计算积累过程中放大的问题。一般地说，如果问题不是病态的，而所采用的算法又是数值稳定的，则所得结果通常是好的。

9.1.4 工程实现中的一些理论问题

在综合问题中，不仅要研究可综合条件和算法问题，而且要研究工程实现中提出的一系列理论问题。主要有：

1）状态重构问题。由于许多综合问题都具有状态反馈形式，而状态变量为系统的内部变量，因此通常并不能完全直接量测或采用间接手段进行量测。解决这一矛盾的途径是，利用可量测输出 y 和输入 u 来构造出不能量测的状态 x，相应的理论问题称为状态重构问题，即观测器问题和 Kalman 滤波问题。

2）鲁棒性（Robustness）问题。

3）抗外部干扰问题。

9.2 极点配置问题

本节介绍极点配置方法。极点配置问题是指，对于受控系统，指定一组期望极点作为系统指标，通过对系统综合一个状态反馈控制，使导出的系统的极点配置到期望极点。首先假定期望闭环极点为 $s=\mu_1$，$s=\mu_2$，…，$s=\mu_n$。下面将证明，如果被控系统是状态能控的，则可通过选取一个合适的状态反馈增益矩阵 $\boldsymbol{K}$，利用状态反馈方法，使闭环系统的极点配置到任意的期望位置。

这里仅研究控制输入为标量的情况，证明在 s 平面上将一个系统的闭环极点配置到任意位置的充要条件是该系统状态完全能控。同时，还将讨论三种确定状态反馈增益矩阵的方法。

应当注意，当控制输入为向量时，极点配置方法的数学表达式十分复杂，本书不准备讨论这种情况。还应当注意，当控制输入是向量时，状态反馈增益矩阵并非唯一，可以比较自由地选择多于 n 个参数，也就是说，除了适当地配置 n 个闭环极点外，即使闭环系统还有其他需求，也可满足其部分或全部要求。

9.2.1 问题的提法

前面已经指出，在经典控制理论的系统综合中，不管是频率法还是根轨迹法，本质上都可视为极点配置问题。

给定单输入-单输出线性定常被控系统

$$\dot{\boldsymbol{x}}=\boldsymbol{A}\boldsymbol{x}+\boldsymbol{B}u \tag{9.1}$$

式中，$\boldsymbol{x}(t)\in\mathbf{R}^n$，$\boldsymbol{u}(t)\in\mathbf{R}^1$，$\boldsymbol{A}\in\mathbf{R}^{n\times n}$，$\boldsymbol{B}\in\mathbf{R}^{n\times 1}$。

选取线性反馈控制律为

$$\boldsymbol{u}=-\boldsymbol{K}\boldsymbol{x} \tag{9.2}$$

这意味着控制输入由系统的状态反馈确定，因此将该方法称为状态反馈方法。其中 $1\times n$ 维矩阵 $\boldsymbol{K}$ 称为状态反馈增益矩阵或线性状态反馈矩阵。在下面的分析中，假设 $\boldsymbol{u}$ 不受约束。

图 9.1a 给出了由式（9.1）所定义的系统。因为没有将状态 $\boldsymbol{x}$ 反馈到控制输入 $\boldsymbol{u}$ 中，

所以这是一个开环控制系统。图 9.1b 给出了具有状态反馈的系统。因为将状态 $\boldsymbol{x}$ 反馈到了控制输入 $\boldsymbol{u}$ 中，所以这是一个闭环反馈控制系统。

将式（9.2）代入式（9.1），得到

$$\dot{\boldsymbol{x}}(t)=(\boldsymbol{A}-\boldsymbol{BK})\boldsymbol{x}(t)$$

该闭环系统状态方程的解为

$$\boldsymbol{x}(t)=\mathrm{e}^{(\boldsymbol{A}-\boldsymbol{BK})t}\boldsymbol{x}(0) \tag{9.3}$$

式中，$\boldsymbol{x}(0)$是外部干扰引起的初始状态。

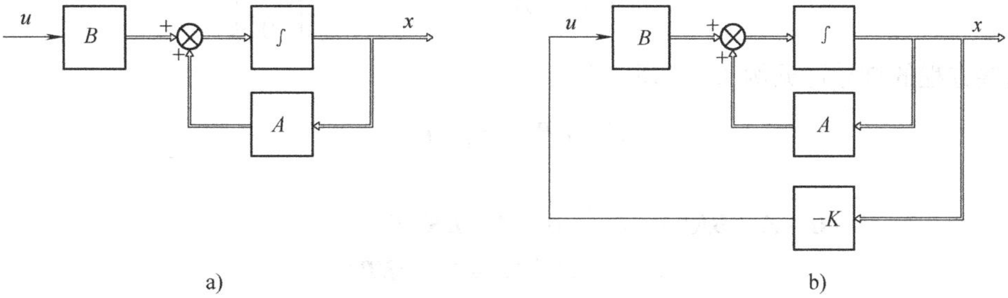

图 9.1　开环控制系统和具有 $\boldsymbol{u}=-\boldsymbol{Kx}$ 的闭环反馈控制系统

a）开环控制系统　b）具有 $\boldsymbol{u}=-\boldsymbol{Kx}$ 的闭环反馈控制系统

系统的稳态响应特性将由闭环系统矩阵 $\boldsymbol{A}-\boldsymbol{BK}$ 的特征值决定。如果矩阵 $\boldsymbol{K}$ 选取适当，则可使矩阵 $\boldsymbol{A}-\boldsymbol{BK}$ 构成一个渐近稳定矩阵，此时对所有的 $\boldsymbol{x}(0)\neq 0$，当 $t\to\infty$ 时，都可使 $\boldsymbol{x}(t)\to 0$。一般称矩阵 $\boldsymbol{A}-\boldsymbol{BK}$ 的特征值为调节器极点。如果这些调节器极点均位于 s 平面的左半平面内，则当 $t\to\infty$ 时，有 $\boldsymbol{x}(t)\to 0$。这种使闭环系统的极点任意配置到所期望位置的问题，称为极点配置问题。

下面讨论其可配置条件，并将证明，当且仅当给定的系统是状态完全能控时，该系统的任意极点配置才是可能的。

9.2.2　可配置条件

考虑由式（9.1）定义的线性定常系统。假设控制输入 $\boldsymbol{u}$ 的幅值是无约束的，如果选取控制规律为

$$\boldsymbol{u}=-\boldsymbol{Kx}$$

式中，$\boldsymbol{K}$ 为线性状态反馈矩阵。

则由此构成的系统称为闭环反馈控制系统，如图 9.1b 所示。

现在考虑极点的可配置条件，即下述的极点配置定理。

定理 9.1（极点配置定理）　线性定常系统可通过线性状态反馈任意地配置其全部极点的充要条件是，此被控系统状态完全能控。

证明： 由于对多变量系统证明时，需要使用循环矩阵及其属性等，因此这里只给出单输入-单输出系统时的证明。但要着重指出的是，这一定理对多变量系统也是完全成立的。

1）必要性。即已知闭环系统可任意配置极点，则被控系统状态完全能控。

现利用反证法证明。先证明如下命题：如果系统不是状态完全能控的，则矩阵 $\boldsymbol{A}-\boldsymbol{BK}$ 的特征值不可能由线性状态反馈来控制。

假设式（9.1）的系统状态不能控，则其能控性矩阵的秩小于 n，即

$$\operatorname{rank}[\boldsymbol{B} \vdots \boldsymbol{AB} \vdots \cdots \vdots \boldsymbol{A}^{n-1}\boldsymbol{B}] = q < n$$

这意味着，在能控性矩阵中存在 q 个线性无关的列向量。现定义 q 个线性无关列向量为 f_1，f_2，$\cdots$，f_q，选择 $n-q$ 个附加的 n 维向量 v_{q+1}，v_{q+2}，$\cdots$，v_n，使得

$$\boldsymbol{P} = [f_1 \vdots f_2 \vdots \cdots \vdots f_q \vdots v_{q+2} \vdots \cdots \vdots v_n]$$

的秩为 n。因此，可证明

$$\hat{\boldsymbol{A}} = \boldsymbol{P}^{-1}\boldsymbol{AP} = \begin{bmatrix} \boldsymbol{A}_{11} & \boldsymbol{A}_{12} \\ 0 & \boldsymbol{A}_{22} \end{bmatrix},\ \hat{\boldsymbol{B}} = \boldsymbol{P}^{-1}\boldsymbol{B} = \begin{bmatrix} \boldsymbol{B}_{11} \\ \boldsymbol{K} \\ 0 \end{bmatrix}$$

这些方程的推导可见例 9.7。现定义

$$\hat{\boldsymbol{K}} = \boldsymbol{KP} = [\boldsymbol{k}_1 \vdots \boldsymbol{k}_2]$$

则有

$$\begin{aligned}
|s\boldsymbol{I} - \boldsymbol{A} + \boldsymbol{BK}| &= |\boldsymbol{P}^{-1}(s\boldsymbol{I} - \boldsymbol{A} + \boldsymbol{BK})\boldsymbol{P}| \\
&= |s\boldsymbol{I} - \boldsymbol{P}^{-1}\boldsymbol{AP} + \boldsymbol{P}^{-1}\boldsymbol{BKP}| \\
&= |s\boldsymbol{I} - \hat{\boldsymbol{A}} + \hat{\boldsymbol{B}}\hat{\boldsymbol{K}}| \\
&= \left| s\boldsymbol{I} - \begin{bmatrix} \boldsymbol{A}_{11} & \boldsymbol{A}_{12} \\ 0 & \boldsymbol{A}_{22} \end{bmatrix} + \begin{bmatrix} \boldsymbol{B}_{11} \\ 0 \end{bmatrix} [\boldsymbol{k}_1 \vdots \boldsymbol{k}_2] \right| \\
&= \begin{vmatrix} s\boldsymbol{I}_q - \boldsymbol{A}_{11} + \boldsymbol{B}_{11} + \boldsymbol{k}_1 & -\boldsymbol{A}_{12} + \boldsymbol{B}_{11}\boldsymbol{k}_2 \\ 0 & s\boldsymbol{I}_{n-q} - \boldsymbol{A}_{22} \end{vmatrix} \\
&= |s\boldsymbol{I}_q - \boldsymbol{A}_{11} + \boldsymbol{B}_{11}\boldsymbol{k}_1| \, |s\boldsymbol{I}_{n-q} - \boldsymbol{A}_{22}| = 0
\end{aligned}$$

式中，$\boldsymbol{I}_q$ 是一个 q 维的单位矩阵；$\boldsymbol{I}_{n-q}$ 是一个 $n-q$ 维的单位矩阵。

注意到 $\boldsymbol{A}_{22}$ 的特征值不依赖于 $\boldsymbol{K}$。因此，如果一个系统不是状态完全能控的，则矩阵的特征值就不能任意配置。所以，为了任意配置矩阵 $\boldsymbol{A}-\boldsymbol{BK}$ 的特征值，此时系统必须是状态完全能控的。

2）充分性。即已知被控系统状态完全能控（这意味着由式（9.5）给出的矩阵 $\boldsymbol{Q}$ 可逆），则矩阵 $\boldsymbol{A}$ 的所有特征值可任意配置。

在证明充分条件时，一种简便的方法是将由式（9.1）给出的状态方程变换为能控标准形。

定义非奇异线性变换矩阵 $\boldsymbol{P}$ 为

$$\boldsymbol{P} = \boldsymbol{QW} \tag{9.4}$$

其中，$\boldsymbol{Q}$ 为能控性矩阵，即

$$\boldsymbol{Q} = [\boldsymbol{B} \vdots \boldsymbol{AB} \vdots \cdots \vdots \boldsymbol{A}^{n-1}\boldsymbol{B}] \tag{9.5}$$

$$\boldsymbol{W} = \begin{bmatrix} a_{n-1} & a_{n-2} & \cdots & a_1 & 1 \\ a_{n-2} & a_{n-3} & \cdots & 1 & 0 \\ \vdots & \vdots & & \vdots & \vdots \\ a_1 & 1 & \cdots & 0 & 0 \\ 1 & 0 & \cdots & 0 & 0 \end{bmatrix} \tag{9.6}$$

式中，a_i 为如下特征多项式的系数：

$$|s\boldsymbol{I}-\boldsymbol{A}|=s^n+a_1s^{n-1}+\cdots+a_{n-1}s+a_n$$

定义一个新的状态向量 $\hat{\boldsymbol{x}}$

$$\boldsymbol{x}=\boldsymbol{P}\hat{\boldsymbol{x}}$$

如果能控性矩阵 $\boldsymbol{Q}$ 的秩为 n（即系统是状态完全能控的），则矩阵 $\boldsymbol{Q}$ 的逆存在（注意此时 $\boldsymbol{Q}$ 为 $n\times n$ 方阵），并且可将式（9.1）改写为

$$\dot{\hat{\boldsymbol{x}}}=\boldsymbol{A}_c\hat{\boldsymbol{x}}+\boldsymbol{B}_c\boldsymbol{u} \tag{9.7}$$

其中

$$\boldsymbol{A}_c=\boldsymbol{P}^{-1}\boldsymbol{A}\boldsymbol{P}=\begin{bmatrix}0 & 1 & 0 & \cdots & 0\\ 0 & 0 & 1 & \cdots & 0\\ \vdots & \vdots & \vdots & & \vdots\\ 0 & 0 & 0 & \cdots & 1\\ -a_n & -a_{n-1} & -a_{n-2} & \cdots & -a_1\end{bmatrix} \tag{9.8}$$

$$\boldsymbol{B}_c=\boldsymbol{P}^{-1}\boldsymbol{B}=\begin{bmatrix}0\\ 0\\ \vdots\\ 0\\ 1\end{bmatrix} \tag{9.9}$$

式（9.7）为能控标准形。这样，如果系统是状态完全能控的，且利用由式（9.4）给出的变换矩阵 $\boldsymbol{P}$，使状态向量 $\boldsymbol{x}$ 变换为状态向量 $\hat{\boldsymbol{x}}$，则可将式（9.1）变换为能控标准形。

选取任意一组期望的特征值为 μ_1，μ_2，…，μ_n，则期望的特征方程为

$$(s-\mu_1)(s-\mu_2)\cdots(s-\mu_n)=s^n+a_1^*s^{n-1}+\cdots+a_{n-1}^*s+a_n^*=0 \tag{9.10}$$

设

$$\hat{\boldsymbol{K}}=\boldsymbol{K}\boldsymbol{P}=[\delta_n \quad \delta_{n-1} \quad \cdots \quad \delta_1] \tag{9.11}$$

由于 $\boldsymbol{u}=-\hat{\boldsymbol{K}}\hat{\boldsymbol{x}}=-\boldsymbol{K}\boldsymbol{P}\hat{\boldsymbol{x}}$，从而由式(9.7)，该系统的状态方程为

$$\dot{\hat{\boldsymbol{x}}}=\boldsymbol{A}_c\hat{\boldsymbol{x}}-\boldsymbol{B}_c\hat{\boldsymbol{K}}\hat{\boldsymbol{x}}$$

相应的特征方程为

$$|s\boldsymbol{I}-\boldsymbol{A}_c+\boldsymbol{B}_c\hat{\boldsymbol{K}}|=0$$

事实上，当利用 $\boldsymbol{u}=-\boldsymbol{K}\boldsymbol{x}$ 作为控制输入时，相应的特征方程与上述特征方程相同，即非奇异线性变换不改变系统的特征值。这可简单说明如下。由于

$$\dot{\boldsymbol{x}}=\boldsymbol{A}\boldsymbol{x}+\boldsymbol{B}\boldsymbol{u}=(\boldsymbol{A}-\boldsymbol{B}\boldsymbol{K})\boldsymbol{x}$$

该系统的特征方程为

$$|s\boldsymbol{I}-\boldsymbol{A}+\boldsymbol{B}\boldsymbol{K}|=|\boldsymbol{P}^{-1}(s\boldsymbol{I}-\boldsymbol{A}+\boldsymbol{B}\boldsymbol{K})\boldsymbol{P}|=$$

$$|s\boldsymbol{I}-\boldsymbol{P}^{-1}\boldsymbol{A}\boldsymbol{P}+\boldsymbol{P}^{-1}\boldsymbol{B}\boldsymbol{K}\boldsymbol{P}|=|s\boldsymbol{I}-\boldsymbol{A}_c+\boldsymbol{B}_c\hat{\boldsymbol{K}}|=0$$

对于上述能控标准形的系统特征方程，由式（9.8）、式（9.9）和式（9.11）可得

$$|s\boldsymbol{I}-\boldsymbol{A}_c+\boldsymbol{B}_c\hat{\boldsymbol{K}}|=\left|s\boldsymbol{I}-\begin{bmatrix}0 & 1 & \cdots & 0\\ \vdots & \vdots & & \vdots\\ 0 & 0 & \cdots & 1\\ -a_n & -a_{n-1} & \cdots & -a_1\end{bmatrix}+\begin{bmatrix}0\\ \vdots\\ 0\\ 1\end{bmatrix}[\delta_n \quad \delta_{n-1} \quad \cdots \quad \delta_1]\right|$$

$$= \begin{vmatrix} s & -1 & \cdots & 0 \\ 0 & s & \cdots & 0 \\ \vdots & \vdots & & \vdots \\ a_n+\delta_n & a_{n-1}+\delta_{n-1} & \cdots & s+a_1+\delta_1 \end{vmatrix}$$

$$= s^n + (a_1+\delta_1)s^{n-1} + \cdots + (a_{n-1}+\delta_{n-1})s + (a_n+\delta_n) = 0 \tag{9.12}$$

这是具有线性状态反馈的闭环系统的特征方程，它一定与式（9.10）的期望特征方程相等。通过使 s 的同次幂系数相等，可得

$$a_1+\delta_1 = a_1^*$$
$$a_2+\delta_2 = a_2^*$$
$$\cdots$$
$$a_n+\delta_n = a_n^*$$

对 δ_i 求解上述方程组，并将其代入式（9.11），可得

$$\begin{aligned} \boldsymbol{K} &= \hat{\boldsymbol{K}}\boldsymbol{P}^{-1} = [\delta_n \quad \delta_{n-1} \quad \cdots \quad \delta_1]\boldsymbol{P}^{-1} \\ &= [a_n^*-a_n \vdots a_{n-1}^*-a_{n-1} \vdots \cdots \vdots a_2^*-a_2 \vdots a_1^*-a_1]\boldsymbol{P}^{-1} \end{aligned} \tag{9.13}$$

因此，如果系统是状态完全能控的，则通过对应于式（9.13）所选取的矩阵 $\boldsymbol{K}$，可任意配置所有的特征值。

证毕

9.2.3 极点配置的算法

现在考虑单输入-单输出系统极点配置的算法。

给定线性定常系统

$$\dot{\boldsymbol{x}} = \boldsymbol{A}\boldsymbol{x} + \boldsymbol{B}u$$

若线性反馈控制律为

$$u = -\boldsymbol{K}\boldsymbol{x}$$

则可由下列步骤确定使 $\boldsymbol{A}-\boldsymbol{BK}$ 的特征值为 μ_1，μ_2，…，μ_n（即闭环系统的期望极点值）的线性反馈矩阵 $\boldsymbol{K}$（如果 μ_i 是一个复数特征值，则其共轭必定也是 $\boldsymbol{A}-\boldsymbol{BK}$ 的特征值）。

第 1 步：考察系统的能控性条件。如果系统是状态完全能控的，则可按下列步骤继续。

第 2 步：利用系统矩阵 $\boldsymbol{A}$ 的特征多项式

$$\det(s\boldsymbol{I}-\boldsymbol{A}) = |s\boldsymbol{I}-\boldsymbol{A}| = s^n + a_1 s^{n-1} + \cdots + a_{n-1}s + a_n$$

确定出 $a_1, a_2, \cdots, a_n$ 的值。

第 3 步：确定将系统状态方程变换为能控标准形的变换矩阵 $\boldsymbol{P}$。若给定的状态方程已是能控标准形，那么 $\boldsymbol{P}=\boldsymbol{I}$，此时无需再写出系统的能控标准形状态方程。非奇异线性变换矩阵 $\boldsymbol{P}$ 可由式（9.4）给出，即

$$\boldsymbol{P} = \boldsymbol{Q}\boldsymbol{W}$$

式中，$\boldsymbol{Q}$ 由式（9.5）定义；$\boldsymbol{W}$ 由式（9.6）定义。

第 4 步：利用给定的期望闭环极点，可写出期望的特征多项式如下：

$$(s-\mu_1)(s-\mu_2)\cdots(s-\mu_n) = s^n + a_1^* s^{n-1} + \cdots + a_{n-1}^* s + a_n^*$$

并确定出 a_1^*，a_2^*，…，a_n^* 的值。

第 5 步：此时的状态反馈增益矩阵 $\boldsymbol{K}$ 为

$$\boldsymbol{K}=[a_n^*-a_n \vdots a_{n-1}^*-a_{n-1} \vdots \cdots \vdots a_2^*-a_2 \vdots a_1^*-a_1]\boldsymbol{P}^{-1}$$

9.2.4 低阶系统的极点配置问题

注意，如果是低阶系统（$n\leqslant 3$），则将线性反馈增益矩阵 $\boldsymbol{K}$ 直接代入闭环系统的特征多项式可能更为简便。例如，若 $n=3$，则可将状态反馈增益矩阵 $\boldsymbol{K}$ 写为

$$\boldsymbol{K}=[k_1 \quad k_2 \quad k_3]$$

进而将此 $\boldsymbol{K}$ 代入闭环系统的特征多项式 $|s\boldsymbol{I}-\boldsymbol{A}+\boldsymbol{BK}|$，使其等于 $(s-\mu_1)(s-\mu_2)(s-\mu_3)$，即

$$|s\boldsymbol{I}-\boldsymbol{A}+\boldsymbol{BK}|=(s-\mu_1)(s-\mu_2)(s-\mu_3)$$

由于该特征方程的两端均为 s 的多项式，故可通过使其两端的 s 同次幂系数相等，来确定 k_1、k_2、k_3 的值。如果 $n=2$ 或者 $n=3$，这种方法非常简便（对于 $n=4, 5, 6, \cdots$，这种方法可能非常繁琐）。

习　题

9.1　给定线性定常系统

$$\dot{\boldsymbol{x}}=\boldsymbol{Ax}+\boldsymbol{Bu}$$

式中

$$\boldsymbol{A}=\begin{bmatrix}0&1&0\\0&0&1\\-1&-5&-6\end{bmatrix},\quad \boldsymbol{B}=\begin{bmatrix}0\\0\\1\end{bmatrix}$$

采用状态反馈控制律 $\boldsymbol{u}=-\boldsymbol{Kx}$，要求该系统的闭环极点为 $s=-2\pm \mathrm{j}4$，$s=-10$。试确定状态反馈增益矩阵 $\boldsymbol{K}$。

9.2　给定线性定常系统

$$\begin{bmatrix}\dot{x}_1\\\dot{x}_2\end{bmatrix}=\begin{bmatrix}-1&1\\0&2\end{bmatrix}\begin{bmatrix}x_1\\x_2\end{bmatrix}+\begin{bmatrix}1\\0\end{bmatrix}u$$

试证明无论选择什么样的矩阵 $\boldsymbol{K}$，该系统均不能通过状态反馈控制 $\boldsymbol{u}=-\boldsymbol{Kx}$ 来稳定。

第3部分 计算机控制系统

第10章 计算机控制系统概述

随着科学技术的进步，人们越来越多地利用计算机来实现控制系统，计算机技术、自动控制技术、检测与传感技术、CRT显示技术、通信与网络技术等给计算机控制技术带来了巨大的变革。计算机控制技术可以完成常规控制技术无法完成的任务，达到常规控制技术无法达到的性能指标。随着计算机技术、高级控制策略、现场总线智能仪表和网络技术的发展，计算机控制技术水平必将大大提高。采用计算机对系统进行控制，不仅在工业、交通、农业、军事等部门得到了广泛应用，而且在经济管理等领域也得到应用。与常规模拟控制系统相比，计算机控制系统具有许多优点，计算机参与控制，对控制系统的性能、系统的结构以及控制理论等多方面都产生了极为深刻的影响。

本章主要介绍计算机控制系统的定义、特点、分类，以及计算机控制系统的发展概况和趋势。

10.1 计算机控制系统的组成

计算机控制系统（Computer Control System，CCS）就是以计算机为中心，同时借助一些辅助部件，对被控对象进行控制的系统。这里的计算机通常指数字计算机，可以有各种规模，如从微型到大型的通用或专用计算机等。辅助部件主要指输入/输出接口、检测装置和执行机构等。部件与被控对象的联系以及部件之间的联系，可以是有线方式，如通过电缆的模拟信号或数字信号进行联系，也可以是无线方式，如用红外线、微波、无线电波、光波等进行联系。计算机控制系统的基本结构如图10.1所示。

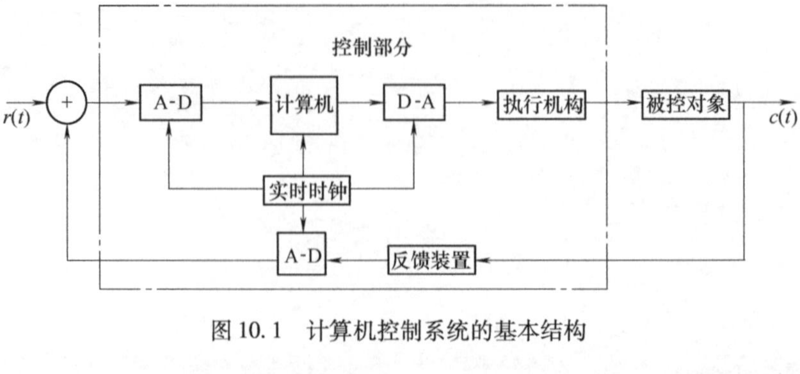

图10.1 计算机控制系统的基本结构

计算机控制系统由控制部分和被控对象组成。控制部分主要由计算机系统、执行机构和反馈装置组成。因为进出计算机的信号都是数字信号，所以必须有模-数（A-D）转换器将输入的连续模拟信号转换为数字二进制信号，还要有数-模（D-A）转换器将数字指令信号转换为连续模拟信号，然后发送给执行机构。控制部分既有硬件又有软件。软件由系统软件和应用软件组成。系统软件一般包括操作系统、语言处理程序和服务性程序等，它们通常由计算机制造厂商为用户配套提供，有一定的通用性。应用软件是为实现特定控制目的而编制的专用程序，如数据采集程序、控制决策程序、输出处理程序和报警处理程序等，它们涉及被控对象的自身特征和控制策略等，由实施控制系统的专业人员自行编制。被控对象的范围很广，包括各行各业的生产过程、机械装置、交通工具、机器人、实验装置、仪器仪表、家庭生活设施、家用电器和儿童玩具等。控制目的可以是使被控对象的状态或运动过程达到某种要求，也可以是实现某种最优化目标。

图 10.1 表示的是一个闭环控制系统。反馈装置通过测量元件对被控对象的参数，比如温度、压力、流量、转速、位移等进行测量，然后把测量值反馈到输入端。该控制系统如果去掉反馈环节就是一个开环控制系统。开环控制系统因为不能消除控制系统中产生的误差，因此它的性能不如闭环控制系统。

10.2　计算机控制系统的特点

相对于连续控制系统来说，计算机控制系统在系统结构、信号特征以及工作方式等方面都具有一些特点，现将主要特点归纳如下：

1）系统结构特点。计算机控制系统必须包括计算机，它是一个数字式离散处理器。此外，由于多数系统的被控对象及执行部件、测量部件是连续模拟式的，因此，必须加入信号变换装置（如 A-D 及 D-A 转换器）。所以，计算机控制系统通常是由模拟与数字部件组成的混合系统。

2）信号形式上的特点。连续系统中各个点均为连续模拟信号，而计算机控制系统中有多种信号形式。由于计算机是串行工作的，必须按一定的采样间隔（称为采样周期）对连续信号进行采样，将其变成时间上是断续的离散信号，并进而变成数字信号才能进入计算机，因此它除了有连续模拟信号外，还有离散模拟、离散数字等信号形式，是一种混合信号系统。

3）系统工作方式的特点。在连续控制系统中，控制器通常是由不同电路构成，一台控制器仅为一个控制回路服务，如模拟式火炮位置控制系统。但在计算机控制系统中，一台计算机可同时控制多个被控对象或被控量，即可为多个控制回路服务。同一台计算机可以采用串行或分时并行方式对多个回路实现控制，每个控制回路的控制方式由软件来实现。

计算机控制系统相对于常规模拟控制系统有以下优点：

1）容易实现高级复杂的控制方法。因为计算机的运算速度快、精度高、具有丰富的逻辑判断功能及大容量的存储单元，所以容易实现高级复杂的控制方法，如最优控制、自适应控制及各种智能控制方法，从而可达到常规模拟控制系统难以实现的控制质量，极大地提高系统的性能。

2）性价比高。对于模拟控制系统，控制规律越复杂、控制回路越多，则硬件越复杂、系统成本越高。而一台计算机可以代替多台控制仪器，同时控制多个回路，即实现群控。对于计算机控制系统，增加一个控制回路的费用很少，而且控制规律的改变和复杂程度的提高可以由编程软件来实现，不需要改变硬件而增加成本，所以计算机控制系统有很高的性价比。

3）灵活性强。由于计算机控制系统的硬件模块化、标准化，因此硬件配置上的可装配性、可扩充性好。因为计算机控制系统的控制算法是由软件编程实现的，所以通过修改软件就可以方便地使系统具有不同的特性，而不必像模拟控制系统那样需要改变控制器硬件结构或参数，具有很高的灵活性。

4）可靠性高。模拟控制系统难以实现自动检测和故障诊断，而计算机控制系统则比较方便。通过采取各种抗干扰、去噪声的措施，计算机控制系统可具有很强的可靠性和容错能力。

5）易于监控。由于计算机有自诊断功能，一旦系统出现故障，计算机可以立即发出声或光的警报信号，方便维护人员迅速地找到故障点，及时进行修复，因此计算机控制系统容易实现自动化管理。

另外，计算机控制系统还有灵敏度高、操作简便等优点。

随着对自动控制系统要求的不断提高，计算机控制系统的优势越来越明显，现代的控制系统几乎都是计算机控制系统。

10.3 计算机控制系统的典型形式

计算机控制系统所采用的形式与它所控制的生产过程的复杂程度密切相关，不同的被控对象和不同的要求，应有不同的控制方案。计算机控制系统大致可分为以下几种典型形式。

1. 操作指导控制系统

操作指导控制系统的构成如图 10.2 所示。该系统不仅具有数据采集和处理的功能，而且能够为操作人员提供反映生产过程工况的各种数据，并且相应地给出操作指导信息，供操作人员参考。

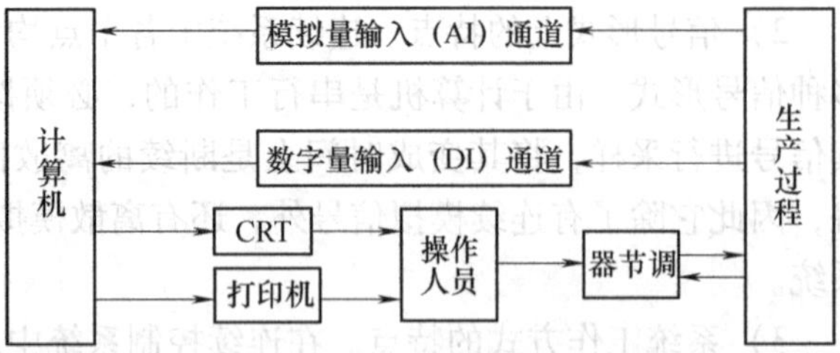

图 10.2 操作指导控制系统的构成

该控制系统属于开环控制结构。计算机根据一定的控制算法（数学模型），依赖测量元件测得的信号数据，计算出供操作人员选择的最优操作条件及操作方案。操作人员根据计算机的输出信息，如 CRT 显示图形或数据、打印机输出等，去改变调节器的给定值或直接操作执行机构。

操作指导控制系统的优点是结构简单，控制灵活和安全；缺点是要由人工操作，控制速度受到限制，不能控制多个对象。

2. 直接数字控制系统

直接数字控制（Direct Digital Control，DDC）系统的构成如图 10.3 所示。计算机首先通过模拟量输入通道（AI）和开

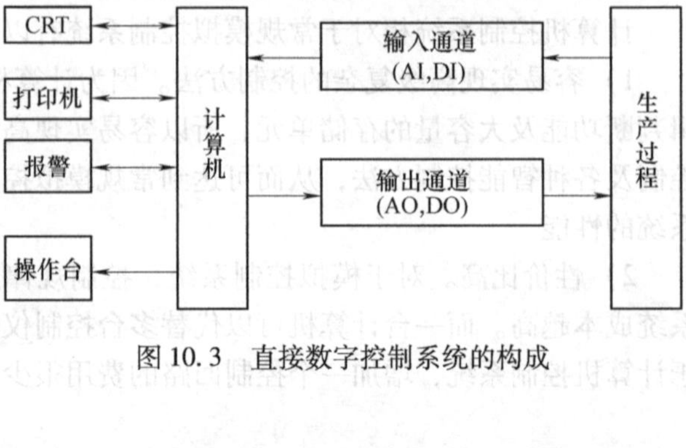

图 10.3 直接数字控制系统的构成

关量输入通道（DI）实时采集数据，然后按照一定的控制规律进行计算，最后发出控制信息，并通过模拟量输出通道（AO）和开关量输出通道（DO）直接控制生产过程。DDC 系统属于计算机闭环控制系统，是计算机在工业生产过程中最普遍的一种应用方式。

由于 DDC 系统中的计算机直接承担控制任务，因此要求其实时性好、可靠性高和适应性强。为了充分发挥计算机的利用率，一台计算机通常要控制几个或几十个回路，应合理地设计应用软件，使之不失时机地完成所有功能。

3. 监督控制系统

监督控制（Supervisory Computer Control，SCC）系统中，计算机根据原始工艺信息和其他参数，按照描述生产过程的数学模型或其他方法，自动地改变模拟调节器的给定值，或者自动地改变以直接数字控制（DDC）方式工作的微型机的给定值，从而使生产过程始终处于最优工况（如保持高质量、高效率、低消耗、低成本等）。从这个角度说，它的作用是改变给定值，所以又称设定值控制（Set Point Control，SPC）。监督控制系统有两种不同的结构形式，如图 10.4 所示。

1）SCC + 模拟调节器的系统。该系统是由微机系统对各个物理量进行巡回检测，并按一定的数学模型对生产工况进行分析、计算，然后得出对控制对象各个参数的最优给定值送给调节器，使工况保持在最优状态。当 SCC 计算机出现故障时，可由模拟调节器独立完成操作。

2）SCC + DDC 的分级控制系统。这实际上是一个二级控制系统。SCC 可采用高档微机，它与 DDC 之间通过接口进行信息联系。SCC 微机可完成工段、车间高一级的最优化分析和计算，并给出最优给定值，送给 DDC 级执行过程控制。当 DDC 级微机出现故障时，可由 SCC 微机完成 DDC 的控制功能。这种系统提高了可靠性。

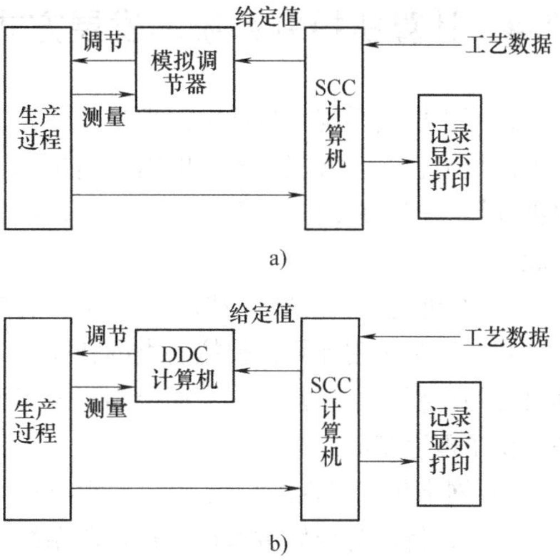

图 10.4　监督控制系统的两种结构形式
a）SCC + 模拟调节器系统　b）SCC + DDC 系统

4. 分散控制系统

分散控制系统（Distribute Control System，DCS），采用分散控制、集中操作、分级管理、分而自治和综合协调的设计原则，把系统从上到下分为分散过程控制级、集中操作监控级、综合信息管理级，形成分级分布式控制，其结构如图 10.5 所示。

5. 现场总线控制系统

现场总线控制系统（Fieldbus Control System，FCS）是新一代分布式控制结构。20 世纪 80 年代发展起来的 DCS，其结构模式为“操作站—控制站—现场仪表”三层结构，系统成本较高，而且各厂商的 DCS 有各自的标准，不能互连。FCS 与 DCS 不同，它的结构模式为“工作站—现场总线智能仪表”二层结构。FCS 用二层结构完成了 DCS 中的三层结构功能，降低了成本，提高了可靠性，国际标准统一后，可实现真正的开放式互联系统结构。

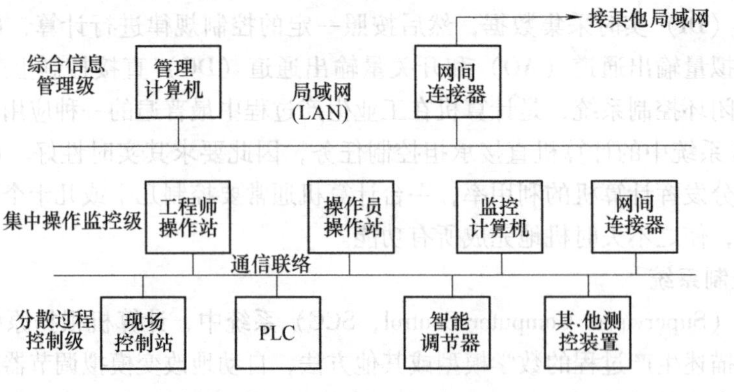

图 10.5　分散控制系统的结构

10.4　计算机控制系统的发展方式

计算机控制系统是自动控制理论与计算机技术相结合的产物，计算机的相关技术，包括多媒体技术、人工智能技术、网络通信技术、微电子技术、虚拟现实技术等的发展，都势必促进计算机控制系统向前发展。目前，计算机控制系统主要向智能化、网络化、集成化方向发展。

1）智能化。人工智能技术的出现和发展使自动控制向高层次的智能控制发展成为可能。智能控制是用计算机模拟人类的智能，无需人的干预就能够自主地驱动智能机器并实现其目标的过程。学习控制、模糊控制、人工智能网络等智能控制方法为智能化自动控制的发展提供了理论基础。

2）网络化。以现场总线等先进网络通信技术为基础的现场总线控制系统越来越受到人们的青睐，将成为今后微型计算机控制系统发展的主要方向，并最终取代传统的分散控制系统。

3）集成化。基于制造技术、信息技术、管理技术、自动化技术、系统工程技术的计算机集成制造技术是多种技术的综合与信息的集成，这种综合自动化系统是信息时代企业自动化发展的总方向，有非常广阔的应用前景。

习　　题

10.1　计算机控制系统的硬件主要包括哪几个部分？

10.2　什么是过程控制通道？过程控制通道主要有哪几种？

10.3　根据计算机控制系统的发展历史和在实际应用中的状态，计算机控制系统可分为哪 6 类？各有何特点？

10.4　计算机控制系统从深度和广度两方面各有何发展趋势。

第 11 章　常规及复杂控制技术

计算机控制系统的设计，是指在给定系统性能指标的条件下，设计出控制器的控制规律和相应的数字控制算法。本章主要介绍计算机控制系统的常规控制技术和复杂控制技术。其中，常规控制技术介绍数字控制器的连续化设计和离散化设计技术；复杂控制技术介绍纯滞后控制、串级控制、前馈反馈控制、解耦控制、模糊控制等技术。对于大多数系统，采用常规控制技术均可达到满意的控制效果，但对于复杂及有特殊控制要求的系统，采用常规控制技术难以达到目的时，则需要采用复杂控制技术，甚至采用现代控制和智能控制技术。

11.1　数字控制器的连续化设计技术

数字控制器的连续化设计是，忽略控制回路中所有的零阶保持器和采样器，在 s 域中按连续系统进行初步设计，求出连续控制器，然后通过某种近似，将连续控制器离散化为数字控制器，并由计算机来实现。

在图 11.1 所示的计算机控制系统中，$G(s)$是被控对象的传递函数，$H(s)$是零阶保持器，$D(z)$是数字控制器。现在的设计问题是，根据已知的系统性能指标和 $G(s)$来设计出控制器 $D(z)$。

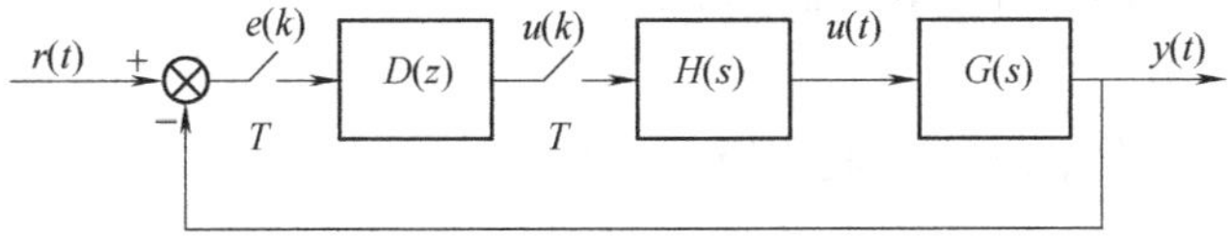

图 11.1　计算机控制系统的结构

数字控制器的连续化设计步骤如下：

1. 设计假想的连续控制器 $D(s)$

由于人们对连续系统的设计方法比较熟悉，因此，可先对图 11.2 所示的假想的连续控制系统进行设计，如利用连续系统的频率特性法、根轨迹法等设计出假想的连续控制器 $D(s)$。关于连续系统设计 $D(s)$的各种方法可参考有关自动控制原理方面的资料，这里不再讨论。

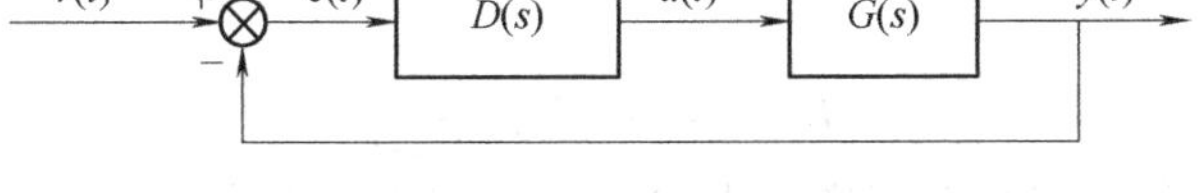

图 11.2　假想的连续控制系统的结构

2. 选择采样周期 T

香农采样定理给出了从采样信号恢复连续信号的最低采样频率。在计算机控制系统中，完成信号恢复功能一般由零阶保持器 $H(s)$来实现。零阶保持器的传递函数为

$$H(s)=\frac{1-e^{-sT}}{s} \tag{11.1}$$

其频率特性为

$$H(\mathrm{j}\omega)=\frac{1-\mathrm{e}^{-\mathrm{j}\omega T}}{\mathrm{j}\omega}=T\frac{\sin\frac{\omega T}{2}}{\frac{\omega T}{2}}<-\frac{\omega T}{2} \tag{11.2}$$

从式（11.2）可以看出；零阶保持器将对控制信号产生附加相移（滞后）。对于小的采样周期，可以把零阶保持器 $H(s)$ 近似为

$$H(s)=\frac{1-\mathrm{e}^{-sT}}{s}\approx\frac{1-1+sT-\frac{(sT)^2}{2}+\cdots}{s}=T\left(1-s\frac{T}{2}+\cdots\right)\approx T\mathrm{e}^{-s\frac{T}{2}} \tag{11.3}$$

式(11.3)表明，零阶保持器 $H(s)$ 可以用半个采样周期的瞬间滞后环节来近似。假定相位裕量可减少 5°～15°，则采样周期应选为

$$T\approx(0.15\sim0.5)\frac{1}{\omega_c} \tag{11.4}$$

式中，ω_c 是连续控制系统的剪切频率。

按式（11.4）的经验法选择的采样周期相当短，因此，采用连续化设计方法，用数字控制器去近似连续控制器，要有相当短的周期。

3. 将 $D(s)$ 离散化为 $D(z)$

将连续控制器 $D(s)$ 离散化为数字控制器 $D(z)$ 的方法有很多种，如双线性变换法、后向差分法、前向差分法、冲击响应不变法、零极点匹配法、零阶保持器法等。在这里只介绍常用的双线性变换法、后向差分法和前向差分法。

（1）双线性变换法

由 Z 变换的定义可知，$z=\mathrm{e}^{sT}$，利用级数展开得

$$z=\mathrm{e}^{sT}=\frac{\mathrm{e}^{\frac{sT}{2}}}{\mathrm{e}^{-\frac{sT}{2}}}=\frac{1+\frac{sT}{2}+\cdots}{1-\frac{sT}{2}+\cdots}\approx\frac{1+\frac{sT}{2}}{1-\frac{sT}{2}} \tag{11.5}$$

式（11.5）称为双线性变换或塔斯廷（Tustin）近似。

为了由 $D(s)$ 求解 $D(z)$，由式(11.5)可得

$$s=\frac{2}{T}\frac{z-1}{z+1} \tag{11.6}$$

且有

$$D(z)=D(s)\Big|_{s=\frac{2}{T}\frac{z-1}{z+1}} \tag{11.7}$$

式（11.7）就是利用双线性变换法由 $D(s)$ 求取 $D(z)$ 的计算公式。

双线性变换也可从数值积分的梯形法对应得到。设积分控制规律为

$$u(t)=\int_0^t e(t)\,\mathrm{d}t \tag{11.8}$$

两边求拉普拉斯变换，可推导得出控制器为

$$D(s)=\frac{U(s)}{E(s)}=\frac{1}{s} \tag{11.9}$$

当用梯形法求积分时的算式如下：

$$u(k)=u(k-1)+\frac{T}{2}[e(k)+e(k-1)] \tag{11.10}$$

式（11.10）两边求 Z 变换后，可推导得出数字控制器为

$$D(z)=\frac{U(z)}{E(z)}=\frac{1}{\frac{2}{T}\frac{z-1}{z+1}}=D(s)\Big|_{s=\frac{2}{T}\frac{z-1}{z+1}} \tag{11.11}$$

（2）前向差分法

利用级数展开可将 $z=e^{sT}$ 写成以下形式：

$$z=e^{sT}=1+sT+\cdots\approx 1+sT \tag{11.12}$$

式(11.12)称为前向差分法或欧拉法的计算公式。

为了由 $D(s)$ 求取 $D(z)$，由式(11.12)可得

$$s=\frac{z-1}{T} \tag{11.13}$$

且

$$D(z)=D(s)\Big|_{s=\frac{z-1}{T}} \tag{11.14}$$

式(11.14)便是前向差分法由 $D(s)$ 求取 $D(z)$ 的计算公式。

前向差分法也可由数值微分中得到。设微分控制规律为

$$u(t)=\frac{de(t)}{dt} \tag{11.15}$$

两边求拉普拉斯变换后可推导出控制器为

$$D(s)=\frac{U(s)}{E(s)}=s \tag{11.16}$$

对式(11.15)采用前相差分近似可得

$$u(k)\approx\frac{e(k+1)-e(k)}{T} \tag{11.17}$$

式(11.17)两边求 Z 变换后可推导出数字控制器为

$$D(z)=\frac{U(z)}{E(z)}=\frac{z-1}{T}=D(s)\Big|_{s=\frac{z-1}{T}} \tag{11.18}$$

（3）后向差分法

利用级数展开还可将 $z=e^{sT}$ 写成以下形式：

$$z=e^{sT}=\frac{1}{e^{-sT}}\approx\frac{1}{1-sT} \tag{11.19}$$

由式(11.19)可得

$$s=\frac{z-1}{Tz} \tag{11.20}$$

且有

$$D(z)=D(s)\Big|_{s=\frac{z-1}{Tz}} \tag{11.21}$$

式(11.21)便是利用后向差分法求取 $D(z)$ 的计算公式。

后向差分法也同样可由数值微分计算中得到。对式(11.15)采用后向差分近似可得

$$u(k) \approx \frac{e(k)-e(k-1)}{T} \tag{11.22}$$

式(11.22)两边求 Z 变换后，可推导得数字控制器为

$$D(z)=\frac{U(z)}{E(z)}=\frac{z-1}{Tz}=D(s)\mid_{s=\frac{z-1}{Tz}} \tag{11.23}$$

双线性变换的优点在于，它把左半 s 平面转换到单位圆内。如果使用双线性变换，一个稳定的连续控制系统在变换之后仍将是稳定的，可是使用前向差分法，就可能把它变换为一个不稳定的离散控制系统。

4. 设计由计算机实现的控制算法

设数字控制器 $D(z)$ 的一般形式为

$$D(z)=\frac{U(z)}{E(z)}=\frac{b_0+b_1z^{-1}+\cdots+b_mz^{-m}}{1+a_1z^{-1}+\cdots+a_nz^{-n}} \tag{11.24}$$

式中，$n \geqslant m$，各系数 a_i、b_i 为实数，且有 n 个极点和 m 个零点。

式(11.24)可写为

$$U(z)=(-a_1z^{-1}-a_2z^{-2}-\cdots-a_nz^{-n})U(z)+(b_0+b_1z^{-1}+\cdots+b_mz^{-m})E(z)$$

上式用时域表示为

$$u(k)=-a_1u(k-1)-a_2u(k-2)-\cdots-a_nu(k-n)+b_0e(k)+b_1e(k-1)+\cdots+b_me(k-m) \tag{11.25}$$

利用式(11.25)即可实现计算机编程，因此式(11.25)称为数字控制器 $D(z)$ 的控制算法。

5. 校验

控制器 $D(z)$ 设计完并求出控制算法后，需按图 11.1 所示的计算机控制系统检验其闭环特性是否符合设计要求，这一步可由计算机控制系统的仿真计算来验证。如果满足设计要求设计结束，否则应该修改设计。

11.2 PID 控制

根据偏差的比例（P）、积分（I）、微分（D）进行控制（进行 PID 控制），是控制系统中应用最广泛的一种控制规律。实际运行的经验和理论的分析都表明，运用这种控制规律对许多工业过程进行控制时，都能得到满意的效果。不过，用计算机实现 PID 控制，不是简单地把模拟 PID 控制规律数字化，而是进一步与计算机的逻辑判断功能结合，使 PID 控制器更加灵活，更能满足生产过程提出的要求。

11.2.1 PID 控制算法

在工业控制系统中，常常采用图 11.3 所示的模拟 PID 控制系统，其控制规律为

$$u(t)=K_P\left[e(t)+\frac{1}{T_I}\int_0^t e(t)\,dt+T_D\frac{de(t)}{dt}\right] \tag{11.26}$$

对应的 PID 控制器的传递函数为

$$D(s)=\frac{U(s)}{E(s)}=K_P\left(1+\frac{1}{T_I s}+T_D s\right) \tag{11.27}$$

式中 K_P 为比例增益，即 $K_P=\frac{1}{\delta}$；T_I 为积分时间常数；T_D 为微分时间常数；$u(t)$为控制量；$e(t)$为偏差。

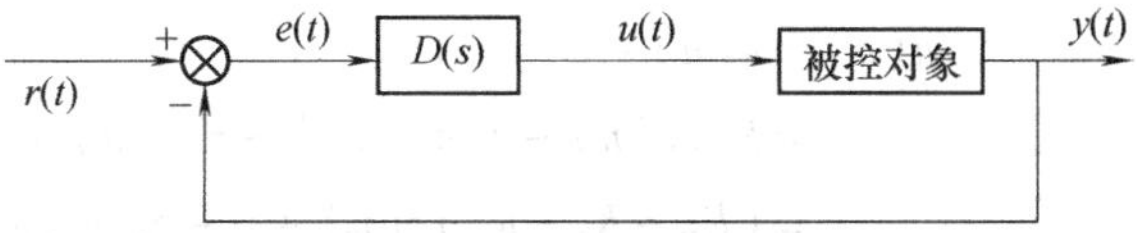

图 11.3　模拟 PID 控制系统

比例控制：对误差进行控制。系统一旦检测到有误差，控制器就会立即调节控制输出，使被控量与给定量之间的误差减小。误差减小的速度由比例增益 K_P 决定，K_P 越大，误差减小的越快，但容易引起系统振荡。比例控制的优点是能迅速减小误差、结构简单，缺点是不能完全消除静差，加大 K_P 可以减小静差，但 K_P 太大，会使系统动态性变差，导致系统不稳定。

积分控制：对累积误差进行控制，直至误差为零。积分控制的效果与误差的大小及误差的持续时间有关。积分时间常数 T_I 越大，积分作用越弱。积分控制的优点是能累计控制作用，最终消除稳态误差，缺点是积分作用太强时会使系统超调量加大，甚至出现振荡。

微分控制：在误差出现之前，预测误差的变化趋势从而修正误差，即超前控制。微分时间常数 T_D 越大，微分作用越强。微分控制的优点是能加快动态响应速度、减小超调量，提高系统稳定性，缺点是容易放大高频噪声，降低系统的信噪比，使系统抗干扰能力下降，特别是当微分作用太强时容易引起输出失真。

1. 数字 PID 位置型控制算法

对连续 PID 控制规律的数学算式（11.26）离散化，就得到离散系统的数字 PID 位置型控制算法，即取如下近似：

$$\int_0^t e(t)\mathrm{d}t \approx \sum_{t=0}^{n} Te[i] \tag{11.28}$$

式中，T 为采样周期；n 为采样信号。

式（11.28）变换为差分方程式为

$$\begin{aligned} u(n) &= K_P\left\{e(n)+\frac{T}{T_I}\sum_{i=0}^{n}e(i)+T_D\frac{e(n)-e(n-1)}{T}\right\} \\ &= K_P e(n)+K_P\frac{T}{T_I}\sum_{i=0}^{n}e(i)+K_P\frac{T_D}{T}\{e(n)-e(n-1)\} \\ &= K_P e(n)+K_I\sum_{i=0}^{n}e(i)+K_D\{e(n)-e(n-1)\} \end{aligned} \tag{11.29}$$

式中，K_P 为比例系数；K_I 为积分系数，$K_I=K_P\frac{T}{T_I}$，K_D 为微分系数，$K_D=K_P\frac{T_D}{T}$。

可见，采样周期越长，积分作用越强，微分作用越弱。式（11.29）称为数字 PID 位置型控制算法，控制总量表征了执行机构的位置，比如执行机构为调节阀时控制量表征了阀门的总开度。

2. 数字 PID 增量型控制算法

由式（11.29）可知，位置型控制算法会累加误差 $e(i)$，容易产生较大的累加误差，还需知道所有历史误差采样值，内存和计算时间花费多，而且控制量以全量输出，误动作影响大。因此，需对式（11.29）加以改进，以增量为控制量，即

$$\begin{aligned}\Delta u(n) &= u(n) - u(n-1)\\ &= K_P\{e(n) - e(n-1)\} + K_I e(n) + K_D\{e(n) - 2e(n-1) + e(n-2)\}\\ &= (K_P + K_I + K_D)e(n) + (-K_P - 2K_D)e(n-1) + K_D e(n-2)\\ &= q_0 e(n) + q_1 e(n-1) + q_2 e(n-2)\end{aligned} \tag{11.30}$$

式中

$$q_0 = K_P + K_I + K_D = K_P\left(1 + \frac{T}{T_I} + \frac{T_D}{T}\right)$$

$$q_1 = -K_P - 2K_D = -K_P\left(1 + \frac{2T_D}{T}\right)$$

$$q_2 = K_D = K_P\frac{T_D}{T}$$

式（11.30）称为数字 PID 增量型控制算法。增量型控制算法实质上是根据误差在三个时刻的采样值进行加权计算，通过调整加权系数则可以获得不同的控制品质和精度。相对于位置型控制算法，增量型控制算法有如下优点：

1）增量型控制算法只与当前误差采样值及前两次误差采样值有关，累加误差小。

2）控制量以增量的形式输出，误动作影响小。

3）容易实现手动到自动的无冲击切换。

位置型控制算法和增量型控制算法在物理上代表了不同的实现方法，在实际中，可以根据不同的执行机构，选择不同的控制算法。

11.2.2　数字 PID 控制算法的改进

数字 PID 位置型控制算法和增量型控制算法都是由连续 PID 控制算法离散化后得到的，它们都是数字 PID 的基本算法。在此基础上，还可以进一步利用计算机的运算速度快、逻辑判断能力强及信息处理功能强等特点，对数字 PID 基本算法加以改进，建立模拟控制器难以实现的特殊控制规律，从而更好地发挥计算机控制系统的优势。

1. 积分项的改进

积分项的存在可以对累积误差进行控制，但同时也造成了相位滞后，使系统响应变慢。当积分作用太强时，虽然系统偏差已经等于零，但控制量仍然保持较大的数值，从而产生较大的超调，甚至出现系统振荡，这种现象称为积分饱和。消除积分饱和的常用方法有积分分离法和遇限制消弱积分法。

（1）积分分离法

当 $e(n)$ 较大时，取消积分项，进行快速控制；当偏差较小时，投入积分项，消除静差。

对于数字 PID 位置型控制算法，在式（11.29）中的积分项前加入分离系数 k_i，修正控制量为

$$\begin{aligned} u(n) &= K_P\left\{e(n) + k_i \frac{T}{T_I}\sum_{i=0}^{n} e(i) + T_D \frac{e(n) - e(n-1)}{T}\right\} \\ &= K_P e(n) + k_i K_P \frac{T}{T_I}\sum_{i=0}^{n} e(i) + K_P \frac{T_D}{T}\{e(n) - e(n-1)\} \\ &= K_P e(n) + k_i K_I \sum_{i=0}^{n} e(i) + K_D\{e(n) - e(n-1)\} \end{aligned} \tag{11.31}$$

对于数字 PID 增量型控制算法，在式（11.30）中的积分项前加入分离系数 k_i，修正控制量为

$$\begin{aligned} \Delta u(n) &= u(n) - u(n-1) \\ &= K_P\{e(n) - e(n-1)\} + k_i K_I e(n) + K_D\{e(n) - 2e(n-1) + e(n-2)\} \end{aligned} \tag{11.32}$$

积分分离阈值 β 根据实际对象的特性及系统的控制要求来确定。若 β 取值过大，则积分项可能一直存在，达不到积分分离的目的；若 β 取值过小，则积分项可能不起作用，只进行 PD 控制。引入积分分离后，控制量不容易进入饱和区，即使进入了也能较快退出，使系统的输出特性比单纯的 PID 控制更好。

（2）遇限制消弱积分法

遇限制削弱积分法的原理是，当控制量进入饱和区时，只进行削弱积分项的累加，而不进行增加积分项的累加。在计算控制量 $u(n)$ 时，先判断 $u(n-1)$ 是否超过执行机构的最大极限 u_{max} 和最小极限 u_{min}。若已超过 u_{max}，则只累计负偏差；若小于 u_{min}，则只累计正偏差。这种方法可以缩短系统处于饱和区的时间。

（3）梯形积分法

原积分项是以矩形面积求和近似得到的，即

$$\int_0^t e(t)\,dt \approx \sum_{t=0}^{n} Te(i)$$

如将积分项改为以梯形面积求和近似，将提高积分项的计算精度，即计算公式改为

$$\int_0^t e(t)\,dt \approx \sum_{t=0}^{n} T\frac{e(i) + e(i-1)}{2}$$

（4）消除积分不灵敏区

在 A-D 转换中，转化位数越多，即运算字长越长，量化误差越小；反之，字长越短，则量化误差越大。小于量化误差的值会作为“零”被舍去。当采样周期较小、积分时间较长时，容易出现积分增量因小于量化误差而被舍去的情况，这种使积分作用消失的区域称为积分不灵敏区。

为了减小或消除积分不灵敏区，可以增加 A-D 转换的位数，提高转换精度，减小量化误差；还可以将小于量化误差的各次积分累加起来，当累加值大于量化误差时，输出 $\Delta u_I(n) = S_1$，同时将累加器清零，准备好下一次累加。

2. 微分项的改进

微分项的存在能够改善系统的动态特性，但同时，微分放大高频噪声，容易引起控制过程振荡。因此，在 PID 控制中，除了要限制微分增益外，还要对信号进行平滑处理，消除高

频噪声的影响。

(1) 不完全微分 PID 控制

不完全微分 PID 控制算法的原理是，在标准的 PID 控制器的微分项中串联一阶惯性环节（低通滤波器），使微分作用来得较小而去得较慢。

一阶惯性环节传递函数为

$$D_f(s) = \frac{1}{Ts+1}$$

标准 PID 微分项传递函数为

$$D_s = K_P T_D s$$

因此，串联一阶惯性环节后的 PID 微分项输出为

$$U_D(s) = \frac{K_P T_D s}{T_f s+1} E(s) \tag{11.33}$$

求拉普拉斯反变换得

$$T_f \frac{du_D(t)}{dt} + u_D(t) = K_P T_D \frac{de(t)}{dt}$$

以差分近似微分，离散化为

$$T_f \frac{u_D(n) - u_D(n-1)}{T} + u_D(n) = K_P T_D \frac{e(n) - e(n-1)}{T}$$

整理得

$$\begin{aligned} u_D(n) &= \frac{T_f}{T_f+T} u_D(n-1) + \frac{K_P T_D}{T_f+T}[e(n) - e(n-1)] \\ &= \frac{T_f}{T_f+T} u_D(n-1) + \frac{K_P T_D}{T} \frac{T}{T_f+T}[e(n) - e(n-1)] \\ &= \frac{T_f}{T_f+T} u_D(n-1) + \frac{T}{T_f+T} K_D[e(n) - e(n-1)] \end{aligned} \tag{11.34}$$

因此，不完全微分的 PID 控制算法为

$$\begin{aligned} u(n) &= K_P e(n) + K_I \sum_{i=0}^{n} e(i) + u_D(n) \\ &= K_P e(n) + K_I \sum_{i=0}^{n} e(i) + \frac{T_f}{T_f+T} K_D u_D(n-1) + \frac{T}{T_f+T} K_D[e(n) - e(n-1)] \end{aligned} \tag{11.35}$$

比较式 (11.35) 与式 (11.29) 可以发现，跟标准 PID 算法相比，不完全微分 PID 算法微分项系数降低了$\frac{T}{T_f+T}$倍，而且多了一项$\frac{T_f}{T_f+T}u_D(n-1)$。在 $e(n)$ 发生阶跃突变时，标准的完全微分仅在第一个采样周期内起作用，而且作用很强；而不完全微分在第一个采样周期的作用减弱，然后延续几个周期，按指数规律逐渐衰减到零，因此，可以获得更好的控制效果。

同理，可以推出不完全微分 PID 的增量型控制算法为

$$\begin{aligned} \Delta u(n) &= u(n) - u(n-1) \\ &= K_P(e(n) - e(n-1)) + K_I e(n) + [u_D(n) - u_D(n-1)] \end{aligned}$$

（2）微分先行 PID 控制

微分先行是指把微分运算放在最前面，然后在进行比例和积分运算。在给定值频繁升降的场合，给定值的升降会给控制系统带来冲击，引起超调量过大，执行机构动作剧烈。这种情况下，可以将调解器采用 PI 规律，而把微分环节移动到反馈回路上，即只对被控量进行微分，不对输入偏差进行微分，也就是说对给定值无微分作用，减小了给定值的频繁升降对系统的影响。微分先行 PID 控制质量无论在快速性方面还是在抑制超调量方面都要优于标准 PID。

3. 时间最优 PID 控制

最大值原理也叫快速时间最优控制原理，是研究满足约束条件下获得允许控制的方法。用最大值原理可以设计出控制变量只在一定范围内取值的时间最优控制系统。在工程上，常假设比例控制系数只取 ±1 两个值，而且依照一定法则加以切换，使系统从一个初始状态转到另一个状态所经历的过渡时间最短，这种类型的最优切换系统，称为开关控制（Bang-Bang 控制）系统。Bang-Bang 控制与反馈控制相结合的系统，在给定值升降时特别有效

$$|e(k)| = |r(k) - y(k)| \begin{cases} > \alpha, & \text{Bang-Bang 控制} \\ \leqslant \alpha, & \text{PID 控制} \end{cases}$$

4. 带死区的 PID 控制算法

为避免控制动作过于频繁而引起振荡，有时采用所谓带有死区的 PID 控制系统。其控制算式为

$$\Delta u(k) = \begin{cases} \Delta u(k), & \text{当}\,|e(k)| > \varepsilon \\ 0, & \text{当}\,|e(k)| \leqslant \varepsilon \end{cases}$$

死区 ε 是一个可调参数。ε 值太小，使调节过于频繁，达不到稳定被调节对象的目的；ε 值取得太大，则系统将产生很大的滞后；$\varepsilon=0$，即为常规 PID 控制。

11.2.3　数字 PID 控制参数整定

数字 PID 控制器跟模拟 PID 控制器相比，除了需要整定 K_P、T_I、T_D 之外，还需要整定采样周期 T。合理地选择采样周期是计算机控制系统的关键问题之一。

1. 采样周期的选择

由采样定理可知，若连续信号具有一定带宽，且它的最高频率分量为 ω_{max}，则当采样频率 $\omega_s \geqslant 2\omega_{max}$ 时，采样信号可以不失真地表征原来的连续信号，或者说可以从采样信号不失真地恢复原来的连续信号。从理论上来讲，采样频率越高，失真越小，但是当采样频率太高，即采样周期太小时，偏差信号也会太小，此时依靠偏差信号进行调节的控制器将失去调节作用。因此，采样周期的选择需要综合考虑各种因素。

影响采样周期 T 的因素有以下几种：

1）加到被控对象的给定值。

2）被控对象的动态特性。

3）数字控制器的算法及执行机构的类型。

4）控制回路的数量。

5）控制质量。

采样周期的计算方法有两种，一种是计算法；另一种是经验法。计算法比较复杂，工程上用得较多的是经验法。

2. 扩充临界比例度法

扩充临界比例度法是对模拟控制器临界比例度法的扩充，适用于具有自平衡能力的被控对象，不需要准确知道被控对象的特性。其整定步骤如下：

1）选择采样周期 T，一般，$T\leqslant\frac{1}{10}\tau$。

2）选定采样周期，同时，将 PID 控制的积分和微分作用取消，只保留比例作用。然后逐渐增大比例增益 K_P，直到系统发生等幅振荡。记下使系统发生振荡的临界比例增益 K_c 和临界振荡周期 T_c。

3）选择控制度。控制效果的评价函数一般用误差二次方积分 $\int_0^\infty e^2(t)\mathrm{d}t$ 来表示。控制度定义为直接数字控制（DDC）的控制效果与模拟控制的控制效果之比，即

$$\text{控制度}=\frac{\int_0^\infty [e^2(t)\mathrm{d}t]_{\mathrm{DDC}}}{\int_0^\infty [e^2(t)\mathrm{d}t]_{\mathrm{ANA}}} \tag{11.36}$$

4）根据选定的控制度，查表 11.1 求得 T、K_P、T_I、T_D 的值。

5）按求得的参数值投入在线运行，观察效果。如果性能不好，再根据经验对各参数进行修改，直到满意为止。

表 11.1　按扩充临界比例度法整定 PID 调节器参数

控制度	调节器类型	T	K_P	T_I	T_D
1.05	PI	$0.03T_k$	$0.53T_k$	$0.88T_k$	—
	PID	$0.014T_k$	$0.63T_k$	$0.49T_k$	$0.14T_k$
1.2	PI	$0.05T_k$	$0.49T_k$	$0.91T_k$	—
	PID	$0.043T_k$	$0.47T_k$	$0.47T_k$	$0.16T_k$
1.5	PI	$0.14T_k$	$0.42T_k$	$0.99T_k$	—
	PID	$0.09T_k$	$0.34T_k$	$0.43T_k$	$0.2T_k$
2.0	PI	$0.22T_k$	$0.36T_k$	$1.05T_k$	—
	PID	$0.16T_k$	$0.27T_k$	$0.4T_k$	$0.22T_k$

3. 扩充响应曲线法

扩充响应曲线法是对模拟控制器的响应曲线法的扩充。其整定步骤如下：

1）断开数字控制器，使系统在手动状态下工作。将被控对象的被控制量调到给定值附近，并使其稳定下来，然后给一个阶跃信号。阶跃响应曲线法确定基准参数如图 11.4 所示。

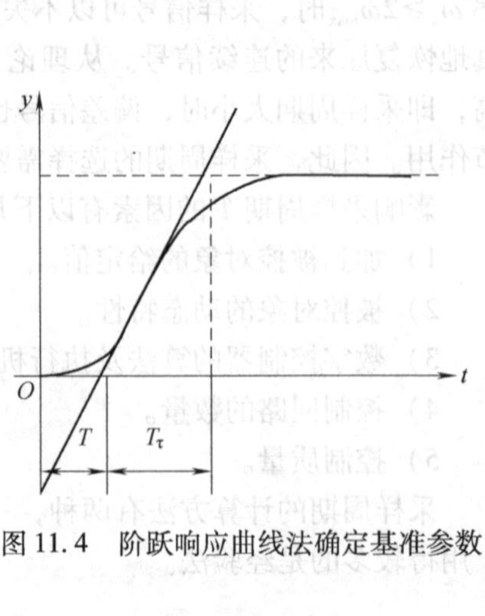

图 11.4　阶跃响应曲线法确定基准参数

2）在阶跃响应曲线最大斜率处做切线，求得被控对象滞后时间 τ、时间常数 T_m 以及它们的比值 T_m/τ。

3）选择控制度，并查表 11.2 求得 T、K_P、T_I、T_D 的值。

表 11.2　按扩充响应曲线法整定 PID 参数

控制度	控制规律	T	K_P	T_I	T_D
1.05	PI	0.1τ	$0.84T_\tau/\tau$	3.4τ	—
	PID	0.05τ	$1.15T_\tau/\tau$	2.0τ	0.45τ
1.2	PI	0.2τ	$0.78T_\tau/\tau$	3.6τ	—
	PID	0.16τ	$1.0T_\tau/\tau$	1.9τ	0.55τ
1.5	PI	0.5τ	$0.68T_\tau/\tau$	3.9τ	—
	PID	0.34τ	$0.85T_\tau/\tau$	1.62τ	0.65τ
2.0	PI	0.8τ	$0.57T_\tau/\tau$	4.2τ	—
	PID	0.6τ	$0.6T_\tau/\tau$	1.5τ	0.82τ
模拟	PI	—	$0.9T_\tau/\tau$	3.3τ	—
	PID	—	$1.2T_\tau/\tau$	2.0τ	0.4τ

4. 优选法

用优选法对自动调节参数进行整定的具体作法是，根据经验，先把其他参数固定，然后用 0.618 法对其中某一参数进行优选，待选出最佳参数后，再换另一个参数进行优选，直到把所有的参数优选完毕为止。最后，根据 T、K_P、T_I、T_D 诸参数优选的结果取一组最佳值。

5. 参数试凑法

参数试凑法，即根据现场的实际情况，按比例、积分、微分的顺序，反复调整 K_P、T_I、T_D，直接进行现场参数试凑的整定方法。其整定步骤如下：

1）整定比例部分。将比例增益 K_P 由小到大进行调节，并观察系统响应，直到得到反应快、超调小的响应曲线。如果这时稳态误差已小到允许范围，则只用比例控制即可。

2）如果在上述比例控制下稳态误差不能达到要求，则再加入积分控制。首先把上一步确定的 K_P 值减小一些，同时让积分时间常数 T_I 逐渐由大到小变化，反复调整 K_P、T_I，如果得到过渡时间短、超调量小、稳态误差在允许的范围内的系统响应，则只用 PI 控制即可。

3）如果在上述 PI 控制下虽然稳态误差满意，但快速性不好，过渡时间太长，则可在加入微分控制。在上述第 2）步的基础上，让微分时间常数 T_D 逐渐由小变大，同时相应地改变 K_P、T_I 的值，直到得到过渡时间短、超调量小、稳态误差在允许范围内的系统响应为止。此时系统为 PID 控制。

试凑法可以用监测仪表进行，也可以将参数输入仿真程序中，用软件仿真。

11.3　纯滞后系统控制

纯滞后系统是指系统的输出仅在时间上延迟了一段时间，其余特性不变。在工业生产中，大多数过程对象都具有较长的纯滞后时间，比如物料或能量传输延迟就给系统带来纯滞后时间。纯滞后会引起响应较大的超调量，降低系统的稳定性。因此，对于纯滞后系统，超调量成为控制系统的主要指标，而对快速性要求不高。纯滞后系统的设计思想是，控制不仅要根据目前的偏差，而且还要考虑到因滞后而引起的过去时刻的偏差对目前偏差的影响。下面介绍两种经典的纯滞后系统控制方法，即大林算法（Dahlin）和史密斯（Smith）预估算法。

11.3.1　大林算法

1. 大林算法设计原理

典型计算机闭环控制系统框图如图 11.5 所示。在工业生产中，许多具有纯滞后性质的被控对象可以近似为带纯滞后的一阶或二阶惯性环节，其传递函数分别为

$$G_c(s)=\frac{K}{T_1s+1}\mathrm{e}^{-\tau s} \tag{11.37}$$

或

$$G_c(s)=\frac{K}{(T_1s+1)(T_2s+1)}\mathrm{e}^{-\tau s} \tag{11.38}$$

式中，τ 为被控对象纯滞后时间，设 $\tau=NT$（N 为正整数）；T_1、T_2 为时间常数；K 为放大系数。

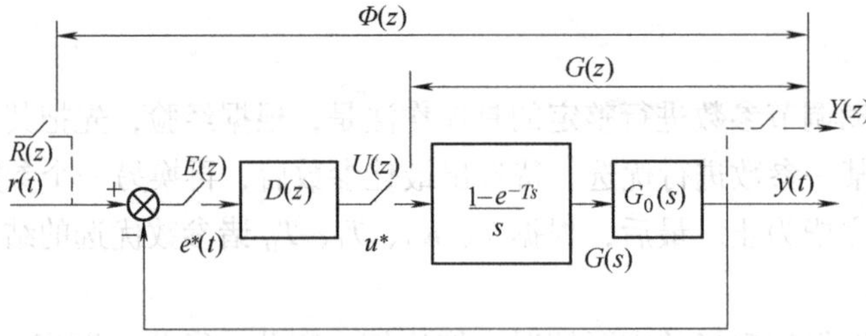

图 11.5　典型计算机闭环控制系统框图

大林算法的设计原理是，设计数字控制器 $D(z)$，使整个闭环系统的传递函数等效为一个带滞后的一阶惯性环节，并使整个闭环系统的纯滞后时间与被控对象 $G_c(s)$ 的纯滞后时间 τ 相同，即

$$\Phi(s)=\frac{\mathrm{e}^{-\tau s}}{T_\tau s+1} \tag{11.39}$$

式中，T_τ 为闭环系统的时间常数。

数字控制器 $D(z)$ 的设计步骤如下：

1）对于式（11.39）表示的闭环系统进行离散化，得到闭环系统的脉冲传递函数，它等效为零阶保持器与闭环系统的传递函数串联后的 Z 变换，即

$$\Phi(z)=\mathrm{Z}\left[\frac{1-\mathrm{e}^{-Ts}}{s}\,\frac{\mathrm{e}^{-\tau s}}{T_\tau s+1}\right]=\frac{(1-\mathrm{e}^{-T/T_\tau})z^{-N-1}}{1-\mathrm{e}^{-T/T_\tau}z^{-1}} \tag{11.40}$$

2）根据式 $\Phi(z)=\dfrac{\text{前向通道所有独立环节 }Z\text{ 变换之积}}{1+\text{闭环回路所有独立环节 }Z\text{ 变换之积}}$得

$$\Phi(z)=\frac{D(z)G(z)}{1+D(z)G(z)}$$

即

$$D(z)=\frac{1}{G(z)}\frac{\Phi(z)}{1-\Phi(z)}=\frac{1}{G(z)}\frac{(1-\mathrm{e}^{-T/T_\tau})z^{-N-1}}{(1-\mathrm{e}^{-T/T_\tau}z^{-1})-(1-\mathrm{e}^{-T/T_\tau})z^{-N-1}} \tag{11.41}$$

3）代入被控对象的脉冲传递函数：

①当被控对象为纯滞后的一阶环节时，其广义脉冲传递函数为

$$G(z)=\mathrm{Z}\left[\frac{1-\mathrm{e}^{-Ts}}{s}\frac{K\mathrm{e}^{-\tau s}}{T_\tau s+1}\right]=K\frac{(1-\mathrm{e}^{-T/T_\tau})z^{-N-1}}{1-\mathrm{e}^{-T/T_\tau}z^{-1}}$$

代入式(11.41)得

$$D(z)=\frac{(1-\mathrm{e}^{-T/T_\tau})(1-\mathrm{e}^{-T/T_\tau}z^{-1})}{K(1-\mathrm{e}^{-T/T_\tau})[(1-\mathrm{e}^{-T/T_\tau}z^{-1})-(1-\mathrm{e}^{-T/T_\tau})z^{-N-1}]} \tag{11.42}$$

②当被控对象为带纯滞后的二阶环节时，其广义脉冲传递函数为

$$G(z)=\mathrm{Z}\left[\frac{1-\mathrm{e}^{-Ts}}{s}\frac{K\mathrm{e}^{-\tau s}}{(T_1s+1)(T_2s+1)}\right]=K\frac{(c_1+c_2z^{-1})z^{-N-1}}{(1-\mathrm{e}^{-T/T_1}z^{-1})(1-\mathrm{e}^{-T/T_2}z^{-1})}$$

式中

$$c_1=1+\frac{1}{T_2-T_1}(T_1\mathrm{e}^{-T/T_1}-T_2\mathrm{e}^{-T/T_2})$$

$$c_2=\mathrm{e}^{-T(1/T_1+1/T_2)}+\frac{1}{T_2-T_1}(T_1\mathrm{e}^{-T/T_2}-T_2\mathrm{e}^{-T/T_1})$$

代入式(11.41)得

$$D(z)=\frac{(1-\mathrm{e}^{-T/T_\tau})(1-\mathrm{e}^{-T/T_1}z^{-1})(1-\mathrm{e}^{-T/T_2}z^{-1})}{K(c_1+c_2z^{-1})[(1-\mathrm{e}^{-T/T_\tau}z^{-1})-(1-\mathrm{e}^{-T/T_\tau})z^{-N-1}]} \tag{11.43}$$

按大林算法设计的控制器，不仅考虑了目前的偏差，而且考虑了 N 次以前的输出情况，滞后越大，则参考值越靠前，因此能有效抑制超调。大林算法是一种极点配置算法，适用于广义对象含有滞后环节且要求等效系统没有超调量的情况，因为大林算法设计的等效系统为一阶环节，没有超调量。

2. 振铃现象及消除

振铃（Ringing）现象是指数字控制器的输出以接近 1/2 采样频率时的大幅波动。由于被控对象中惯性环节的低通特性，这种波动对系统的输出几乎没有影响，但会使执行机构频繁的调整，加速磨损。

通常用振铃幅度 RA（Ringing Amplitude）来表示振铃现象的强烈程度，定义为数字控制器在单位阶跃输入作用下，第 0 个采样周期输出幅度与第 1 个采样周期输出幅度之差，即

$$RA=u(0)-u(T)$$

振铃现象产生的原因是由于单位阶跃输入函数 $R(z)=\frac{z}{z-1}$ 含有奇点 $z=1$。如果数字控制器输出的 Z 变换 $U(z)$ 中含有 z 平面上接近在 $z=-1$ 的极点，则在数字控制器的输出序列中将含有这两种幅值相近的瞬态项。瞬态项的符号在不同时刻是不相同的，当两瞬态项符号相同时，数字控制器的输出控制作用加强；当符号相反时，控制作用减弱，从而造成数字控制器的输出序列大幅度波动，产生振铃现象。极点距离 $z=-1$ 越近，则振铃幅度越大；反之，极点离开 $z=-1$ 越远，振铃幅度越小。$U(z)$ 在 z 平面右半平面的零点会加剧振铃现象，而在右半平面的极点会削弱振铃现象。

当被控对象为带纯滞后的一阶惯性环节时，数字控制器的脉冲传递函数不存在负实轴上的极点，因而不会发生振铃现象；当被控对象为纯滞后的二阶惯性环节时，数字控制器的脉冲传递函数有可能出现接近 $z=-1$ 的极点，这时将引起振铃现象。

大林算法提出了消除振铃现象的方法，即先找出 $D(z)$ 中引起的振铃现象的极点因子，也就是 $z=-1$ 附近的因子，然后令因子的 $z=1$，这样就消除了这个极点。这样处理不会影像输出量的稳态值，但却改变了数字控制器的动态特性，将影响闭环系统的瞬态性能。另外还可以通过选择合适的采样周期 T 及系统闭环时间常数 T_τ，把振铃幅度抑制在最低限度之内，避免产生强烈的振铃现象。

【例 11.1】 设数字控制器 $D(z)$ 的脉冲传递函数分别为 $\dfrac{z}{z+0.5}$，$\dfrac{z^2}{(z+0.5)(z-0.2)}$，$\dfrac{z(z-0.5)}{(z+0.5)(z-0.2)}$，试求在单位阶跃作用下的振铃幅度 RA。

【解】 (1) $U(z)=D(z)R(z)=\dfrac{z}{z+0.5}\dfrac{z}{z-1}=1+0.5z^{-1}+0.75z^{-2}+0.625z^{-3}+\cdots$

$$RA=u(0)-u(T)=1-0.5=0.5$$

由于 $D(z)$ 中的极点 $z=-0.5$，距离 $z=-1$ 较远，因此振铃幅度较小。

(2) $U(z)=D(z)R(z)=\dfrac{z^2}{(z+0.5)(z-0.2)}\dfrac{z}{z-1}=1+0.7z^{-1}+0.89z^{-2}+0.803z^{-3}+\cdots$

$$RA=u(0)-u(T)=1-0.7=0.3$$

与（1）相比，由于 $D(z)$ 在右半平面增加了一个极点 $z=-0.2$，因此振铃幅度减弱。

(3) $U(z)=D(z)R(z)=\dfrac{z(z-0.5)}{(z+0.5)(z-0.2)}\dfrac{z}{z-1}=1+0.2z^{-1}+0.54z^{-2}+0.358z^{-3}+\cdots$

$$RA=u(0)-u(T)=1-0.2=0.8$$

与（2）相比，由于 $D(z)$ 在右半平面增加了一个零点 $z=-0.5$，因此振铃幅度加剧。

11.3.2 史密斯预估算法

1. 史密斯预估算法原理

带纯滞后环节连续控制的单回路常规控制系统如图 11.6 所示。零阶保持器和被控对象的连续部分的传递函数为 $G_c'(s)\mathrm{e}^{-\tau s}$，其中 $G_c'(s)$ 为不含纯滞后部分，τ 为纯滞后时间。显然，图 11.6 中的反馈信号含有滞后信息。

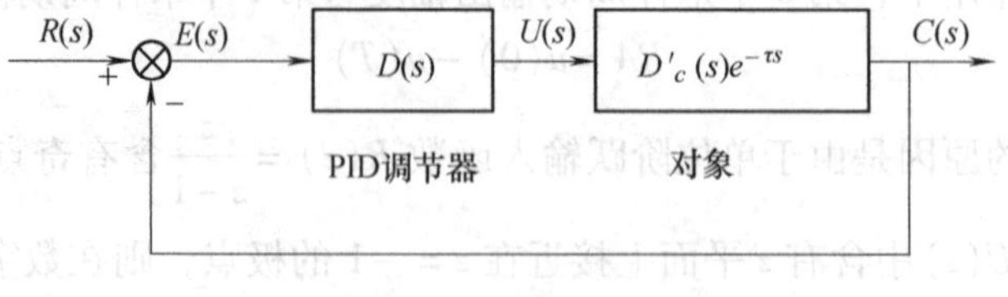

图 11.6　单回路常规控制系统

这时，闭环传递函数为

$$\Phi'(s)=\frac{D(s)G_c'(s)\mathrm{e}^{-\tau s}}{1+D(s)G_c'(s)\mathrm{e}^{-\tau s}} \tag{11.44}$$

系统的闭环特征方程 $1+D(s)G_c'(s)\mathrm{e}^{-\tau s}=0$，可见，纯滞后改变了极点，影响了系统性能。如果纯滞后时间 τ 过大，会引起较大的相角滞后，造成系统的不稳定。

史密斯预估算法的原理是，设计一个史密斯预估补偿器，将其与被控对象并联，使两者并联后的等效传递函数不含有滞后，从而消除反馈信号中的纯滞后信息。史密斯预估并联补偿的控制系统如图 11.7 所示。

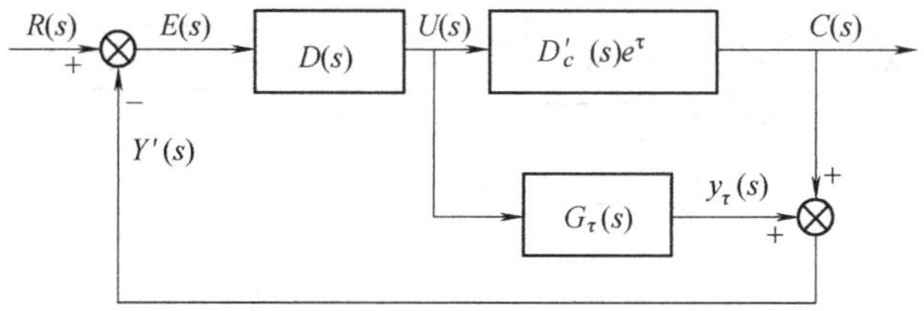

图 11.7　并联补偿的控制系统

根据史密斯预估算法的原理知

$$G_c'(s)\mathrm{e}^{-\tau s}+G_\tau(s)=G_c'(s) \tag{11.45}$$

即补偿器的传递函数为

$$G_\tau(s)=G_c'(s)(1-\mathrm{e}^{-\tau s}) \tag{11.46}$$

图 11.7 可等效变换为图 11.8 所示。

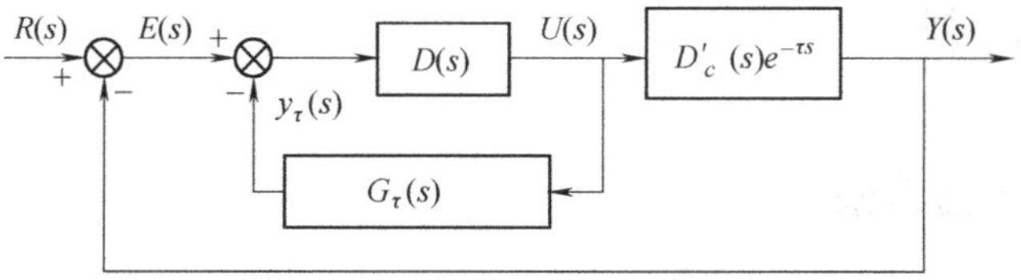

图 11.8　带史密斯预估器的控制系统

在图 11.8 中，$D(s)$和 $G_\tau(s)$形成与闭合回路等效的一个预估补偿控制器 $D'(s)$，其传递函数为

$$D'(s)=\frac{D(s)}{1+D(s)G_\tau(s)}=\frac{D(s)}{1+D(s)G_c'(s)(1-\mathrm{e}^{-\tau s})} \tag{11.47}$$

补偿后整个系统的闭环传递函数为

$$\Phi(s)=\frac{D'(s)G_c'(s)\mathrm{e}^{-\tau s}}{1+D'(s)G_c'(s)\mathrm{e}^{-\tau s}}=\frac{D(s)G_c'(s)}{1+D(s)G_c'(s)}\mathrm{e}^{-\tau s} \tag{11.48}$$

可见，闭环特征方程 $1+D'(s)G_c'(s)=0$ 中不再含有纯滞后环节，也就是说，补偿器消除了纯滞后对系统性能的影响。经过史密斯预估补偿后，纯滞后环节被等效到闭环控制回路之外，反馈信号不再受滞后的影响。纯滞后只是将控制作用与输出在时间上推移了，不会影响系统的性能指标及稳定性。

2. 史密斯预估补偿的数字控制器设计

史密斯预估补偿控制原理虽然早已出现，但用模拟仪器无法实现这种控制规律，直到数字计算机控制出现以后，才使这种算法能够方便地用软件来实现。

具有纯滞后补偿的控制系统如图 11.9 所示。

与式（11.47）类似，可以得到预估补偿控制器 $D'(z)$的脉冲传递函数为

$$D'(z)=\frac{D(z)}{1+D(z)G'(z)(1-z^{-N})} \tag{11.49}$$

式中，$G'(z)$为广义被控对象中不含纯滞后部分的脉冲传递函数；$D(z)$为按$G'(z)$设计的数字控制器；N为滞后周期数，$N=\tau/T$（N为正整数）。

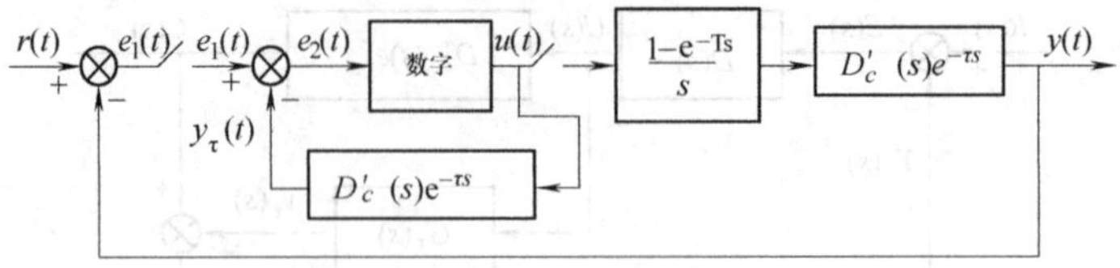

图 11.9　具有纯滞后补偿的控制系统

史密斯预估补偿控制法的缺点是对系统受到的负载干扰无补偿作用，而且控制效果依赖于纯滞后时间及被控对象动态模型的精度。

大林算法和史密斯预估算法这两种关于纯滞后系统的控制方法各有特点，其共同之处是都将系统的纯滞后保留到闭环脉冲传递函数中，以消除纯滞后环节对系统性能的影响，而代价是使闭环系统的响应滞后一定的时间。

11.4　最少拍控制

11.4.1　史密斯预估算法

对离散系统，调节时间是指系统输出值跟踪输入信号变化并达到制定稳态误差精度的时间。调节时间是按采样周期数来计算的，一个采样周期称为一拍，调节时间的拍数最少的控制，称为最少拍控制。可见，最少拍控制实际上是时间最优控制，即设计一个数字控制器，使闭环系统对于典型输入在最少采样周期内达到无静差的稳态，且闭环脉冲传递函数为

$$\Phi(z)=\Phi_1 z^{-1}+\Phi_2 z^{-2}+\Phi_3 z^{-3}+\cdots+\Phi_N z^{-N} \tag{11.50}$$

式中，N为可能情况下的最小正整数。

最少拍控制对任何两个采样周期中间的过程没有要求。最少拍控制器的设计与控制对象、输入形式和对输出纹波的要求有关，适用于对系统快速性有要求的系统。稳态误差为零的系统称为无差系统。最少拍系统也称为最小调整时间系统或最快响应系统。

对图 11.4 中的计算机闭环控制系统，根据

$$\Phi(z)=\frac{\text{前向通道所有独立环节 } Z \text{ 变换之积}}{1+\text{闭环回路所有独立环节 } Z \text{ 变换之积}}$$

有闭环脉冲传递函数

$$\Phi(z)=\frac{D(z)G(z)}{1+D(z)G(z)} \tag{11.51}$$

整理得

$$D(z)=\frac{1}{G(z)}\frac{\Phi(z)}{1-\Phi(z)} \tag{11.52}$$

从式（11.52）可以看出，当被控对象确定时，包括零阶保持器在内的广义被控对象的脉冲传递函数$G(z)$也就确定了，因此只要根据系统快速性要求确定了$\Phi(z)$，就可以求出数字控制器的脉冲传递函数$D(z)$，继而设计出最少拍数字控制器。

11.4.2 最少拍控制器设计

典型的输入函数有单位阶跃输入函数、单位速度输入函数（单位斜坡输入函数）和单位加速度输入函数（单位抛物线输入函数）。分别如下：

单位阶跃函数

$$r(t)=u(t)$$

$$R(z)=\frac{z}{z-1}=\frac{1}{1-z^{-1}}$$

单位速度输入函数

$$r(t)=t$$

$$R(z)=\frac{Tz}{(z-1)^2}=\frac{Tz^{-1}}{(1-z^{-1})^2}$$

单位加速度输入函数

$$r(t)=\frac{1}{2}t^2$$

$$R(z)=\frac{T^2z(z+1)}{2(z-1)^3}=\frac{T^2(z^{-1}+z^{-2})}{2(1-z^{-1})^3}$$

综合以上三种输入函数，用通式表示为

$$r(t)=\frac{t^{q-1}}{(q-1)!} \tag{11.53}$$

$$R(z)=\frac{A(z)}{(1-z^{-1})^q} \tag{11.54}$$

式中，$A(z)$是不包含$(1-z^{-1})$因子的关于z^{-1}的多项式，阶次为$q-1$，当$q=1,2,3$时，输入分别对应为单位阶跃、单位速度和单位加速度输入函数。

对于图11.5中的计算机闭环控制系统，有

$$E(z)=R(z)-Y(z)=R(z)[1-\Phi(z)]=R(z)\Phi_e(z)$$

式中，$\Phi_e(z)=1-\Phi(z)$表示误差传递函数。

根据Z变换中值定理，系统的稳态误差为

$$e(\infty)=\lim_{n\to\infty}e(n)=\lim_{z\to 1}(1-z^{-1})E(z)R(z)[1-\Phi(z)]$$

代入典型输入函数式(11.54)得

$$e(\infty)=\lim_{z\to 1}(1-z^{-1})\frac{A(z)}{(1-z^{-1})^q}[1-\Phi(z)]$$

因为$A(z)$不包含$(1-z^{-1})$因子，为了使稳态误差为零，就必须使$[1-\Phi(z)]$包含因子$(1-z^{-1})^r$且$r\geqslant q$，设

$$1-\Phi(z)=(1-z^{-1})^rF(z),\qquad r\geqslant q$$

式中，$F(z)$是由其他条件确定的关于z^{-1}的多项式。

若$G(z)$是稳定的且不含纯滞后，则为了使数字控制器最简单，可取$F(z)=1$。$E(z)$的z^{-1}多项式次数决定系统达到无偏差的时间，为使系统达到无偏差的时间最短即实现最少拍控

制，应取 $r=q$，即

$$\Phi_e(z)=1-\Phi(z)=(1-z^{-1})^q \tag{11.55}$$

或

$$\Phi(z)=1-(1-z^{-1})^q \tag{11.56}$$

1. 单位阶跃输入时的最少拍控制设计

此时输入为

$$R(z)=\frac{1}{(1-z^{-1})}$$

因为 $q=1$，所以根据式(11.56)，闭环脉冲传递函数为

$$\Phi(z)=1-(1-z^{-1})=z^{-1}$$

则误差为

$$E(z)=R(z)[1-\Phi(z)]=\frac{1}{(1-z^{-1})}(1-z^{-1})=1$$

输出为

$$C(z)=\Phi(z)R(z)=z^{-1}\frac{1}{(1-z^{-1})}=z^{-1}+z^{-2}+z^{-3}+\cdots$$

最少拍控制器脉冲传递函数为 $D(z)=\dfrac{1}{G(z)}\dfrac{\Phi(z)}{1-\Phi(z)}=\dfrac{z^{-1}}{G(z)(1-z^{-1})}$

可见，只需一拍（一个采样周期）输出就能跟踪输入，且稳态误差为零。

2. 单位速度输入时的最少拍控制设计

此时输入为

$$R(z)=\frac{Tz^{-1}}{(1-z^{-1})^2}$$

因为 $q=2$，所以根据式(11.56)，闭环脉冲传递函数为

$$\Phi(z)=1-(1-z^{-1})^2=2z^{-1}-z^{-2}$$

则误差为

$$E(z)=R(z)[1-\Phi(z)]=\frac{Tz^{-1}}{(1-z^{-1})^2}(1-2z^{-1}+z^{-2})=Tz^{-1}$$

输出为

$$C(z)=\Phi(z)R(z)=(2z^{-1}-z^{-2})\frac{Tz^{-1}}{(1-z^{-1})^2}=2Tz^{-2}+3Tz^{-3}+\cdots$$

最小拍控制器脉冲传递函数为 $D(z)=\dfrac{1}{G(z)}\dfrac{\Phi(z)}{1-\Phi(z)}=\dfrac{2z^{-1}-z^{-2}}{G(z)(1-z^{-1})^2}$

可见，只需二拍（两个采样周期），输出就能跟踪输入，且稳态误差为零。

3. 单位加速度输入时的最少拍控制设计

此时输入为

$$R(z)=\frac{T^2(z^{-1}+z^{-2})}{2(1-z^{-1})^3}$$

因为 $q=3$，所以根据式(11.56)，闭环脉冲传递函数为

$$\Phi(z)=1-(1-z^{-1})^3=3z^{-1}-3z^{-2}+z^{-3}$$

则误差为

$$E(z)=R(z)[1-\Phi(z)]=\frac{T^2(z^{-1}+z^{-2})}{2(1-z^{-1})^3}(1-3z^{-1}+3z^{-2}-z^{-3})=\frac{1}{2}T^2z^{-1}+\frac{1}{2}T^2z^{-2}$$

输出为

$$C(z)=\Phi(z)R(z)=(3z^{-1}-3z^{-2}+z^{-3})\frac{T^2(z^{-1}+z^{-2})}{2(1-z^{-1})^3}$$

$$=\frac{1}{2}T^2(3z^{-2}+9z^{-3}+16z^{-4}\cdots)$$

最少拍控制器　$D(z)=\dfrac{1}{G(z)}\dfrac{\Phi(z)}{1-\Phi(z)}=\dfrac{3z^{-1}-3z^{-2}+z^{-3}}{G(z)(1-z^{-1})^3}$

可见，只需三拍（三个采样周期），输出就能跟踪输入，且稳态误差为零。

各种典型输入下的最少拍系统见表 11.3。

表 11.3　各种典型输入下的最少拍系统

输入量(t)	最快响应时的	$\Phi(z)$	清除偏差所需时间
$1(t)$	$1-z^{-1}$	z^{-1}	T
t	$(1-z^{-1})^2$	$2z^{-1}-z^{-2}$	$2T$
$\frac{1}{2}t^2$	$(1-z^{-1})^3$	$3z^{-1}-3z^{-2}+z^{-3}$	$3T$
$\frac{1}{(q-1)!}t^{q-1}$	$(1-z^{-1})^q$	$1-(1-z^{-1})^q$	qT

最少拍控制器的设计可以使系统对某一典型输入的响应为最少拍，但对于其他典型输入不一定是最少拍，也就是说，最少拍控制对不同输入的适应性差。

11.4.3　最少拍无纹波控制

按单纯的最少拍控制设计的系统，可能出现响应曲线经过采样点围绕着期望曲线波动的情况，这种系统称为最少拍有纹波系统。纹波有可能是振荡的，引起系统不稳定。产生纹波的原因是单纯最少拍控制算法中，只考虑了采样点的误差特性，而对两个采样点之间的过程未作要求。非采样点存在纹波的原因是，当偏差为零时，控制器输出序列 $u(n)$ 不为常值或零，而是振荡收敛的，使得输出产生周期振荡。为了消除波纹，必须对单纯的最少控制进行改进。下面介绍最少拍无纹波控制器的设计。

1. 被控对象的必要条件

1）对阶跃输入，当 $t\geqslant NT$ 时，有 $c(t)=$常数。

2）对速度输入，当 $t\geqslant NT$ 时，有 $c'(t)=$常数，即 $G(s)$ 中至少含有一个积分环节。

3）对加速度输入，当 $t\geqslant NT$ 时，有 $c''(t)=$常数，即 $G(s)$ 中至少含有两个积分环节。

2. 确定 $\Phi(z)$ 的约束条件

有纹波设计时，$\Phi(z)$ 只包含了 $G(z)$ 单位圆上或单位圆外的零点；而无纹波设计时，$\Phi(z)$ 应包含 $G(z)$ 的全部零点。

3. 增加调整时间

无纹波系统的调整时间要比有纹波系统的调整时间增加若干拍，增加的拍数等于 $G(z)$ 在单位圆内的零点数。

习　题

11.1　已知模拟 PID 的算式为 $u(t)=K_P\left[e(t)+\frac{1}{T_I}\int_0^t e(t)dt+T_D\frac{de(t)}{dt}\right]$，试推导它的差分增量算式。

11.2　什么是实际微分？实际微分和理想微分相比有何优点？

11.3　图 11.10 为实际微分 PID 控制算法示意图，$G_f(s)=1/(T_f s+1)$，采样周期为 T，试推导实际微分控制算式。

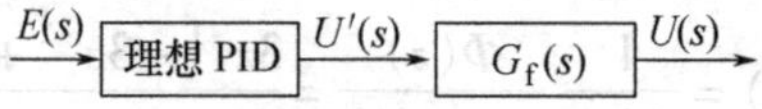

图 11.10　题 11.3 图

11.4　什么叫积分分离？遇限切除积分的基本思想是什么？

11.5　PID 参数 K_P、T_I、T_D 对系统的动态特性和稳态特性有何影响？简述试凑法进行 PID 参数整定的步骤。

第 12 章　分散性测控网络技术

本章简要介绍目前常用的比较典型的计算机控制系统，主要包括分散控制系统、现场总线控制系统和计算机集成制造系统。

12.1　分散控制系统

分散型计算机控制系统又名分布式计算机控制系统，简称分散控制系统（Distributed Control System，DCS）。DCS 综合了计算机（Computer）技术、控制（Control）技术、通信（Communication）技术、CRT 显示技术即 4C 技术，集中了连续控制、批量控制、逻辑顺序控制、数据采集等功能。

自从美国的 HoneyWell 公司于 1975 年成功推出了世界上第一套 DCS 以来，已更新换代了三代，现已进入第四代。本节将概述 DCS 的特点、发展趋势以及其体系结构，让读者对 DCS 有初步的了解。

直接控制层是 DCS 的基础，其主要设备是过程控制站（PCS）。过程控制站主要由输入输出单元（IOU）和过程控制单元（PCU）两部分组成。过程控制单元下与输入输出单元连接，上与控制网络（CNET）连接，其功能，一是直接数字控制（DDC），即连续控制、逻辑控制、顺序控制和批量控制等；二是与控制网络通信，以便操作监控层对生产过程进行监控和操作；三是进行安全冗余处理，一旦发现过程控制站硬件或软件故障，就立即切换到备用件。

保证系统不间断地安全运行的操作监控层是 DCS 的中心，其主要设备是操作员站、工程师站和计算机网关等。

操作员站（OS）为 32 位（或 64 位）微处理机或小型机，并配置彩色 CRT（或液晶显示器）、操作员专用键盘和打印机等外部设备，供工艺操作员对生产工程进行监视、操作和管理，具备图文并茂、形象逼真的人机界面（HMI）。

工程师站（ES）为 32 位（或 64 位）微处理机，或由操作员站兼用。工程师站供计算机工程师对 DCS 进行系统生成和诊断维护；供控制工程师进行控制回路组态、人机界面绘制、报表制作和特殊软件编制。生产管理层的主要设备是生产管理计算机（Manufactory Management Computer，MMC），一般由一台中型机和若干台微型机组成。

计算机网关（CG2）用于生产管理网络（MNET）和决策管理网络（DNET）之间相互通信。

目前世界上有多种 DCS 产品，具有定型产品供用户选择的一般仅限于直接控制层和操作监控层。其原因是下面两层有固定的输入、输出、控制、操作和监控模式，而上面两层的体系结构因企业而异，生产管理与决策管理方式也因企业而异，因而上面两层要针对各企业的要求分别设计和配置系统。

控制站（CS）或过程控制站（PCS）主要由输入输出单元（IOU）、过程控制单元（PCU）和电源三部分组成。

输入输出单元（IOU）是 PCS 的基础，由各种类型的输入输出处理板（IOP）组成，如模拟量输入板（DC 4 ~20mA，DC 0 ~5V）、热电偶输入板、热电阻输入板、脉冲量输入板、数字量输入板、模拟量输出板（DC 4 ~20mA）、数字量输出板和串行通信接口板等。这些输入输出处理板的类型和数量可按生产过程、信号类型和数量来配置；另外，与每块输入输出处理板配套的还有信号调整板（Signal Conditioner Card，SCC）和信号端子板（Signal Terminal Card，STC），其中 SCC 用作信号隔离、放大或驱动，STC 用作信号接线。上述 IOP、SCC 和 STC 的物理划分因 DCS 而异，有的划分为三块板结构；有的划分为两块板结构，即 IOP 和 SCC 合并，外加一块 STC；有的将 IOP、SCC 和 STC 三者合并为一块物理模板，并附有接线端子。控制处理器板的功能是运算、控制和实时数据处理；输入输出接口处理器板是 PCU 和 IOP 之间的接口；通信处理器板是 PCS 与控制网络（CNET）的通信网卡，实现 PCS 与 CNET 之间的信息交换；PCS 采用冗余 PCU 和 IOU，冗余处理器板承担 PCU 和 IOU 的故障分析与切换功能。上述四块板的物理划分因 DCS 而异，可以分为 4 块、3 块或 2 块，甚至合并为 1 块。一般来说，现场控制站由现场控制单元组成。现场控制单元是 DCS 中直接与现场过程进行信息交互的输入输出处理系统，用户可以根据不同的应用需求，选择配置不同的现场控制单元构成现场控制站。

操作员站（OS）为 32 位（或 64 位）微处理机或小型机，主要由主机、彩色显示器、操作员专用键盘和打印机等组成。其中，主机的内存容量、硬盘容量可由用户选择，彩色显示器可选触屏式或非触屏式，分辨率也可选择。一般用工业 PC（IPC）或工作站做 OS 主机，个别 DCS 制造厂商配专用 OS 主机，前者是发展趋势，这样可增强操作员站的通用性及灵活性。

一般 DCS 的直接控制层和操作监控层的设备（如 PCS、OS、ES、SCS）都有定型产品供用户选择，即 DCS 制造厂商为这两层提供了各种类型的配套设备。唯有生产管理层和决策层的设备无定型产品，一般由用户自行配置，当然要由 DCS 制造厂商提供控制网络（CNET）与生产管理网络（MNET）之间的硬、软件接口，即计算机网关（CG1）。这是因为一般 DCS 的直接控制层和操作监控层不直接对外开放，必须由 DCS 制造厂提供专用的接口才能与外界交换信息，所以说 DCS 的开放是有条件的开放。

异步事件响应、任务切换能力、中断响应能力、优先级中断和调度、同步能力实时数据这 5 项，是 DCS 最基本的资源。DCS 的实时数据库是全局数据库，通常采用分布式数据库结构，因此，数据库系统在不同层次上采用的结构不同。由前面分析知道，DCS 实时数据库是全局、分布式数据库，操作员站对 DCS 集中管理和操作的基础就是系统的网络通信，它是 DCS 的关键技术之一。

执行代码部分一般固化在 EPROM 中，而数据部分则保留在 RAM 中，在系统开机或恢复运行时，这些数据的初始值从网络上载入。现场控制站 RAM 中的数据结构和数据信息统称为实时数据库，是实现程序代码重入的关键。

实时数据库一般有以下四种基本数据类型：模拟量输入输出（AN）结构、开关量输入输出（DG）结构、模拟计算量（AC）结构和开关量点组合（GP）结构。网络通信模块周期性地从数据库中取得各个记录的实时值广播到网络上，以刷新其他各站的数据库。其中比较典型的是模拟量输入处理，包括异常信号的剔除、信号滤波、工程量转换、非线性补偿与修正等，这是 DCS 与过程直接相连的接口。控制算法主要有 PID 调节器模块（包括改进的

PID 调节器)，前馈、解耦、选择控制模块，超前、滞后补偿模块以及史密斯预估器等用于纯滞后补偿的控制模块。

综合起来，在工业控制系统的应用中，DCS 表现出了优越的性能。但这种方式在检测环节方面存在的问题是精度低、动态补偿能力差、无自诊断功能；同时，由于各 DCS 开发商生产自己的专用平台，使得不同厂商的 DCS 不兼容，互操作性差。传统 DCS 的结构是封闭式的，使得不同制造商的 DCS 之间不兼容，智能现场仪表采用现场总线与 DCS 连接，目前大多沿用 HART 通信协议。为了使现场总线与传统的 DCS 系统协同工作，将现场总线集成于 DCS 系统的方案，能灵活地系统组态，得到更广泛的、富于实用价值的应用。

现场总线集成于 DCS 的方式可从两个方面来考虑：

1）现场总线于 DCS 系统 I/O 总线上的集成。

2）现场总线通过网关与 DCS 系统并行集成。

可以预见，未来的 DCS 将采用智能化仪表和现场总线技术，从而彻底实现分散控制，并可节约大量的布线费用，提高系统的易扩展性。同时，基于 PC 的解决方案将使控制系统更具有开放性。总之，DCS 将通过不断采用新技术，向标准化、开放化、通用化的方向发展。

12.2　现场总线控制系统

现场总线控制系统（Fieldbus Control System，FCS）是一种以现场总线为基础的分布式网络自动化系统，它既是现场通信网络系统，也是现场自动化系统。现场总线和现场总线控制系统（FCS）的产生，不仅变革了传统的单一功能的模拟仪表，将其改为综合功能的数字仪表，而且变革了传统的计算机控制系统（DDC、DCS），将输入、输出、运算和控制功能分散分布到现场总线仪表中，形成了全数字的彻底的分散控制系统。

现场总线控制系统是属于最底层的网络系统，是网络集成式全分布控制系统，它将原来集散型的 DCS 现场控制机的功能，全部分散在各个网络节点处。由于现场总线系统中分散在现场的智能设备能直接执行多种传感、测量、控制、报警和计算功能，因而可减少变送器的数量，不再需要单独的调节器、计算单元等，也不再需要 DCS 的信号调理、转换、隔离等功能单元及其复杂接线，还可以用工控 PC 作为操作站，从而节省了一大笔硬件投资，并可减少控制室的占地面积。

据有关典型试验工程的测算资料表明，应用现场总线控制系统可节约安装费用 60% 以上。目前，过程现场总线 PROFIBUS（Process Field Bus）主要由德国西门子公司支持，是按照 ISO/OSI 参考模型制定的现场总线德国国家标准。可寻址远程传感器数据通路 HART 是美国 Rosemount 研制的，HART 协议参照 ISO/OSI 模型的第 1、2、7 层，即物理层、数据链路层和应用层。

开放性意味现场总线控制系统将打破 DCS 大型厂商的垄断，给中小企业发展带来了平等竞争的机遇。而且从总体上来看，现场总线控制系统的成本也大大低于 DCS 的成本。

12.3　计算机集成制造系统

从生产过程参数的监测、控制、优化，生产过程及装置的调度，到企业的管理、经营、决策，计算机及其网络已成为帮助企业全面提高生产和经营效率、增强市场竞争力的重要工具。计算机集成制造系统（Computer Integrated Manufacturing Systems，CIMS）正是反映了工业企业计算机应用的这种趋势。由于早期技术条件和市场发展的限制，特别是计算机使用尚不普遍，CIM 这种先进的制造概念曾在一段时间内停留在理论阶段。当时，在欧洲、美国、日本，很多企业以 CIM 为指导思想，对原有运行管理模式进行改造，成功地完成了许多 CIMS 应用工程，企业的生产经营效率大大提高，在国际市场竞争中处于非常有利的领导地位。

为赶超国际先进技术，我国于1986 年提出了863 高技术发展计划，其中对 CIMS 这一推动工业发展的先进技术也给予了充分肯定和极大重视，并将 CIMS 作为在 863 计划自动化领域设立的两个研究发展主题之一。

经过十多年对 CIM 概念的深入研究、探索，以及结合我国国情的实践，863/CIMS 主题对 CIM 和 CIMS 的阐述分别为："CIM 是一种组织、管理与运行企业生产的理念，它借助于计算机硬件和软件，综合运用现代管理技术、制造技术、信息技术、自动化技术、系统工程技术，将企业生产全过程中的有关人/组织、技术、经营管理三要素及其信息流、物流和价值流有机集成并优化运行，实现企业制造活动的计算机化、信息化、智能化、集成优化，以达到产品上市快、高质、低耗、服务好、环境清洁，进而提高企业的柔性、健壮性、敏捷性，使企业赢得市场竞争"；"CIMS 是一种基于 CIM 哲理构成的计算机化、信息化、智能化、集成优化的制造系统"。

对 CIM 的内涵还可进一步深入阐述如下：它在 CIMS 中是神经中枢，指挥与控制着各个部分有条不紊地工作。制造自动化系统是 CIMS 中信息流和物料流的结合点，其目的是使产品制造活动优化、周期短、成本低、柔性高。计算机通信网络支持 CIMS 各个分系统之间、分系统内部各工作单元、设备之间的信息交换和处理，是一个开放型网络通信系统。数据库系统支持 CIMS 各分系统并覆盖企业运行的全部信息。计算机辅助设计（CAD）技术产生于 20 世纪 60 年代，目的是解决飞机等复杂产品的设计问题。由于计算机硬件和软件发展的限制，CAD 技术直到 20 世纪 70 年代才投入实际应用，但发展极其迅速。

为了将 CAD 和 CAM 结合集成为一个完整的系统，即在 CAD 作出设计后，立即由计算机辅助工艺师制订出工艺计划，并自动生成 CAM 系统代码，由 CAM 系统完成产品的制造，计算机辅助工艺（CAPP）于 20 世纪 70 年代应运而生。这些新技术包括计算机辅助工程（CAE）、原材料需求计划（MRP）、制造资源计划（MRP-II）等。其中，MRP 和 MRP-II 是计算机辅助生产管理（CAPM）的主要内容，具有年、月、周生产计划制订、物料需求计划制订，生产能力（资源）的平衡，仓库的管理，市场预测，长期发展战略计划制订等功能。因此，自 20 世纪 80 年代中期以来，以 CIMS 为标志的综合生产自动化逐渐成为离散制造业的热点。

1）在功能上，CIMS 包含了一个制造工厂的全部生产经营活动，即从市场预测、产品设计、加工制造、质量管理到售后服务的全部活动，比传统的工厂自动化范围大得多，是一个复杂的大系统。

2）CIMS 涉及的计算机系统、自动化系统并不是工厂各个环节的计算机系统、自动化的简单相加，而有机的集成，包括物料和设备的集成，更重要的是以信息集成为本质的技术集成，也包括人的集成。

由此可见，CIMS是一种基于计算机和网络技术的新型制造系统，它不仅包括和集成了CAD、CAM、CAPP、CAE等生产环节的先进制造技术和MRP、MRP-II等先进的调度、管理、决策策略与技术，而且包括和集成了企业所有与生产经营有关环节的活动与技术，其目的就是为了追求高效率、高柔性，最后取得高效益，以满足市场竞争的需求。在欧美以及日本等先进工业国家，制造业已基本实现了CIMS化，使其产品质量高、成本低，在市场上长期保持强盛的竞争势头。

而应用的成功和巨大的效益又进一步推动了CIMS技术的研究和发展。在高新技术不断出现、市场不断国际化的今天，虚拟制造（Virtual Manufacturing）、敏捷制造（Agile Manufacturing）、并行工程（Concurrent Engineering）、绿色制造（Green Manufacturing）、智能制造系统（IMS）等新的制造技术以及及时生产（JIT）、企业资源计划（ERP）、供应链管理（SCM）等新的经营管理技术使CIMS的内容越来越充实，Internet/Intranet/Extranet和多媒体等计算机网络新技术、网络化数据仓库技术以及产品数据管理（PDM）技术等支撑技术的发展使CIMS的功能越来越强大，实际上已经使CIMS由初始含义的计算机集成制造系统演化为新一代的CIMS——现代集成制造系统（Contemporary Integrated Manufacturing Systems）。

因而，可以这么说，计算机的普遍应用构成了CIMS发展的基础，而激烈的市场竞争和计算机及相关技术的迅速发展又促进了CIMS的进一步发展。到目前为止，虽然还没有完全按照较为成熟的离散CIMS框架建立的流程企业CIMS的完整报道，但实际上，有很多流程企业都已经按照各自需要建立了各种类型的相应系统。

由于流程企业与离散制造业有许多明显的差别，因而流程工业CIMS与离散工业CIMS相比较，也相应存在着许多自己的独特之处。

流程工业计算机集成制造系统（流程工业CIMS）是CIM思想在流程工业中的应用和体现。通常所说的计算机集成流程生产系统（Computer Integrated Processing System，CIPS）、企业（或工厂）综合自动化系统等，与流程工业CIMS都是同一概念。

流程CIMS与离散CIMS都是CIM在不同领域的应用，在财务、采购、销售、资产和人力资源管理等方面基本相似。它们的主要区别如下：

流程CIMS的生产计划可以从生产过程中具有过程特征的任何环节开始，离散CIMS只能从生产过程的起点开始计划；流程CIMS采用过程结构和配方进行物料需求计划，离散CIMS采用物料清单进行物料需求计划；流程CIMS一般同时考虑生产能力和物料，离散CIMS必须先进行物料需求计划，后进行能力需求计划；离散CIMS的生产面向定单，依靠工作单传递信息，作业计划限定在一定时间范围之内，流程CIMS的生产主要面向库存，没有作业单的概念，作业计划中也没有可提供调节的时间。

流程CIMS中新产品开发过程不必与正常的生产管理、制造过程集成，可以不包括工程设计子系统，离散CIMS由于产品工艺结构复杂、更新周期短，新产品开发和正常的生产制造过程中都有大量的变形设计任务，需要进行复杂的结构设计、工程分析、精密绘图、数控编程等，工程设计子系统是其不可缺少的重要子系统之一。

流程CIMS中要考虑产品配方、产品混合、物料平衡、污染防治等问题，需要进行主产品、副产品、协产品、废品、成品、半成品和回流物的管理，而在生产过程中占有重要地位的热蒸汽、冷冻水、压缩空气、水、电等动力、能源辅助系统也应纳入CIMS的集成框架，离散CIMS则不必考虑这些问题；流程CIMS中生产过程的柔性是靠改变各装置间的物流分配和生产装置的工作点来实现的，必须要由先进的在线优化技术、控制技术来保证，离散CIMS的生产柔性则是靠生产重组等技术来保证；流程CIMS的质量管理系统与生产过程自动化系统、过程监控系统紧密相关，产品检验以抽样方式为主，采用统计质量控制，产品检验与生产过程控制，管理系统严格集成、密切配合，离散CIMS的质量控制子系统则是其中相对独立的一部分。

流程CIMS要求实时在线采集大量的生产过程数据、工艺质量数据、设备状态数据等，要及时处理大量的动态数据，同时保存许多历史数据，并以图表、图形的形式予以显示，而离散CIMS在这方面的需求则相对较少；流程CIMS的数据库主要由实时数据库与历史数据库组成，前者存放大量的体现生产过程状态的实时测量数据，如过程变量、设备状态、工艺参数等，实时性要求高，离散CIMS的数据库则是主要以产品设计、制造、销售、维护整个生命周期中的静态数据为主，实时性要求不高；流程CIMS由于生产的连续性和大型化，必须保证生产高效、安全、稳定运行，实现稳产、高产，才能获取最大的经济效益，因此安全可靠生产是流程工业的首要任务，必须实现全生产过程的动态监控，使其成为CIMS集成系统中不可缺少的一部分，离散CIMS则偏重于单个生产装置的监控，监控的目的是保证产品技术指标的一致性，并为实现柔性生产提供有用信息。

流程CIMS主要通过稳产、高产、提高产品产量和质量、降低能耗和原料、减少污染来提高生产效率，增加经济效益，离散CIMS则注重于通过单元自动化、企业柔性化等途径，降低产品成本、提高产品质量、增加产品品种，满足多变的市场需求，提高生产效率；由于流程工业生产过程的资本投入较离散制造业要大得多，因而流程CIMS需要更注重生产过程中资金流的管理。

流程CIMS由于生产的连续性，更强调基础自动化的重要性，生产加工自动化程度较高，人的作用主要是监视生产装置的运行、调节运行参数等，一般不需要直接参与加工，而离散CIMS的生产加工方式不同，自动化程度相对较低，较多情况下需要人直接参与加工，因此两者在人力资源的管理方面有明显区别。离散CIMS经过多年的研究和应用，已形成较为完善的理论体系和规范，而流程CIMS由于起步较晚，体系结构、柔性生产、优化调度、集成模式和集成环境等方面都缺乏有效的理论指导，急需进行相关的理论研究。

习　题

12.1　什么叫DCS？它有何特点？

12.2　DCS按功能可分为哪几层？

12.3　DCS的发展趋势是什么？

12.4　什么叫FCS？它有何特点？

12.5　目前常用的现场总线有哪些？

12.6　什么叫CIMS？

12.7　流程工业CIMS与离散工业CIMS有何区别？

12.8　CIMS的开发可分为哪几个阶段？

第 13 章　计算机控制系统的设计与实施

前面已经讨论了计算机控制系统各部分的工作原理、硬件和软件技术以及控制算法，本章在此基础上介绍计算机控制系统的设计与实施。计算机控制系统的设计，既是一个理论问题，又是一个工程问题。计算机控制系统的理论设计包括：建立被控对象的数学模型；确定满足一定技术经济指标的系统目标函数，寻求满足该目标函数的控制规律；选择适宜的计算方法和程序设计语言；进行系统功能的软、硬件界面划分，并对硬件提出具体要求。进行计算机控制系统的工程设计，不仅要掌握生产过程的工艺要求以及被控对象的动态和静态特性，而且要熟悉自动检测技术、计算机技术、通信技术、自动控制技术、微电子技术等。

13.1　计算机控制系统的设计原则

尽管计算机控制系统的对象各不相同，其设计方案和具体技术指标也千变万化，但在系统的设计与实施过程中，还是有许多共同的设计原则与步骤的。这些共同的原则和要求在设计前或设计过程中都必须予以考虑。

1. 操作性能好，维护与维修方便

对一个计算机控制系统来说，所谓操作性能好，就是指系统的人机界面要友好，操作简单、方便、便于维护。为此，在设计整个系统的硬件和软件时，都应处处为用户想到这一点。例如，在考虑操作先进性的同时要兼顾操作者以往的操作习惯，使操作者易于掌握；考虑配备何种系统和环境，能降低操作人员对某些专业知识的要求；对硬件方面，系统的控制开关不能太多、太复杂，操作顺序要尽量简单，控制台要便于操作者的工作，尽量采用图示与中文操作提示，显示器的颜色要和谐，对重要参数要设置一些保护性措施，增加操作的鲁棒性等，凡是涉及人机工程的问题都应逐一加以考虑。

维护与维修方便要从软件与硬件两个方面考虑，目的是易于查找故障、排除故障。硬件上宜采用标准的功能模板式结构，便于及时查找并更换故障模板。模板上还应安装工作状态指示灯和监测点，便于检修人员检查与维修。在软件上应配备检测与诊断程序，用于查找故障源。必要时还应考虑设计容错程序，在出现故障时能保证系统的安全。

2. 通用性好，便于扩展

过程计算机控制系统的研制与开发需要一定的投资和周期。尽管控制的对象千变万化，但若从控制功能上进行分析与归类，仍然可以找到许多共性，如计算机控制系统的输入输出信号统一为 DC 0～10mA 或 DC 4～20mA，控制算法有 PID、前馈、串级、纯滞后补偿、预测控制、模糊控制、最优控制等，因此，在设计开发过程计算机控制系统时就应尽量考虑能适应这些共性，就必须尽可能地采用标准化设计，采用积木式的模块化结构。

在此基础上，再根据各种不同设备和不同控制对象的控制要求，灵活地构造系统。一般来说，一个计算机控制系统在工作时应能同时控制几台设备，而且在大多数情况下，系统不仅要适应各种不同设备的要求，还要考虑在设备更新时，整个系统不需大的改动就能立即适应新的情况。这就要求系统的通用性要好，而且必要时能灵活地进行扩充。例如，尽可能采用通用的系统总线结构，如采用STD总线、AT总线、MULTIBUS总线等，在需要扩充时，只要增加一些相应的接口插件板就能实现对所扩充的设备进行控制。

另外，接口部件尽量采用标准通用的大规模集成电路芯片。在考虑软件时，只要速度允许，就尽可能把接口硬件部分的操作功能用软件替代。这样在被控设备改变时，只需要改变软件，无需变动或较少变动硬件。系统的各项设计指标留有一定裕量也是可扩充的首要条件。例如，计算机的工作速度如果在设计时不留有一定裕量，那么要想进行系统扩充几乎是完全不可能的。其他，如电源功率、内存容量、输入输出通道、中断等也应留有一定的裕量。

3. 可靠性高

对计算机控制系统来说，尽管要求很多，但可靠性是最重要的一个。因为一个系统能否长时间安全可靠地正常工作，会影响到整个装置、整个车间，乃至整个工厂的正常生产。一旦故障发生，轻者会造成整个控制系统紊乱、生产过程混乱甚至瘫痪，重者会造成人员的伤亡和设备的损坏。所以在计算机控制系统的整个设计过程中，务必把可靠性放在首位。

首先，选用高性能的工控机担任工程控制任务，以保证系统在恶劣的工业环境下仍能长时间正常运行；其次，在设计控制方案时考虑各种安全保护措施，使系统具有异常报警、事故预测、故障诊断与处理、安全联锁、不间断电源等功能；第三，采用双机系统和多机集散控制。

在双机系统中，用两台微机作为系统的核心控制器。由于两台微机同时发生故障的概率很小，从而大大提高了系统的可靠性。双机系统中两台微机的工作方式有以下两种：

一种方式是，一台微机投入系统运行，另一台虽然也同样处于运行状态，但是它是脱离系统的，只是作为系统的备份机。当投入系统运行的那一台微机出现故障时，通过专门的程序和切换装置，自动地把备份机切入系统，以保持系统正常运行。被替换下来的微机经修复后，就变成系统的备份机，这样可使系统不因主机故障而影响系统正常工作。

另一种方式是两台微机同时投入系统运行，在正常情况下，这两台微机分别执行不同任务，例如一台微机承担系统的主要控制工作，而另一台执行诸如数据处理等一般性的工作。当其中一台发生故障时，故障机能自动地脱离系统，另一台微机自动地承担起系统的所有任务，以保证系统的正常工作。

多机集散控制系统结构是目前提高系统可靠性的一个重要发展趋势，如果把系统的所有任务分散地由多台微机来承担，为了保持整个系统的完整性，还需用一台适当功能的微机作为上一级的管理主机。

4. 实时性好，适应性强

实时性是工业控制系统最主要的特点之一，它要求对内部和外部事件都能及时地响应，并在规定的时限内做出相应的处理。系统处理的事件一般有两类：一类是定时事件，如定时采样、运算处理、输出控制量到被控制对象等；另一类是随机事件，如出现事故后的报警、安全联锁、打印请求等。

对于定时事件，由系统内部设置的时钟保证定时处理。对于随机事件，系统应设置中断，根据故障的轻重缓急，预先分配中断级别，一旦事件发生，根据中断优先级别进行处理，保证最先处理紧急故障。

在开发计算机控制系统时，一定要考虑到其应用环境，保证在可能的环境下可靠地工作。例如，有的地方电网电压波动很大，有的地方环境温度变化剧烈，有的地方湿度很大，有的地方振动很厉害，有的工作环境有粉尘、烟雾、腐蚀等，这些环境因素在系统设计中都必须加以考虑，并采用必要的措施，以保证计算机控制系统安全可靠地工作。

5. 经济效益好

工业过程计算机控制系统除了满足生产工艺所必需的技术质量要求以外，还应该带来良好的经济效益。这主要体现在两个方面：一方面是系统的性能价格比要尽可能的高，而投入产出比要尽可能的低，回收周期要尽可能的短；另一方面还要从提高产品质量与产量，降低能耗，减少污染，改善劳动条件等经济、社会效益方面进行综合评估，其有可能是一个多目标优化问题。

另外，目前科学技术发展十分迅速，各种新的技术和产品不断出现，这就要求所设计的系统能跟上形势的发展，要有市场竞争意识，在尽量缩短设计研制周期的同时，要有一定的预见性。

13.2　计算机控制系统的设计步骤

计算机控制系统的设计虽然因被控对象、控制方式、系统规模的变化而有所差异，但系统设计与实施的基本内容和主要步骤大致相同，一般分为四个阶段：确定任务阶段、工程设计阶段、离线仿真和调试阶段以及在线调试和投运阶段。下面对这四个阶段作必要说明。

1. 确定任务阶段

随着市场经济的规范化，企业中的计算机控制系统设计与工程实施过程中往往存在着甲方乙方关系。所谓甲方，指的是任务的委托方，有时是用户本身，有的是上级主管部门，还有可能是中介单位；乙方则是系统工程的承接方。

国际上习惯称甲方为“买方”，称乙方为“卖方”。作为处于市场经济的工程技术人员，应该对整个工程项目与控制任务的确定有所了解。确定任务阶段一般按下面的流程进行：

在委托乙方承接工程项目前，甲方一般需提出任务委托书，其中一定要提供明确的系统技术性能指标要求，还要包括经费、计划进度、合作方式等内容。

乙方接到任务委托书后逐条进行研究，对含义不清的地方、认识上有分歧的地方、需要补充或删节的地方逐条标出，并拟订需要进一步讨论与修改的问题。在乙方对任务委托书进行了认真的研究之后，双方应就委托书的内容进行协商性的讨论、修改、确认，明确双方的任务和技术工作界面。

为避免因行业和专业不同所带来的局限性，讨论时应有各方面有经验的人员参加。确认或修改后的委托书中不应再有含义不清的词汇与条款。如果条件允许，可多做几个方案进行比较。方案中应突出技术难点及解决办法、经费概算、工期等。

乙方应进行方案可行性论证，其目的是估计承接该项任务的把握性，并为签订合同后的设计工作打下基础。论证的主要内容是，技术可行性、经费可行性、进度可行性。另外，对控制项目要特别关注可测性和可控性。如果论证结果可行，接着就应该做好签订合同前的准备工作；如果不可行，则应与甲方进一步协商任务委托书的有关内容或对条款进行修改。若不能修改，则合同不能签订。

合同书是甲乙双方达成一致意见的结果，也是以后双方合作的唯一依据和凭证。合同书（或协议书）应包含如下内容：经过双方修改和认可的甲方“任务委托书”的全部内容，双方的任务划分和各自承担的责任，合作方式，付款方式，进度和计划安排，验收方式及条件，成果归属，违约的解决办法。

随着市场经济的发展，计算机控制系统的设计和实施项目也与其他工程项目类似，越来越多地引入了规范的“工程招标”形式。即先由甲方将所需解决的技术问题和项目要求提出，并写好标书公开向社会招标，有兴趣的单位都可以写出招标书在约定的时间内投标，开标时间到后，通过专家组评标，确定出中标单位，即乙方。

2. 工程设计阶段

工程设计阶段主要包括组建项目研制小组、系统总体方案设计、方案论证与评审、硬件和软件的细化设计、硬件和软件的调试、系统组装。在签订了合同或协议后，系统即进入设计阶段。

为了完成系统设计，应首先把项目组成员确定下来。项目组应由懂得计算机硬件、软件和有控制经验的技术人员组成，还要明确分工并具有良好的协调合作关系。

包括硬件总体方案和软件总体方案，这两部分的设计是相互联系的。因此，在设计时要经过多次的协调和反复，最后才能形成合理的统一在一起的总体设计方案。总体方案要形成硬件和软件的框图，并建立说明文档，包括控制策略和控制算法的确定等。

方案的论证和评审是对系统设计方案的把关和最终裁定。评审后确定的方案是进行具体设计和工程实施的依据，因此应邀请有关专家、主管领导及甲方代表参加。评审后应重新修改总体方案，评审过的方案设计应该作为正式文件存档，原则上不应再作大的改动。此步骤只能在总体方案评审后进行，如果进行得太早会造成资源的浪费和返工。

所谓细化设计是将框图中的方框划到最底层，然后进行底层框内的结构细化设计。对应于硬件设计，就是选购模板以及设计制作专用模板；对应于软件设计，就是将一个个功能模块编成一条条程序。

实际上，硬件、软件的设计中都需要边设计、边调试、边修改，往往要经过几个反复过程才能完成。硬件细化设计和软件细化设计后，分别进行调试，之后就可以进行系统的组装。组装是离线仿真和调试阶段的前提和必要条件。

3. 离线仿真和调试阶段

所谓离线仿真和调试是指在实验室而不是在工业现场进行的仿真和调试。离线仿真和调试实验后，还要进行考机运行。考机的目的是要在连续不停机运行中暴露问题和解决问题。

4. 在线调试和运行阶段

系统离线仿真和调试后便可进行在线调试和运行。所谓在线调试和运行就是将系统和生产过程连接在一起，进行现场调试和运行。不管上述离线仿真和调试工作多么认真、仔细，现场调试和运行仍可能出现问题，因此必须认真分析加以解决。系统正常运行后，再仔细试运行一段时间，如果不出现其他问题，即可组织验收。验收是系统项目最终完成的标志，应由甲方主持乙方参加，双方协同办理。验收完毕应形成文件存档。

习　　题

13.1　计算机控制系统的设计原则有哪些?

13.2　简述计算机控制系统的设计步骤。

13.3　计算机控制系统硬件总体方案设计主要包含哪几个方面的内容?

13.4　自行开发计算机控制软件时应按什么步骤? 具体程序设计内容包含哪几个方面?

13.5　简述计算机控制系统调试和运行的过程。

13.6　简述如何设计一个性能优良的计算机系统。

第 4 部分　无线传感器网络中的控制技术

第 14 章　无线传感器网络中的控制技术

14.1　无线传感器网络概述

无线传感器网络（Wireless Sensor Networks，WSN）在最近的 10 年中取得了极其迅速的发展，从其诞生伊始，便引起了国内外的广泛关注。伴随着计算机技术、无线通信技术、嵌入式计算技术、传感技术、分布式计算技术、信息融合技术的发展，无线传感器网络的体系结构日益完善，系统功能日益强大，已经广泛地应用于军事、交通、环境监测、珍稀动植物保护、大气土壤保护、医疗及各种工农业环境中，为人类社会的发展发挥着越来越重大的作用。美国商业周刊和麻省理工学院在预测未来技术发展的报告中，都将无线传感器网络列为 21 世纪最有影响的技术和改变世界的技术之一。

无线传感器网络典型工作方式如下：使用飞行器将大量传感器节点（数量从几百到几千个）抛撒到感兴趣区域，节点通过自组织快速形成一个无线网络。节点既是信息的采集和发出者，也充当信息的路由者，采集的数据通过多跳路由到达网关。

14.1.1　无线传感器网络体系结构

无线传感器网络是由部署在监测区域内大量的廉价微型传感器节点组成，通过无线通信的方式形成的一个多跳的自组织的网络系统，其目的是协作地感知、采集和处理网络覆盖的地理区域中感知对象的信息，并发布给观察者。

无线传感器网络由无线传感器节点、感知对象和观察者三个基本要素构成。无线是传感器与观察者之间、传感器与传感器之间的通信方式，能够在传感器与观察者之间建立通信路径。无线传感器节点的基本组成和功能包括如下单元：电源、传感部件、处理部件、通信部件和软件等。此外，还可以选择其他的功能单元，如定位系统、移动系统以及电源自供电系统等。图 14.1 所示为传感节点的物理结构。传感节点一般由传感单元、数据处理单元、GPS 定位装置、移动装置、能源（电池）及网络通信单元（收发装置）等六大部件组成。其中，传感单元负责被监测对象原始数据的采集，采集到的原始数据经过数据处理单元的处理之后，通

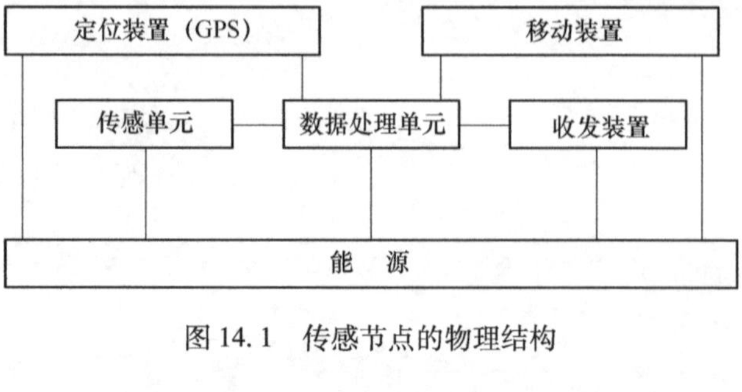

图 14.1　传感节点的物理结构

过无线网络传输到一个数据汇聚中心节点（Sink），Sink 再通过 Internet 或卫星传输到用户数据处理中心。

借助于节点内置的形式多样的感知模块测量所在环境中的热、红外、声呐、雷达和地震波信号，从而探测包括温度、湿度、噪声、光强度、压力、土壤成分、移动物体的大小、速度和方向等众多人们感兴趣的物质现象。由节点的计算模块完成对数据的简单处理，再采用微波、有线、红外和光等多种通信形式，通过多跳中继方式将监测数据传送到汇聚节点。汇聚节点将接收到的数据进行融合及压缩后，最后通过 Internet 或其他网络通信方式将监测信息传送到管理节点。同样的，用户也可以通过管理节点进行命令的发布，通知传感器节点收集指定区域的监测信息。图 14.2 给出了一个无线传感器网络的体系结构。在图 14.2 中，网络中的部分节点组成了一个与 Sink 进行通信的数据链路，再由 Sink 把数据传送到卫星或者 Internet，然后通过该链路和 Sink 进行数据交换并借此使数据最终到达用户手中。

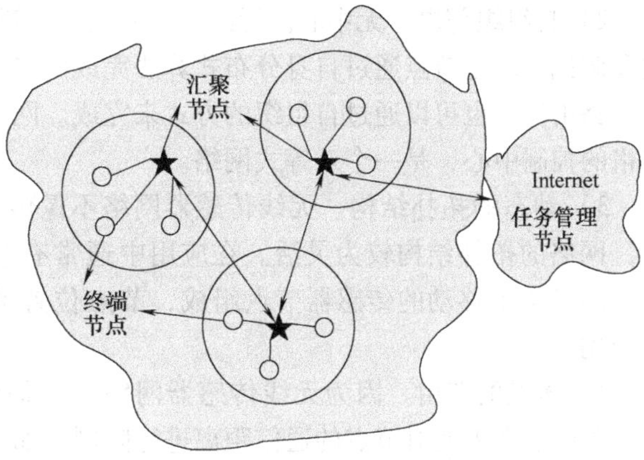

图 14.2　无线传感器网络的体系结构

无线传感网的传感器网络相对于传统网络，其最明显的特色可以用六个字来概括，即“自组织，自愈合”。自组织是指在无线传感网中不像传统网络需要人为指定拓扑结构，其各个节点在部署之后可以自动探测邻居节点并形成网状的最终汇聚到网关节点的多跳路由，整个过程不需人为干预。同时，整个网络具有动态鲁棒性，在任何节点损坏，或加入新节点时，网络都可以自动调节路由，随时适应物理网络的变化，这就是所谓的自愈合特性。

14.1.2　无线传感器网络的特征

无线传感器网络不同于传统的有线网络，而且与移动通信网、ad-hoc 网、无线局域网以及蓝牙通信都有着较大的区别。伴随着无线传感器网络规模的扩大，已形成了其自身的一些显著特点。

1）节点具有丰富的功能。无线传感器网络的节点正朝着小型化发展，但是其自身的功能却在逐步提高。无线传感器网络节点都拥有四个主要部分：传感器模块、无线通信模块、处理器模块及电源模块。无线传感器网络的节点集感知、数据收发、信息处理等功能于一身，终端节点采集到数据之后并不是单单的发送数据，通常是经过节点内处理器的信息融合，提取有效的信息、去除噪声污染，通过处理器内的数据预处理算法的处理后的数据得到了较大的约简，这样通过多跳方式传给上级的节点的信息不至于发生拥塞。

无线传感器网络节点作为一个拥有数据采集与处理能力的完整的小型系统，可以说是麻雀虽小，五脏俱全：传感器模块主要负责监测目标区域内的信息，常用的信息包括温度、湿度、压力、加速度等信息，根据具体的需求选取不同的传感器，而且会存在多个传感器共存于一个节点的情况；处理器模块则是整个传感器节点的中心，负责对采集的信息进行融合处理、存储；无线通信模块则是专门负责与其他的传感器节点进行通信，具体的通信协议由用户自己设计实现，无线通信模块也是整个传感器节点中耗能最多的地方，大概要占整个电源消耗的 80% 以上；电源模块则是对整个传感器节点供应能源，一般采用电池供电，目前有一些节点可利用太阳能产生电力来延长节点寿命。

2）自组织部署，无中心。无线传感器网络在进行部署时通常不是一个个节点的进行安放和调试，而是节点通过自身分布式算法完成网络的建立或是再生。此外，网络的分簇、拓扑、路由优化也可以通过自组织的方式来完成。网络中的节点都处于同等的地位，没有一个严格的控制中心，是一个对等式网络。

3）动态的拓扑结构。无线传感器网络不像传统的有线网络依赖数据线来完成数据传输，网络的拓扑结构较为灵活。在应用中通常有节点脱离或者有节点加入网络的情况发生，而且常由移动的传感器节点组成，节点位置的变化和数目的增减都会影响网络的拓扑结构。

4）多跳的路由。因为无线传感器网络节点是由其自身供电，节点发送信号的能力有限，所以通常需要对节点的通信距离进行限制，如果想和距离较远的节点进行数据交换就要通过多跳的方式来完成，每个节点既可以作为信息发送者也可以作为信息的接收者。

5）节点的数目巨大，网络结构存在冗余。在初始部署网络的时候，通常是通过随机播撒或是向目标区域弹射的方式来部署节点，整个无线传感器网络节点的数目非常巨大，而且为了增强网络的容错性，常会多部署一些节点，形成网络的多重覆盖和节点的多重连接，虽然是产生了一定的冗余，但是可以通过休眠和轮换的方式来进行网络生命周期的优化。

6）节点的资源有限。目前越来越多的场合都应用无线传感器网络，节点的数目需求也是越来越大，由于价格、体积和节点功耗的限制，无线传感器网络节点的硬件资源非常有限，表现在计算处理能力不大、存储空间较小、信号收发范围较小，对泛洪广播的消息容易引起节点数据的拥塞。

7）供电能力有限。无线传感器网络通常都是采用电池供电的方式，当电池的电力耗尽时，节点就会失效，这对节点的使用也会产生一定的浪费。而且很多场合中，常常会将节点部署在人类难以到达或是环境较为恶劣的目标区域，更换电池比较困难。

14.2 无线传感器网络中的路由控制技术

路由技术是无线传感器网络通信层的核心技术。从路由的角度看，无线传感器网络有其自身的特点，使它既不同于传统网络，又不同于移动自组网（Mobile Ad hoc Network，MANET）。与传统网络相比，传感器网络远离网络的中心，它的体系结构、编址方法和通信协议可以不同于 Internet：功能上实现的是传感器到数据处理中心的数据采集，路由协议面向多到一的数据流和一到多的控制流；传输过程中普遍采用数据融合方式，其路由以数据而非报文为中心；节点的移动性较低，但网络拓扑却表现出很强的时变性，面向传统有线网络的路由协议很难适应这种高拓扑变化。传感器网络的移动性较弱，能量约束更强，路由协议设计的主要优化目标是减少能量消耗和促进负载均衡，以提高网络生存时间，而不是提高路径的稳定性。

14.2.1　路由协议的分类

与传统网络的路由协议相比，无线传感器网络的路由协议具有以下特点：

1）能量优先。传统路由协议在选择最优路径时，很少考虑节点的能量消耗问题。而无线传感器网络中节点的能量有限，延长整个网络的生存期成为传感器网络路由协议设计的重要目标，因此需要考虑节点的能量消耗以及网络能量均衡使用的问题。

2）局部拓扑信息。无线传感器网络为了节省通信开销，通常采用多跳的通信模式，而节点有限的存储资源和计算资源使得节点不能存储大量的路由信息，不能进行太复杂的路由计算。因此在节点只能获取局部拓扑信息和资源有限的情况下，如何实现简单高效的路由机制是无线传感器网络的一个基本问题。

3）以数据为中心。传统的路由协议通常以地址作为节点的标识和路由的依据，而无线传感器网络中大量节点随机部署，所关注的是监测区域的感知数据，而不是具体哪个节点获取的信息，不依赖于全网唯一的标识。无线传感器网络通常包含多个传感器节点到少数汇聚节点的数据流，按照对感知数据的需求、数据通信模式和流向等，以数据为中心形成消息的转发路径。

4）应用相关。无线传感器网络的应用环境千差万别，数据通信模式不同，没有一个路由机制适合所有的应用，这是无线传感器网络应用相关性的一个体现。设计者需要针对每一个具体应用的需求，设计与之适应的特定路由机制。

针对无线传感器网络路由机制的上述特点，在根据具体应用进行设计时，要满足以下要求：

1）能量高效。无线传感器网络路由协议不仅要选择能量消耗小的消息传输路径，而且要从整个网络的角度考虑，选择使整个网络能量均衡消耗的路由。传感器节点的资源有限，无线传感器网络的路由机制要能够简单而且高效地实现信息传输。

2）可扩展性。在无线传感器网络中，检测区域范围或节点密度不同，造成网络规模大小不同；节点失效、新节点加入以及节点移动等，都会使得网络拓扑结构动态发生变化，这就要求路由机制具有可扩展性，能够适应网络结构的变化。

3）鲁棒性。能量用尽或环境因素造成传感器节点的失效，周围环境影响无线链路的通信质量以及无线链路本身的缺点等，这些无线传感器网络的不可靠特性要求路由机制具有一定的容错能力。

4）快速收敛性。传感器网络的拓扑结构动态变化，节点能量和通信带宽等资源有限，因此要求路由机制能够快速收敛，以适应网络拓扑的动态变化，减少通信开销，提高消息传输的效率。

在无线传感器网络的体系结构中，网络层中的路由协议非常重要。网络层主要的目标是寻找用于无线传感器网络高能效路由的建立和可靠的数据传输方法，从而使网络寿命最长。由于无线传感器网络有几个不同于传统网络的特点，因此它的路由非常有挑战性。首先，由于节点众多，不可能建立一个全局的地址机制；其次，产生的数据流有显著的冗余性，因此可以利用数据聚合来提高能量和带宽的利用率；第三，节点能量和处理存储能力有限，需要精细的资源管理；最后，由于网络拓扑变化频繁，需要路由协议有很好的鲁棒性和可扩展性。从可以获得的文献资料来看，目前无线传感器网络基本处于起步阶段，从具体应用出发，根据不同应用对无线传感器网络的各种特性的敏感度不同，大致可将路由协议分为以下四种：

1）能量感知路由协议。高效利用网络能量是无线传感器网络路由协议的一个显著特征，早期提出的一些无线传感器网络路由协议往往仅考虑了能量因素。为了强调高效利用能量的重要性，在此将它们划分为能量感知路由协议。能量感知路由协议从数据传输中的能量消耗出发，讨论最优能量消耗路径以及最长网络生存期等问题。

2）基于查询的路由协议。在诸如环境检测、战场评估等应用中，需要不断查询传感器节点采集的数据，汇聚节点（查询节点）发出任务查询命令，传感器节点向查询节点报告采集的数据。在这类应用中，通信流量主要是查询节点和传感器节点之间的命令和数据传输，同时传感器节点的采样信息在传输路径上通常要进行数据融合，通过减少通信流量来节省能量。

3）地理位置路由协议。在诸如目标跟踪类应用中，往往需要唤醒距离跟踪目标最近的传感器节点，以得到关于目标的更精确位置等相关信息。在这类应用中，通常需要知道目的节点的精确或者大致地理位置。把节点的位置信息作为路由选择的依据，不仅能够完成节点路由功能，还可以降低系统专门维护路由协议的能耗。

4）基于服务质量的路由协议。无线传感器网络的某些应用对通信的服务质量有较高要求，如可靠性和实时性等。而在无线传感器网络中，链路的稳定性难以保证，通信信道质量比较低，拓扑变化比较频繁，要实现服务质量保证，需要设计相应的可靠的路由协议。

14.2.2　能量感知路由协议

高效利用网络能量是无线传感器网络路由协议的最重要特征。能量感知路由协议从数据传输中的能量消耗出发，讨论最优能量消耗路径以及最长网络生存期等问题，其最终目的是实现能量的高效利用。

1. 能量路由

能量路由的基本思想是根据节点的可用能量（Power Available，PA），即节点的剩余能量或传输路径上的能量需求来选择数据的转发路径。

在图14.3所示的能量路由协议示意中，圆圈表示节点，括号内的数据为该节点的可用能量。图中，双向线表示节点间的通信链路，链路上的数字表示在该链路上传输数据所消耗的能量。源节点可以选取下列路径中的一条将数据传送至汇聚节点：

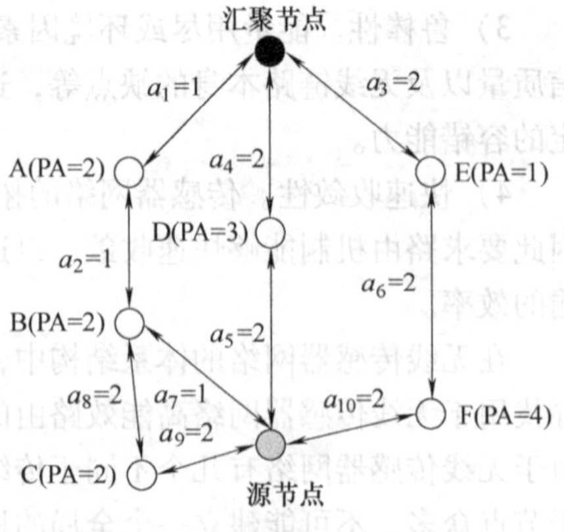

图14.3　能量路由协议示意

路径之一：源节点—B—A—汇聚节点，路径上PA之和为4，所需的能量之和为3；

路径之二：源节点—C—B—A—汇聚节点，路径上PA之和为6，所需的能量之和为6；

路径之三：源节点—D—汇聚节点，路径上PA之和为3，所需的能量之和为4；

路径之四：源节点—F—E—汇聚节点，路径上PA之和为5，所需的能量之和为6。

能量路由策略主要有以下几种：

1）最大 PA 路由。从源节点到汇聚节点的所有路径中选取节点 PA 之和最大的路径。在图 14.3 中路径之二的 PA 之和最大，但路径之二包含了路径之一，因此不是高效的从而被排除，选择路径之四。

2）最小能量消耗路由。从源节点到汇聚节点的所有路径中选取节点耗能之和最少的路径。在图 14.3 中选择路径之一。

3）最少跳数路由。选取从源节点到汇聚节点跳数最少的路径。在图 14.3 中选择路径之三。

4）最大最小 PA 节点路由。每条路径上有多个节点，且节点的可用能量不同，从中选取每条路径中可用能量最小的节点来表示这条路径的可用能量。如路径之四中节点 E 的可用能量最小为 1，所以该路径的可用能量是 1。最大最小 PA 节点路由策略就是选择路径可用能量最大的路径。在图 14.3 中选择路径之三。

上述能量路由算法需要节点知道整个网络的全局信息。由于传感器网络存在资源约束，节点只能获取局部信息，因此上述能量路由方法只是理想情况下的路由策略。

2. 能量多路径路由

无线传感器网络中如果频繁使用同一路径传输数据，会造成该路径上的节点因能量消耗过快而提早失效，缩短网络生存时间。为此，研究人员提出了一种能量多路径路由机制。该机制在源节点和目的节点之间建立多条路径，根据路径上节点的能量消耗以及节点的剩余能量状况，给每条路径赋予一定的选择概率，使得数据传输均衡地消耗整个网络的能量。

能量多路径路由协议包括路由建立、数据传播和路由维护三个过程。

1）路由建立阶段。这一阶段是该协议的重点。每个节点需要知道到达目的节点的所有下一跳节点，并根据节点到目的节点的通信代价来计算选择每个下一跳节点传输数据的概率。记节点 N_j 发送的数据经由本地路由表 FT_j 中的节点 N_i 到达目的节点的通信代价为 C_{N_j,N_i}，则可以使用如下公式计算节点 N_i 作为节点 N_j 的下一跳节点的选择概率：

$$P_{N_j,N_i} = \frac{1/C_{N_j,N_i}}{\sum\limits_{k \in FT_j} 1/C_{N_j,N_i}} \tag{14.1}$$

节点将下一跳节点选择概率作为加权系数，根据路由表中每项的能量代价计算自身到目的节点的代价，并替代消息中原有的代价值，然后向邻节点广播该路由建立消息。

2）数据传播阶段。对于接收数据，节点根据选择概率从多个下一跳节点中选择一个节点，并将数据转发给该节点。

3）路由维护阶段。周期性地从目的节点到源节点实施洪泛查询维持所有路径的活动性。

能量多路径协议综合考虑了通信路径上的消耗能量和剩余能量，节点根据选择概率在路由表中选择一个节点作为路由的下一跳节点。由于这个概率是与能量相关的，可以将通信能耗分散到多条路径上，从而可实现整个网络的能量平稳降级，最大限度地延长网络的生存期。

14.2.3　基于查询的路由协议

1. 定向扩散路由

基于查询的路由通常是指目的节点通过网络传播一个来自某个节点数据查询消息（感

应任务)，收到该查询数据消息的节点又将匹配该查询消息的数据发回给原来的节点。一般这些查询是以自然语言或者高级语言来描述的。

定向扩散（Directed Diffusion，DD）是一种基于查询的路由机制。汇聚节点通过兴趣消息（Interest Message）发出查询任务，采用洪泛方式传播兴趣消息到整个区域或部分区域内的所有传感器节点。兴趣消息用来表示查询的任务，表达网络用户对监测区域内感兴趣的信息，如监测区域内的温度、湿度和光照等。在兴趣消息的传播过程中，协议逐跳地在每个传感器节点上建立反向的从数据源节点到汇聚节点的数据传输梯度（Gradient)。传感器节点将采集到的数据沿着梯度方向传送到汇聚节点。

定向扩散路由机制可以分为周期性的兴趣扩散、数据传播以及路径加强三个阶段。图14.4显示了这三个阶段的数据传播路径和方向。

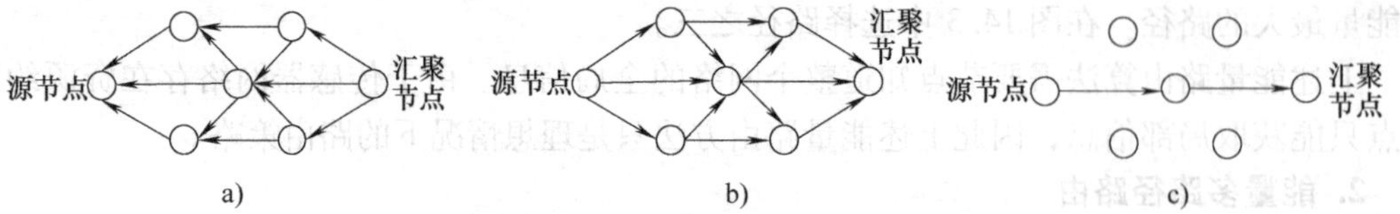

图 14.4　定向扩散路由机制

a）兴趣扩散　b）数据传播　c）路径加强

1）兴趣扩散阶段。在兴趣扩散阶段，汇聚节点周期性地向邻居节点广播兴趣消息。兴趣消息中含有任务类型、目标区域、数据发送速率、时间戳等参数。每个节点在本地保存一个兴趣列表，对于每一个兴趣，列表中都有一个表项记录发来该兴趣消息的邻居节点、数据发送速率和时间戳等任务相关信息，以建立该节点向汇聚节点传递数据的梯度关系。每个兴趣可能对应多个邻居节点，每个邻居节点对应一个梯度信息。通过定义不同的梯度相关参数，可以适应不同的应用需求。每个表项还有一个字段用来表示该表项的有效时间值，超过这个时间后，节点将删除这个表项。当节点收到邻居节点的兴趣消息时，首先检查兴趣列表中是否存有参数类型与收到兴趣相同的表项，而且对应的发送节点是该邻居节点。如果有对应的表项，就更新表项的有效时间值；如果只是参数类型相同，但不包含发送该兴趣消息的邻居节点，就在相应表项中添加这个邻居节点；对于任何其他情况，都需要建立一个新表项来记录这个新的兴趣。如果收到的兴趣消息和节点刚刚转发的兴趣消息一样，为避免消息循环则丢弃该信息。否则，转发收到的兴趣消息。

2）数据传播阶段。当传感器节点采集到与兴趣匹配的数据时，把数据发送到梯度上的邻居节点，并按照梯度上的数据传输速率设定传感器模块采集数据的速率。由于可能从多个邻居节点收到兴趣消息，节点向多个邻居节点发送数据，汇聚节点可能收到经过多个路径的相同数据。中间节点收到其他节点转发的数据后，首先查询兴趣列表的表项。如果没有匹配的兴趣表项就丢弃数据；如果存在相应的兴趣表项，则检查与这个兴趣对应的数据缓冲池（Data Cach)。数据缓冲池用来保存最近转发的数据。如果在数据缓冲池中有与接收到的数据匹配的副本，说明已经转发过这个数据，为避免出现传输环路而丢弃这个数据；否则，检查该兴趣表项中的邻居节点信息。如果设置的邻居节点数据发送速率大于等于接收的数据速率，则全部转发接收的数据；如果记录的邻居节点数据发送速率小于接收的数据速率，则按照比例转发。对于转发的数据，数据缓冲池保留一个副本，并记录转发时间。

3）路径加强阶段。定向扩散路由机制通过正向加强机制来建立优化路径，并根据网络拓扑的变化修改数据转发的梯度关系。兴趣扩散阶段是为了建立源节点到汇聚节点的数据传输路径，数据源节点以较低的速率采集和发送数据，称这个阶段建立的梯度为探测梯度（Probe Gradient）。汇聚节点在收到从源节点发来的数据后，启动建立到源节点的加强路径，后续数据将沿着加强路径以较高的数据速率进行传输。加强后的梯度称为数据梯度（Data Gradient）。假设以数据传输延迟作为路由加强的标准，汇聚节点选择首先发来最新数据的邻居节点作为加强路径的下一跳节点，向该邻居节点发送路径加强消息。路径加强消息中包含新设定的较高发送数据速率值。邻居节点收到消息后，经过分析确定该消息描述的是一个已有的兴趣，只是增加了数据发送速率，则断定这是一条路径加强消息，从而更新相应兴趣表项的到邻居节点的发送数据速率。同时，按照同样的规则选择加强路径的下一跳邻居节点。路由加强的标准不是唯一的，可以选择在一定时间内发送数据最多的节点作为路径加强的下一跳节点，也可以选择数据传输最稳定的节点作为路径加强的下一跳节点。在加强路径上的节点如果发现下一跳节点的发送数据速率明显减小，或者收到来自其他节点的新位置估计，推断加强路径的下一跳节点失效，就需要使用上述的路径加强机制重新确定下一跳节点。定向扩散路由是一种经典的以数据为中心的路由机制。汇聚节点根据不同应用需求定义不同的任务类型、目标区域等参数的兴趣消息，通过向网络中广播兴趣消息启动路由建立过程。中间传感器节点通过兴趣表建立从源节点到汇聚节点的数据传输梯度，自动形成数据传输的多条路径。按照路径优化的标准，定向扩散路由使用路径加强机制生成一条优化的数据传输路径。为了动态适应节点失效、拓扑变化等情况，定向扩散路由周期性进行兴趣扩散、数据传播和路径加强三个阶段的操作。但是，定向扩散路由在路由建立时需要一个兴趣扩散的洪泛传播，能量和时间开销都比较大，尤其是当底层 MAC 协议采用休眠机制时可能造成兴趣建立的不一致。

2. 谣传路由

有些无线传感器网络的应用中，数据传输量较少或者已知事件区域，如果采用定向扩散路由，需要经过查询消息的洪泛传播和路径增强机制才能确定一条优化的数据传输路径。因此，在这类应用中，定向扩散路由并不是高效的路由机制。Boulis 等人提出了谣传路由（Rumor Routing），适用于数据传输量较小的传感器网络。

谣传路由机制引入了查询消息的单播随机转发，克服了使用洪泛方式建立转发路径带来的开销过大问题。它的基本思想是，事件区域中的传感器节点产生代理（Agent）消息，代理消息沿随机路径向外扩散传播，同时汇聚节点发送的查询消息也沿随机路径在网络中传播。当代理消息和查询消息的传输路径交叉在一起时，就会形成一条汇聚节点到事件区域的完整路径。

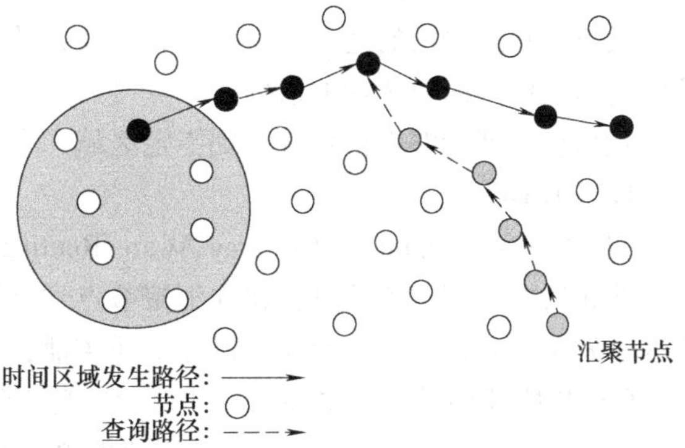

图 14.5　谣传路由的原理

谣传路由的原理如图 14.5 所示，灰色区域表示发生事件的区域，圆点表示传感器节点，黑色圆点表示代理消息经过的传感器节点，灰色节点表示查询消息经过的传感器节点，连接灰色节点和部分黑色节点的路径表示事件区域到汇聚节点的数据传输路径。

谣传路由的工作过程如下：

1）每个传感器节点维护一个邻居列表和一个事件列表。事件列表的每个表项都记录事件相关的信息，包括事件名称、到事件区域的跳数和到事件区域的下一跳邻居等信息。当传感器节点在本地监测到一个事件发生时，在事件列表中增加一个表项，设置事件名称、跳数（为零）等，同时根据一定的概率产生一个代理消息。

2）代理消息是一个包含生命期等事件相关信息的分组，用来将携带的事件信息通告给它传输经过的每一个传感器节点。对于收到代理消息的节点，首先检查事件列表中是否有该事件相关的表项，列表中存在相关表项就比较代理消息和表项中的跳数值，如果代理中的跳数小，就更新表项中的跳数值，否则更新代理消息中的跳数值。如果事件列表中没有该事件相关的表项，就增加一个表项来记录代理消息携带的事件信息。然后，节点将代理消息中的生存值减1，在网络中随机选择邻居节点转发代理消息，直到其生存值减少为零。通过代理消息在其有限生存期的传输过程，形成一段到达事件区域的路径。

3）网络中的任何节点都可能生成一个对特定事件的查询消息。如果节点的事件列表中保存有该事件的相关表项，说明该节点在到达事件区域的路径上，它沿着这条路径转发查询消息。否则，节点随机选择邻居节点转发查询消息。查询消息经过的节点按照同样方式转发，并记录查询消息中的相关信息，形成查询消息的路径。查询消息也具有一定的生存期，以解决环路问题。

4）如果查询消息和代理消息的路径交叉，交叉节点会沿查询消息的反向路径将事件信息传送到查询节点。如果查询节点在一段时间没有收到事件消息，就认为查询消息没有到达事件区域，可以选择重传、放弃或者洪泛查询消息的方法。由于洪泛查询机制的代价过高，一般作为最后的选择。

与定向扩散路由相比，谣传路由可以有效地减少路由建立的开销。但是，由于谣传路由使用随机方式生成路径，所以数据传输路径不是最优路径，并且可能存在路由环路问题。

14.2.4　地理位置路由

无线传感器网络的许多应用都需要传感器节点的位置信息。例如，在森林防火的应用里，消防人员不仅要知道森林中发生火灾事件，而且还要知道火灾的具体位置。地理位置路由假设节点知道自己的地理位置信息，以及目的节点或者目的区域的地理位置，利用这些地理位置信息作为路由选择的依据，节点按照一定策略转发数据到目的节点。这样，利用节点的位置信息，就能够将信息发布到指定区域，有效减小了数据传输的开销。

1. GEAR

GEAR（Geographic and Energy Aware Routing）是一种典型的地理位置路由协议。它根据实践区域的地理位置信息，建立汇聚节点到事件区域的优化路径，由于只用考虑向某个特定区域发送兴趣消息，从而能够避免洪泛传播，减小路由建立的开销。

GEAR 协议假设已知事件区域的位置信息，每个节点知道自己的位置信息和剩余能量信息，并通过一个简单的 Hello 消息交换机制知道所有邻居节点的位置信息和剩余能量信息。在 GEAR 路由中，节点间的无线链路是对称的。GEAR 要求每个节点维护一个预估路径代价

(Estimated Cost）和一个通过邻节点到达目的节点的实际路径代价（Learned Cost)。预估代价要结合节点剩余能量和到目的节点的距离综合计算，实际代价则是对网络中环绕在洞(Hole）周围路由所需预估代价的改进。所谓“洞”现象是指某个节点的周围没有任何邻节点比它到事件区域的路径代价更大。如果没有“洞”现象产生，那么预估代价就等于实际代价。每当一个数据报成功到达目的地，该节点的实际代价就要被传播到上一跳以便对下一个数据报的路由建立调整。GEAR 协议的运行包括以下两个阶段：

1）向事件区域传送查询消息。从汇聚节点开始的路径建立过程采用贪婪算法。节点在邻节点中选择到事件区域代价最小的节点作为下一跳节点，并将自己的路径代价设置为该下一跳节点的路径代价加上到该节点一跳通信的代价。当有“洞”现象发生时，如图 14.6 所示，节点 C 是节点 S 的邻节点中到目的节点 T 代价最小的节点，但节点 G、H、I 为失效节点，节点 C 的所有邻节点到节点 T 的代价都比节点 C 大，这就陷入了路由空洞。可用如下办法解决：节点 C 选择邻节点中代价最小的节点 B 作为下一跳节点，并将自己的代价值设为 B 的代价值加上节点 C 到 B 的一条通信代价，同时将这个新代价通知节点 S。当节点 S 再转发查询命令到节点 T 时，就会选择节点 B 而不是节点 C 作为下一跳节点。

2）查询消息在事件区域内传播。当查询消息传送到事件区域后，采用迭代地理路由转发策略。如图 14.7 所示，事件区域内首先收到查询命令的节点将事件区域分为若干子区域，并向所有子区域的中心位置转发查询命令。在每个子区域中，最靠近区域中心的节点接收查询命令，并将自己所在的子区域再划分为若干子区域并向各个子区域中心转发查询命令。该消息传播过程是一个迭代过程，当节点发现自己是某个子区域内唯一的节点，或者某个子区域没有节点存在时，则停止向这个子区域发送查询命令。当所有子区域转发过程全部结束时，整个迭代过程终止。

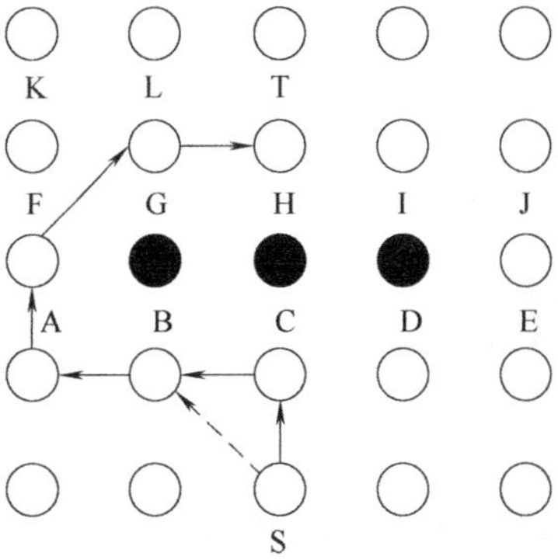

图 14.6 “洞”现象的解决办法

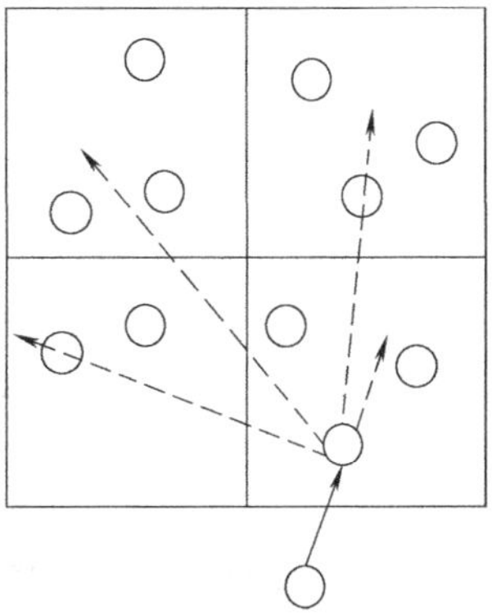

图 14.7 事件区域内的迭代地理转发

GEAR 协议通过维护预估代价和实际代价对数据传输的路径进行优化，形成能量高效的路由。它所采用的贪婪算法是一个局部最优算法，适合于节点只知道局部拓扑信息的情况；其缺点是由于缺乏足够的拓扑信息，路由过程可能遇到“洞”现象，反而降低了路由效率。另外，GEAR 假设节点的地理位置固定或者变化不频繁，适用于节点移动性不强的应用。

2. GEM

GEM 是一种适用于数据中心存储方式的地理路由。其基本思想是建立一个虚拟极坐标系统来表示实际的网络拓扑结构，由汇聚节点将角度范围分配给每个子节点，例如［0，90］。每个子节点得到的角度范围正比于以该节点为根的子树大小。每个子节点按照同样的方式将自己的角度范围分配给它的子节点。这个过程一直持续进行，直到每个叶节点都分配到一个角度范围。这样，节点可以根据一个统一规则（如顺时针方向）为子节点设定角度范围，使得同一级节点的角度范围顺序递增或递减，于是到汇聚节点跳数相同的节点就形成了一个环形结构，整个网络则形成一个以汇聚节点为根的环形树。

GEM 路由机制是，节点在发送消息时，如果目的节点位置的角度不在自己的角度范围内，就将消息传送给父节点；父节点按照同样的规则处理，直到该消息到达角度范围包含目的节点位置的某个节点，这个节点是源节点和目的节点的共同祖先。消息再从这个节点向下传送，直至到达目的节点，如图 14.8a 所示。上述算法需要上层节点转发消息，开销比较大，可作适当改进——节点在向上传送消息之前首先检查邻节点是否包含目的节点位置的角度，如果包含，则直接传送给该邻节点而不再向上传送，如图 14.8b 所示。更进一步的改进算法是，可利用前面提到的环形结构——节点检查相邻节点的角度范围是否离目的地的位置更近，如果更近就将消息传送给该邻节点，否则才向上层传送，如图 14.8c 所示。

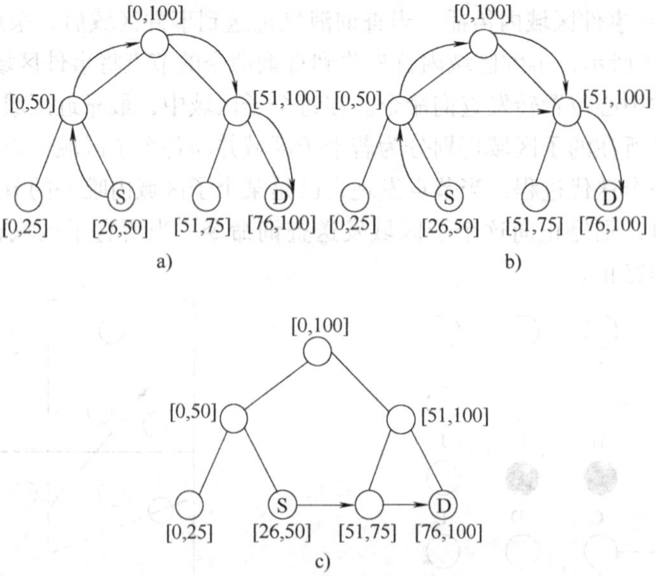

图 14.8　GEM 路由机制

a）消息直接向上层传递　b）检查邻居节点的角度范围　c）利用环形树结构

GEM 路由不依赖于节点精确的位置信息，所采用的虚拟极坐标方法能够简单地将网络实际拓扑信息映射到一个易于进行路由处理的逻辑拓扑中，而且不改变节点间的相对位置。但是由于采用了环形树结构，实际网络拓扑发生变化时，树的调整比较复杂，因此 GEM 路由适用于拓扑结构相对稳定的无线传感器网络。

14.2.5　基于服务质量的路由协议

无线传感器网络的某些应用对通信质量有较高要求，如高可靠性和实用性等；而由于网络链路的稳定性难以保证，通信信道质量比较低，拓扑变化比较频繁，要在无线传感器网络中实现一定服务质量的保证，就需要设计基于服务质量（QoS）的路由协议。

1. SPEED

SPEED 协议是一种有效的可靠路由协议，在一定程度上实现了端到端的传输速率保证、网络拥塞控制以及负载平衡机制。该协议首先在相邻节点之间交换传输延迟，以得到网络负载情况；然后利用局部地理信息和传输速率信息选择下一跳节点；同时通过邻居反馈机制保证网络传输畅通，并通过反向压力路由变更机制避开延迟太大的链路和“洞”现象。

SPEED 协议主要由四部分组成。

1）延迟估计机制。在 SPEED 协议中，延迟估计机制用来得到网络的负载状况，判断网络是否发生拥塞。节点记录到邻节点的通信延迟以表示网络的局部通信负载。具体过程是，发送节点给数据分组并加上时间戳；接收节点计算从收到数据分组到发出 ACK 的时间间隔，并将其作为一个字段加入 ACK 报文；发送节点收到 ACK 后，从收发时间差中减去接收节点的处理时间，得到一跳的通信延迟。

2）SNGF 算法。SNGF 算法用来选择满足传输速率要求的下一跳节点。邻节点分为两类，即比自己距离目标区域更近的节点和比自己距离目标区域更远的节点。前者称为“候选转发节点集合（FCS）”。节点计算到其 FCS 中的每个节点的传输速率。FCS 中的节点又根据传输速率是否满足预定的传输速率阈值，再分为两类，即大于速率阈值的邻节点和小于速率阈值的邻节点。若 FCS 中有节点的传输速率大于速率阈值，则在这些节点中按照一定的概率分布选择下一跳节点。节点的传输速率越高，被选中的概率越大。

3）邻居反馈策略。当 SNGF 算法中找不到满足传输速率要求的下一跳节点时，为保证节点间的数据传输满足一定的传输速率要求，引入邻居反馈机制（NFL），如图 14.9 所示。

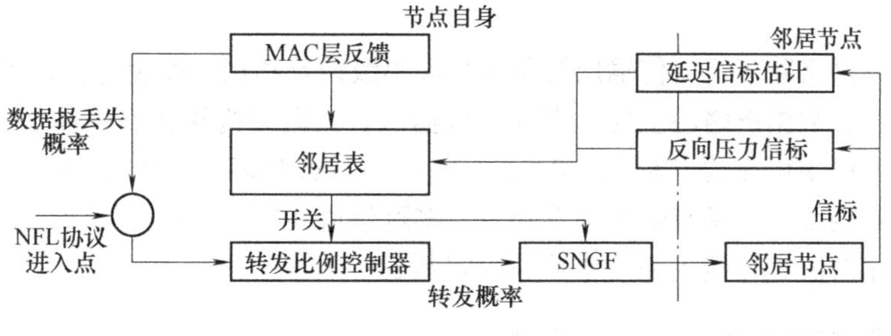

图 14.9　邻居反馈机制

由图 14.9 可知，MAC 层收集差错信息，并把到邻节点的传输差错率通告给转发比例控制器。转发比例控制器根据这些差错率计算出转发概率，方法是节点首先查看 FCS 的节点。若某节点的传输差错率为零（存在满足传输要求的节点），则设置转发概率为 1，即全部转发；若 FCS 中所有节点的传输差错率大于零，则按一定的公式计算转发概率。

对于满足传输速率阈值的数据，按照 SNGF 算法决定的路由传输给邻节点，而不满足传输速率阈值的数据传输则由邻居反馈机制计算转发概率。这个转发概率表示网络能够满足传输速率要求的程度，因此节点将按照这个概率进行数据转发。

4）反向压力路由变更机制。反向压力路由变更机制在 SPEED 协议中用来避免拥塞和“洞”现象。当网络中某个区域发生事件时，节点不能够满足传输速率要求，体现在通信数据量突然增多，传输负载突然加大，此时节点就会使用反向压力信标消息向上一跳节点报告拥塞，以此表明拥塞后的传输延迟，上一跳节点则会按照上述机制重新选择下一跳节点。

2. SAR

有序分配路由（Sequential Assignment Routing，SAR）协议也是一个典型的具有 QoS 意识的路由协议。该协议通过构建以汇聚节点的单跳邻节点为根节点的多播树来实现传感器节点到汇聚节点的多跳路径。即汇聚节点的所有一跳邻节点都以自己为根创建生成树，在创建生成树过程中考虑节点的时延、数据包丢失率等 QoS 参数的多条路径。节点发送数据时选择一条或多条路径进行传输。

SAR 的特点是路由决策不仅要考虑每条路径的能源，还要涉及端到端的延迟需求和待发送数据包的优先级。与只考虑路径能量消耗的最小能量度量协议相比，SAR 的能量消耗较少。该协议的缺点是不适用于大型的和拓扑频繁变化的网络。

3. ReInForM

ReInForM（Reliable Information Forwarding using Multiple paths）路由从数据源节点开始，考虑可靠性要求、信道质量以及传感器节点到汇聚节点的跳数，决定需要的传输路径数目，以及下一跳节点数目和相应的节点，实现满足可靠性要求的数据传输。

ReInForM 路由的建立过程是，首先源节点根据传输的可靠性要求计算需要的传输路径数目。然后在邻节点中选择若干节点作为下一跳转发节点，并将每个节点按照一定比例分配路径数目。最后，源节点将分配的路径作为数据报头中的一个字段发给邻节点。邻节点在接收到源节点的数据后，将自身视作源节点，重复上述源节点的选路过程。

14.3 无线传感器网络的链路层技术

无线传感器网络除了需要传输层机制实现高等级误差和拥塞控制外，还需要数据链路层功能。总体而言，数据链路层主要负责多路数据流、数据结构探测、媒体访问和误差控制，从而确保通信网络中可靠的点对点（Point-to-Point）与点对多点（Point-to Multipoint）连接。由于无线传感器网络通常具有低数据吞吐量、多跳信道共享、能量受限等特点，因此其数据链路层主要用来解决媒体接入和差错控制的问题。

14.3.1 无线传感器网络 MAC 协议

目前针对不同的无线传感器网络应用，研究人员从不同方面提出了多个 MAC 协议，但对无线传感器网络 MAC 协议还缺乏一个统一的分类方式。一般而言，无线传感器网络的 MAC 协议有 3 种工作方式。

1）采用无线信道的时分复用方式（Time Division Multiple Access，TDMA），给每个传感器节点分配固定的无线信道使用时段，从而避免节点之间的相互干扰。

2）采用无线信道的随机竞争方式，节点在需要发送数据时随机使用无线信道，重点考虑尽量减少节点间的干扰。

3）其他 MAC 协议，如通过采用频分复用或者码分复用等方式，实现节点间无冲突的无线信道的分配。

下面按照上述无线传感器网络 MAC 协议分类，介绍目前已提出的主要传感器网络 MAC 协议，并在说明其基本工作原理的基础上，分析协议在节约能量、可扩展性和网络效率等方面的性能。

基于无线信道随机竞争方式的 MAC 协议采用按需使用信道的方式。其主要思想是，当节点有数据发送请求时，通过竞争方式占用无线信道，当发送数据发生冲突时，按照某种策略（如 IEEE802.11MAC 协议的分布式协调工作模式（DCF）采用的是二进制退避重传机制）重发数据，直到数据发送成功或彻底放弃发送数据。由于在 IEEE802.11MAC 协议基础上，研究者们提出了多个适合无线传感器网络的基于竞争的 MAC 协议，故本小节重点介绍 IEEE802.11MAC 协议及近期提出改进的无线传感器网络 MAC 协议。

1. IEEE802.11MAC 协议

IEEE802.11MAC 协议有分布式协调（Distributed Coordination Function，DCF）和点协调（Ponint Coordination Function，PCF）两种访问控制方式，其中 DCF 方式是 IEEE802.11 协议的基本访问控制方式。由于在无线信道中难以检测到信号的碰撞，因而只能采用随机退避的方式来减少数据碰撞的概率。在 DCF 工作方式下，节点在侦听到无线信道忙之后，采用 CSMA/CA 机制和随机退避时间，实现无线信道的共享。另外，所有定向通信都采用立即的主动确认（ACK 帧）机制：如果没有收到 ACK 帧，则发送方会重传数据。

PCF 工作方式是基于优先级的无竞争访问，是一种可选的控制方式。它通过访问接入点（Access Point，AP）协调节点的数据收发，通过轮询方式查询当前哪些节点有数据发送的请求，并在必要时给予数据发送权。

在 DCF 工作方式下，载波侦听机制通过物理载波侦听和虚拟载波侦听来确定无线信道的状态。物理载波侦听由物理层提供，而虚拟载波侦听由 MAC 层提供。如图 14.10 所示，节点 A 希望向节点 B 发送数据，节点 C 在节点 A 的无线通信范围内，节点 D 在节点 B 的无线通信范围内，但不在节点 A 的无线通信范围内。节点 A 首先向节点 B 发送一个请求帧（Request-to-Send，RTS），节点 B 返回一个清除帧（Clear-to-Send，CTS）进行应答。在这两个帧中都有一个字段表示这次数据交换需要的时间长度，称为网络分配矢量（Network Allocation Vector，NAV），其他帧的 MAC 头也会捎带这一信息。节点 C 和 D 在侦听到这个信息后，就不再发送任何数据，直到这次数据交换完成为止。NAV 可看作一个计数器，以均匀速率递减计数到零。当计数器为零时，虚拟载波侦听指示信道为空闲状态；否则，指示信道为忙状态。

IEEE802.11MAC 协议规定了三种基本帧间间隔（Inter Frame Spacing，IFS），用来提供访问无线信道的优先级。三种帧间间隔分别如下：

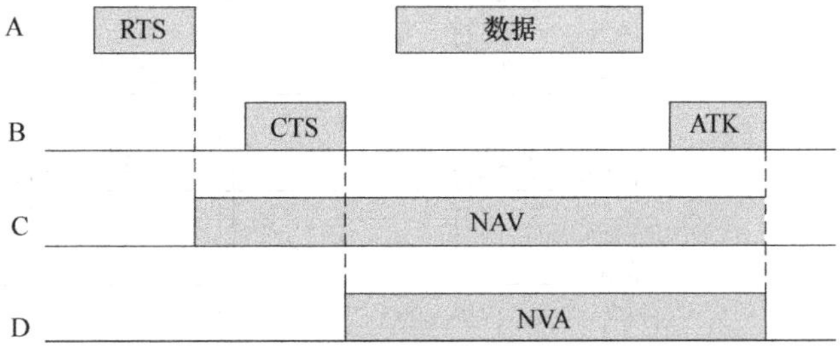

图 14.10　CSMA/CA 中的虚拟载波侦听

1）SIFS（Short IFS）。最短帧间间隔，使用 SIFS 的帧优先级最高，用于需要立即响应的服务，如 ACK 帧、CTS 帧和控制帧等。

2）PIFS（PCFIFS）。PCF 方式下节点使用的帧间间隔，用以获得在无竞争访问周期启动时访问信道的优先权。

3）DIFS（DCFIFS）。DCF 方式下节点使用的帧间间隔，用以发送数据帧和管理帧。

上述各帧间间隔满足关系：DIFS > PIFS > SIFS。

根据 CSMA/CA 协议，当一个节点要传输一个分组时，它首先侦听信道状态。如果信道空闲，而且经过一个帧间间隔时间 DIFS 后，信道仍然空闲，则站点立即开始发送信息。如果信道忙，则站点一直侦听信道直到信道的空闲时间超过 DIFS。当信道最终空闲下来时，节点进一步使用二进制退避算法（Binary Backoff Algorithm），进入退避状态来避免发生碰撞。图 14.11 描述了 CSMA/CA 的基本访问机制。

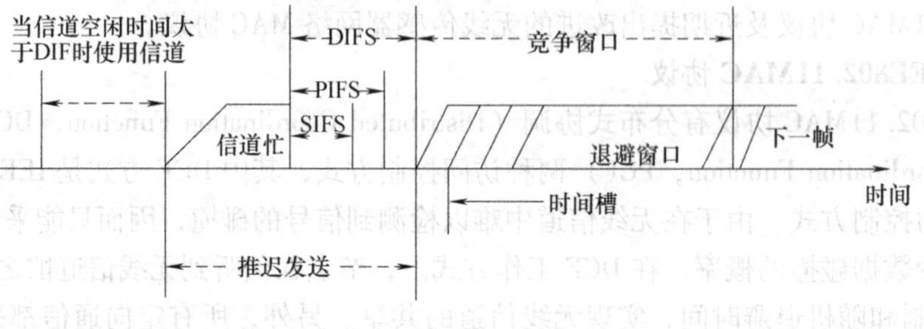

图 14.11 CSMA/CA 的基本访问机制

随机退避时间按下面公式计算：

退避时间 = Random（）＊aSlottime

其中，Random（）是在竞争窗口［0，CW］内均匀分布的伪随机整数；CW 是整数随机数，其值处于标准规定的 aCWmin 和 aCWmax 之间；aSlottime 是一个时槽时间，包括发射启动时间、媒体传播时延、检测信道的响应时间等。

节点在进入退避状态时，启动一个退避计时器，当计时达到退避时间时结束退避状态。在退避状态下，只有当检测到信道空闲时才进行计时。如果信道忙，退避计时器中止计时，直到检测到信道空闲时间大于 DIFS 后才继续计时。当多个节点推迟且进入随机退避时，利用随机函数选择最小退避时间的节点作为竞争优胜者，如图 14.12 所示。

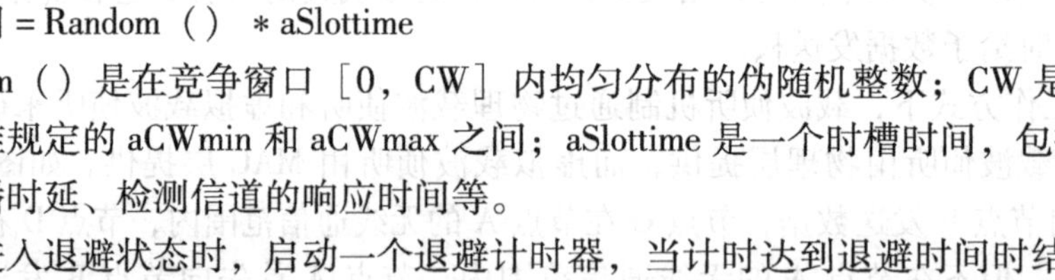

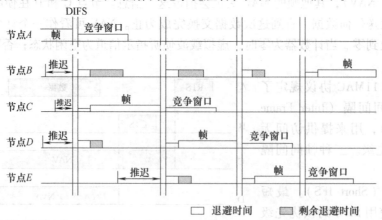

图 14.12 IEEE802.11MAC 协议的退避机制

IEEE802.11MAC 协议中通过立即主动确认机制和预留机制来提高性能，如图 14.13 所示。在主动确认机制中，当目标节点收到一个发给它的有效数据帧（DATA）时，必须向源节点发送一个应答帧（ACK），确认数据已被正确接收到。为了保证目标节点在发送 ACK 过程中不与其他节点发生冲突，目标节点使用 SIFS 帧间隔。主动确认机制只能用于有明确目标地址的帧，不能用于组播报文和广播报文传输。

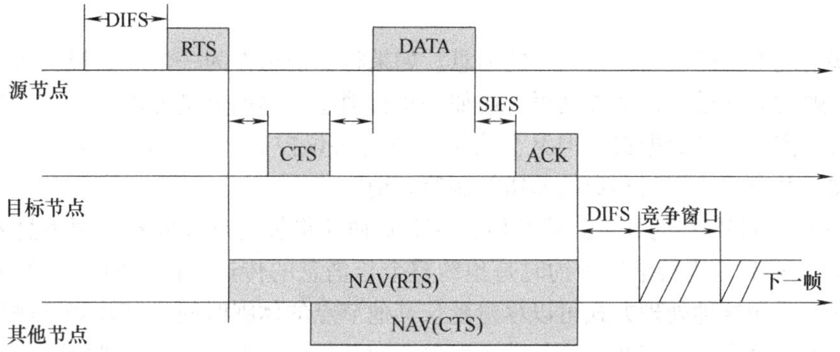

图 14.13　IEEE802.11MAC 协议的应答与预留机制

为减少节点间使用共享无线信道的碰撞概率，预留机制要求源节点和目标节点在发送数据帧之前交换简短的控制帧，即发送请求帧 RTS 和清除帧 CTS。从 RTS（或 CTS）帧开始到 ACK 帧结束的这段时间，信道将一直被这次数据交换过程占用。RTS 帧和 CTS 帧中包含有关于这段时间长度的信息。每个站点维护一个定时器，记录网络分配向量 NAV，指示信道被占用的剩余时间。一旦收到 RTS 帧或 CTS 帧，所有节点都必须更新它们的 NAV 值。只有在 NAV 减至零，节点才可能发送信息。通过此种方式，RTS 帧或 CTS 帧为节点的数据传输预留了无线信道。

2. S-MAC 协议

S-MAC 协议是较早提出的适用于无线传感器网络的 MAC 协议之一。它是由美国南加利福尼亚大学的 Wei Ye 等人在总结传统无线传感器网络的 MAC 协议基础上，根据无线传感器网络数据传输量少，对通信延迟及节点间的公平性要求相对较低等特点提出的，其主要设计目标是降低能耗和提供大规模分布式网络所需要的可扩展性。S-MAC 协议设计参考了 IEEE802.11MAC 协议以及 PAMAS 等 MAC 协议。

S-MAC 协议主要采用了以下机制：采用周期性侦听和休眠机制延长节点休眠时间，从而降低能耗；节点间通过协商形成虚拟簇，其作用是使一定范围内的节点的休眠周期趋于一致，从而缩短空闲侦听时间；结合使用物理载波侦听和虚拟载波侦听机制以及带内信令，解决消息碰撞和串音问题；采用消息分割和改进的 RTS/CTS 信令，提高长消息的传输效率。

S-MAC 的虚拟载波侦听源自于 IEEE802.11 的虚拟载波侦听机制。每个节点传输数据时，都要经历 RTS/CTS/DATA/ACK 的过程（广播报除外）。每个发送数据报中都包含一个表示剩余通信过程将持续的时间的阈值。所以，在某个节点接收到一个发往其他节点的数据报时，会立刻知道自己应该保持沉默的时间。该节点将该时间记录在网络分配向量（NAV）中，该变量随着不断接收到的数据报而持续刷新。节点通过倒计时的方式更新 NAV，NAV 非零意味着信道正被占用。在 NAV 非零期间，节点保持休眠状态；在需要通信时，节点首先检查自己的 NAV，然后再进入物理载波侦听过程，开始信道竞争。可见，虚拟载波侦听实质是一种信道预约机制，它可以有效降低消息碰撞概率并部分解决串音问题。

为了有效进行虚拟载波侦听，节点应该尽量多地侦听信道中的数据报以刷新 NAV；但这会带来串音问题，造成能量浪费。S-MAC 采用带内信令解决串音问题，在节点接收到任何不属于自己的 RTS 和 CTS 数据报时都将进入休眠状态，这就避免了侦听其后的 DATA 和 ACK 数据报。

在某些情况下可能需要传递较长的消息。如果将长消息作为一个数据报发送，则数据报一旦发送失败就必须重传几个数据报；而如果将长消息简单地分割为多个短数据报，则虽然发送失败时只需重传错数据报，但又会增加总体的协议控制开销（包括发送每个数据报时的控制报文以及每个数据报本身的差错控制等开销）。

与 IEEE802.11MAC 的处理方式类似，S-MAC 协议将长消息分成若干短消息发送，但与 802.11 不同，S-MAC 进行信道预约时是预约整个长消息的传送时间，而不是每个短数据报的传送时间。采用这种处理方式可以尽量延长其他节点的休眠时间，有效降低碰撞概率，节省能量。当然，这也意味着在整个长消息发送期间其他节点的信道访问被完全禁止，这种先入为主的信道控制方式显然会影响信道访问的公平性，但考虑到无线传感器网络的需求和特点，这种设计是合理的。

总之，S-MAC 协议的扩展性较好，能适应网络拓扑结构的变化；缺点是协议实现非常复杂，需要占用大量存储空间，这对于资源受限的传感器节点显得尤为突出。

3. T-MAC 协议

T-MAC（Timeout-MAC）协议在 S-MAC 的基础上引入了适应性占空比，来应付不同时间和位置上负载的变化。它动态地终止节点活动，通过设定细微的超时间隔来动态地选择占空比，因此减少了现实监听浪费的能量，但仍保持合理的吞吐量。通过仿真将 T-MAC 与典型无占空比的 CSMA 和占空比固定的 S-MAC 比较，发现不变负载时 T-MAC 和 S-MAC 节能相仿（最多节约 CSMA 的 98%），但在简单的可变负载的场景，T-MAC 在五个因素上胜过 S-MAC。对于仿真中存在的“早睡”问题，虽然提出了未来请求发送和满缓冲区优先两种办法，但仍未在实践中得到验证。

S-MAC 协议通过采用周期性侦听/睡眠工作方式来减少空闲侦听，周期长度是固定不变的，节点侦听活动时间也是固定的。而其周期长度受限于延迟要求和缓存大小，活动时间主要依赖于消息速率，这样就存在一个问题：延迟要求和缓存大小是固定的，而消息速率通常是变化的，如果要保证可靠及时的消息传输，节点的活动时间必须适应最高通信负载。另外，当负载动态较小时，节点处于空闲侦听的时间相对增加，针对这个问题，T-MAC 协议在保持周期长度不变的基础上，根据通信流量动态地调整活动时间，用突发方式发送消息，减少空间侦听时间。T-MAC 协议相对 S-MAC 协议减少了处于活动状态的时间。

在 T-MAC 协议中，发送数据时仍采用 RTS/CTS/DATA/ACK 的通信过程，节点周期性唤醒进行侦听，如果在一个固定时间内没有发生下面任何一个激活事件，则活动结束：周期时间定时器溢出；在无线信道上收到数据；通过接收信号强度指示 RSSI 感知存在无线通信；通过侦听 RTS/CTS 分组，确认邻居的数据交换已经结束。

4. SIFT 协议

SIFT 协议的核心思想是采用 CW（竞争窗口）值固定的窗口，节点不是从发送窗口选择发送时隙，而是在不同的时隙中选择发送数据的概率。因此，SIFT 协议的关键在于如何在不同的时隙为节点选择合适的发送概率分布，使得检测到同一个事件的多个节点能够在竞争窗口前面的各个时隙内不断无冲突地发送消息。

如果节点有消息需要发送，则首先假设当前有个 N 个节点与其竞争发送，如果在第一个时隙内节点本身不发生消息，也没有其他节点发送消息，节点就减少假设的竞争发送节点的数目，并相应地增加选择在第二个时隙发送数据的概率；如果节点没有选择第二个时隙，而且在第二时隙上还没有其他节点发送消息，节点就再减少假设的竞争发送节点数目，进一步增加选择第三个时隙发送数据的概率，依次类推。

SIFT 协议是一个新颖而不简单的不同于传统的基于窗口的 MAC 层协议，但对接收节点的空闲状态考虑较少，需要节点间保持时间同步，因此适于在无线传感器网络的局部区域内使用。因为在分簇网络中，簇内节点在区域上距离比较近，多个节点往往容易同时检测到同一个事件，而且只需要部分节点将消息传输给簇头，所以 SIFT 协议比较适合在分簇网络中使用。

14.3.2　基于时分复用的 MAC 协议

时分复用（Time Division Multiple Access，TDMA）是实现信道分配的简单成熟的机制，蓝牙（Blue Tooth）网络采用了基于 TDMA 的 MAC 协议。在无线传感器网络中采用 TDMA 机制，就是为每个节点分配独立的用于数据发送或接收的时槽，而节点在其他空闲时槽内转入睡眠状态。TDMA 机制的一些特点非常适合传感器网络节省能量的需求：TDMA 机制没有竞争机制的碰撞重传问题；数据传输时不需要过多的控制信息；节点在空闲时槽能够及时进入睡眠状态。TDMA 机制需要节点之间比较严格的时间同步。时间同步是传感器网络的基本要求：多数传感器网络都使用了侦听/睡眠的能量唤醒机制，利用时间同步来实现节点状态的自动转化；节点之间为了完成任务需要协同工作，这同样不可避免地需要时间同步。TDMA 机制在网络扩展性方面存在不足：很难调整时间帧的长度和时槽的分配；对于传感器网络的节点移动、节点失效等动态拓扑结构适应性较差；对于节点发送数据量的变化也不敏感。研究者利用 TDMA 机制的优点，针对 TDMA 机制的不足，结合具体的传感器网络应用，提出了多个基于 TDMA 的传感器网络 MAC 协议。下面介绍其中的几个典型协议。

1. 基于分簇网络的 MAC 协议

对于分簇结构的传感器网络，Arisha K. A 等提出了基于 TDMA 机制的 MAC 协议。如图 14.14 所示，所有传感器节点固定划分或自动形成多个簇，每个簇内有一个簇头节点。簇头负责为簇内所有传感器节点分配时槽，收集和处理簇内传感器节点发来的数据，并将数据发送给汇聚节点。

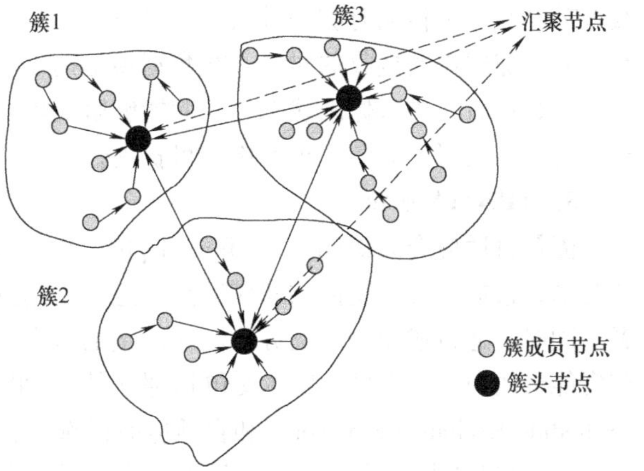

图 14.14　基于分簇的 TDMA MAC 协议

在基于分簇网络的 MAC 协议中，节点状态分为感应（Sensing）、转发（Relaying）、感应并转发（Sensing & Relaying）和非活动（Inactive）四种状态。节点在感应状态时，采集数据并向其相邻节点发送；在转发状态时，接收其他节点发送的数据并发送给下一个节点；在感应并转发状态的节点，需要完成上述两项的功能；节点没有数据需要接收和发送时，自动进入非活动状态。

为了适应簇内节点的动态变化、及时发现新的节点、使用能量相对高的节点转发数据等目的，协议将时间帧分为周期性的四个阶段：

1）数据传输阶段。簇内传感器节点在各自分配的时槽内，发送采集数据给簇头。

2）刷新阶段。簇内传感器节点向簇头报告其当前状态。

3）刷新引起的重组阶段。紧跟在刷新阶段之后，簇头节点根据簇内节点的当前状态，重新给簇内节点分配时槽。

4）事件触发的重组阶段。节点能量小于特定值、网络拓扑发生变化等事件发生时，簇头就要重新分配时槽。通常在多个数据传输阶段后有这样的事件发生。

上述基于分簇网络的 MAC 协议在刷新和重组阶段重新分配时槽，适应簇内节点拓扑结构的变化及节点状态的变化。簇头节点要求具有比较强的处理和通信能力，能量消耗也比较大，如何合理地选取簇头节点是一个需要深入研究的关键问题。

2. DEANA 协议

分布式能量感知节点激活（Distributed Energy-Aware Node Activation，DEANA）协议为每个节点分配了固定的时隙用于数据的传输，与传统的 TDMA 协议不同，其在每个节点的数据传输时隙前加入了短控制时隙，用于通知相邻节点是否需要接收数据，如果不需要就进入休眠状态。如图 14.15 所示，DEANA 协议的时间帧由多个传输时隙组成，每个传输时隙又细分为两部分，即控制时隙和数据传输时隙。

DEANA 协议通过节点激活多点接入（Node Activation Multiple Access，NAMA）协议控制节点的状态转换。如果一个节点的一跳邻居节点中有数据需要发送，则该节点在控制时隙被设置为接收状态；如果被选为接收者，则在数据传输时隙中继续保持接收状态；否则转为休眠状态。如果节点的一跳邻居节点没有数据需要发送，那么该节点在整个传输时隙都进入休眠状态；如果节点自身有数据要发送，则进入发送状态，在控制时隙中声明接收的对象，在数据传输时隙中发送数据。DEANA 协议在节点得知不需要接收数据时，进入休眠状态，从而能够解决串听的问题，延长节点的休眠时间。但是，它对所有节点的时间同步要求严格，可扩展性差。

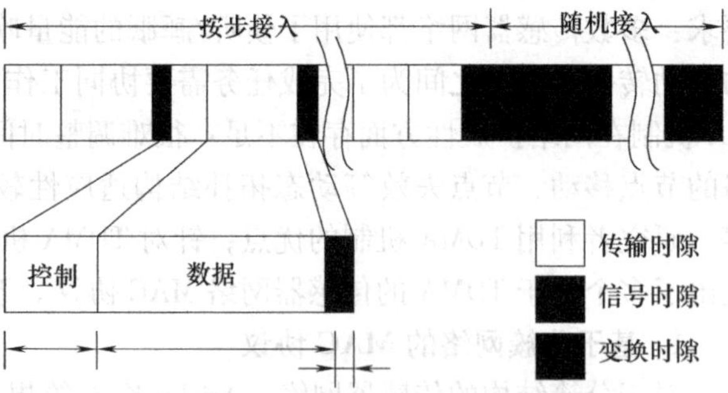

图 14.15　DEANA 协议时间帧

3. TRAMA 协议

流量自适应介质访问（Traffic Adaptive Medium Access，TRAMA）协议将时间划分为连续时槽，根据局部两跳内的邻居节点信息，采用分布式选举机制确定每个时槽的无冲突发送者。同时，通过避免把时槽分配给无流量的节点，并让非发送和接收节点处于睡眠状态达到节省能量的目的。TRAMA 协议包括邻居协议 NP（Neighbor Protocol）、调度交换协议 SEP（Schedule Exchange Protocol）和自适应时槽选择算法 AEA（Adaptive Election Algorithm）。

在 TRAMA 协议中，为了满足无线传感器网络拓扑结构的动态变化，比如部分节点的失效或者向无线传感器网络中添加新节点等操作时，将时间划分为交替的随机接入周期和调度接入周期的时隙。随机接入周期和调度接入周期的时隙个数根据具体应用情况而定。通过时隙机制，用基于各节点流量信息的分布式选举算法来决定哪个节点可以在某个特定的时隙传输，以此来达到一定的吞吐量和公平性。仿真显示，由于节点最多可以睡眠 87%，所以 TRAMA 节能效果明显。在与基于竞争类的协议比较时，TRAMA 也达到了更高的吞吐量（比 S-MAC 和 CSMA 高 40% 左右，比 802.11 高 20% 左右），因此它有效地避免了隐藏终端引起的竞争。但 TRAMA 的延迟较长，更适用于对延迟要求不高的应用。

14.4 定位跟踪控制技术

节点定位技术是无线传感器网络应用的基本技术也是关键技术之一。在应用无线传感器网络进行环境监测从而获取相关信息的过程中，往往需要知道所获得数据的来源。例如在森林防火的应用场景中，可以从传感器网络获取到温度异常的信息，但更重要的是要获知究竟是哪个地方的温度异常，这样才能准确地知道发生火情的具体位置，从而迅速有效地展开灭火救援等相关工作；又例如在军事战场探测的应用中，部署在战场上的无线传感器网络只获取“发生了什么敌情”这一信息是不够的，只有在获取到“在什么地方发生了什么敌情”这样包含位置信息的消息时才能做好相应的部署。因此，定位技术是无线传感器网络的一项重要技术，也是一项必需的技术。

14.4.1 定位技术概述

在无线传感器网络节点定位技术中，根据节点是否已知自身的位置，把传感器节点分为信标节点（Beacon Node）和未知节点（Unknown Node）。信标节点在网络节点中所占的比例很小，可以通过携带 GPS 定位设备等手段获得自身的精确位置。信标节点是未知节点定位的参考点。除了信标节点外，其他传感器节点就是未知节点，它们通过信标节点的位置信息来确定自身位置。在图 14.16 所示的无线传感器网络中，*M* 代表信标节点，*S* 代表未知节点。*S* 节点通过与邻近 *M* 节点或已经得到位置信息的 *S* 节点之间的通信，根据一定的定位算法计算出自身的位置。

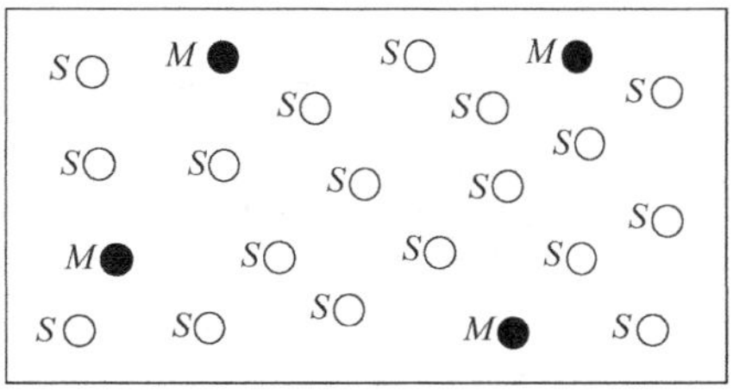

图 14.16 无线传感器网络中的信标节点和未知节点

14.4.2 节点位置计算的常见方法

传感器节点定位过程中，未知节点在获得对于邻近信标节点的距离，或者获得邻近的信标节点与未知节点之间的相对角度后，通常使用下列方法计算自己的位置。

1. 三边测量定位方法

三边测量定位方法是一种常见的目标定位方法，其理论依据是在二维空间中，当一个节点获得到三个参考节点的距离时，就可以确定该点的坐标。三边测量技术是建立在几何学的基础上的，它用多个点与目标之间的距离来计算目标的坐标位置，如图 14.17 所示。在二维空间中，最少需要到三个参考点的距离才能唯一确定一个点的坐标，假设目标节点的坐标为 (x, y)，三个信标节点 A、B、C 的坐标分别为 (x_1, y_1)、(x_2, y_2)、(x_3, y_3)，它们到未知目标节点的距离分别为 ρ_1、ρ_2、ρ_3，则根据二维空间距离计算公式，可以建立如下方程组：

$$\begin{cases}\rho_1=\sqrt{(x-x_1)^2+(y-y_1)^2}\\ \rho_2=\sqrt{(x-x_2)^2+(y-y_2)^2}\\ \rho_3=\sqrt{(x-x_3)^2+(y-y_3)^2}\end{cases} \tag{14.2}$$

即可以解出节点 D 的坐标 (x,y)

$$\begin{bmatrix}x\\ y\end{bmatrix}=\begin{bmatrix}2(x_1-x_3) & 2(y_1-y_3)\\ 2(x_2-x_3) & 2(y_2-y_3)\end{bmatrix}^{-1}\begin{bmatrix}x_1^2-x_3^2+y_1^2-y_3^2+\rho_3^2-\rho_1^2\\ x_2^2-x_3^2+y_2^2-y_3^2+\rho_3^2-\rho_2^2\end{bmatrix}$$

2. 三角测量法

三角测量法定位原理如图 14.18 所示。已知 A、B、C 三个节点的坐标分别为（x_1，y_1）、（x_2，y_2）、（x_3，y_3），节点 D 到 A、B、C 的角度分别为 $\angle ADB$、$\angle ADC$、$\angle BDC$，假设节点 D 坐标为（x，y）。对于节点 A、C 和 $\angle ADC$，确定圆心为 O_1（x_{O1}，y_{O1}），半径为 r_1 的圆，$\alpha=\angle AO_1C$，则

$$\begin{cases}\sqrt{(x_{O1}-x_1)^2+(y_{O1}-y_1)^2}=r_1\\ \sqrt{(x_{O1}-x_2)^2+(y_{O1}-y_2)^2}=r_1\\ (x_1-x_3)^2+(y_1-y_3)^2=2r_1^2-2r_1^2\cos\alpha\end{cases} \tag{14.3}$$

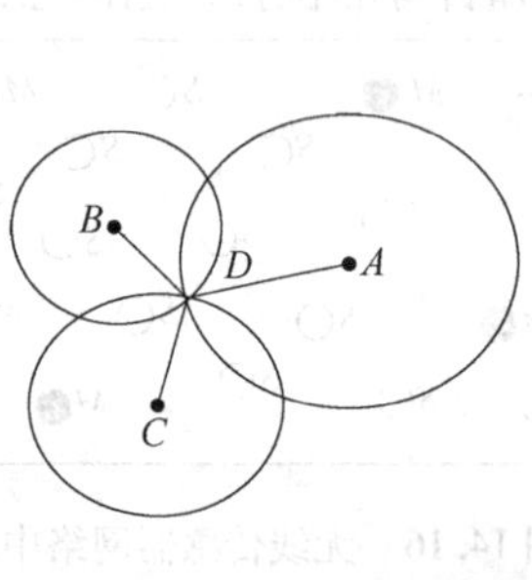

图 14.17　三边测量定位方法

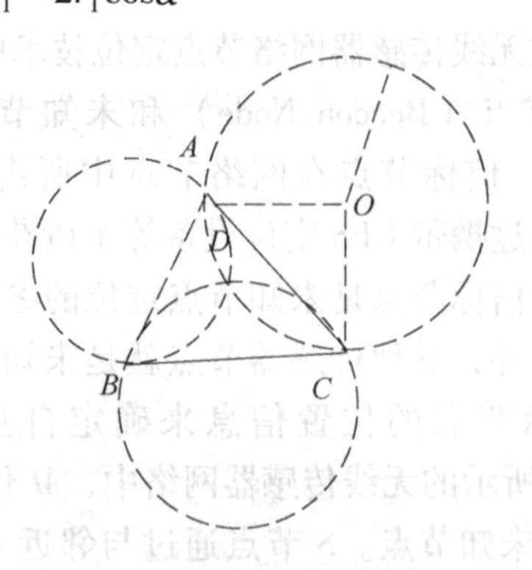

图 14.18　三角测量法定位原理

由式（14.3）能够确定圆心 O_1 的坐标和半径 r_1。同理，对于 A、B，$\angle ADB$ 和 B、C，$\angle BDC$ 也能够确定相应的圆心 O_2（X_{O2}，y_{O2}）、O_3（x_{O3}，y_{O3}）和半径 r_2、r_3。最后利用三边测量法，由 D、O_1、O_2、O_3 确定（x，y）的坐标。

3. 极大似然估计法

如图 14.19 所示，已知获得信标节点 1，2，3，…，n 的坐标分别为（x_1，y_1）、（x_2，y_2）、（x_3，y_3）、…（x_n，y_n），它们到待定位节点 D 距离分别为 ρ_1、ρ_2、ρ_3、…、ρ_n。

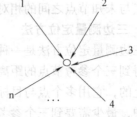

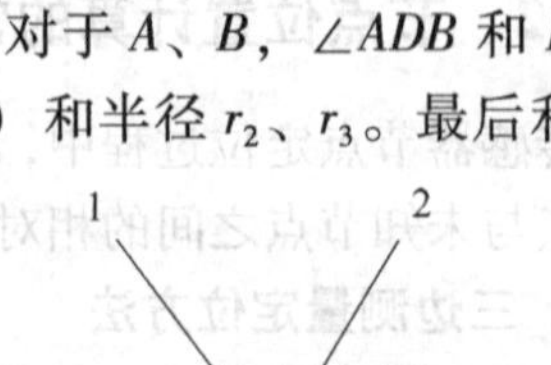

图 14.19　极大似然估计法

假设 D 的坐标为（x，y），则存在以下公式：

$$\begin{cases}(x_1-x)^2+(y_1-y)^2=\rho_1^2\\(x_1-x)^2+(y_2-y)^2=\rho_2^2\\\cdots\cdots\\(x_n-x)^2+(y_n-y)^2=\rho_n^2\end{cases}\tag{14.4}$$

线性方程式 $\boldsymbol{AX}=\boldsymbol{b}$，其中

$$\boldsymbol{A}=\begin{bmatrix}2(x_1-x_n) & 2(y_1-y_n)\\2(x_2-x_n) & 2(y_2-y_n)\\\vdots & \vdots\\2(x_{n-1}-x_n) & 2(y_{n-1}-y_n)\end{bmatrix}\qquad \boldsymbol{b}=\begin{bmatrix}x_1^2-x_n^2+y_1^2-y_n^2+\rho_n^2-\rho_1^2\\x_2^2-x_n^2-y_2^2-y_n^2+\rho_n^2-\rho_2^2\\\cdots\cdots\\x_{n-1}^2-x_n^2+y_{n-1}^2-y_n^2+\rho_n^2-\rho_{n-1}^2\end{bmatrix}$$

$$\boldsymbol{X}=\begin{bmatrix}x\\y\end{bmatrix}$$

使用标准的最小均方差估计方法可以得到节点 D 的坐标为

$$\hat{\boldsymbol{X}}=[\boldsymbol{A}^{\mathrm{T}}\boldsymbol{A}]^{-1}\boldsymbol{A}^{\mathrm{T}}\boldsymbol{b}$$

14.4.3　定位算法分类

在传感器网络中，根据定位过程中是否测量实际节点间的距离，把定位算法分为基于距离的（Range-based）定位算法和距离无关的（Range-free）定位算法。前者需要测量相邻节点间的绝对距离或方位，并利用节点间的实际距离来计算未知节点的位置；后者无需测量节点间的绝对距离或方位，而是利用节点间估计的距离计算节点位置。

1. 基于距离的定位算法

基于距离的定位算法（Range-based）是通过测量相邻节点间的实际距离或方位进行定位。具体过程通常分为三个阶段：第一个阶段是测距阶段，未知节点首先测量到邻居节点的距离或角度，然后进一步计算到邻近信标节点的距离或方位，在计算到邻近信标节点的距离时，可以计算未知节点到信标节点的直线距离；第二个阶段是定位阶段，未知节点再计算出到达三个或三个以上信标节点的距离或角度后，利用三边测量法、三角测量法或极大似然估计法计算未知节点的坐标；第三个阶段是修正阶段，对求得的节点的坐标进行求精，提高定位精度，减少误差。

基于距离的定位算法通过获取电波信号的参数，如接收信号强度（RSSI）、信号传输时间（TOA）、信号到达时间差（TDOA）、信号到达角度（AOA）等，再通过合适的定位算法来计算节点或目标的位置。

（1）基于 TOA 的定位

在 TOA 方法中，主要利用信号传输的耗时预测节点和参考点的距离。这些系统通常运用慢速信号（如超声波）测量信号到达的时间，原理如图 14.20 所示。超声信号从发送节点传递到接收节点，而后接收节点发送另一个信号回发送节点作为响应。通过双方的“握手”，发送节点即能从节点的周期延迟中推断出距离

$$\frac{[(T_3-T_0)-(T_2-T_1)]V}{2}\tag{14.5}$$

式中，V 代表超声波信号的传递速度。

这种测量方法的误差主要来自信号的处理时间（如计算延迟以及在接收端的位置延迟 $T_2 - T_1$）。

基于 TOA 的定位精度高，但要求节点间保持精确的时间同步，因此对传感器的硬件和功能提出了较高的要求。

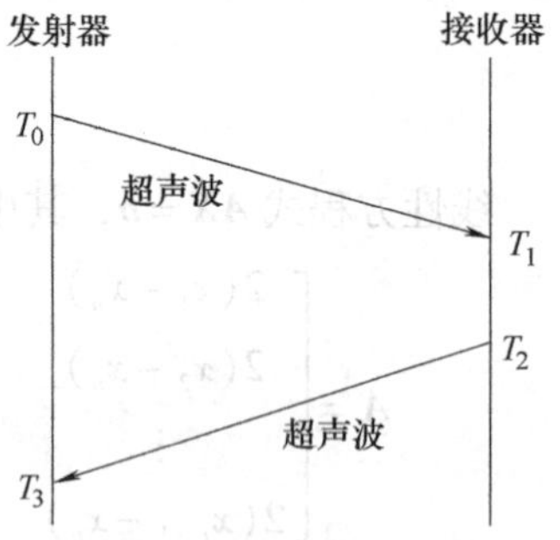

图 14.20　TOA 测量原理

（2）基于 TDOA 的定位

TDOA 测距技术被广泛应用在无线传感器网络的定位方案中。该方案一般是在节点上安装超声波收发器和射频收发器。测距时，在发射端，两种收发器同时发射信号，在接收端，利用声波与电磁波在空气中传播速度的不同，记录两种不同信号到达时间的差异，再基于已知信号传播速度，直接把时间转化为距离。该技术的测距精度较基于 RSSI 的方式高，可达到厘米级，但其应用受限于超声波传播距离有限和 NLOS 问题对超声波信号的传播的影响。

（3）基于 AOA 的定位

基于 AOA 的定位是利用角度估计代替距离估计、主要估算邻居节点发送信号方向的技术，可通过天线阵列或多个接收器结合来实现。信标节点发出较窄的旋转波束，波束的旋转度数是常数，并且对所有节点都是已知的。于是节点可以测量每个波束的到达时间，并计算两个依次到达信号的时间差。

AOA 定位不仅能够确定节点的坐标，还能提供节点的方位信息。但 AOA 测距技术易受外界环境影响，且 AOA 需要额外硬件，在硬件尺寸和功耗上不适用于大规模的无线传感器网络。

（4）基于 RSSI 的定位

RSSI 随着通信距离的变化而变化，通常是节点间距离越远，RSSI 值相对越低。一般来说，利用 RSSI 来估计节点之间的距离需要使用以下方法：已知发射节点的发射功率，在接收节点处测量接收功率，计算无线电波的传播损耗，再使用理论或经验的无线电波传播模型将传播损耗转化为距离。

虽然在实验环境中 RSSI 表现出良好的特性，但是在现实环境中，温度、障碍物、传播模式等条件往往都是变化的，使得该技术在实际应用中仍然存在困难。

2. 距离无关的定位算法

尽管基于距离的定位能够实现精确定位，但是对于无线传感器节点的硬件要求很高，因而会使得硬件的成本增加，能耗高。基于这些，人们提出了距离无关的定位算法。距离无关的定位算法无需测量节点间的绝对距离或方位，降低了对节点硬件的要求，但定位的误差也相应有所增加。

目前提出了两类主要的距离无关的定位算法：一类是先对未知节点和信标节点之间的距离进行估计，然后利用三边测量法或极大似然估计法进行定位；另一类是通过邻居节点和信标节点确定包含未知节点的区域，然后把这个区域的质心作为未知节点的坐标。距离无关的定位算法精度低，但能满足大多数应用得要求。

距离无关的定位算法主要有质心定位算法、DV-Hop 算法、APIT 算法和凸规划定位算法等。

（1）质心定位算法

质心定位算法是南加州大学的 Nirupama Bulusu 等学者提出的一种仅基于网络连通性的室外定位算法，如图 14.21 所示。该算法的核心思想是，传感器节点以所有在其通信范围内的信标节点的几何质心作为自己的估计位置。具体过程为，信标节点每隔一段时间向邻居节点广播一个信标信号，信号中包含节点自身的 ID 和位置信息。当传感器节点在一段侦听时间内接收到来自信标节点的信标信号数量超过某一个预设门限后，该节点认为与此信标节点连通，并将自身位置确定为所有与之连通的信标节点所组成的多边形的质心。

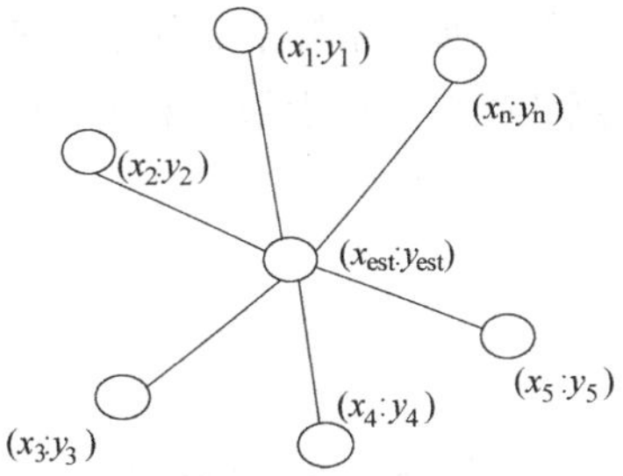

图 14.21　质心定位算法示意

当传感器节点接收到所有与之连通的信标节点的位置信息后，就可以根据这些信标节点所组成的多边形的顶点坐标来估算自己的位置了。假设这些坐标分别为 (x_1, y_1)、(x_2, y_2)、…、(x_k, y_k)，则可根据下式计算出传感器节点的坐标：

$$(x_{est}, y_{est}) = \left(\frac{x_1 + \cdots + x_k}{k}, \frac{y_1 + \cdots + y_k}{k}\right) \tag{14.6}$$

另外，该算法仅能实现粗粒度定位，需要较高的信标节点密度；但它实现简单，完全基于网络连通性，无需信标节点和传感器节点间协调，可以满足那些对位置精度要求不太苛刻的应用。

（2）DV-Hop 算法

DV-Hop 算法的定位过程可以分为以下三个阶段：

1）计算未知节点与每个信标节点的最小跳数。

2）计算未知节点与信标节点的实际跳段距离。

3）利用三边测量法或者极大似然估计法计算自身的位置。

估算出未知节点到信标节点的距离后，就可以用三边测量法或者极大似然估计法计算出未知节点的自身坐标。

DV-Hop 定位算法是一种基于距离矢量计算跳数的算法，其基本思想是将未知节点到信标节点之间的距离用平均每跳距离和两者之间跳数的乘积表示，使用三边定位法或最大似然估计法获得未知节点位置信息。

Niculescu 等人利用距离向量路由的原理提出 DV-Hop 算法。DV-Hop 算法的实现过程可分为以下三步：

第一步，计算未知节点与每个信标节点的最小跳数。信标节点向邻居节点广播自身位置信息的分组，其中包括跳数字段，且将该值初始化为 0。接收节点记录到每个信标节点的最小跳数，同时忽略来自同一个信标节点的较大的跳数，然后将跳数值加 1 转发给邻居节点。

第二步，计算每跳距离。在获取了未知节点和信标节点的跳数关系以及信标节点之间的跳数关系之后，可以利用以下公式计算平均每跳距离。对于第 i 个信标节点

$$C_i = \sum_{i \neq j} \sqrt{(x_i - x_j)^2 + (y_i - y_j)^2} \Big/ \sum_{i \neq j} hops_{ij} \tag{14.7}$$

式中，j 为信标节点 i 的数据表中的其他信标节点；$hops_{ij}$ 为信标节点 i 和 j 之间的跳数。

信标节点将计算出的平均每跳距离值广播至网络中，对于未知节点，可以获得其与网络中每个信标节点之间的距离值，其值为此信标节点的平均每跳距离乘以与此信标节点的跳数。

第三步，未知节点利用记录的到各个信标节点的跳段距离值，通过最小二乘法计算未知节点的坐标。对于某一未知节点 P，当其与所有的信标节点之间的距离已知时，可以通过式（14.2）给出方程

$$\begin{cases}(x_1-x)^2+(y_1-y)^2=d_1^2\\ \cdots\cdots\\ (x_n-x)^2+(y_n-y)^2=d_n^2\end{cases} \tag{14.8}$$

式中，n 为信标节点的个数。

式（14.8）经过变换可以得到

$$\begin{cases}x_1^2-x_n^2-2(x_1-x_n)x+y_1^2-y_n^2-2(y_1-y_n)y=d_1^2-d_n^2\\ \cdots\cdots\\ x_{n-1}^2-x_n^2-2(x_{n-1}-x_n)x+y_{n-1}^2-y_n^2-2(y_{n-1}-y_n)y=d_{n-1}^2-d_n^2\end{cases} \tag{14.9}$$

式（14.9）可表示为方程

$$\boldsymbol{AX}=\boldsymbol{B} \tag{14.10}$$

式中

$$\boldsymbol{A}=\begin{bmatrix}2(x_1-x_n) & 2(y_1-y_n)\\ \vdots & \vdots\\ 2(x_{n-1}-x_n) & 2(y_{n-1}-y_n)\end{bmatrix},\boldsymbol{X}=\begin{bmatrix}x\\ y\end{bmatrix}$$

$$\boldsymbol{B}=\begin{bmatrix}x_1^2-x_n^2+y_1^2-y_n^2+d_n^2-d_1^2\\ \vdots\\ x_{n-1}^2-x_n^2+y_{n-1}^2-y_n^2+d_n^2-d_{n-1}^2\end{bmatrix}$$

对式（14.10）使用标准的最小均方差估计方法得到未知节点 P 的坐标为

$$\boldsymbol{X}=(\boldsymbol{A}^{\mathrm{T}}\boldsymbol{A})^{-1}\boldsymbol{A}^{\mathrm{T}}\boldsymbol{B} \tag{14.11}$$

DV-Hop 算法流程如图 14.22 所示。

下面以本文算法举例说明。

设某一区域随机撒下 n 个节点，其中有 m 个信标节点（$m<n$），设节点的通信半径为 R，未知节点 i 和信标节点 j 互为一跳邻居节点，即 i 和 j 之间的距离小于 R。在建立模型时，要引入测距，即测算出两个节点之间的距离。测距的方法有很多种，不是本文的重点，因此不加以讨论。用 l_{ij} 表示节点 i 和其一跳邻居节点 j 之间的测距，用 d_{ij} 表示节点 i 和 j 之间的估计距离，即由粗定位阶段得出的结果所算出的值，$(x_i,\ y_i)$，其中 $i=m+1,\ \cdots,\ n$，为第一步 DV-Hop 定位的结果

$$d_{ij}=\sqrt{(x_i-x_j)^2+(y_i-y_j)^2} \tag{14.12}$$

由此，可建立模型

$$\sum_{\substack{m<i\leqslant n\\ 1\leqslant j\leqslant m}}(d_{ij}-l_{ij})^2=\sum_{\substack{m<i\leqslant n\\ 1\leqslant j\leqslant m}}\left(\sqrt{(x_i-x_j)^2+(y_i-y_j)^2}-l_{ij}\right)^2 \tag{14.13}$$

此定位问题转化为了求误差估计最优解的问题，即通过迭代运算，求出当式（14.12）取到最小值时的（x_i，y_i）值，为第二次定位后的结果。

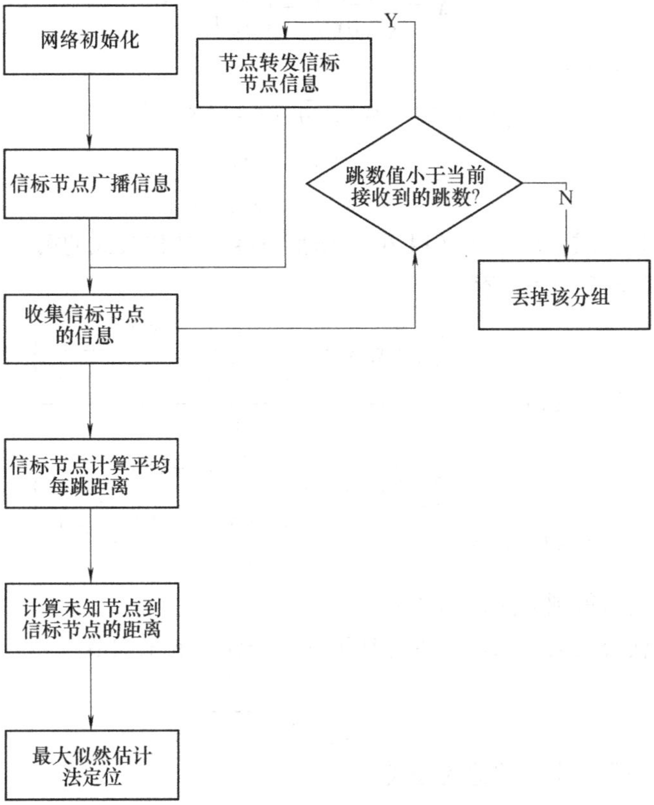

图 14.22　DV-Hop 算法流程

为了求取 $\min \sum\limits_{\substack{m < i \leqslant n \\ 1 \leqslant j \leqslant m}} (d_{ij} - l_{ij})^2$ 的最优解，引入了 Aitken 迭代算法。

对于式（14.13），设

$$f(x_1, y_1, \cdots, x_n, y_n) = \sum_{\substack{m < i \leqslant n \\ 1 \leqslant j \leqslant m}} \left(\sqrt{(x_i - x_j)^2 + (y_i - y_j)^2} - l_{ij} \right)^2 \tag{14.14}$$

其取得最小值的必要条件是

$$\frac{\partial f}{\partial x_i} = \frac{\partial f}{\partial y_i} = 0, (m < i \leqslant n) \tag{14.15}$$

式中

$$\frac{\partial f}{\partial x_i} = \sum_{\substack{m < i \leqslant n \\ 1 \leqslant j \leqslant m}} \left(2(x_i - x_j) - \frac{2l_{ij}(x_i - x_j)}{\sqrt{(x_i - x_j)^2 + (y_i - y_j)^2}} \right) \tag{14.16}$$

$$\frac{\partial f}{\partial y_i} = \sum_{\substack{m < i \leqslant n \\ 1 \leqslant j \leqslant m}} \left(2(y_i - y_j) - \frac{2l_{ij}(y_i - y_j)}{\sqrt{(x_i - x_j)^2 + (y_i - y_j)^2}} \right) \tag{14.17}$$

通过迭代，可以取得满足式（14.15）的局部最小值，在每一步迭代后，使如下的式

（14.18）向取得最小值的点移动：

$$\Delta_i = \sqrt{\left(\frac{\partial f}{\partial x_i}\right)^2 + \left(\frac{\partial f}{\partial y_i}\right)^2} \tag{14.18}$$

Aitken 迭代公式如下：

$$\begin{cases} \tilde{x}_{k+1} = g\ (x_k),\ \bar{x}_{k+1} = g\ (\tilde{x}_{k+1}) \\ x_{k+1} = \bar{x}_{k+1} - \dfrac{(\bar{x}_{k+1} - \tilde{x}_{k+1})^2}{\bar{x}_{k+1} - 2\,\tilde{x}_{k+1} + x_k} \end{cases} \tag{14.19}$$

由此，建立迭代公式，对于式（14.6），依照 Aitken 迭代公式的第一步，以 x_i 作为迭代的变量，对于第 i 个未知节点，有

$$\tilde{x}_i = g(x_i) = \frac{\sum\limits_{1 \leqslant j \leqslant m}\left(x_j + \dfrac{l_{ij}(x_i - x_j)}{\sqrt{(x_i - x_j)^2 + (y_i - y_j)^2}}\right)}{m} \tag{14.20}$$

$$\bar{x}_i = g(\tilde{x}_i) = \frac{\sum\limits_{1 \leqslant j \leqslant m}\left(x_j + \dfrac{l_{ij}(\tilde{x}_i - x_j)}{\sqrt{(\tilde{x}_i - x_j)^2 + (y_i - y_j)^2}}\right)}{m} \tag{14.21}$$

式中，x_i 为初次定位后得到的迭代的初值。

之后，根据迭代公式的第二步，可得到第一次迭代后的未知节点 i 的坐标的更新值为

$$x_i' = \bar{x}_i - \frac{(\bar{x}_i - \tilde{x}_i)^2}{\bar{x}_i - 2\,\tilde{x}_i + x_i} \tag{14.22}$$

同理，也可以得到 y 坐标的迭代公式。

经过一次迭代后，将所得到的新的定位坐标（x_i，y_i）代入式（14.13）中，计算 Δ_i 的值。设定两种迭代终止的条件，一是达到最大迭代次数，迭代终止；二是达到所需的迭代精度，即 Δ_i 小于所设定的阈值。经过迭代，可以求得最接近于真实值的未知节点的坐标。

由于算法的第二步中引入了测距，不是在原有的 DV-Hop 的基础上进行的算法改进，并且算法通过测距，获取了更多的信息，因此改进的算法和基本的 DV-Hop 算法便没有了可比性。为了验证该算法的优越性，下面将该算法和 DV-distance 作比较。

DV-distance 算法的主要思路是测出与自身跳数关系为一跳的相邻节点之间的距离，以此计算出距信标节点的估计距离，当某个未知节点获得三个或三个以上与信标节点的有效距离后，就可以利用最小二乘的方法计算出该未知节点的位置。

对于 DV-distance 算法，其误差来源主要是将折线跳距当成直线距离所产生的误差以及测距的误差，而上述算法对这两种误差都有了较好的抑制。

为了针对不同的误差来源进行讨论，仿真时分为两种情况：

1）假设没有测距误差，讨论两种算法对折线距离当成直线距离的误差的抑制，此时只需增加网络的最大跳数，即减小通信半径的情况下比较二者的误差大小。

2）在网络最大跳数一定的情况下，引入测距误差，改变测距误差的大小，比较两种算法的定位误差。

此外，通过改变信标节点数占总节点数的比例，也可以证明上述算法在所需资源方面的优越性。由于算法是从迭代的角度考虑去减小定位误差的，因此对于不同的网络分布而言，

该算法都应具有很好的鲁棒性，对此推测，也将在仿真中进行验证。

设 100m × 100m 的区域中铺撒了 200 个节点，信标节点占总节点的比例是 25%，在无测距误差的情况下，改变通信半径对定位误差率影响的仿真结果如图 14.23 所示。

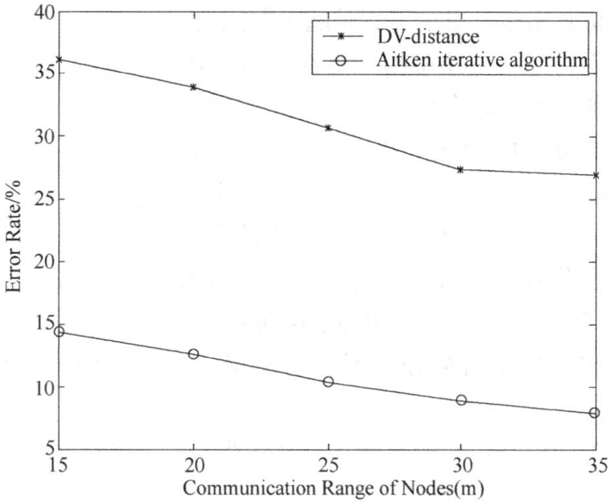

图 14.23　通信半径对定位误差率影响的仿真结果

随着通信半径从 15m 递增到 35m，网络的最大跳数分别为 12、8、6、5、4。节点之间最大跳数的减少，表明算法将折线距离当成直线距离的误差对定位精度的影响也随之减少。从仿真结果可以看出，DV-distance 算法在通信半径较小的情况下，其误差率远远大于经过迭代后的定位误差，这就说明了加入了 Aitken 迭代的算法对此误差有很强的抑制作用。并且，随着通信半径的进一步增加，DV-distance 算法误差率下降变得很不明显，而加入了迭代后的算法依然有着令人满意的误差率的下降。尤其是在通信半径从 30m 增加到 35m 这一段，DV-distance 算法的定位误差只下降了 0.33%，而上述算法在此段的定位误差的下降达到了 1.03%，是 DV-distance 算法的 3 倍多。

引入测距误差，节点总数为 200、信标节点比例为 25%、通信半径为 15m 时，不同测距误差对定位误差率影响的仿真结果如图 14.24 所示。

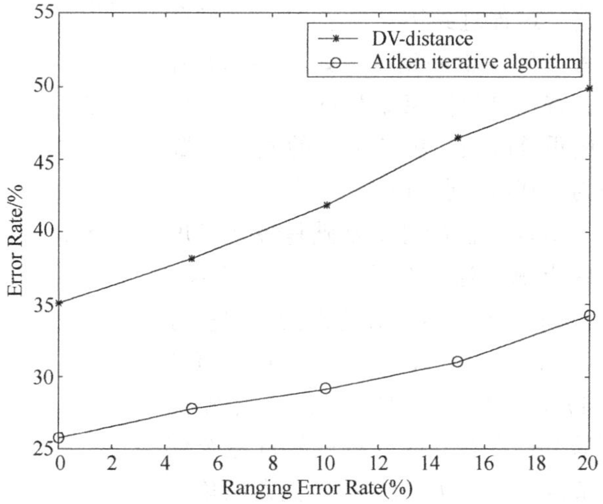

图 14.24　测距误差对定位误差率影响的仿真结果

在 5% 的测距误差下，通信半径为 15m 时，讨论信标节点密度对算法的影响。节点数为 200，信标节点比例从 10% ~ 40% 变化对定位误差率影响的仿真结果如图 14.25 所示。

从仿真结果可以看出，在信标节点密度较低的一段（10% ~ 20%），上述算法的误差率的下降速度远大于 DV-distance 算法的误差率的下降速度。对于无线传感器网络而言，信标节点的制作成本远高于未知节点的成本，这就需要算法不仅能使定位误差在较小的信标节点比例下取得令人满意的效果，而且要求在信标节点从较少的情况下略微增加一些时，能获得快速的误差率的下降。对于该算法而言，这两点都很理想。这对于无线传感器网络在节约资源方面有很好的效果。

为了验证该算法对于不同的网络节点分布具有很好的鲁棒性，在节点总数为 200、通信半径为 15m、信标节点为 20%、测距误差为 5% 的情况下，重复 10 次仿真，观察误差率的变化。网络分布对定位误差率影响的仿真结果，仿真结果如图 14. 26 所示。

分别计算两种算法定位结果的方差，在相同的仿真环境下，重复做 10 次仿真实验，由于节点是随机抛撒的，对于网络的拓扑结构，每次仿真是不同的，因此每次仿真都可以改变网络节点分布的变化。从结果来看，DV-distance 算法的方差为 0. 03，本文算法的方差为 0. 0014，同时，两种算法的定位误差率的峰谷值之差分别为 18. 36% 和 3. 82%。由此不难看出，本文算法在网络分布不同的情况下，其定位误差率非常稳定，变化很小，对不同的分布结构有很强的鲁棒性。

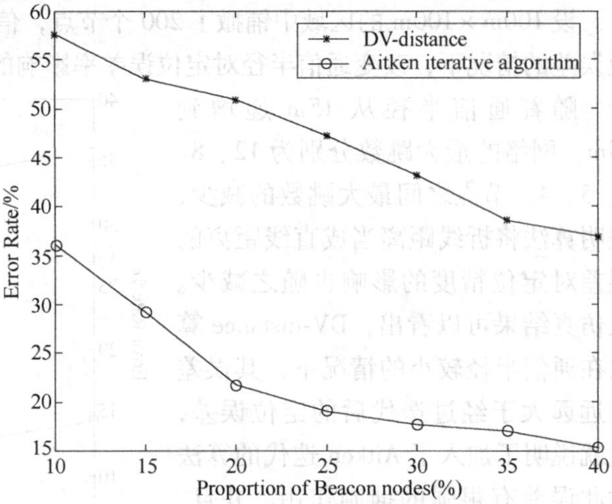

图 14. 25　信标节点比例对定位误差率影响的仿真结果

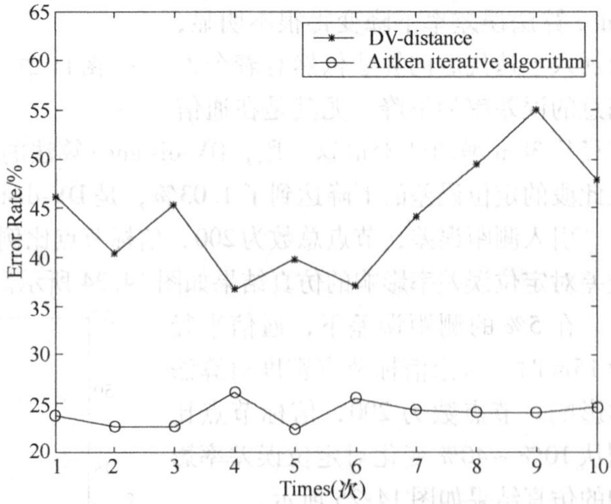

图 14. 26　网络分布对定位误差率影响的仿真结果

（3）APIT 算法

T. He 等人提出的 APIT 算法的基本思想是三角形覆盖逼近，传感器节点处于多个三角形覆盖区域的重叠部分中，传感器节点从所有邻居信标节点集合中选择三个节点，测试是否位于这三个节点组成的三角形内部，重复这一过程直到穷举所有的三元组合或者达到期望的精度。如图 14. 27 所示，查找包含传感器节点的所有三角形的重叠区域，黑色指示的质心位置作为传感器节点的位置。

APIT 算法的理论基础是最佳三角形内点测试法（Perfect Point-In-Triangulation Test），为了在静态网络中执行 PIT 测试，APIT（Approximate PIT Test）测试应运而生：假如节点 M 的邻居节点没有同时远离或靠近三个信标节点 A、B、C，那么 M 就在三角形 ABC 内；否则，M 在三角形 ABC 外。APIT 算法利用无线传感器网络较高的节点密度来模拟节点移动，利用无线信号的传播特性来判断是否远离或靠近信标节点，通过邻居节点间信息交换，仿效 PIT 测试的节点移动。

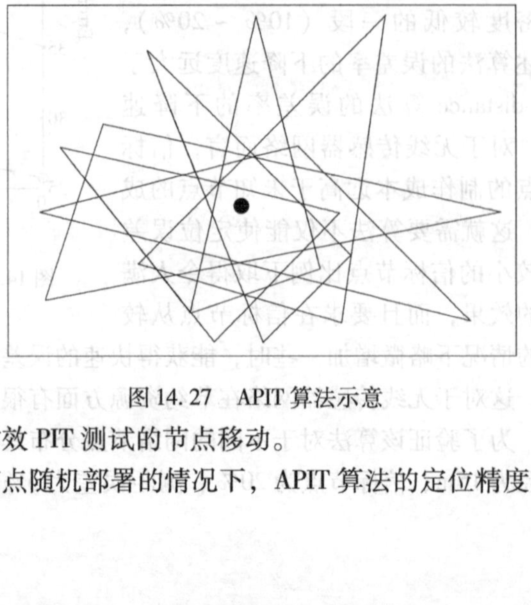
图 14. 27　APIT 算法示意

在无线信号传播模式不规则和传感器节点随机部署的情况下，APIT 算法的定位精度高、性能稳定，测试错误概率相对较小（最坏情况下为 14%），平均定位误差小于节点无线射程的 40%。但因细分定位区域和传感器节点必须与信标节点相邻的需求，该算法要求较高的信标节点密度。

APIT 算法的程序流程，如图 14.28 所示。

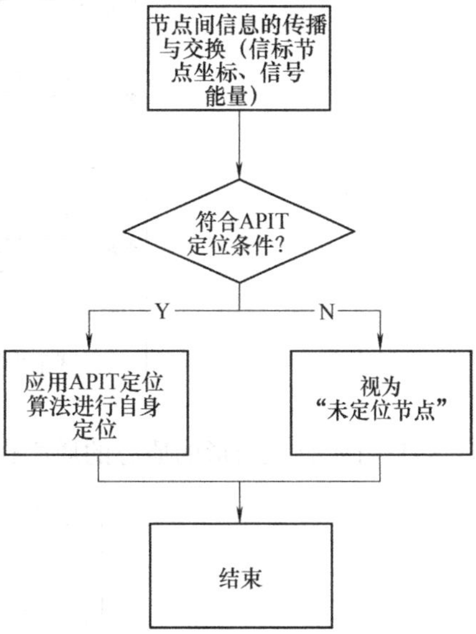

图 14.28　APIT 算法的程序流程

在建立 APIT 算法模型前，对无线传感器网络需要做以下假定：

1）网络是同构的。网络中的所有节点都具有相同的特性，包括通信能力、存储能力、运算能力等。尤其是通信能力，在多数的无线传感器节点部署的环境下，由于节点的随机抛撒和各节点制作工艺的不同，每个节点的通信半径都是不一样的。但是，在建立模型时，需要假定每个节点都具有相同的通信半径 R，即每个节点的通信范围都是以自身为中心，以 R 为半径的一个圆形区域。

2）节点之间的连通是双向的。如果 A 到 B 可以连通，那么 B 到 A 也是连通的。

3）忽略测距误差。由于节点硬件结构的不同，必然会带来测距误差，在建立模型时，假定由节点 A 测量到的 A、B 节点间的距离 r_{AB} 和由节点 B 测量到的 B、A 节点间的距离 r_{BA} 是一样的。

4）邻居节点。如果节点 A、B 间的测量距离小于节点的通信半径 R，那么称 A、B 节点互为一跳邻居节点。

5）所有节点都具有唯一的 ID。

在以上假定的基础上，APIT 算法的步骤描述如下：

1）节点的随机抛撒。在 100m × 100m 的区域内，随机抛洒 40 个信标节点和 100 个未知节点。信标节点的坐标已知，可用随机函数产生。

2）节点信息的交换。当节点的随机部署完成后，就开始节点间信息的相互交换。未知节点获取邻居信标节点的位置信息和 ID。通过信息交换，未知节点可确定周围存在的邻居信标节点数，进一步可以确定未知节点周围的邻居信标三角形数。

3）判断邻居信标三角形是否包含未知节点。对每一个未知节点，按照步骤 2）得出所有的邻居信标三角形后，采用上节所述的三角形相似内点测试法，求出所有的外接三角形数 n，并记录下这些外接三角形的三个顶点的坐标

$$\begin{cases}(x_{11},\ y_{11}),\ (x_{12},\ y_{12}),\ (x_{13},\ y_{13})\\(x_{21},\ y_{21}),\ (x_{22},\ y_{22}),\ (x_{23},\ y_{23})\\\cdots\cdots\\(x_{i1},\ y_{i1}),\ (x_{i2},\ y_{i2}),\ (x_{i3},\ y_{i3})\\\cdots\cdots\\(x_{n1},\ y_{n1}),\ (x_{n2},\ y_{n2}),\ (x_{n3},\ y_{n3})\end{cases} \tag{14.23}$$

式中，$(x_{i1},\ y_{i1})$，$(x_{i2},\ y_{i2})$，$(x_{i3},\ y_{i3})$ 为第 i 个外接三角形三个顶点的坐标。

4）求所有外接三角形重合区域的质心。在计算所有外接三角形重合区域的质心时，有

两种算法。

一种是质心法，即先取所有外接信标三角形的质心

$$
\begin{cases}
x_{O1} = \dfrac{x_{11} + x_{12} + x_{13}}{3},\ y_{O1} = \dfrac{y_{11} + y_{12} + y_{13}}{3} \\
x_{O2} = \dfrac{x_{21} + x_{22} + x_{23}}{3},\ y_{O2} = \dfrac{y_{21} + y_{22} + y_{23}}{3} \\
\cdots\cdots \\
x_{Oi} = \dfrac{x_{i1} + x_{i2} + x_{i3}}{3},\ y_{Oi} = \dfrac{y_{i1} + y_{i2} + y_{i3}}{3} \\
\cdots\cdots \\
x_{On} = \dfrac{x_{n1} + x_{n2} + x_{n3}}{3},\ y_{On} = \dfrac{y_{n1} + y_{n2} + y_{n3}}{3}
\end{cases}
\tag{14.24}
$$

最后将所有三角形的质心的质心作为定位结果

$$
\begin{cases}
x = \dfrac{x_{O1} + x_{O2} + \cdots + x_{Oi} + \cdots + x_{On}}{n} \\
y = \dfrac{y_{O1} + y_{O2} + \cdots + y_{Oi} + \cdots + y_{On}}{n}
\end{cases}
\tag{14.25}
$$

另一种方法是格子扫描法，如图 14.29 所示。具体算法如下：将监测区域划分成很多个正方形的小格子，每个小格子都有属于自身的计数器，计数器初始值为 0，用以计算外接邻居信标三角形与该格子的相交次数。可以设格子的边长为 $0.1R$，其中 R 为节点通信半径。那么，每当存在三角形与格子相交一次，对应的格子计数器就自加一。当穷尽所有的三角形时，具有格子计数器最大值所对应的区域就是重合区域的所在。这时，计算它的重心位置，就是未知节点的估计位置了。

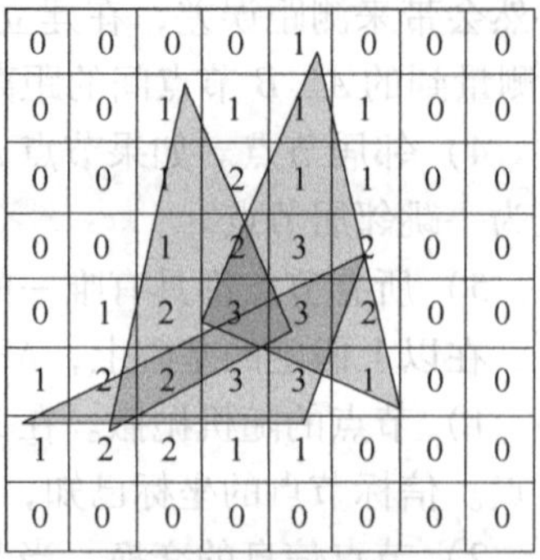

图 14.29 格子扫描法

在图 14.29 中，有五个格子的计数器的值都为 3，将这五个格子提取出来。假设 $A \sim E$ 五个格子每个格子的质心坐标为

$$(X_A,\ Y_A),\ (X_B,\ Y_B),\ (X_C,\ Y_C),\ (X_D,\ Y_D),\ (X_E,\ Y_E)$$

则整个区域的质心位置 $(X,\ Y)$ 为

$$
\begin{cases}
X = \dfrac{X_A + X_B + X_C + X_D + X_E}{5} \\
Y = \dfrac{Y_A + Y_B + Y_C + Y_D + Y_E}{5}
\end{cases}
\tag{14.26}
$$

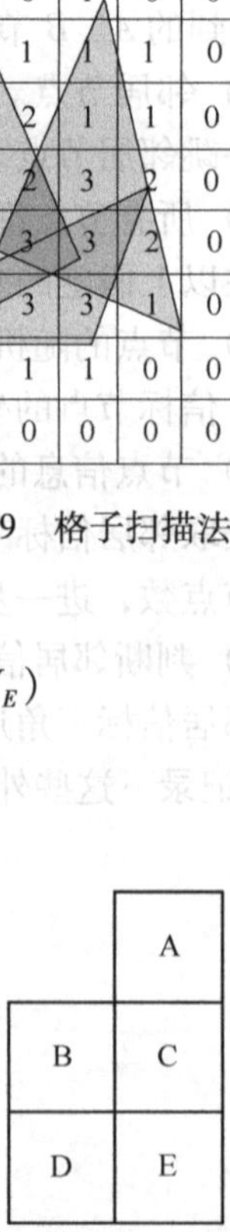

图 14.30 重合区域示意

重合区域示意如图 14.30 所示。

算法的伪代码描述如下：

Node _ Initial _ distribution；//节点的初始化

for（each beacon node）//信标节点广播初始化信息

```
{
    Broadcast its location and ID;
}
for (each unknown node) //未知节点
{
    //未知节点接收邻居信标节点信息
    Get information from its neighbor beacon nodes;
    //求出所有的外接邻居信标三角形
    Calculate all of the neighbors beacons triangle;
    if (neighbors beacons triangle >0) //该未知节点存在邻居信标三角形
     {
        Calculate the intersection of these triangle; //计算三角形的重合区域
        //将重合区域的重心作为该未知节点的位置
        The center of this intersection is the location of this unknown node;
    }
    else
     {
        The unknown node is not located; //该节点为未定位节点
    }
}
```

为了进一步了解 APIT 算法的性能，在 Matlab 平台上对算法进行仿真。在 100m × 100m 的区域内布置 100 个节点，设通信半径 $R = 20\text{m}$，依次增加信标节点的比例，观察定位的覆盖率和误差率。仿真结果如图 14.31 和图 14.32 所示。

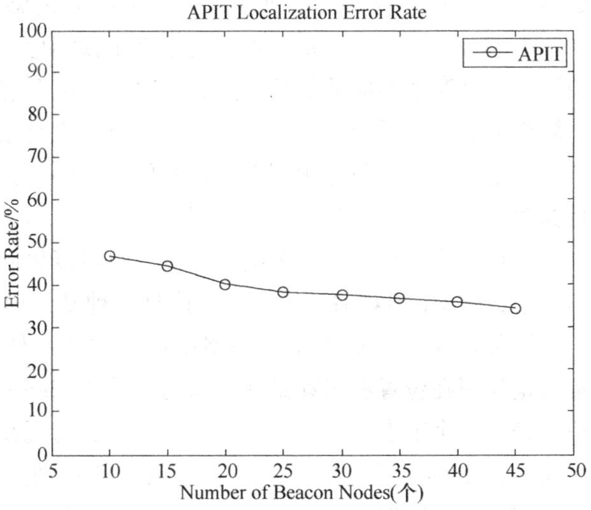

图 14.31　APIT 定位算法误差率的仿真结果

由图 14.32 可知，APIT 定位的误差率在 50% 之下，并且随着信标节点比例的增加，误差率的变化不大，这是 APIT 算法的优点之一。算法的覆盖率在信标节点比例较少的情况下增长幅度较快，但是当信标节点比例到达一定的数值后，增长幅度明显降低。造成这种情况的原因主要是在网络覆盖区域的边缘地带，会存在一定量的未知节点，这部分未知节点周围并没有存在足够数量的信标节点可以组成邻居信标三角形。

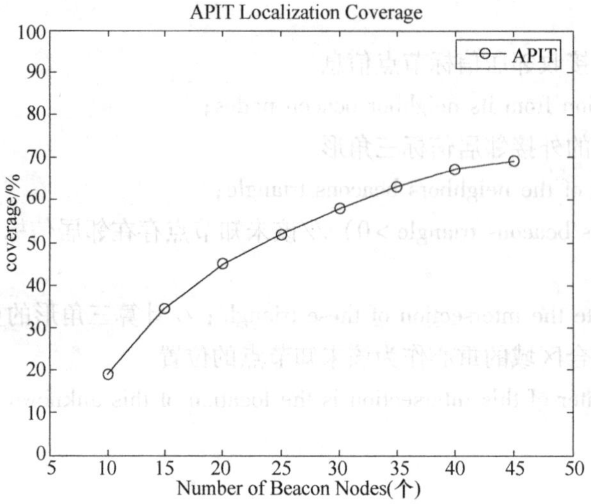

图 14.32　APIT 定位算法覆盖率的仿真结果

14.5　目标跟踪控制

1. 基于预测机制的目标跟踪算法

最初提出跟踪算法的是 Nai' ve。该算法使感应区域中的所有传感器节点始终出于激活状态，保持着对区域的监视。有学者提出了跟踪算法就是基于预测思想，即对目标的下一个可能位置进行线性的预测，并且激活相应的信标节点，同时目标离开感应区，自动进入休眠状态。如果跟踪失败，簇头节点就激活范围内的所有信标节点，恢复跟踪。

目前研究热点主要还是集中在目标跟踪预测上，也叫做轨迹跟踪预测。有学者研究了层次型无线传感器网络目标跟踪的特点：首先，加入双层预测机制，信标节点进行卡尔曼滤波的微观预测，簇头节点则进行曲线拟合的宏观预测；其次，对恢复机制进行改进，采取泛洪扩散的方法。KUMAR 等撰文提出了绝对估计的概念，这是一种基于模型的预测性移动节点跟踪系统，KUMAR 提出了在无线 ad hoc 传感器网络中设计的绝对估计算法，其原始思想是，节点未来运动位置总是与现在位置和运动是有关系的，整个网络中所有节点都是维持着一张所有节点的位置信息表，某个节点利用前一时刻节点的位置与现在节点的位置进行矢量的运算，得出节点在 X 轴方向上的运动速度与在 Y 轴方向上的移动速度；然后该节点将自己的速度信息通过 flooding 的方式广播出去，告诉其他所有节点去更新自己的节点位置，所有节点在获得速度后进行计算估计出此节点新的位置，并且更新自己的信息表。每隔一定时间，每个节点都会采样获取自己的位置值，再把实际值和预算值进行比较，倘若实际值和预算值的比较符合一定误差要求，那么节点就不会广播自己的位置值。

2. 基于贝叶斯滤波、卡尔曼滤波和粒子滤波的跟踪算法

在目标追踪中，经常需要对目标的位置序列进行准确的估计，即在收到所需要的测量值后，进行一次估计。在这种情形下，一般使用贝叶斯滤波、卡尔曼滤波与粒子滤波等方法进行估计。

贝叶斯滤波主要是使用可用的信息构成状态的后验概率分布密度函数（PDF）。它的预测阶段主要就是使用一个系统模型对下一时刻、下一点的状态 PDF 进行预测；更新阶段就是利用最新的测量值来修正所预测的 PDF。其预测阶段的系统模型主要有高斯模型、高斯-马尔科夫模型与混合模型等。模型要求尽量简单，这样便于减小计算量，也要尽可能和实际的轨迹近似。

卡尔曼滤波（Kalman Filter，KF）是通过建立目标运动模型与系统测量模型以及对目标的预测和更新位置信息进行反复迭代运算，以实现目标跟踪。有学者提出了基于卡尔曼滤波建立的航天器和目标的相对运动方程，利用目标方位观测量之间的相关性，提高了目标检测能力，实现了目标的有效跟踪。

粒子滤波（Particle Filter，PF），以被称为“粒子”的随机样本描述概率分布。其在测量基础上，通过对各粒子权值的大小和样本位置的调节，实现近似实际的概率分布，并且以样本均值作为系统的估计值，很好地解决了非线性、非高斯随机系统的状态估计。目前，粒子滤波算法已广泛使用在目标跟踪、系统识别、参数估计和导航与制导等领域。但是，粒子滤波需要复杂的迭代过程，计算量很大，并且数据存储量大。典型的粒子滤波目标跟踪算法是：利用粒子滤波进行目标跟踪算法和用多粒子滤波跟踪多个目标的算法，每个粒子都负责跟踪自己的目标，这可以避免在高位空间下带来的冲突。

除了上面的这些跟踪算法外，也有人也提出了一种速度自适应无线传感器网络的目标跟踪算法。在定位策略方面，利用历史信息对物体运动的趋势进行预测，从而动态地调整传感器节点的采样频率，实现节约能量的目标；在结果传送方面，也引入了 SGEAR（Simplified GEAR）路由机制，在路由选择过程中，同时考虑地理信息与能量信息来实现在较大范围的负载均衡。此算法实现了对速度大小与方向两个维度的自适应，所以，在保证定位精度的前提下，还能有效地延长整个系统的生命周期。

1）目标跟踪预测机制。目标采用了位置、速度与加速度状态模型，在 t_k 时刻，目标状态向量 $\boldsymbol{X}_k=(x_k, \dot{x}_k, \ddot{x}_k, y_k, \dot{y}_k, \ddot{y}_k)$，其中 (x_k, y_k)、$(\dot{x}_k, \dot{y}_k)$ 和 $(\ddot{x}_k, \ddot{y}_k)$ 表示目标的位置、速度与加速度，建立如下的目标状态方程及观测方程：

$$\boldsymbol{X}_{k+1}=\boldsymbol{\Phi}(\cdot)\boldsymbol{X}_k+\boldsymbol{\Gamma}(\cdot)\boldsymbol{W}_k \tag{14.27}$$

$$\boldsymbol{Z}_{k+1}=\boldsymbol{H}(\cdot)\boldsymbol{X}_{k+1}+\boldsymbol{V}_{k+1} \tag{14.28}$$

式中，$\boldsymbol{X}_{k+1}$为 t_{k+1}时刻估计值，即为预测值；$\boldsymbol{Z}_{k+1}$为系统观测值；$\boldsymbol{\Phi}(\cdot)$ 是状态转移矩阵；$\boldsymbol{\Gamma}(\cdot)$ 是噪声驱动矩阵；$\boldsymbol{H}(\cdot)$ 是观测矩阵；$\boldsymbol{W}_k$ 和 $\boldsymbol{V}_{k+1}$是互不相关的激励噪声序列与测量噪声序列。

2）目标跟踪预测数学分析。对于目标跟踪，当目标在非常短时间内时，可认为是做匀加速运动，目标位置 (x, y) 与时间 t 是能够满足牛顿运动定理

$$\begin{cases} x(t)=x_0+v_x t+0.5a_x t^2 \\ y(t)=y_0+v_y t+0.5a_y t^2 \end{cases} \tag{14.29}$$

式中，(x_0, y_0) 为目标初始坐标；v_x、v_y 为目标初速度分量；a_x、a_y 为加速度分量。

设 $S(S_x, S_Y)$ 是 t_k 时刻目标位置 $[x(t_k), y(t_k)]$ 与 t_{k+1} 时刻目标位置 $[x(t_{k+1}), y(t_{k+1})]$ 之间的距离，那么有

$$S_x = \sqrt{[x(t+1)-x(t)]^2}, S_y = \sqrt{[y(t+1)-y(t)]^2}, S = \sqrt{S_x^2 + S_y^2}$$

由上式可知

$$S = f(v, a) \tag{14.30}$$

分析目标运动过程，可知目标位置预测实质是目标当前时刻位置与下一时刻运动距离的和。

在分布式目标跟踪过程中，每个时刻会激活许多个节点对目标进行探测。假设各个节点间的探测是相互独立的，因此节点间的联合探测似然函数可以分解为各个节点探测似然函数的乘积，即

$$P(z_t \mid x_t^m) = \prod_{i=1}^{N} P(z_{i,t} \mid x_t^m) \tag{14.31}$$

式中，N 是当前时刻处于监测状态的传感器节点数目；z_t 为 N 个节点的联合探测，$z_t = (z_{1,t}, z_{2,t}, \cdots, z_{N,t})^{\mathrm{T}}$；$z_{i,t}$ 为传感器 i 的探测。

基于动态分簇结构，在无线传感器网络中利用权值选优粒子滤波进行分布式目标跟踪。

3）基于权值选优粒子滤波的目标跟踪预测。假设 t_k 时刻目标观测值为本地最终估计位置 $h_k(x_k, y_k)$，预测速度为 $\tilde{v}_k$（$\tilde{\dot{x}}_k$，$\tilde{\dot{y}}_k$），预测加速度为 $\tilde{a}_k$（$\tilde{\ddot{x}}_k$，$\tilde{\ddot{y}}_k$），由式（14.29）可知状态转移矩阵为

$$\boldsymbol{\Phi}(\cdot) = \begin{bmatrix} 1 & T & T^2 & 0 & 0 & 0 \\ 0 & 1 & T & 0 & 0 & 0 \\ 0 & 0 & 1 & 0 & 0 & 0 \\ 0 & 0 & 0 & 1 & T & T^2 \\ 0 & 0 & 0 & 0 & 1 & T \\ 0 & 0 & 0 & 0 & 0 & 1 \end{bmatrix} \tag{14.32}$$

设采样时间为 T 和预测位置 $\tilde{h}_{k+1}$（$\tilde{x}_{k+1}$，$\tilde{y}_{k+1}$），由本地估计位置 h_k（x_k，y_k）可得 t_{k+1} 时刻目标预测位置为

$$\begin{cases} \tilde{x}_{k+1} = x_k + \tilde{\dot{x}}_k * T + 0.5 \times \tilde{\ddot{x}}_k * T^2 \\ \tilde{y}_{k+1} = y_k + \tilde{\dot{y}}_k * T + 0.5 \times \tilde{\ddot{y}}_k * T^2 \end{cases} \tag{14.33}$$

$\tilde{h}_{k+1}$（$\tilde{x}_{k+1}$，$\tilde{y}_{k+1}$）由该时刻观测值修正，得本地最终估计位置 h_{k+1}（x_{k+1}，y_{k+1}）

利用软件 Matlab7.1，假设 300 个传感器节点随机分布在 200m × 200m 的监测区域中，所有节点都具有相同的功能与性能，有效通信半径均为 30m，传感器有效探测距离均为 15m，所有传感器的采样周期 $T = 1\mathrm{s}$。目标初始状态服从正态分布，目标初始位置为（0，0），速度为（10，0），加速度为（0，1.2），$V_k \sim N(0, 1.5)$，$randn \sim N(0, 1)$，$W_k = [0; 0; randn; 0; 0; randn]$。每次仿真中 Monte Carlo 仿真次数都是 100 次，有效粒子数目 N 分别取 200、400 和 600。权值选优粒子滤波算法中的总粒子数 M 取为 1000 个，每次在其中选择权相对而言较大的 N 个粒子。实验仿真比较的标准就是取每次仿真中每个时刻普通粒子滤波算法和权值选优粒子滤波算法估计得到的目标跟踪位置相对于目标实际位置的误差大小。

如图 14.33 ~ 图 14.35 所示，粒子数目 N 取 200、400 和 600 时，可以看出两种滤波方法在 100 次仿真时的平均误差情况。这两种方法虽然都和实际目标轨迹存在误差，但是普通粒子滤波得到的误差与权值选优粒子滤波得到的误差相比，更加偏大。其中，当粒子数目 N 取 200 时，权值选优粒子滤波得到的误差远大于 N 取 400 和 600 时的误差。除此还可以看出，当粒子数 N 取 400 和 600 时，权值选优粒子滤波得到的误差大小差不多。图 14.33 反映出，普通粒子滤波的整体平均误差在 6m 左右，而权值选优粒子滤波的整体平均误差在 3m 左右；图 14.34 反映出，普通粒子滤波的整体平均误差在 5.5m 左右，而权值选优粒子滤波的整体平均误差在 1m 左右；图 14.35 反映出，普通粒子滤波的整体平均误差在 5m 左右；而权值选优粒子滤波的整体平均误差在 0.8m 左右，个别时刻的误差甚至非常小。这三种情形下，权值选优粒子滤波整体误差比普通粒子滤波分别减小了 50%、82% 和 84%。不过，最终粒子数 N 取哪一个值，还要看这三种情况时所需要消耗的跟踪仿真时间。

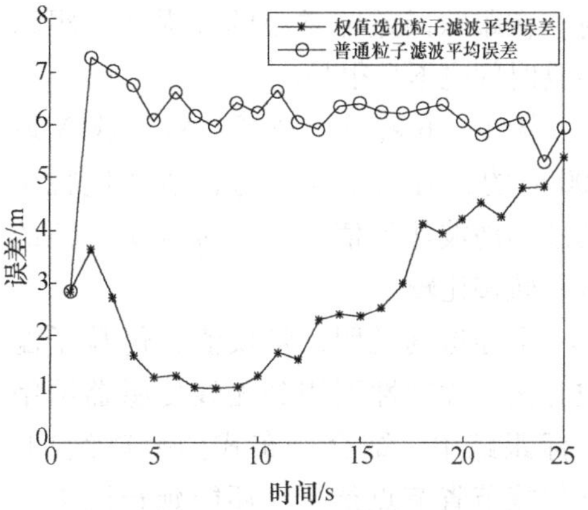

图 14.33　$N=200$ 时，普通粒子滤波与权值选优粒子滤波跟踪的平均误差比较

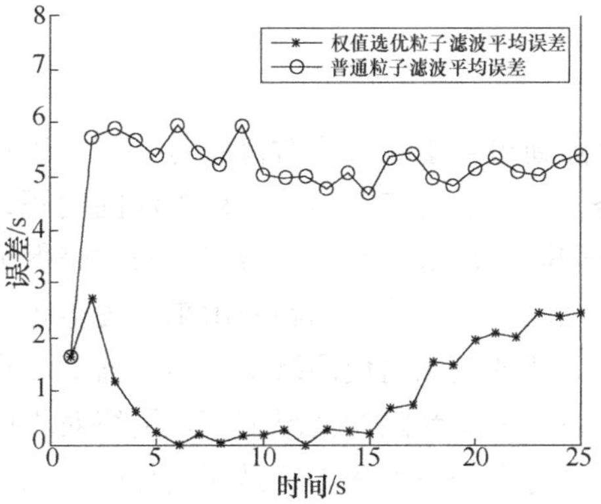

图 14.34　$N=400$ 时，普通粒子滤波与权值选优粒子滤波跟踪的平均误差比较

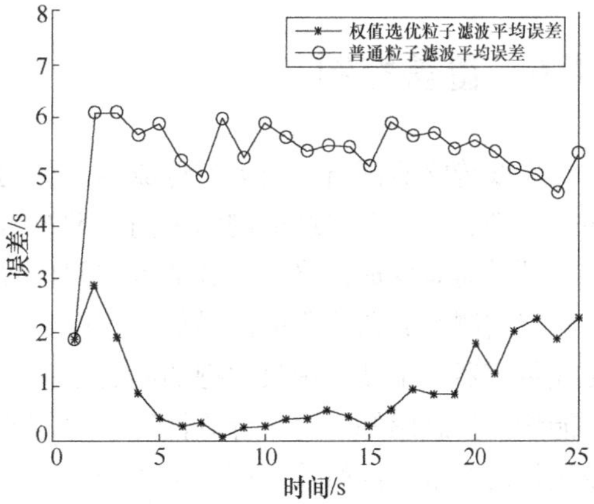

图 14.35　$N=600$ 时，普通粒子滤波与权值选优粒子滤波跟踪的平均误差比较

两种粒子滤波在 N 取 200、400 和 600 时的跟踪仿真时间 t/s 比较见表 14.1。

表 14.1　两种粒子滤波在 N 取 200、400 和 600 时的跟踪仿真时间 t/s 比较

滤波方式	$N=200$	$N=400$	$N=600$
普通粒子滤波	0.0951	0.1728	0.2271
权值选优粒子滤波	0.1137	0.1806	0.2505

从表 14.1 中得出，粒子数 N 在 200、400 和 600 时，普通粒子滤波的目标跟踪消耗时间稍稍小于权值选优粒子滤波的目标跟踪消耗时间，但是在现实中更多要求的指标是目标跟踪

精度，权值选优粒子滤波显然更有优势。

综合误差大小和跟踪仿真时间，当粒子数 N 取 400 时，相对而言是最合理的，因为此时，在跟踪误差非常小的前提下，跟踪仿真时间也不是很长。

图 14.36 就是反映了在粒子数 N 取 400 时的普通粒子滤波与权值选优粒子滤波的滤波估计值和目标位置实际值的跟踪轨迹比较。

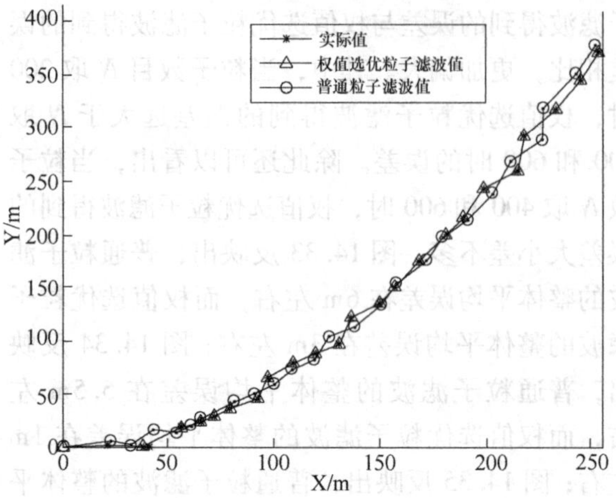

图 14.36　普通粒子滤波与权值选优粒子滤波的滤波估计值和目标位置实际值的跟踪轨迹比较

上述仿真说明，将权值选优粒子滤波方法的优越性引用到无线传感器网络目标跟踪中，结合分布式的分簇结构，不仅能节省节点能量，还能延长网络寿命。上述仿真也显示了选择好适当的粒子数目（粒子数 N 取 400），跟踪精度比普通粒子滤波时的提高了 82%，这对于无线传感器网络目标跟踪具有很大的意义。

14.6　覆盖控制

无线传感器网络是由大量低成本、低功耗的节点通过自组织方式对待测对象信息进行感知、处理、通信并自组成网的一门新型技术。网络中，节点的布置是首先被关注的问题，这个问题继而演变成网络中所有节点空间位置的分布问题，即如何通过对节点的布放来保证网络对待监测对象监测程度的最优。这就是无线传感器网络覆盖控制问题的由来。覆盖控制是无线传感器网络技术中最关键的问题之一，它主要关注的是如何使网络中的传感器节点在电池能量、信息感知能力、计算性能、通信能力等一系列因素受限的情况下满足网络对不同覆盖质量的要求，同时兼顾网络资源的合理配置和网络寿命的最大化。这是无线传感器网络应用中需要首先解决的问题，也是网络其他一切工作的基础。因此，无线传感器网络覆盖控制技术的研究显得尤为重要。

合理有效的节点部署方案可以大大减少网络搭建时间，快速覆盖目标区域，而且通过协调控制还可以延长网络寿命，适应变化的拓扑结构。如果网络具有了自组织能力，也就可以根据需要使网络分散、汇聚、自我识别和最大化监测范围。

网络的自组织除了需要考虑节点根据需求的自主移动外，还需要考虑节点配置中的一些问题，如区域的覆盖和节点间的通信连接等问题。

传感器网络对区域的覆盖问题，其实质就是在兼顾到节点间通信的基础上，实现监测范围的最大化。主要考虑两点：覆盖的均匀性和达到覆盖要求时节点配置的快速性。

覆盖的均匀性保证了节点分布的均匀，由于节点均匀分布的传感器网络在工作时，能量的消耗相对来讲会均衡一些，这样可以避免过早出现失效节点，起到了平衡能量负载的作用，从而整体上延长网络的寿命，因此，可以用均匀性作为衡量网络覆盖好坏的一项指标。

均匀性一般用节点间距离的标准差来表示，标准差的值越小则覆盖均匀性就越好[4]。网络节点覆盖性的另一个重要衡量指标是覆盖时间。较短的覆盖时间，在营救以及对突发事件的监测中，显得尤为重要。

节点间的通信连接问题也要在网络的自组织中被考虑，不但要使所覆盖区域最大化，还应该保证网络中各节点间的连通性，使采集到的信息能够准确地传递到基站。

基于上述要求，采用的传感器网络自组织模型如下：

1）网络结构采用分级结构。如果移动传感网络需要在某个区域内进行自组织配置，则先由主簇头带领该簇移动节点进入此区域。当节点数量较少时（小于等于 6 个），则围绕主簇头在此区域内进行自组织配置；当节点数量较多时，还要引入辅簇头。

2）传感器网络中，为了研究方便，假设每个传感器的通信范围 r_c 与监测范围 r_s 相同，均为半径相同的圆形区域，即 $r_c/r_s=1$，且半径为 1，这种对半径的量化，是不影响结果的。

3）每一簇的节点数量是人为给出的，在传感器数量有限的情况下，要达到传感器网络节点覆盖性的性能指标，此簇节点应该快速且均匀地在区域内自组织配置。

4）传感器网络的自组织环境是无约束的。节点的自组织只受到其通信范围与监测范围的约束。

上述网络自组织模型，是一个带约束的优化模型。粒子群优化算法（PSO）[5,6]是一种高效的并行搜索算法，可用于求解非线性、多峰值的复杂优化问题。因此本文采用改进的粒子群算法对无线传感器网络自组织模型进行求解。

网络的自组织需要解决的优化问题是，一簇在一定区域随机分布的传感器，如何控制它们在较短的时间内进行自组织，使传感器网络的覆盖范围最大化，且各传感器达到均匀分布。

此外还有一个约束条件，即要保证在网络进行自组织后，每个节点至少有一个一跳节点与它连通，确保节点间的通信。

14.6.1　虚拟势场力方法

虚拟势场力（Virtual Potential Force）方法参考了物理学中分子间相互作用力的关系，其假定无线传感器网络中的节点、目标和障碍物都为带电粒子，它们之间存在着相互作用力。在无障碍的区域覆盖中，被类比成带电粒子的传感器节点之间既有吸引力也有排斥力。当两节点间距离小于某阈值时，节点间表现的排斥力使两节点相互远离；反之，两节点间表现为吸引力并相互靠近[51]。因此，按照一定的规则设定节点间作用力与距离的关系，在合力作用下使节点移动，就能够有效避免节点间距多大多小的问题，从而充分覆盖待监测区域。图 14.37 所示为 R_i 与 R_j 两节点间虚拟力示意。

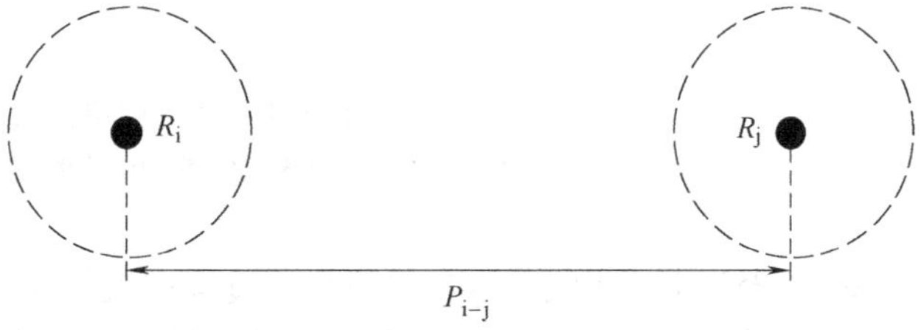

图 14.37　节点间虚拟力示意

节点 R_i 受到其他节点的引斥力的合力 $\boldsymbol{F}_{1i}$定义为

$$\boldsymbol{F}_{1i}=\sum_{j=1}^{n}k_i(\|\boldsymbol{P}_{i-j}\|-d_{i-j})\frac{\boldsymbol{P}_{i-j}}{\|\boldsymbol{P}_{i-j}\|} \tag{14.34}$$

式中，n 为对 R_i 施力的节点个数；k_i 为节点间虚拟力参数；$\boldsymbol{P}_{i-j}$ 为两节点间的向量。

节点 R_i 受到来自待监测区域边界的引斥力的合力 $\boldsymbol{F}_{2i}$ 定义为

$$\boldsymbol{F}_{2i} = \sum_{j=1}^{m} k_b(\|\boldsymbol{P}_{i-bj}\| - d_{i-bj}) \frac{\boldsymbol{P}_{i-bj}}{\|\boldsymbol{P}_{i-bj}\|} \tag{14.35}$$

式中，m 为待监测区域边界条数；k_b 为边界虚拟力参数；$\boldsymbol{P}_{i-bj}$ 节点与边界间向量。

因此节点 R_i 所受合力为

$$\boldsymbol{F}_i = \boldsymbol{F}_{1i} + \boldsymbol{F}_{2i} \tag{14.36}$$

根据力学公式得出节点 R_i 的运动学方程

$$\frac{\mathrm{d}^2 S(i)}{\mathrm{d}t^2} = \frac{1}{m}\sum F_i \tag{14.37}$$

式中，S、m 分别为节点位移、质量；t 为时间。

为了验证上述算法的有效性，在一个待监测区域为 8×8 的二维矩形中随机布置 13 个感知半径为 1 的传感器节点。为了模拟网络在运行过程中发生的拓扑事件，在节点进行自组织过程中人为使其中的两个节点停止工作，然后利用传统虚拟力方法对待监测区域进行自组织覆盖。在 Matlab 环境下进行仿真实验，网络的覆盖状态和拓扑事件发生后节点移动的轨迹分别如图 14.38a、b 所示。

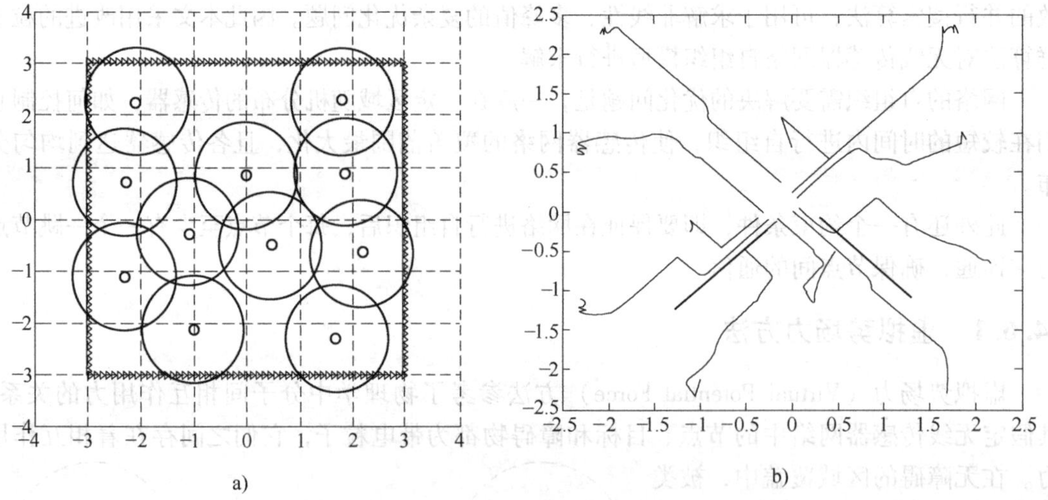

图 14.38　传统虚拟力法的覆盖结果和节点轨迹

a）传统虚拟力法覆盖结果　b）传统虚拟力法节点轨迹

图 14.38b 中，粗线表示自组织覆盖过程中被停止工作的节点移动轨迹，细线表示正常节点的移动轨迹。图 14.38a、b 所示实验结果显示，传统的虚拟力方法能有效地对节点进行自组织，完成覆盖后网络连通且覆盖冗余少。但当拓扑事件发生后，各节点的移动轨迹不光滑，存在很多的硬性转折的现象，这对节点的性能和网络能量都提出了较高的要求。

14.6.2　粒子群方法

对于一簇传感器，当其数量较少时，可采用粒子群方法进行节点的自组织。

下面具体的说明采用改进粒子群算法的求解过程：

1）对粒子的假设。由于是在二维平面上进行无线传感器网络的自组织，所以设 $\boldsymbol{x}_i=(x_{i1},\ x_{i2},\ \cdots,\ x_{im})$、$\boldsymbol{y}_i=(y_{i1},\ y_{i2},\ \cdots,\ y_{im})$ 为粒子群中第 i 个粒子的位置向量（$i=1,\ 2,\ \cdots,\ n$）。其中，m 表示一簇传感器中节点的数量；n 表示粒子群的规模，即粒子群中有 n 个粒子；$\boldsymbol{x}_i$ 和 $\boldsymbol{y}_i$ 分别表示第 i 个粒子位置的横纵坐标。

再设 $\boldsymbol{v}_{xi}=(v_{xi1},\ v_{xi2},\ \cdots,\ v_{xim})$ $\boldsymbol{v}_{yi}=(v_{yi1},\ v_{yi2},\ \cdots,\ v_{yim})$ 分别是粒子 i 沿 x 和 y 轴方向上的速度向量；$\boldsymbol{p}_{xi}=(p_{xi1},\ p_{xi2},\ \cdots,\ p_{xim})$、$\boldsymbol{p}_{yi}=(p_{yi1},\ p_{yi2},\ \cdots,\ p_{yim})$ 是粒子 i 在优化过程中所经过的具有最好适应值的位置的横纵坐标；$\boldsymbol{p}_{xg}=(p_{xg1},\ p_{xg2},\ \cdots,\ p_{xgm})$、$\boldsymbol{p}_{yg}=(p_{yg1},\ p_{yg2},\ \cdots,\ p_{ygm})$ 是整个粒子群搜索到的最优位置的横纵坐标。其中，m、n 的含义与上面相同。

2）粒子的初始化。根据前面所讨论的网络自组织模型，节点一般围绕簇头进行自组织配置。又因为节点间通信的需要，所以，在粒子初始化时，把节点初始化在以簇头为圆心，以 1 为半径的圆内。这样的初始化，表示自组织网络中的传感器起初是围绕簇头随机配置的。

3）适应度的计算。设各个节点间距离之和为 $\sum\limits_{i\neq m}^{i,j\leqslant m} d_{ij}$。在本文所讨论的网络自组织模型中，因为一簇传感器在某个区域内进行自组织配置，是先由簇头带领该簇移动节点进入此区域，然后围绕簇头在此区域内进行自组织配置，所以簇头一般位于网络的中心，其他传感器作为它的一跳节点。因此，本文所使用的适应度函数为 $\sum\limits_{i\neq m}^{i,j\leqslant m} d_{ij}-\sum\limits_{k=1}^{m-1} D_k$。其中，$d_{ij}$ 是节点 i 与节点 j 之间的距离，D_k 是除簇头以外的 k 个节点到簇头的距离，m 的含义仍同上。经过变化后，适应度函数表示的是节点到除簇头以外其他节点的距离之和。这样取适应度函数，减少了优化目标，能够使网络的自组织更加迅速。

4）速度和位置的改进进化方程。由于基本粒子群算法易于陷入局部最优，所以有必要对其进行改进。在优化前期，为了使粒子能够以较大的速度接近最优位置；在优化后期，为了不使粒子速度过大脱离最优位置，对基本粒子群算法的速度和位置进化方程进行改进。

对于第 i 个粒子的第 j 维（一簇传感器中的第 j 个传感器）来说，从第 t 代进化到第 $t+1$ 代的位置和速度用下面的进化方程计算：

$$\begin{cases}x_{ij}(t+1)=x_{ij}(t)+\eta(t)v_{xij}(t+1)\\ y_{ij}(t+1)=y_{ij}(t)+\eta(t)v_{yij}(t+1)\end{cases}\tag{14.38}$$

$$\begin{cases}v_{xij}(t+1)=\omega(t)v_{xij}(t)+c_1r_1[p_{xij}(t)-x_{ij}(t)]+c_2r_2[p_{xgj}(t)-x_{ij}(t)]\\ v_{yij}(t+1)=\omega(t)v_{yij}(t)+c_1r_1[p_{yij}(t)-y_{ij}(t)]+c_2r_2[p_{ygj}(t)-y_{ij}(t)]\end{cases}\tag{14.39}$$

式中，$i=1,\ 2,\ \cdots,\ n$；$j=1,\ 2,\ \cdots;\ m$；ω 为惯性权重；c_1、c_2 为加速常数；r_1、r_2 为［0，1］内均匀分布的随机数。

ω、c_2 和 η 是动态调整的，其调整规律分别为

$$\omega(t)=\omega_{\max}-(\omega_{\min}t/g_{\max})\tag{14.40}$$

$$\eta(t)=\frac{(\eta_{\max}-\eta_{\min})}{1+\exp[\lambda(t-g_{\max}/2)]}+\eta_{\min}\tag{14.41}$$

$$c_2=\frac{(c_{2\max}-c_{2\min})}{1+\exp[(-\lambda)(t-g_{\max}/2)]}+c_{2\min}\tag{14.42}$$

式中，$\omega_{\max}$、$\omega_{\min}$分别是ω变化的最大值与最小值；$\eta_{\max}$、$\eta_{\min}$分别是η变化的最大值与最小值，一般取$\eta_{\max}\in[1.0, 1.8]$，$\eta_{\min}\in[0.4, 0.8]$；$c_{2\max}$，$c_{2\min}$分别是c_2变化的最大值与最小值，一般取$c_{2\max}\in[1.6, 2.0]$，$c_{2\min}\in[0.6, 1.0]$；t为寻优迭代次数，$g_{\max}$为最大迭代次数；λ为常数，一般取$\lambda\in[0.005, 0.015]$。

5）约束条件的处理。在通过位置与速度进化方程的计算后，传感器网络中节点的位置可能超过簇头的通信范围，此时应对其按照前面初始化的方法重新初始化。

利用上述的自组织网络模型，并结合粒子群算法，在保证节点间能够通信的前提下，必然能够使网络的覆盖范围最大化，且各传感器能够均匀分布，实现传感器网络的自组织。

当考虑较多节点在一定区域内的自组织问题时，如果适应度函数还采用节点间的距离之和，随着节点的增加，节点间的连接会以指数增长，所要优化的目标也会增加，算法可能导致网络自组织不够及时。这时需引入辅簇头。

辅簇头是依照粒子群方法进行自组织后的一些节点。它是用来作为新的中心，指导其他未配置的传感器进行自组织的。具体方法如下：

①应用上述方法，根据给定的围绕主簇头的节点数N，计算出主簇头周围节点的最优位置，并把所有传感器分成数量大致均等的N个子簇；

②在N个子簇中，分别选出一个节点作为辅簇头，把其配置到由主簇头计算好的最优位置处，在这一过程中，其所在的子簇跟随其运动到最优位置附近；

③各个辅簇头再计算它们周围的最优位置（其中要考虑到已经配置好的节点是不再移动的），并按照最优位置配置传感器；

④如此进行递推，使得整个网络不断展开，直到所有传感器自组织完毕。

当节点数较少时，用优化代数作为试验的结束条件，优化代数为50次。当优化迭代次数满足要求时，粒子群算法结束，此时返回无线传感器网络经过自组织后，一簇传感器中各个节点的位置坐标。此外，为了方便，把要监测范围的中心定为坐标的原点，即簇头处于坐标原点。仿真结果如图14.39~图14.41所示。

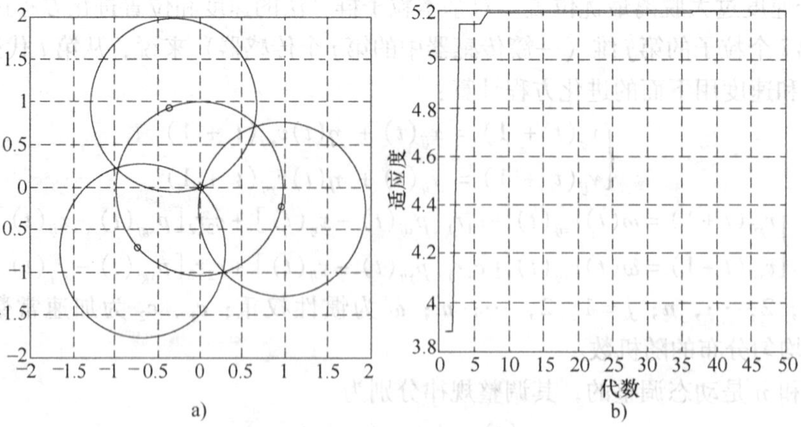

图14.39　四个传感器的自组织

a）传感器位置分布　b）适应度变化曲线

图14.39a、14.40a、14.41a中的“○”表示算法结束时传感器自组织后的位置。

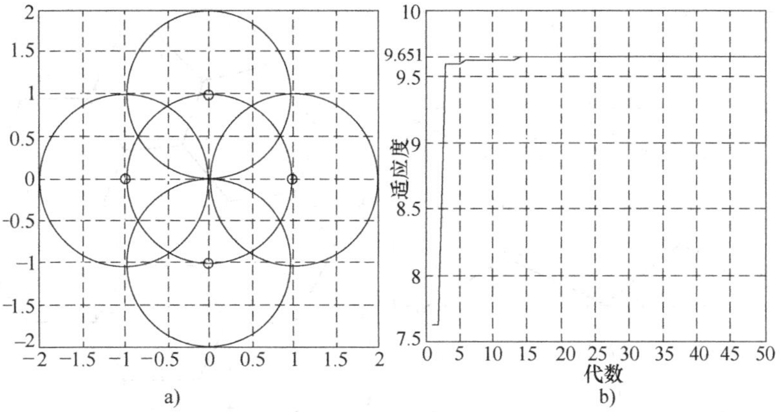

图 14.40　五个传感器的自组织

a）传感器位置分布　b）适应度变化曲线

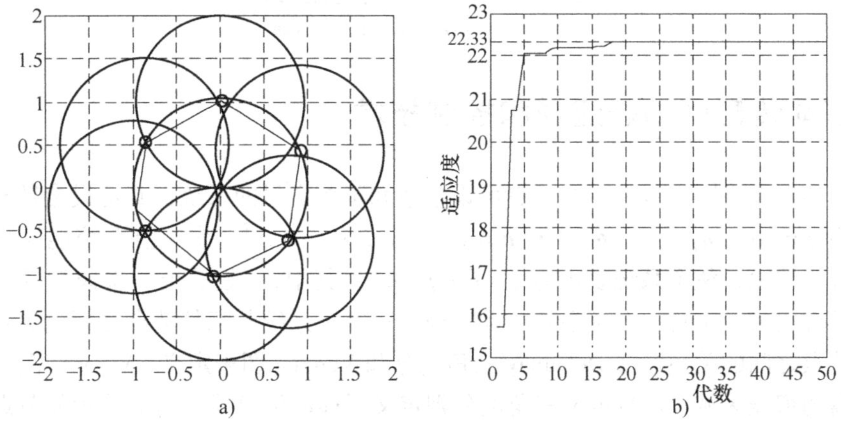

图 14.41　七个传感器的自组织

a）传感器位置分布　b）适应度变化曲线

从图 14.39b、图 14.40b 适应度曲线中可以看出，在四个节点和五个节点的情况下，算法经过很少的代数就能够得到自组织后网络中传感器的坐标值，且能够均匀的分散在簇头的通信范围内。

从图 14.41b 中可以看出，传感器网络也能够以较快的速度进行自组织，最大化覆盖范围。并且，当一簇中七个传感器均匀配置时，外围形成一个正六边形，网络中每个节点都应该至少能与另外两个一跳节点互相通信。因此，当七个传感器组成一簇时，已能够保证网络的连通，所以，除非扩大监测范围，一般不再给簇头配置更多的相邻一跳节点了。采用六边形的节点配置方案，按照粒子群方法，传感器进行自组织后，结果如图 14.42 所示。

图 14.42 展示了一簇无规则紧邻的传感器自组织后的分布图。在综合考虑网络节点的覆盖和连接问题后，基于改进的粒子群算法的移动传感网络节点的自组织方法，可对较少节点和较多节点两种情况分别考虑其部署。仿真结果表明，效果较好。随着节点数的大量增加，由于外层子簇的自组织要依靠内层已定位节点的位置信息，当内层节点位置与最优位置稍有偏差时，会对外层子簇的自组织产生影响，并且这种偏差在向外传播的过程中又有所积累。对于此问题还有待进一步研究。

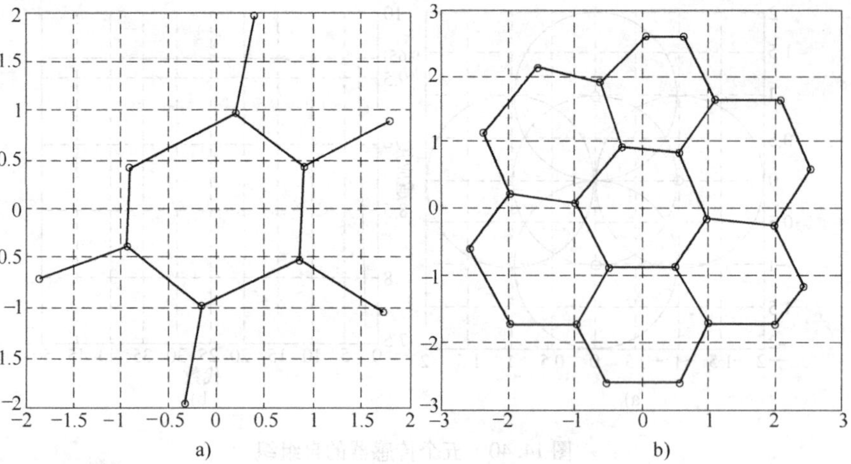

图 14.42　多个传感器的自组织

a）11 个传感器　b）24 个传感器

14.7　移动传感网动态建模和控制技术

移动传感器网络同样也是一个具有可设参数和可控变量的系统，其可设参数和可控变量分别表示为 $\boldsymbol{q}=\{\boldsymbol{q}_1, \boldsymbol{q}_2, \cdots, \boldsymbol{q}_n\}^{\mathrm{T}}$ 和 $\boldsymbol{u}=\{\boldsymbol{u}_1, \boldsymbol{u}_2, \cdots, \boldsymbol{u}_n\}^{\mathrm{T}}$。多节点系统能够作为一个多维互联系统被建模，整个系统表示为 $\bar{\boldsymbol{q}}=f(\boldsymbol{q}, \boldsymbol{u})$。其中，$f$ 是系统动态模型的向量域。模型将由两部分组成：①每一个子系统的动态模型；②子系统与相邻节点之间的关系。

相邻节点之间的关系通过 Delaunay 三角剖分和 Voronoi 图来定义，Voronoi 图定义了每个移动传感器的覆盖区域，Delaunay 三角剖分则定义了移动传感器几何上的相邻节点和它们之间的关系。分布传感器网络模型如图 14.43 所示。

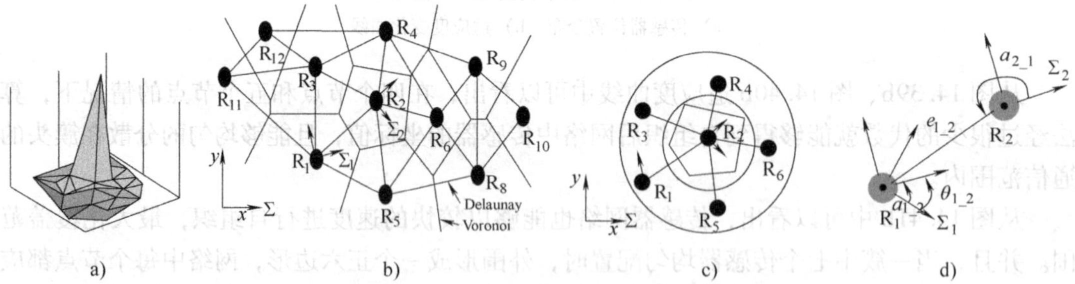

图 14.43　分布传感器网络模型示意

a）基于 Delaunay 三角剖分模型　b）基于 Voronoi 图模型　c）基于 Voronoi 图模型的子图　d）相邻单跳传感器坐标关系

传感器网络的覆盖区域对网络来说是一个重要的属性。在这项研究中，Voronoi 图用来描述这种属性，如图 14.43b、c 中的虚线所示。考虑到在参数 $\tilde{\boldsymbol{p}}_i=\{\tilde{x}_i(t), \tilde{y}_i(t)\}^{\mathrm{T}}$ 下配置的节点的群体，每一个节点都应该覆盖总区域 Ω 中的一部分。在 Ω 中，传感器节点 R_i 所覆盖的子区域定义为

$$V_i=\{\boldsymbol{x}\in\Omega \mid \|\boldsymbol{x}-\tilde{\boldsymbol{p}}_i\|<\|\boldsymbol{x}-\tilde{\boldsymbol{p}}_j\|\}\ \forall j=1,\cdots,n, j\neq i \qquad (14.43)$$

$\boldsymbol{v}=\{V_1, V_2, \cdots, V_n\}$形成区域$\Omega$的一种划分，其中传感器节点$R_i$只在子区域$V_i$产生作用。节点$R_i$也被称为图的“发生器”。$V_i$被定义成凸多边形区域，覆盖了 Voronoi 图中的节点R_i，因此，为了凸多边形V_i的计算，需要一种定位算法来支持分布式模型。通信范围和监测范围也被定义成两个球。为了使传感器网络完全覆盖区域Ω，每一个传感器的监测范围必须覆盖它自己的 Voronoi 图。

对于一个协作任务，R_2的移动仅被它的相邻节点所影响。考虑到相邻节点的分布式节点模型描述如下：

$$\bar{q}_i=f_i(\boldsymbol{q}_i,\boldsymbol{u}_i), \boldsymbol{u}_i=h_i(\boldsymbol{s}_i,\boldsymbol{q}_i,\boldsymbol{p}_{i1},\boldsymbol{p}_{i2},\cdots,\boldsymbol{p}_{ik}) \tag{14.44}$$

式中，$\boldsymbol{s}_i$是运动参照量；$\boldsymbol{p}_{i1}$，$\boldsymbol{p}_{i2}$，…，$\boldsymbol{p}_{ik}$是在节点R_i的局部坐标系$\sum_i$中的相邻节点R_1，R_2，…，$R_k\in K_i\subseteq R$的位置。

式（14.44）为建立移动传感网络分布式模型并向三维空间扩展打下基础。

一个移动传感网络一定是多节点系统。在这种多节点系统中，节点能够协作完成分布式任务，如分布式监测、协作处理等。这个系统中，节点协作的目标之一就是，最大化网络的覆盖区域。因此，可以引入增量势场法，该方法的思想就是各个网络节点按覆盖范围扩散，相邻节点距离保持均衡，大了减小，近了扩大。

对于多节点系统中的移动节点R_i来说，性能指针（候选 Lyapunov 函数）定义如下：

$$v_i=\frac{1}{2}\sum_{j=1}^{m_i}k_i(\|\boldsymbol{p}_{ij}\|-d_{i\_j})^2+\frac{1}{2}k_{iv}\|\boldsymbol{v}_i\|^2 \tag{14.45}$$

式中，$\|\boldsymbol{P}_{ij}\|$和d_{i_j}分别是两节点之间的实际和期望距离，$\|\boldsymbol{p}_{ij}\|=\sqrt{(x_i-x_j)^2+(y_i-y_j)^2}$，$\boldsymbol{p}_{ij}$是在$R_i$坐标系中，从节点$R_i$到节点$R_j$的向量；$m_i$是$R_i$的相邻节点的总数；$k_i$和$k_{iv}$分别是虚拟势场势能和节点动力学动能的参数。

则节点R_i的控制输入为

$$\boldsymbol{u}_i=-\frac{\partial V_i}{\partial \boldsymbol{p}_i}-\frac{\partial V_i}{\partial \boldsymbol{v}_i}=-F_i-k_{iv}\boldsymbol{v}_i,\ \text{where}\quad F_i=\sum_{j=1}^{m_i}k_i(\|\boldsymbol{p}_{i\_j}\|-d_{i\_j})\frac{\boldsymbol{p}_{i\_j}}{\|\boldsymbol{p}_{i\_j}\|} \tag{14.46}$$

$F_i=\{F_{ix}, F_{iy}\}$是由相邻节点R_i产生的虚拟势场力。如果除了R_i其他节点都是静态的，那么容易证明，上面所讨论的控制器是全局收敛的。考虑到多节点系统是一个整体，根据系统总体的动力学动能和虚拟势场的势能所建立的性能指针可以被描述如下：

$$V=\sum_{i=1}^{n}V_i=\frac{1}{2}\sum_{i=1}^{n}\sum_{j=1}^{m_i}k_i(\|\boldsymbol{p}_{ij}\|-d_{i\_j})^2+\frac{1}{2}\sum_{i=1}^{n}\|\boldsymbol{v}_i\|^2$$

基于总能量函数V，可以得到多节点系统的控制输入向量$\boldsymbol{u}$。这里假设，$k_i=k_j$。当考虑到整个系统时，R_i的控制输入为

$$\boldsymbol{u}_i=-\frac{\partial V}{\partial \boldsymbol{p}_i}-\frac{\partial V}{\partial \boldsymbol{v}_i}=-\sum_{j=1}^{m_i}2k_i(\|\boldsymbol{p}_{i\_j}\|-d_{i\_j})\frac{\boldsymbol{p}_{i\_j}}{\|\boldsymbol{p}_{i\_j}\|}+k_{iv}\boldsymbol{v}_i \tag{14.47}$$

因为k_i是控制器增益，所以由控制方程式（14.47）所标示的节点R_i的分布式控制器可以认为是相同的。因此可以证明，基于虚拟势场和 Delaunay 三角剖分方法的多节点系统的控制是全局收敛的，基于节点R_i相邻节点的分布式控制能够保证整个系统全局收敛。

一般来说，多节点系统工作在无组织的环境下。改进的 Delaunay 三角剖分如图 14.44a 所示。图 14.44b、c 分别展示了在一个 20 个节点的初始配置和经过重配置后系统的最终状

态。运用分布式控制器，群体中的每个节点都能够基于自己的相邻节点和监测区域内的障碍物计算虚拟势场力。

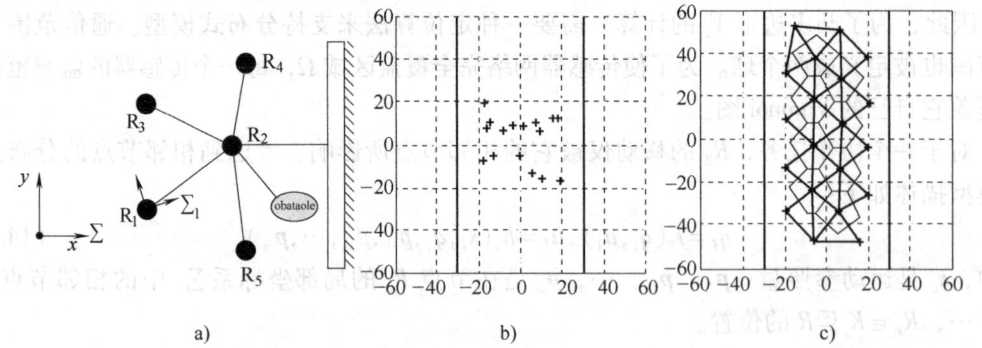

图 14.44　20 个移动节点环境受限自主调度

a）改进的 Delaunay 三角剖分　b）初始配置　c）最终配置

对于分布式移动传感网络来说，分散和汇聚是两个重要的操作。仿真试验表明，能够通过调整两节点之间的期望距离 d_{i_j} 来解决分散和汇聚的问题，大量节点仿真试验也证明了控制器的收敛性，而且自整定后的配置使系统的覆盖区域也大大增加了。

50 个移动节点在一个开放空间自主配置如图 14.45 所示。

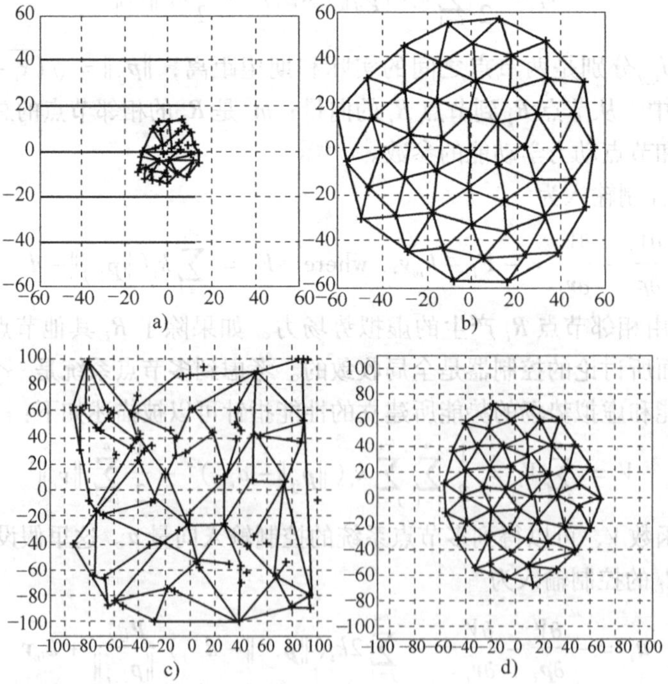

图 14.45　50 个移动节点在一个开放空间自主配置

a）初始配置　b）分散　c）初始配置　d）汇聚

对于一个多节点系统，最重要的特性之一是它的冗余性和容错性。如果一个或多个节点失效了，其他的节点应能够根据任务的需要，重新配置到它们的位置。在配置算法中，当一些节点失效后，系统也应能够识别自己。

对于由不完整移动节点组成的多节点系统，则不得不修改上述算法，以便满足节点的不完整约束。基于装备了跟踪控制器的传感器，对不完整移动节点的跟踪控制，可以通过 Delaunay 三角剖分、虚拟势场方法以及改进粒子群方法的结合来实现。

习　题

14.1　无线传感器网络有哪些特征？

14.2　路由协议可以分为几类，简述其功能实现。

14.3　定位算法分为哪两类，分别包括哪几种方法？

14.4　描述基于距离定位的三个阶段及完成的功能。

14.5　距离无关的定位算法有哪两类，简述及定位过程。

第 5 部分　网络控制系统

第 15 章　网络控制系统

15.1　网络控制系统概述

21 世纪是一个网络化的时代，网络的普遍性决定了其在生活中的广泛应用。对网络系统的研究最早始于 20 世纪 50 年代，如随机图 ER 模型等。随着国际标准化组织的开放系统互联基本参考模型，即通常提到的七层协议于 1977 年问世以来，第三代的计算机网络得到了学术界的广泛关注。该网络使用户能共享其中的大多数硬、软件和数据资源、减少计算机的负荷，提高网络的可靠性并使得计算机具有可扩展性和可换性。在无尺度网络模型的引入和小世界模型的基础上，有关复杂网络的研究得到了进一步深入。例如，通信网络、计算机网络、电力网、供水网、食品供应网、交通网、银行金融系统、输油管网、输气管网以及控制网络等大量实际复杂网络中都含有无尺度以及小世界的特性。目前，复杂网络已经在生物学、社会学和计算机科学等相关领域中发挥了举足轻重的作用。李伯虎院士在 2008 年提出的云计算概念进一步丰富了复杂网络的应用。云计算将计算任务全部交给网络化的仿真平台，用户通过终端很难感觉到网络化仿真平台的存在，仿佛在云雾中一样，故取名云计算。

在工业控制领域，随着计算机、电子技术和网络技术的发展，控制系统经历了组合式模拟控制系统、集中式数字控制系统和集散式控制系统的发展历程。目前，基于网络的现场总线控制系统以及嵌入式设备网络控制系统已成为主流，并且控制系统也进一步向分散化、网络化、智能化的方向发展。

网络控制系统（Networked Control Systems，NCSs）是一种网络化、全分布式的控制系统，体现了复杂系统控制及远程控制技术的需求，其系统结构如图 15.1 所示。其中，传感器、执行器等现场设备的智能化为通信网络在控制系统中的应用提供了必要的物质基础。

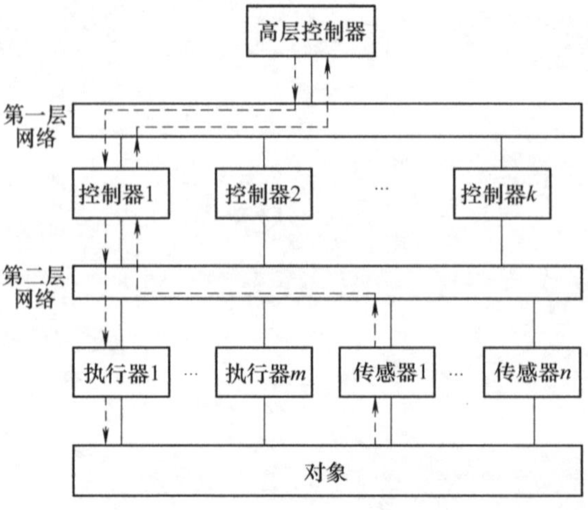

图 15.1　网络控制系统的结构

与传统的点对点结构的控制系统相比，NCSs 具有资源共享、远程操作和控制、较高的故障诊断能力等优越性。当然，NCSs 通过共享网络资源给控制系统带来许多方便的同时，也给系统及控制理论的研究带来新问题，如通过引入网络所带来的时延、数据的单包与多包传输、数据的丢失、网络不通畅等。这些问题的出现，使得网络控制系统的分析和设计相比于传统的控制系统更有挑战性。在应用上，目前 NCSs 在工业制造过程、远程医疗和机器人等领域已经得到了推广应用。例如，在 2002 年至 2005 年期间，加拿大学者 Anvari 等人成功完成了 22 例基于 IP/CPN 网络机器人辅助的远程医疗手术；在运动控制领域，Chow 等人使用增益调度控制的方法设计了基于网络的直流电机速度伺服控制系统；Boukhnifer 等对一个由双指微夹钳组成的机器人系统展开了 H∞ 控制方法的机器人遥微操作应用研究等。此外，采用无线网络的网络控制系统也引起了学术界和工业界的广泛兴趣。例如，Honeywell 公司提供了多种无线工业的解决方案，尤其是 XYR 5000TM 型无线变送器已经在全球被多达 200 多家工厂采用；OMRON、Matric 公司开发的 Wireless DeviceNet 等产品也已投入应用。

15.2　网络控制系统概念和结构

马里兰大学的学者 G. C. Walsh 在其论文中最早提及网络控制系统“networked control systems”，但是未给出 NCSs 的明确定义。通常认为，NCSs 是指某个区域现场所有传感器、控制器以及执行器和通信网络全体的集合，为各种设备之间的互连提供数据传输，使得该区域内不同地点的用户实现协调操作及资源共享，是一种网络化实时和全分布式的反馈系统。也有学者认为，NCSs 是将控制系统中的传感器、执行器以及控制器等通过网络相互连接起来的分布式控制系统。由上述 NCSs 的定义可以看出，网络控制系统至少涵盖了两方面的内容，即控制回路的网络化和系统节点的分布化。在共享资源的需求下，现代控制系统正向网络化、扁平化和分布化的方向发展，图 15.1 所示为网络控制系统结构。与集中式控制系统相比，网络控制系统的优点主要表现在：安装维护简单、成本低、系统可靠性高、便于系统故障诊断、灵活性高、可远程操作以及资源可共享等。一类典型的网络控制系统的结构如图 15.2 所示。图中，被控对象为连续时间对象，控制器为数字化控制器，控制器的输出通过执行器施加到被控对象上；τ_{sc}表示传感器到控制器的传输时延，τ_{ca}表示控制器到执行器的传输时延。

当控制系统中引入网络时，信息传输的不确定性问题也将会出现在控制系统中，给控制系统的分析及设计带来困难。这时，不但需要对现有的控制方法和规律重新整合，而且给控制系统的设计及实施增加了复杂性，同时可能给系统的性能带来负面影响，甚至会影响系统的稳定性。和点对点控制方式相比，网络给 NCSs 带来的关键问题如下：

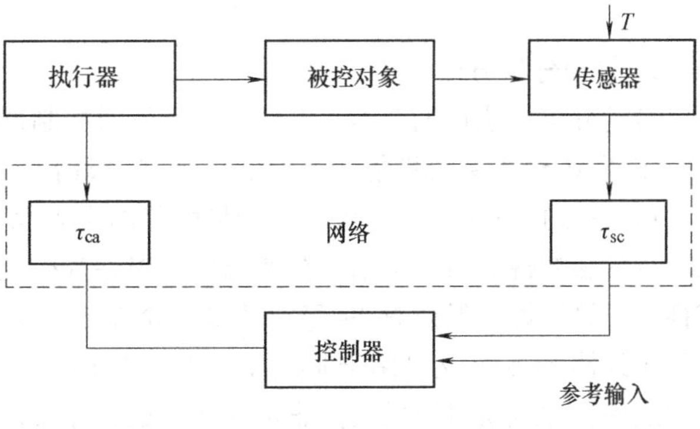

图 15.2　典型的网络控制系统的结构

1）执行器响应时刻和时延采样时刻之间存在不可忽略的滞后。由于网络带宽和服务能力的物理限制，数据包在网络传输中不可避免地存在传输时延。网络时延受网络协议、负载状况、网络传输速率以及数据包大小等因素的综合影响，其数值变化可呈现随机、时变等特性。在 NCSs 的研究中，时延的数学描述主要采用以下三类模型：固定时延模型，具有上下界的随机时延模型以及符合某种概率分布的概率时延模型（如有限状态的 Markov 过程、Bernoulli 分布等）。

2）在某一时间间隔内存在的数据时序抖动。由于数据包传输路径不唯一、且不同路径的传输时延也不尽相同（每条路径的传输时延由各自路径的当前负载状态、路由器队列长度等因素综合决定），数据包到达目的节点的时序可能发生错乱。数据包的时序错乱是随机性网络时延的衍生现象，因而时序错乱可能会恶化 NCSs 的控制性能，甚至造成系统不稳定。

3）数据丢包。由于控制信号在网络中传输可能发生冲突而丢失，使得数据的时延进一步加剧，从而使瞬态误差增大。由于网络节点的缓冲区溢出、路由器拥塞、连接中断等原因，数据包在网络传输中会出现丢失现象。丢包受网络协议、负载状况等因素的综合影响，通常具有随机性、突发性等特点。在 NCSs 的研究中，丢包的数学描述主要有以下两种方法：

1）确定性方法。该方法通常采用平均丢包率或最大连续丢包量来描述丢包。

2）概率方法。该方法假设丢包满足某种概率分布，如有限状态的 Markov 过程、Bernoulli 分布等，并采用相应的概率模型来描述丢包。

以数据包形式传输信息是 NCSs 有别于传统控制系统的重要特点之一。根据传输策略不同，NCSs 的数据传输分为单包传输和多包传输两种情况。单包传输是指：传感器和控制器将每次待发送信息封装成一个数据包进行传输。多包传输是指：传感器将每次待发送的采样信号封装成多个数据包进行传输，或者控制器将每次待发送的控制信号封装成多个数据包进行传输。NCSs 之所以采用多包传输策略，一方面可能因为网络数据包的数据位太少，不能承载每次待发送的采样信号或控制信号；另一方面可能因为 NCSs 具有多个空间分布较广泛的传感器或执行器，必须采用分布传输方式。此外，NCSs 中的基本问题还包括量化效应、执行器饱和、变采样周期等问题。这些问题已在传统的点对点结构的控制系统中有所涉及并为人们所熟悉，本章不再赘述。

根据研究思路的不同，面向控制理论的 NCSs 研究可分为被动分析方法和主动综合方法。

1. 被动分析方法

被动分析方法首先在不考虑网络情况下对控制器进行设计，然后进一步考虑网络影响来分析闭环 NCSs 的系统性能。涉及的主要方法如下：

1）网络摄动法。网络摄动法最早由美国学者 Walsh 提出，其基本思想是，将网络对控制系统的影响视为系统摄动，在考虑摄动误差基础上建立 NCSs 的模型并分析闭环系统的稳定性，最终计算出保证 NCSs 稳定的最大允许传输间隔和最大允许时延上界。网络摄动法既可用于线性 NCSs，又可用于非线性 NCSs。然而，该方法通常假设网络仅存在于传感器和控制器之间，并且所得结果往往非常保守，最终导致该方法未被广泛采用。

2）Lyapunov-Krasovskii 方法。该方法的基本思想是，将具有时延和（或）丢包的 NCSs 表示为时滞系统，进而利用时滞系统理论中的 Lyapunov-Krasovskii 方法来分析系统的稳定性，从而确定保证 NCSs 稳定的网络条件。例如，利用 Lyapunov-Krasovskii 函数可以获得保持系统稳定的最大允许时延上界。与网络摄动法相比，Lyapunov-Krasovskii 方法具有较强的普适性（即网络同时存在于传感器和控制器之间以及控制器和执行器之间）和较低的保守性。实际 NCSs 中，网络时延和数据包丢失往往是一个随机事件，因此有一部分研究是从随机控制领域对 NCSs 进行研究的。Ling 等将丢包过程建模为一个 Markov 过程，从而将 NCSs 转化为一个 Markov 跳变系统，导出 NCSs 的系统性能与丢包过程之间的关系，基于 Markov 链的状态转移矩阵计算出系统输出的能量并优化系统的输出。

3）其他方法。除上述两类方法外，还有一些研究工作利用 Lyapunov 第二法分析了具有时延和丢包的 NCSs 的稳定性，并将 NCSs 的稳定条件归结为一组线性矩阵不等式（Linear Matrix Inequality，LMI）。另外一些研究建立了 NCSs 的混杂模型，分析了时延、丢包以及多包传输策略对系统稳定性的影响，提出了一种保证 NCSs 大范围一致渐近稳定的协议和“输入—状态稳定”的控制器，该控制器在使用大范围一致渐近稳定的协议后，可以保证 NCSs 半全局实用输入—状态稳定。

2. 主动分析方法

主动分析方法在考虑网络对 NCSs 影响的基础上进行，进而讨论相应的系统分析以及控制器设计等问题。显然，与被动分析方法相比，主动设计方法在控制器设计以及系统分析过程中有效利用了网络信息，因而所得分析结果的保守性更小，控制策略也更为合理。主要的主动设计方法如下：

1）时延整形法。时延整形法最早由 Luck 提出，其基本思想是，通过在数据接收端安装缓冲区，使网络时延通过“整形”转化为常值时延，从而将具有时变时延的 NCSs 简化为具有常值时延的 NCSs。显然，该类方法大大简化了 NCSs 的分析和设计。然而，这类方法人为地扩大了时延，所得结果往往具有一定的保守性。

2）多模型控制法。多模型控制法的基本思想是，当对象的采样信号可获得时，控制器利用采样信号来计算控制信号进而控制被控对象（此情形可被视为闭环控制）。当被控对象的采样信号不可获得时，控制器则根据被控对象的模型信息和以往的采样信号来估计被控对象的状态，利用估计的被控对象状态来计算控制信号进而控制被控对象（此情形可视为开环控制）。不难看出，多模型控制法的本质是一种在开环控制和闭环控制之间进行切换的控制方法。这类方法一般假设网络仅存在于传感器和控制器之间，因而具有一定的局限性。

3）随机控制方法。随机控制方法假设时延或数据丢包服从某种分布，然后将闭环 NCSs 建模成一个随机系统，进而利用随机系统理论对 NCSs 进行研究。其中，有代表性的工作包括有 Nilsson 提出的随机最优控制方法、Hu 提出的随机镇定方法等。

4）Lyapunov-Krasovskii 方法。该方法的基本思想是，将具有时延或丢包的 NCSs 建模为时滞系统，然后利用时滞系统理论中的 Lyapunov-Krasovskii 方法对闭环 NCSs 进行分析并给出控制器设计方法。其中有代表性的方法包括状态反馈控制方法、H_∞ 输出跟踪控制方法以及 H_∞ 状态反馈镇定方法等。

5）切换控制方法。切换控制方法的基本思想是，将 NCSs 表示为切换系统，然后利用切换系统的理论对闭环 NCSs 进行分析并给出控制器设计方法。其中，有代表性的方法有输出反馈镇定控制方法等。

6）预测控制方法。预测控制方法的基本思想是，控制器利用被控对象的模型信息和以往的采样信号来估计当前和将来的被控对象状态信息或输出信息，然后利用估计的信息来控制被控对象，从而达到补偿时延或数据报丢失对 NCSs 的影响。

7）其他控制算法。除上述的研究方法外，还有一些其他控制方法，如基于网络服务质量（Quality of Service，QoS）的增益调度控制方法、基于遗传算法的远程控制器设计方法等。

15.3 网络控制系统的时序

15.3.1 采样速率分析

NCSs 中采样速率由采样周期间隔以及数据的产生速率决定，因此和网络的服务质量 QoS 有一定的关系。

1. 数据产生速率

NCSs 中的数据流程如图 15.3 所示。若由传感器产生的数据速率太快，超出了网络所承受的带宽，则必定会造成严重的数据丢失，直接影响 NCSs 的稳定性和性能。采用网络 QoS 保证体系，通过使用优先级服务为用户降低抖动、减少延迟、降低数据报丢失率以及保证带宽的端到端或网络边界到边界的传输服务。因此在设计 NCSs 中的网络时，需要重点关注的一个问题是网络信息带宽保证。

2. 采样周期

在 NCSs 网络中，采样周期 h 的确定要兼顾被控对象能够容忍的采样周期的最大值和网络传输的平均时延。如果 h 太大，会导致系统性能低下或不稳定，但如果 h 太小，将会导致大量的采样数据需要网络传输，引发网络传输的数据报丢失，同样会降低系统性能和稳定性。况且如果 IP 网络重新传送这些“脏”数据（已经过时的数据被重新送到控制器，称作“脏”数据），对系统会产生比延迟更大的危害。除此之外，由于 IP 网络总会存在一定延迟时间，如果 h 小于网络时延 τ，即 $h<\tau$，NCSs 的建模将变得更复杂。

15.3.2 延迟与抖动分析

假设网络化控制系统中包含的时延有：τ_s 为传感器采集信号后排队等待网络传输而产生的时延；τ_k^{sc} 为反馈信息在网络上传输所产生的时延；τ_{sq} 为反馈信息被等待控制器使用的等待时延；τ_c 为控制器节点执行控制算法所产生的时延；τ_{cq} 为决策信息等待网络传输的时延；τ_k^{ca} 为控制信息在网络上传输所产生的时延；τ_a 为控制信息在等待被执行器采用的时延。由此可得出，从一个反馈信号的产生到一个相应的决策命令的采用，如果中间没有数据丢失的话，整个过程的时延 $\tau=\tau_s+\tau_k^{sc}+\tau_{sq}+\tau_c+\tau_{cq}+\tau_k^{cs}+\tau_a$。由于 τ_{cq} 和 τ_s 都是等待网络传输而引入的延迟，因此可以分别将其归入 τ_k^{sc} 和 τ_k^{cs}。当执行器和控制器采用事件驱动时，$\tau_a=\tau_{sq}=0$。

通常，整个过程的时延只是一个平均意义下的时延度量，因为一个远程决策一般都是根据多个反馈推出，不是由单独的反馈而定的。延迟环节的引入首先会降低系统的控制性能，其次还可能引起系统的不稳定，因此，在设计 NCSs 的控制器（简称为网络控制器）时，通常要求考虑信息的传输时延。

15.3.3 NCSs 的节点驱动方式

NCSs 中各个节点的工作方式可以分为时间驱动（Time-driven）和事件驱动（Event-driven）两种。以控制器为例，所谓时间驱动的工作方式是指控制器在时钟的作用下定时从等待队列中取得反馈的采样信号，然后开始执行控制算法，产生决策信息发送给执行器。而事件驱动即用事件“反馈信号到达”，来驱动控制器执行控制算法产生决策信息。同样在执行器节点也存在不同的驱动方式。与控制器和执行器不同的是，传感器节点通常采用定长时间采样。

如果环境中的信号交换方式未知，而且交换频繁，此时采用事件驱动会取得更好的效果；反之，如果环境中的信号交换周期性很强，按时间有规律地传送，那么采用时间驱动取得的效果会更好。不同的设计目标应该采用不同的驱动方式，两种驱动方式各有优缺点，因此在设计 NCSs 时，为了获得更好的系统性能，需要为传感器、控制器和执行器选择合适的触发方式。通常认为，传感器使用时间驱动，控制器和执行器采用事件驱动，可以大大减少时序的失步问题。

15.4　网络控制系统模型

15.4.1　NCSs 中的基本假设

由于网络的引入，使得控制系统的分析变得非常复杂，并往往造成控制系统定常性、完整性、因果性和确定性的丧失等。由于这些特性的丧失对网络控制系统的建模失去了众多理论依据，因此为了能够利用已有的控制理论，有必要对 NCSs 的模型作一些必要的假设。针对网络中的可变因素，同时也是 NCSs 建模的主要参数，已有的假设主要集中在以下几方面：

1）关于驱动方式的假设。假设传感器都是采用时间驱动方式，采样周期为 h，执行器和控制器存在时间和事件两种不同驱动方式的组合。

2）关于传输时延 τ 的假设。τ 为常数、随机分布或符合某确定分布。τ 和 h 满足 $0<\tau<h$ 或 $0<\tau<mh$（$m>1$）。

3）关于 NCSs 数据传输的假设。在 NCSs 中传输的每一数据报都是一个完整的数据，或者一个完整的数据被分成多个数据报，即单数据报和多数据报传输问题。

4）数据单元在传输中由于网络阻塞、连接中断等原因会导致时序差错和数据报丢失等现象。

15.4.2　连续系统模型

连续型 NCSs 系统模型是指将网络控制系统看成一个连续系统进行分析与设计。在忽略量测噪声的情形下，可以将网络控制系统建模为一个连续控制系统模型，如下所示，设被控对象的状态方程为

$$\dot{x}_p(t)=A_px(t)+B_pu(t)$$
$$y_p(t)=C_px(t)$$

输出反馈控制器的动力学模型为

$$\dot{x}_c(t)=A_cx(t)+B_c\hat{y}_p(t)$$
$$u(t)=C_cx_c(t)+D_c\hat{y}_p(t)$$

式中，$\hat{y}_p(t)$ 为控制器接收到的最新被控对象的输出。

令 $\hat{n}(t)=[\hat{y}(t)\quad \hat{n}(t)]^{\mathrm{T}}, e(t)=\hat{n}(t)-[y(t)\quad u(t)]^{\mathrm{T}}, Z(t)=[x(t)\quad e(t)]^{\mathrm{T}}$，则系统的动力学模型可以表示为

$$\dot{z}(t)=\begin{bmatrix}\dot{x}(t)\\ \dot{e}(t)\end{bmatrix}=\begin{bmatrix}A_{11} & A_{12}\\ A_{21} & A_{22}\end{bmatrix}\begin{bmatrix}x(t)\\ e(t)\end{bmatrix}$$

式中

$$A_{11}=\begin{bmatrix}A_p+B_pD_cC_p & B_pC_c\\ B_cC_p & A_c\end{bmatrix}, A_{12}=\begin{bmatrix}B_pD_c & B_p\\ B_c & 0\end{bmatrix}, A_{21}=\begin{bmatrix}C_p & 0\\ 0 & C\end{bmatrix}, A_{22}=\begin{bmatrix}C_p & 0\\ 0 & C\end{bmatrix}A_{12}$$

上述模型要求系统的采样周期足够小，只有这样系统才能近似为连续系统，并且它只适用于基于优先级的网络控制系统，但这种模型的优点是可以用于分析非线性网络控制系统。

15.4.3 离散系统模型

在网络系统中节点是时间驱动方式的假设下，可以确定如下的增广型确定性离散系统模型。

$$x(k+1)=\Phi x(k)+\Gamma u(k-\tau_k)$$
$$y(k)=Cx(k)$$

式中，$x(k)$为状态向量，$x(k)\in\mathbf{R}^n$；$u(k)$为控制输入，$u(k)\in\mathbf{R}^m$；$y(k)$为被控对象输出，$y(k)\in\mathbf{R}^p$；Φ 和 Γ 为适维的离散系统矩阵，$\Phi=\mathrm{e}^{AT}, \Gamma=\int_0^h \mathrm{e}^{As}\mathrm{d}sB$。

输出反馈控制器的动力学模型可以表示为

$$\xi(k+1)=F\xi(k)-Gz(k)$$
$$u(k)=H\xi(k)-Jz(k)$$

式中，$\xi(k)$是控制器的状态向量；$u(k)$是控制器的输出向量；$z(k)$是控制器计算$u(k)$时已经获得的被控制对象输出的测量值，$z(k)=y(k-i), i=\{1,2,\cdots,j\}$；$F$、$G$、$H$、$J$ 分别为适当维数的常数矩阵。

将上述模型合并成一个增广的状态空间模型

$$X(k+1)=\Omega(k+1)X(k)$$

式中，$X(k+1)=[x^{\mathrm{T}}(k), y^{\mathrm{T}}(k-1), \cdots, y^{\mathrm{T}}(k-j), \xi^{\mathrm{T}}(k), u^{\mathrm{T}}(k-1), \cdots, u^{\mathrm{T}}(k-j)]^{\mathrm{T}}$；$\Omega(k+1)$为增广的状态转移矩阵。

增广状态的维数与系统状态维数、输入维数以及时延大小有关，因而描述系统的增广状态方程的维数常常变得很大，系统的复杂性也相应大幅增加。时延时变系统是一个时变模型，只能进行定性分析，同时它也没有考虑系统的噪声。另一些研究工作以状态增广法为基础，在不同假设的基础上提出了其他形式的建模方法。如 Nilsson 在此基础上，基于下列假设提出了随机型网络控制系统的模型。

假设 15.1　传感器节点采用时间驱动方式，对被控对象的输出进行等周期采样，采样周期为 T；

假设 15.2　控制器和执行器节点均采用事件驱动方式；

假设 15.3　整个控制回路总的时延 $0<\tau_k=\tau_k^{\mathrm{sc}}+\tau_k^{\mathrm{ca}}+\tau_k^{c}<T$，并且 τ_k^{sc} 与 τ_k^{ca} 的统计特性已知。

假设网络控制系统中的被控对象为线性时不变的，其状态空间模型为

$$\begin{aligned}\dot{x}(t) &= Ax(t) + Bu(t) + v(t)\\ y(t) &= Cx(t) + \omega(t)\end{aligned} \tag{15.1}$$

式中，$x(t)$ 为状态向量，$x(t)\in\mathbf{R}^n$；$u(t)$为控制输入向量，$u(t)\in\mathbf{R}^m$；$y(t)$为被控对象的输出向量，$y(t)\in\mathbf{R}^p$；$v(t)$、$\omega(t)$分别为不相关的白噪声；A、B、C 分别为适当维数的常数矩阵，$A\in\mathbf{R}^{n\times n}$，$B\in\mathbf{R}^{n\times m}$，$C\in\mathbf{R}^{p\times n}$。

由假设 14.1 ~ 假设 14.3，对于系统（14.1）在一个采样周期内积分并考虑到网络诱导的时延，得到系统的离散时间模型为

$$\begin{aligned}x(k+1) &= \Phi x(k) + \Gamma_0 u(k) + \Gamma_1 u(k-1) + v(k)\\ y(k) &= Cx(k) + \omega(k)\end{aligned} \tag{15.2}$$

式中

$$\Phi = e^{AT},\Gamma_0 = \int_0^{\tau_k} e^{At}\mathrm{d}tB,\Gamma_1 = \int_{\tau_k}^{T} e^{At}\mathrm{d}tB$$

网络控制系统控制器可由如下状态空间表达式描述：

$$\begin{aligned}x_c(k+1) &= \Phi C(\tau k)x_c(k) + \Gamma C(\tau k)y(k)\\ u(k) &= C^c(\tau_k)x^c(k) + D^c(\tau_k)y(k)\end{aligned} \tag{15.3}$$

将闭环系统合并成一个增广的状态空间模型

$$z(k+1) = \Phi(\tau_k)z(k) + \Gamma(\tau_k)e(k) \tag{15.4}$$

式中

$$z(k) = \begin{bmatrix} x(k) \\ x^c(k) \\ u(k-1)\end{bmatrix},\Phi(\tau_k) = \begin{bmatrix} \Phi + \Gamma_0(\tau_k)D^c(\tau_k)C & \Gamma_0(\tau_k)C^c(\tau_k) & \Gamma_1(\tau_k) \\ \Gamma^c(\tau_k)C & \Phi^c(\tau_k) & 0 \\ D^c(\tau_k) & C_c(\tau_k) & 0\end{bmatrix}$$

$$e(k) = \begin{bmatrix} v(k) \\ w(k)\end{bmatrix},\Gamma(\tau_k) = \begin{bmatrix} I & \Gamma_0(\tau_k)D^c(\tau_k) \\ 0 & \Gamma^c(\tau_k) \\ 0 & D^c(\tau_k)\end{bmatrix}$$

在模型式（15.4）的基础上，可以分析具有相互独立时延和具有马尔可夫链特征时延的系统特性，并计算闭环系统的 LQG 最优控制律。对时滞大于 1 的 NCSs，假设系统时延 τ_k 满足 $(l-1)h < \tau_k < lh$，其中 $l\geqslant 2$。当 $k > l$ 时，假设控制器端只得到一个输入信号，则系统的离散数学模型为

$$z(k+1) = \Phi(\tau_k')z(k) + \Gamma(\tau_k')e(k) \tag{15.5}$$

式中

$$z(k) = \begin{bmatrix} x(k) \\ x^c(k) \\ u(k-l) \\ \vdots \\ u(k-1)\end{bmatrix}$$

$$\Phi(k)=\begin{bmatrix}\Phi & 0 & \Gamma_1(\tau_k') & \Gamma_0(\tau_k') & 0 & \cdots & 0\\ \Gamma^c & \Phi^c & 0 & 0 & 0 & \cdots & 0\\ 0 & 0 & I & 0 & 0 & \cdots & 0\\ 0 & 0 & 0 & I & 0 & \cdots & 0\\ \vdots & \vdots & \vdots & & \vdots & & \vdots\\ 0 & 0 & 0 & 0 & 0 & \cdots & I\\ D^cC & 0 & 0 & 0 & 0 & \cdots & 0\end{bmatrix}$$

$$\Gamma=\begin{bmatrix}I & 0\\ C & \Gamma^c\\ 0 & 0\\ 0 & 0\\ \vdots & \vdots\\ 0 & 0\\ 0 & D^c\end{bmatrix},e(k)=\begin{bmatrix}v(k)\\ w(k)\end{bmatrix}$$

上述模型式（15.5）是在一种特殊假设条件下得到的模型，有一定的局限性。针对网络时延大于一个采样周期的情况，在不考虑数据包丢失和数据包时序错乱的情况下，利用事件驱动的方式，可以建立时滞网络控制系统模型。假设网络控制系统中的被控对象为线性时不变系统，则连续状态方程表示如下：

$$x(t)=Ax(t)+Bu(t)$$
$$y(t)=Cx(t) \tag{15.6}$$

具有离散时延的系统模型如图 15.3 所示，其中 Δ 表示摄动量，满足如下假设条件：

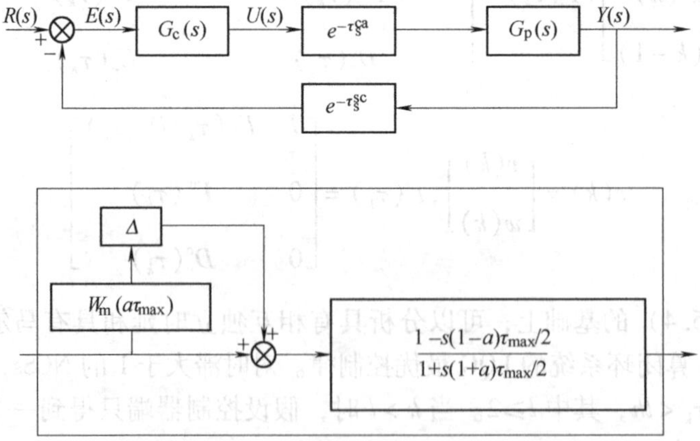

图 15.3　具有离散时延的系统模型

假设 15.4　传感器为时间驱动方式，控制器和执行器为事件驱动方式；

假设 15.5　网络时延有界且服从某一确定分布；

假设 15.6　不同采样周期网络时延互相独立。

由于假设网络时延有界，故可设 $0<\tau<hT$（其中 $h>1$ 且为整数），在执行器为事件驱动的情况下，一个采样周期内加到被控对象上的控制量 $u(t)$ 分段连续且最多有 $h+1$ 个不同的值，并且假设 $u(t)$ 的变化发生在随机瞬时 $kT+t_i^k$（$i=0$，1，2，…，h）且 $t_i^k>t_{i+1}^k$，$t_{k-1}=T$，$t_h^k=0$，如图 15.3 所示。由于控制器为事件驱动，用 u_{x_k} 表示信号 $x(k)$ 到达控制器进所产生的控制输出，将 u_{x_k} 简记为 u_k，则系统可以离散为

$$\begin{aligned} x_{k+1} &= A_s x_k + \sum_{i=0}^{h} B_i^k u_{k-1} + v_k \\ y_k &= C x_k + \omega_k \end{aligned} \tag{15.7}$$

式中 $x_k=x(kT)$，$y_k=y(kt)$，$A_s=\mathrm{e}^{AT}$，$B_i^k=\int \mathrm{e}^{A(t-s)}\mathrm{d}sB, v_k=\int \mathrm{e}^{[(k+1)T-s]}v(s)\mathrm{d}s$，$\omega_k=\omega(kT)$。

设增广状态向量 $z_k=[x_k \quad u_{k-1} \quad u_{k-2} \quad \cdots \quad u_{k-h}]^{\mathrm{T}}$，则式（14.5）可以表示为

$$\begin{aligned} z_{k+1} &= \Phi_k z_k + \Gamma_k u_k + H v_k \\ y_k &= C_0 z_k + \omega_k \end{aligned} \tag{15.8}$$

式中

$$\Phi_k=\begin{bmatrix} A_s & B_1^k & B_2^k & \cdots & B_{h-1}^k & B_h^k \\ 0 & 0 & 0 & \cdots & 0 & 0 \\ 0 & I & 0 & \cdots & 0 & 0 \\ \vdots & \vdots & \vdots & & \vdots & \vdots \\ 0 & 0 & 0 & \cdots & I & 0 \end{bmatrix},\ \Gamma_k=\begin{bmatrix} B_0^k \\ I \\ 0 \\ \vdots \\ 0 \end{bmatrix},\ H=\begin{bmatrix} I \\ 0 \\ 0 \\ \vdots \\ 0 \end{bmatrix},\ C_0=\begin{bmatrix} C \\ 0 \\ 0 \\ \vdots \\ 0 \end{bmatrix}$$

为增广系统的矩阵。

15.4.4　混合系统模型

网络控制系统的混合系统模型是一个既含有连续变量又含有离散变量的混合系统

$$\begin{aligned} &\dot{x}(t)=Ax(t)+Bu(t), \quad t\in[kh+\tau_k, kh+h+\tau_k] \\ &y(t)=Cx(t) \\ &u(t^+)=-Kx(t-\tau_k), \quad t\in\{kh+\tau_k, k=0,1,\cdots\} \end{aligned} \tag{15.9}$$

式中，$x(t)$ 为状态向量，$x(t)\in\mathbf{R}^n$；$u(t)$ 为控制输入向量，$u(t)\in\mathbf{R}^m$；$y(t)$ 为被控对象的输出向量，$y(t)\in\mathbf{R}^p$；A、B、C 分别为适当维数的常数矩阵，$A\in\mathbf{R}^{n\times n}$，$B\in\mathbf{R}^{n\times m}$，$C\in\mathbf{R}^{p\times n}$；$K$ 为控制增益矩阵。

因此被控对象是一个连续模型，而控制量是一个离散量。

15.4.5　有数据包丢失时 NCSs 的模型

在 NCSs 中，当节点故障或信息冲突时会发生数据丢包现象。虽然大多数网络协议都有重发机制，但数据仅在有限的时间内重发，一旦超出这个时限，将发生丢包现象，将造成数据的丢失。数据的丢包现象可能会对控制系统的控制品质产生影响，甚至造成闭环系统的不稳定。针对丢包的情形，可以将网络控制系统中的丢失问题作为异步开关系统（Asynchronous Switched Systems）进行建模。此时系统的丢包情形用一个开关的闭合来表示，当开关打到 s_1（未丢包）时，系统状态正常传输；当开关打到 s_2 时，数据包丢失，此时为保证系统控制品质，沿用上一个采样周期的数据，因此开关系统可以描述为

$$\begin{aligned} &s_1: \hat{x}(kh)=x(kh) \\ &s_2: \hat{x}(kh)=\hat{x}[(k-1)h] \end{aligned}$$

设增广状态向量 $\omega(kh)=[x^{\mathrm T}(kh)\quad \hat{x}^{\mathrm T}(kh)]^{\mathrm T}$，则系统的数学模型可表示为 $\omega((k+1)h)=\Phi_s\omega(kh)$。当 $s=1$，开关在 s_1 时

$$\Phi_1=\begin{bmatrix}\Phi & -\Gamma K\\ \Phi & -\Gamma K\end{bmatrix}$$

当 $s=2$，开关在 s_2 时

$$\Phi_1=\begin{bmatrix}\Phi & -\Gamma K\\ 0 & I\end{bmatrix}$$

15.4.6 时滞系统模型

在同时考虑随机长时延和数据报丢失的情况下，可将网络控制系统建模成一个具有随机时延的时滞控制系统。假设传感器是时间驱动方式，控制器与执行器均为事件驱动方式，网络中所有的数据均为单数据报传输，且假设网络时延有界，则实际的网络控制系统可建模为

$$\begin{aligned}&\dot{x}(t)=Ax(t)+Bu(t),\quad t\in[i_kh+\tau_k,i_kh+\tau_{k+1})\\&u(t^+)=Kx(t-\tau_k),\quad t\in\{i_kh+\tau_k,k=1,2,3,\cdots\}\end{aligned}\tag{15.10}$$

式中，h 为采样周期；i_k 为正整数，$\tau_k=\tau_{\mathrm{sc}}+\tau_{\mathrm{ca}}$为网络时延。

集合 $\{i_1,\ i_2,\ \cdots\}$ 是 $\{0,\ 1,\ 2,\ \cdots\}$ 的一个子集，但并不要求 $i_{k+1}>i_k$。当 $\{i_1,\ i_2,\ \cdots\}=\{0,\ 1,\ 2,\ \cdots\}$ 时，表示系统没有发生数据报丢失；而当 $i_{k+1}>i_{k+1}$时，则表示有数据报丢失。将式（15.10）改写为

$$\begin{aligned}&\dot{x}(t)=Ax(t)+BKx(i_kh),\quad t\in[i_kh+\tau_k,i_kh+\tau_{k+1}),k=1,2,\cdots\\&x(t)=\phi(t),\quad t\in[t_0-\bar{\tau},t_0]\end{aligned}\tag{15.11}$$

式中，$\phi(t)$为初始条件。

设 $\tau(t)=t-i_kh$，则式（15.11）可以改写为

$$\dot{x}(t)=Ax(t)+BKx(t-\tau(t)),\quad t\in[i_kh+\tau_k,i_{k+1}h+\tau_{k+1}],k=1,2,\cdots\tag{15.12}$$

式中，$x(t)=\phi(t)$，$t\in[t_0-\bar{\tau},\ t_0]$。

模型式（15.12）即为标准的时滞系统模型。注意到，在上述模型中 $\tau(t)=t-i_kh$ 是分段连续的，所以并不是所有的时滞系统的结论均适用于网络控制系统。

15.4.7 其他模型

除了上述的模型外，针对网络控制系统的基本特征，利用网络技术可以简化系统时滞特性，从而建立一些特殊的网络控制系统模型。比如，在控制器的接收端设置寄存器，使得控制器以 Ts/N 的周期读取其中的数据，一旦接收有新的数据，则马上计算新的控制信号并送到执行器执行。假设被控对象为连续线性定常系统

$$\begin{aligned}\dot{x}(t)&=A^cx(t)+B^cu(t)+E^cd(t)\\z(t)&=C^cx(t)\end{aligned}$$

则网络控制系统的模型可以表示为

$$x[k+1]=Ax[k]+[B\quad B\quad \cdots\quad B]\begin{bmatrix}u^1[k]\\u^2[k]\\\vdots\\u^N[k]\end{bmatrix}+Ed[k]\tag{15.13}$$

式中

$$A = \mathrm{e}^{A_c T_s},\ B = \int_0^{T_s N} \mathrm{e}^{A_c} B_c \mathrm{d}s, E = \int_0^{T_s} \mathrm{e}^{A_c s} E_c \mathrm{d}s$$

在模型式（15.13）的基础上可以进一步建立存在网络时延及数据报丢失时的模型。这种建模方法可以保证控制器接收到的数据很快被利用，又可以将随机时延变为 T_s/N 的整数倍，以便于设计补偿时延的控制算法。

15.5　通信约束下的网络控制系统稳定性分析

15.5.1　网络控制系统稳定的通信约束

由于在网络控制系统中引入网络作为传输介质，同时网络作为一个公共使用的信息传输信道，因此在控制系统数据传输时难免会存在通信约束问题，这也是网络控制系统区别于传统控制系统的一个重要特性。在通信约束情形下，控制系统的稳定性和性能都会受到影响，因此控制系统在通信约束下的稳定性分析是网络控制系统分析与综合过程的重要研究内容。

15.5.2　量化反馈系统的稳定性分析

在经典反馈控制理论中，系统反馈输出直接被引入到控制器产生控制信号，并进一步作用于控制对象。然而在网络控制系统中，模拟信号在通过网络信道传输之前必须要量化后才能传输，因此信号量化在网络控制系统中有着广泛的应用。通过量化器的作用，使得系统实时输出信号被转化为有限长度的数字信号，因而可能会影响系统的控制精度和稳定性。量化器按量化方式分主要有两大类，即均匀量化器和非均匀量化器。信号的量化过程本质上是一个非线性过程，但在控制系统分析与综合中一般将量化误差建模为理想的白噪声信号（特别是均匀量化方式下）。在非均匀量化方式下，量化误差往往不能用白噪声来建模。

为充分利用网络信道容量并减少控制信息的传送量，在网络控制系统中通常采用特殊的非均匀量化器——对数量化器。由于对数量化过程中的本质非线性以及控制信号在平衡点附近量化值趋于零的结果，使得在系统分析和对数量化过程中必须考虑信号量化的饱和问题以及对数量化方式下闭环控制系统的稳定性等问题。假设采用的有限量化器用函数 q：$\mathbf{R}^l \to D$ 来定义，其中 D 是空间 $\mathbf{R}^l$ 的有限子集，则量化函数 q 将空间 $\mathbf{R}^l$ 分为有限的量化区域 $\{z \in \mathbf{R}^l; q(z) = i\},\ i \in D\}$，同时假设 q 函数还满足如下条件：

1）如果 $|z| \leqslant M$，则 $|q(z) - z| \leqslant \Delta$。

2）如果 $|z| \geqslant M$，则 $|q(z)| \geqslant M - \Delta$。

其中，M 和 Δ 分别表示量化器 q 的量化范围和量化误差，$|\cdot|$ 表示向量的欧拉范数。通常当信号在平衡点附近的时候，量化器输出结果为零，即信号的量化值为零。设量化过程用如下函数表示：

$$q_\mu = \mu q\left(\frac{z}{\mu}\right) \tag{15.14}$$

其中，$\mu > 0$ 表示量化器的放大系数，因此量化器 q_μ 的量化范围和量化误差为 $M\mu$ 和 $\Delta\mu$。当 μ 增大时，量化器的量化范围以及量化误差同时增大；当 μ 减小时，量化器的量化范围以及量化误差同时减小。即带有放大系数的量化器式（15.14）具有时变的特性，而 μ 可作为设计参数进行调节来实现控制系统的分析与综合。

假设网络控制系统的数学模型为

$$\dot{x}=Ax+Bu,\qquad x\in\mathbf{R}^n,\ u\in\mathbf{R}^m \tag{15.15}$$

假设系统式（15.15）是可镇定的，即存在增益矩阵 K，使得 $A+BK$ 的特征值具有负实部。根据 Lyapunov 稳定性理论，存在正定实对称矩阵 P 和 Q，满足

$$(A+BK)^{\mathrm{T}}P+P(A+BK)=-Q \tag{15.16}$$

定义 $\lambda_{\max}(\cdot)$、$\lambda_{\min}(\cdot)$ 分别为正定矩阵的最大和最小特征值，则有

$$\lambda_{\min}(p)|x|^2\leqslant x^{\mathrm{T}}Px\leqslant\lambda_{\max}(P)|x|^2$$

假设 $B\neq0$，$K\neq0$。由于信号在通过网络传输前要进行量化，因此得到量化反馈控制律为

$$u=Kq_\mu(x) \tag{15.17}$$

闭环控制系统状态方程为

$$\dot{x}=Ax+BKq_\mu(x)=(A+BK)x+BK\mu\left[q\left(\frac{x}{\mu}\right)-\frac{x}{\mu}\right] \tag{15.18}$$

系统式（15.18）的状态轨迹和动态特性有如下结论。

定理 15.1 对于 $\forall\varepsilon>0$，假设 M 相对于 Δ 足够大，因此下式：

$$\sqrt{\lambda_{\min}(P)}M>\sqrt{\lambda_{\max}(P)}\Theta_x\Delta(1+\varepsilon) \tag{15.19}$$

式中 $\Theta_x:=\dfrac{2\|PBK\|}{\lambda_{\min}(Q)}>0$，因此椭圆

$$\mathscr{R}_1(\mu)=\{x:x^{\mathrm{T}}Px\leqslant\lambda_{\min}(P)M^2\mu^2\}$$

和

$$\mathscr{R}_2(\mu)=\{x:x^{\mathrm{T}}Px\leqslant\lambda_{\max}(P)\Theta_x^2\Delta^2(1+\varepsilon)^2\mu^2\}$$

是系统式（15.18）的状态不变域，并且系统式（15.18）的从椭圆不变域 $\mathscr{R}_1(\mu)$ 出发的解在有限时间内会落入椭圆不变域 $\mathscr{R}_2(\mu)$ 中。

证明：考虑量化过程式（15.14）和系统方程式（15.15），令系统的 Lyapunov 函数为 $V(x)=x^{\mathrm{T}}Px$，对 Lyapunov 函数 $x^{\mathrm{T}}Px$ 求微分得

$$\begin{aligned}\frac{\mathrm{d}}{\mathrm{d}t}x^{\mathrm{T}}Px&=-x^{\mathrm{T}}Qx+2x^{\mathrm{T}}PBK\mu\left[q\left(\frac{x}{\mu}\right)-\frac{x}{\mu}\right]\\&\leqslant-\lambda_{\min}(Q)|x|^2+2|x|\cdot\|PBK\|\Delta\mu\\&=-|x|\lambda_{\min}(Q)(|x|-\Theta_x\Delta\mu)\end{aligned}$$

因此可得

$$\Theta_x\Delta(1+\varepsilon)\mu\leqslant|x|\leqslant M\mu,\ \frac{\mathrm{d}}{\mathrm{d}t}x^{\mathrm{T}}Px\leqslant-|x|\lambda_{\min}(Q)\Theta_x\Delta\varepsilon\mu \tag{15.20}$$

为分析系统稳定性，定义范数意义下的球

$$\Omega_1(\mu):=\{x:|x|<M\mu\}\ \text{和}\ \Omega_2(\mu):=\{x:|x|<\Theta_x\Delta(1+\varepsilon)\mu\}$$

结合不等式（15.19），得到状态不变域与球的包含关系为

$$\Omega_2(\mu)\subset\mathscr{R}_2(\mu)\subset\mathscr{R}_1(\mu)\subset\Omega_1(\mu)$$

联合式（15.20），且已知椭圆域 $\mathscr{R}_1(\mu)$ 和 $\mathscr{R}_2(\mu)$ 是不变域，故可知在有限的时间内从 $\mathscr{R}_1(\mu)$ 出发的状态轨线最终到达 $\mathscr{R}_2(\mu)$。事实上对于任意给定的 t_0，满足关系

$x(t_0)\in\mathscr{R}_1(\mu)$，令

$$T=\frac{\lambda_{\min}(P)M^2-\lambda_{\max}(P)\Theta_x^2\Delta^2(1+\varepsilon)^2}{\Theta_x^2\Delta^2(1+\varepsilon)\lambda_{\min}(Q)\varepsilon} \tag{15.21}$$

则 $x(t_0+T)$ 满足 $x(t_0+T)\in\mathscr{R}_2(\mu)$。为进一步分析系统状态的收敛性，在上述混合量化反馈控制策略中不断更新量化参数 μ，使得状态反复交替落入不断缩小的椭圆域 $\mathscr{R}_1$（μ）和 $\mathscr{R}_2$（μ）中，直至到平衡点。这个过程中包含了两个阶段："zooming-out" 阶段和 "zooming-in" 阶段，反复运用该种策略和定理 14.1，可以证明系统的渐近稳定性，如推论 15.1 所示。

推论 15.1　假设 M 相对于 Δ 足够大，因此可以得到

$$\sqrt{\frac{\lambda_{\min}(P)}{\lambda_{\max}(P)}}M>2\Delta\cdot\max\left\{1,\frac{\|PBK\|}{\lambda_{\min}(P)}\right\} \tag{15.22}$$

定理 15.1 中的量化反馈控制策略可确保系统式（15.15）是渐近稳定的。

证明："zooming-out" 阶段，令 $u=0$，$\mu(0)=1$。分段常数 μ 的快速增大控制着 $\|\mathrm{e}^{At}\|$ 的增长率，假设存在一个正数 τ，使得 $\mu(t)=1$，$\forall t\in[0,\tau)$，$\mu(t)=\tau\mathrm{e}^{2\|A\|\tau}$，$\forall t\in[\tau,2\tau]$；$\mu(t)=2\tau\mathrm{e}^{2\|A\|2\tau}$，$\forall t\in[2\tau,3\tau)$ 等。因此当 $t\geqslant 0$ 时，有

$$\left|\frac{x(t)}{\mu(t)}\right|\leqslant\sqrt{\frac{\lambda_{\min}(P)}{\lambda_{\max}(P)}}M-2\Delta$$

成立。(由式（15.22）知，上述不等式的右边大于零)，所以可得

$$\left|q\left(\frac{x(t)}{\mu(t)}\right)\right|\leqslant\sqrt{\frac{\lambda_{\min}(P)}{\lambda_{\max}(P)}}M-\Delta$$

上述不等式等价于

$$|q_\mu(x(t))|\leqslant\sqrt{\frac{\lambda_{\min}(P)}{\lambda_{\max}(P)}}M\mu(t)-\Delta\mu(t) \tag{15.23}$$

选择一个 t_0，使得式（15.23）在 $t=t_0$ 时成立，结合条件（14.1）和（14.2），可得

$$\left|\frac{x(t)}{\mu(t)}\right|\leqslant\sqrt{\frac{\lambda_{\min}(P)}{\lambda_{\max}(P)}}M$$

因此可知 $x(t_0)\in\mathscr{R}_1(\mu)$。

"zooming-in" 阶段。选择 $\varepsilon>0$ 使得不等式（15.21）成立。由于 $x(t_0)\in\mathscr{R}_1(\mu(t_0))$，使用式（15.17）给出的量化控制律，令 $\mu(t)=\mu(t_0)$，$\forall t\in[t_0,t_0+T)$，其中 T 由式（15.21）给出，因此 $x(t_0+T)\in\mathscr{R}_2(\mu(t_0))$，在时间区间 $t\in[t_0+T,t_0+2T]$ 内，令

$$\mu(t)=\Omega\mu(t_0),\Omega=\frac{\sqrt{\lambda_{\max}(P)}\Theta_x\Delta(1+\varepsilon)}{\sqrt{\lambda_{\min}(P)}M}$$

式中，$\Omega<1$，因此 $\mu(t_0+T)<\mu(t_0)$，因此得到 $\mathscr{R}_2(\mu(t_0))=\mathscr{R}_1(\mu(t_0+T))$，同样可以得到 $x(t_0+2T)\in\mathscr{R}_2(\mu(t_0+T))$。在时间区间 $t\in[t_0+2T,t_0+3T)$ 内，令 $\mu(t)=\Omega\mu(t_0+T)$，重复上述交替过程可知，当不变域 $\mathscr{R}_1(\mu)$ 和 $\mathscr{R}_2(\mu)$ 逐步缩小直至仅包含平衡点时，系统的状态也会趋于平衡点并落入不变域中。即当 $t\to\infty$ 时 $\mu(t)\to 0$，可知当 $t\to\infty$ 时 $x(t)\to 0$。从上面的证明可知，在每个分段时间内系统的状态都在椭圆不变域内部，且该椭圆不变域的大

小可以随着 Ω 的选择而减小，因此对于 $t \geqslant t_0$，状态 $x(t)$ 依指数规律收敛于平衡点。

15.5.3　基于状态观测的量化反馈稳定性分析

考虑到网络控制系统中状态不一定能测量得到，因此分析带有状态观测器的量化反馈控制稳定性具有现实意义。假设带有状态观测器的量化反馈网络控制系统的结构如图 15.4 所示，其中被控对象的状态空间模型为

$$\begin{aligned} x(k+1) &= Ax(k) + Bu(k) \\ y(k) &= Cx(k) \end{aligned} \tag{15.24}$$

式中，A、B、C 分别是系统矩阵、输入矩阵和输出矩阵；$x(k)$、$u(k)$、$y(k)$ 分别是状态向量、控制输入向量和输出向量，$x(k) \in \mathbf{R}^n$，$u(k) \in \mathbf{R}^m$ 和 $y(k) \in \mathbf{R}^p$。

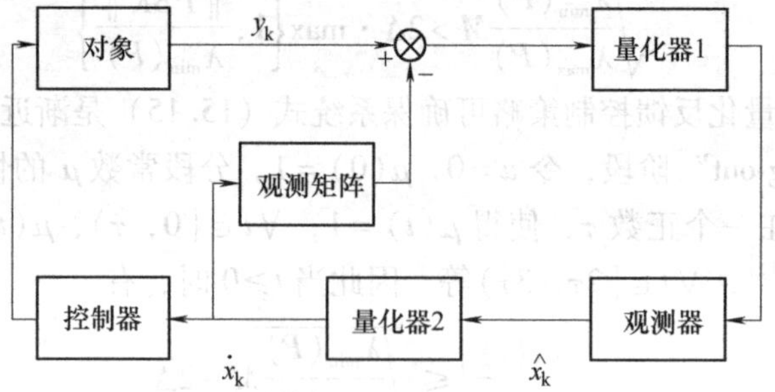

图 15.4　量化反馈网络控制系统的结构

假设（A，C）可观测，（A，B）可控制，q_1 和 q_2 是对数量化器，量化范围和量化误差分别是 $M_1\mu_1$，$\Delta_1\mu_1$，$M_2\mu_2$ 和 $\Delta_2\mu_2$。假设控制系统所采用的观测器为

$$\hat{x}(k+1) = A\hat{x}(k) + Bu(k) + L\mu_1 q_1\left[\frac{y(k) - C\hat{\hat{x}}(k)}{\mu_1}\right] - LC[\hat{x}(k) - \hat{\hat{x}}(k)] \tag{15.25}$$

在观测器中采用了两个量化器并且在标准观测器方程中添加了 $LC[\hat{x}(k) - \hat{\hat{x}}(k)]$ 一项以抵消量化信号 $\hat{\hat{x}}(k)$ 的影响。在式（14.25）中，L 为观测器的增益矩阵，使 $A-LC$ 是稳定矩阵。定义观测误差为 $e(k) = x(k) - \hat{x}(k)$，令 $e_2(k) = \hat{x}(k) - \hat{\hat{x}}(k)$ 表示量化器 q_2 的量化误差，反馈控制律为 $u(k) = K\hat{\hat{x}}(k)$，使得 $A+BK$ 成为稳定矩阵。为便于分析，将 $x(k)$ 简化为 x_k，可以得到

$$\hat{x}_{k+1} = A\hat{x}_k + Bu_k + LCe_k - Ld_k \tag{15.26}$$

$$x_{k+1} = (A+BK)x_k - BK(e_k + e_{2k}) \tag{15.27}$$

$$e_{k+1} = (A-LC)e_k + Ld_k \tag{15.28}$$

式中，d_k 为量化器 q_1 的量化误差，$d_k = C(e_k + e_{2k}) - \mu_1 q_1\left[\frac{C\ (e_k + e_{2k})}{\mu_1}\right]$。

利用闭环系统式（15.26）~式（15.28），本节分析被控系统和观测系统两个系统之间的稳定性关联，并选择合适的量化反馈控制策略使得整个系统渐近稳定。

引理 15.1　在系统式（15.26）~式（15.28）中，若（A，B）可控，则存在正定矩阵 $P>0$，$Q>0$ 和增益矩阵 K，使得 $A+BK$ 稳定，并且有（$A-LC)^{\mathrm{T}}P(A-LC) - P = -Q$ 成立。

在引理 14.1 的基础上，闭环系统式（15.26）~式（15.28）的稳定性有如下结论。

定理 15.2　存在 $\varepsilon\in(0,1)$，$P>0$，$Q>0$ 和 $(A-LC)^{\mathrm T}P(A-LC)-P=-Q$，当满足

$$\sqrt{\frac{\lambda_{\mathrm m}(P)}{\lambda_{\mathrm M}(P)}}\geqslant\frac{1}{1-\varepsilon}\frac{R\mu_1\Delta_1\|C\|}{M_1\mu_1-\mu_2\Delta_2\|C\|} \tag{15.29}$$

时，椭圆域

$$R_1(\mu_1,\mu_2)=\left\{e_k:e_k^{\mathrm T}Pe_k\leqslant\left(\frac{M_1\mu_1}{\|C\|}-\mu_2\Delta_2\right)^2\right\}$$

$$R_2(\mu_1,\mu_2)=\left\{e_k:e_k^{\mathrm T}Pe_k\leqslant\lambda_{\mathrm M}(P)\frac{R^2\mu_1^2\Delta_1^2}{(1-\varepsilon)^2}\right\}$$

是误差系统式（15.28）的不变域，从不变域 $R_1(\mu_1,\mu_2)$ 出发的观测误差经过有限步 S 可以达到不变域 $R_2(\mu_1,\mu_2)$ 中，其中

$$R=\frac{\alpha+\sqrt{\alpha^2+(1-\varepsilon)\beta\lambda_{\mathrm m}(Q)}}{\lambda_{\mathrm m}(Q)},S_1=\frac{E_1-E_2}{F},\alpha=\|(A-LC)^{T}PL\|,\beta=\|L^{\mathrm T}PL\|,$$

$$E_1=\log(\lambda_{\mathrm M}(P)R^2\mu_1^2\Delta_1^2\|C\|^2,H=M_1\mu_1-\mu_2\Delta_2\|C\|,S=\lceil\min(S_1,S_2)\rceil$$

$$E_2=\log(\lambda_{\mathrm m}(P)(M_1\mu_1-\mu_2\Delta_2\|C\|)^2(1+\varepsilon)^2),$$

$$F=\log(1-\varepsilon\lambda_{\mathrm m}(Q)/\lambda_{\mathrm M}(P)),S_2=\frac{1}{\varepsilon\lambda_{\mathrm m}(Q)}\left[\frac{\lambda_{\mathrm m}(P)H^2(1-\varepsilon)^2}{R^2\mu_1^2\Delta_1^2\|C\|^2}-\lambda_{\mathrm M}(P)\right]$$

式中，$\lceil x\rceil$ 表示大于 x 的最小整数；$\lambda_{\mathrm m}(\cdot)$ 和 $\lambda_{\mathrm M}(\cdot)$ 分别表示最小和最大特征值；$\|\cdot\|$ 表示矩阵范数。

具体证明过程可以阅读参考文献［86］。类似地，对被控系统（15.26）有如下推论。

推论 15.2　存在 $\xi\in(0,1)$，$\tilde P>0$，$\tilde Q>0$ 且 Lyapunov 方程 $(A+BK)^{\mathrm T}\tilde P(A+BK)-\tilde P=-\tilde Q$ 成立，则球域 $\left\{x_k:\ |x_k|\leqslant\dfrac{\tilde RM_1\mu_1}{(1-\xi)\|C\|}\right\}$ 对被控系统式（15.27）是二次吸引的，其中

$$\tilde R=\frac{\tilde\alpha+\sqrt{\tilde\alpha^2+(1-\xi)\tilde\beta\lambda_{\mathrm m}(\tilde Q)}}{\lambda_{\mathrm m}(\tilde Q)},\ \tilde\alpha=\|K^{\mathrm T}B^{\mathrm T}\tilde P(A+BK)\|,\ \tilde\beta=\|K^{\mathrm T}B^{\mathrm T}\tilde PBK\|$$

推论 15.2　证明过程类似定理 15.2，构造 Lyapunov 函数 $\tilde V(k)=x_k^{\mathrm T}\tilde Px_k$，余下的证明过程类似于定理 15.2。

由定理 15.2 和推论 15.2 可知，基于状态观测的量化反馈控制策略首先要保证误差系统的稳定性，同时也要设计控制参数和信号量化参数，保证对象系统本身的稳定性。为了在分析误差系统稳定性的同时研究对象系统的稳定过程以及两个系统稳定性之间的关联，构造如下状态向量的椭圆域集合：

$$\tilde R_0(\mu_1,\mu_2)=\left\{x_k:x_k^{\mathrm T}Px\leqslant\left[\frac{M_1\tilde R(1-\varepsilon)}{\Delta_1R(1-\varepsilon)\|C\|}\right]\lambda_{\mathrm m}(P)\left(\frac{M_1\mu_1}{\|C\|}-\mu_2\Delta_2\right)^2\right\} \tag{15.30}$$

为了便于分析，令 $\Gamma=\dfrac{M_1\tilde R(1-\varepsilon)}{\Delta_1R(1-\xi)\|C\|}$。参考文献［86］证明，只要误差向量落入其不变域后，就可以保证平衡点附近区域对系统状态的二次吸引，要想达到进一步渐近稳定则可以通过调节量化器的参数 μ_1、μ_2，交替地逐渐缩小不变域 $R_1(\mu_1,\mu_2)$ 和 $R_2(\mu_1,\mu_2)$

的大小来实现。由于该证明系统渐近稳定性的过程比较繁琐，有兴趣的读者可以阅读参考文献［86］。

15.6　网络控制系统控制器设计

15.6.1　控制器设计方法

针对网络诱导的时延，有不少补偿控制设计方法，延迟整形技术是其中的一种。所谓延迟整形，是指将网络上时变的时延通过“整形器”转化为固定的时延。系统时延经过整形后，控制律的设计问题就转化为一般的采样数据控制问题。延迟整形方法是研究可变时延条件下 NCSs 稳定性问题的一种简便方法，通过在传感器与控制器、控制器与执行器之间引入缓存机制对时延 τ_k^{cc} 和 τ_k^{sc} 进行整形，从而把时变系统变为时不变系统，其方法是利用过去的量测输出信号采用观测器重构系统过去的状态，再利用预测器提前预报系统状态，根据得到的预测状态生成控制信号，以此来补偿时延造成的影响。在此过程中传感器、控制器和执行器都是时间驱动的。此外，还可以利用队列和概率预报器来进行时延补偿（如图 15.5 所示）。其所用的概率预报器实际是两个均方意义上的最佳预报器的线性组合，其中线性组合的权矩阵根据已知的时延数据出现的概率计算得到。在该方法中，使用了时间驱动的传感器和控制器、事件驱动的执行器和离散时间的对象模型。这种方法提高了状态预报的性能，但是队列仍然引入了额外的时延，它的稳定性分析要结合具体的控制律来进行。此外，这种方法只考虑了传感器到控制器之间的时延，只对这部分时延有补偿效果。这种方法的优点是不仅能够处理时延 τ 小于一个采样周期 h 时的情况，还可以处理控制时延大于一个采样周期的情况。这种设计方法的缺点是人为地扩大了所有的时延，往往由于得到保守的结果而降低了系统的性能。

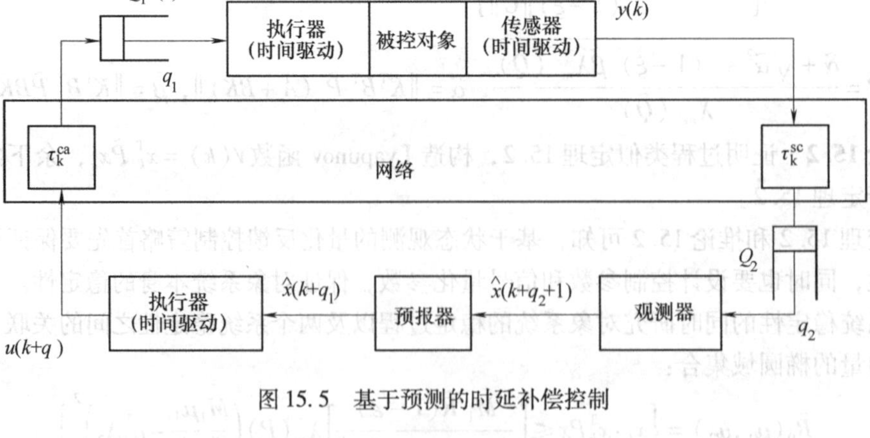

图 15.5　基于预测的时延补偿控制

在本节中，主要介绍下面四种网络控制律的优化设计方法。

15.6.2　随机最优控制技术

假设线性随机控制系统状态方程为

$$x(k+1)=\Phi x(k)+\Gamma_0(\tau_k)u(k)+\Gamma_1(\tau_k)u(k-1)+v(k) \tag{15.31}$$
$$y(k)=Cx(k)+w(k)$$

考虑到网络中时延具有随机性，故用一个线性随机系统模型来描述带随机时延的网络控制系统，从而可以用随机控制方法比如 LQG 最优控制等进行分析与综合。在模型式（15.31）中，各系统矩阵为

$$\Phi=\mathrm{e}^{AT},\Gamma_0(\tau_k)=\int_0^{T-\tau_k}\mathrm{e}^{At}\mathrm{d}tB,\Gamma_1(\tau_k)=\int_{T-\tau_k}^{T}\mathrm{e}^{At}\mathrm{d}tB$$

式中，$v(k)$、$\omega(k)$分别为均值为零的不相关白噪声。

LQG 最优控制问题的性能指标是最小化如下的二次型函数：

$$J(k)=E\left\{x^{\mathrm{T}}(N)Q_0x(N)+\sum_{k=0}^{N-1}\left[x^{\mathrm{T}}(k)Q_1x(k)+u^{\mathrm{T}}(t)Q_2u(k)\right]\right\} \tag{15.32}$$

式中，Q_0、Q_1 分别为非负定的加权矩阵，$Q_0\geqslant 0$，$Q_1\geqslant 0$。

$Q_2\geqslant 0$ 为正定矩阵，Q_0、Q_1 和 Q_2 分别表示对终端状态、状态向量和控制输入向量的加权。运用动态规划方法获得的最优状态反馈控制律为

$$u(k)=-L(k,\tau_k)\left[x^{\mathrm{T}}(k)\quad u^{\mathrm{T}}(k-1)\right]^{\mathrm{T}} \tag{15.33}$$

式中，$L(k,\ \tau_k)$为 LQG 问题的最优增益矩阵。

在上述方法中假定时延 τ 的分布是随机不相关的，且假定 $\tau_k^{\mathrm{ca}}(k)$和 $\tau_k^{\mathrm{sa}}(k)$之和小于采样周期 h。

15.6.3　增广确定控制技术

针对具有周期性时延特性的网络控制系统，可以通过增广状态的方法得到确定性离散时间网络控制系统模型。该模型使用时间驱动方式的传感器和控制器、事件驱动方式的执行器，并针对式（15.6）表示的线性连续时间被控对象，以周期 h 对系统式（15.6）进行采样，得到如下离散时间状态方程：

$$x(k+1)=\Phi x(k)+\Gamma u(k) \tag{15.34}$$
$$y(k)=Cx(k)$$

式中 $\Phi=\mathrm{e}^{AT},\Gamma=\int_0^T\mathrm{e}^{At}\mathrm{d}tB$。

令离散控制器状态方程为

$$\eta(k+1)=F\eta(k)-Gz(k) \tag{15.35}$$
$$u(k)=H\eta(k)-Jz(k)$$

式中，$\eta(k)$为控制器的状态向量；$z(k)$ 为控制器在产生控制量 $u(k)$时得到的最新的量测数据，$z(k)=y(k-i)$；$i=\{1,\ \cdots,\ j\}$；F、G、H、J 分别为定常矩阵。

由模型式（15.34）和式（15.35）得到闭环系统状态方程为

$$X(k+1)=\Omega X(k) \tag{15.36}$$

式中，$X(k)$为增广状态向量，即

$$X(k)=\left[x^{\mathrm{T}}(k)\quad y^{\mathrm{T}}(k-1)\quad\cdots\quad y^{\mathrm{T}}(k-j)\quad \eta^{\mathrm{T}}(k)\quad u^{\mathrm{T}}(k-1)\quad\cdots\quad u^{\mathrm{T}}(k-l)\right]^{\mathrm{T}}$$

Ω 为闭环系统的增广系统矩阵，可以由 Φ、Γ、C、F、G、J 计算得出。

考虑到网络中的周期性时延，故存在一个正整数 M，使得 $\tau_{k+M}^{\mathrm{sc}}=\tau_k^{\mathrm{sc}}$，利用上述特性，

参考文献［88］证明了如果矩阵 $\prod_{j=1}^{M}\Omega(k+M-j)$ 的所有特征值都在单位圆内，那么系统式(15.34）是渐近稳定的。

15.6.4　基于 QoS 的控制方法

在基于 QoS 的控制方法中，控制器的参数可以根据当前网络的负载情况或者网络的 QoS 来动态调整。在该方法中，由于需要控制器和远程被控对象了解网络的通信量，通常要使用网络中间件来测量网络流量情况，从而控制器可以实时地取得当前网络的通信状况并提出本系统的通信需求。如果需求得不到满足，控制器就会调整自己的控制参数，来适应当前的网络服务质量，以确保在当前的网络状况下获得最优的控制性能。考虑如下的衡量系统性能的目标函数：

$$J=\frac{1}{N}\sum_{k=1}^{N}|r(k)-y(k)| \tag{15.37}$$

当前网络的服务质量通过向量 $QoS(n)=[QoS_1\quad QoS_2]^{\mathrm{T}}$ 来计算，其中 QoS_1 为端到端的网络吞吐量，QoS_2 为最长数据报在网络传根据不同的应用进行选择。

对式（15.39）表示的不确定性函数，网络控制系统设计可采用 H_∞ 和 μ 综合设计等鲁棒控制方法。网络控制系统的鲁棒控制方法对一定范围内的时延都能保持稳定，并且由于 μ 综合方法的使用，使得闭环控制系统具有良好的动、静态特性和抗干扰能力。

15.6.6　其他控制方法

针对网络控制系统的特点，不少传统的控制方法，如广泛应用的 PI/PID 控制等，经过改进后仍可以运用到网络控制的环境中。如利用自适应模糊控制方法来补偿网络时延的影响和摄动理论在非线性网络控制系统的运用等。此外，基于协同调度的控制也是网络控制系统的一个重要设计方法。网络控制的调度协议研究源于通信技术，通过赋予数据报不同优先级来合理配置网络带宽，从而保证闭环系统所期望的网络服务质量。根据调度协议性质的不同，NCSs 的调度协议可分为静态调度协议和动态调度协议。

1）静态调度协议。静态调度协议是指在完全已知调度任务全集及其约束信息情况下设计得到的调度协议。其中有代表性的工作包括速率单调（Rate Monotonic，RM）算法及其改进 RM 算法。主要思想是为每一个周期任务指定一个优先级，该优先级按照任务周期的长短顺序排列，任务周期越短，优先级越高。

2）动态调度协议。在动态调度协议中，调度任务全集及其约束信息并非完全已知。动态调度协议需要根据调度任务信息来动态调整调度策略，其中有代表性的工作包括 EDF（Earliest Deadline First）算法和 FCS（Feedback Control Scheduling）调度。EDF 算法将待发数据按其生命周期来分配优先级，拥有最近截止期限的任务具有最高的优先级；FCS 算法则将反馈控制理论与实时调度理论相结合，通过构造基于反馈控制的调度体系结构来解决不可预测环境下的实时调度问题。

习　题

15.1　什么是网络控制系统？它与一般的控制系统有何区别？

15.2　绘制网络控制系统结构图，并阐述其工作原理。

15.3　网络控制系统中“被动分析法”与“主动分析法”有何不同？

15.4　简述网络控制系统的节点驱动方式。

15.5　试用 Lyapunov 泛函的方法推导连续时间网络控制系统渐近稳定的充分条件。

15.6　试用 Lyapunov 泛函的方法推导离散时间网络控制系统渐近稳定的充分条件。

15.7　试用 Lyapunov 泛函的方法推导时滞网络控制系统模型渐近稳定的充分条件。

15.8　什么是网络控制系统稳定的通信约束？

15.9　什么是量化反馈？

15.10　推导基于量化反馈的网络控制系统渐近稳定的充分条件。

15.11　推导基于观测器和量化反馈的网络控制系统渐近稳定的充分条件。

15.12　简述网络控制系统控制器设计的基本原理。

参考文献

[1] 马祖长，孙怡宁，梅涛．无线传感器网络综述［J］．通信学报，2004，25（4）：114-124.

[2] Akyildiz，SuI W，Sankarasubramaniam Y，Cayirci E．Wireless Sensor Networks：A survey［J］．Computer Networks，2002，38（4）：393-422.

[3] Kirk M，Jane H，Royan O．Deploying a wireless sensor network in Iceland［C］．Proceeding of the 3rd International Conference on GeoSensor Networks［M］．Berlin：Springer，2009.

[4] 彭力．无线传感器网络技术［M］．北京：冶金工业出版社，2011.

[5] 周顺，张西红．军用无线传感器网络的理论和实践［J］．国防科技，2009，30（4）：26-33.

[6] 洪峰，褚红伟，金宗科，等．无线传感器网络应用系统最近进展综述［J］．计算机研究与发展．2010，47（2A）：81-87.

[7] Ten emerging technologies that will change the world．MIT's Technology Review Magazine，February 2000.

[8] Bereketli Alper，Akan Ozgur B．Communication coverage in wireless passive sensor networks［J］．IEEE Communications Letters，2009，13（2）：133-135.

[9] Cucchiara R．Multimedia surveillance systems［C］．In：Aggarwal JK，Cucchiara R，Chang E，Wang YF，eds．Proc．of the ACM VSSN 2005．New York：ACM Press，2005：1-10.

[10] 孙利民，李建中，陈渝，等．无线传感器网络［M］．北京：清华大学出版社，2005.

[11] 张红武．无线传感器网络中目标覆盖算法研究［D］．武汉：华中科技大学，2009.

[12] 王殊，阎毓杰，胡富平，等．无线传感器网络的理论及应用［M］．北京：北京航空航天大学出版社，2007.

[13] Wei Yongxia．Application of Wireless Sensor Networks［C］．2010 International Conference on Computer Application and System Modeling（ICCASM），2010（9）：287-291.

[14] 胡曦明，董淑福，王晓东，等．无线传感器网络的军事应用模式研究进展［J］．传感器与微系统，2011，30（3）：1-3.

[15] Sibbald B．Use computerized systems to cut adverse drug events：report［J］．CMAJL Canadian Medical association Journal，2001，164（13）：1878.

[16] 李鸿强，苗长云，张龙宇，等．心电医疗监护物联网关键技术研究［J］．计算机应用研究，2010，27（12）：4600-4603.

[17] 饶云华，代莉，赵存成，等．基于无线传感器网络的环境监测系统［J］．武汉大学学报（理学版），2006，52（3）：345-348.

[18] Rohan Narayana M，Geoffrey M，lan A，et al．CitySense：An Urbanscale wireless sensor network and testbed［C］．IEEE International Conference on Technologies for Homeland Security．Piscataway，NJ：IEEE，2008：583-588.

[19] 牟连佳，牟连泳．无线传感网络及其在工业领域应用研究［J］．工业控制计算机，2005，18（1）：3-5.

[20] 彭孝东，张铁民，陈瑜，等．无线传感网络在农业领域中的应用［J］．农机化研究，2011，33（8）：245-248.

[21] Mechitov K，Kim W，Agha G．High-frequency distributed sensing for structure Monitoring［J］．Proc of the First Int Workshop on Networked Sensing Systems，2004：203-214.

[22] 张云洲，吴成东，薛定宇．基于无线传感器网络的建筑灾难应急救援系统［J］．计算机工程与应用，2007，43（8）：187-189.

[23] 朱晓荣，孙君，齐丽娜，等. 物联网与泛在通信技术 [M]. 北京：人民邮电出版社，2010.

[24] OLESHCHUK V. Internet of things and privacy preserving technology [C] Proc of 1st International Conference on Wireless Communication, Vehicular Technology, Information Theory and Aerospace & Electronic Systems Technology. 2009: 336-340.

[25] 刘强，崔莉. 陈海明. 物联网关键技术与应用 [J]. 计算机科学，2010，37 (6): 1-4.

[26] European Research Projects on the Internet of Things (CERP-IOT) Strategic Research Agenda (SRA). Internet of things-strategic research roadmap [EB/OL] (2009. 09. 15) [2010. 05. 12]. http://ec.europa. eu/information _ society/policy/did/documents/in _ cerp. pdf.

[27] 刘宴兵，胡文. 物联网安全模型及其关键技术 [J]. 数字通信，2010，37 (4): 28-29.

[28] 孙其博，刘杰，黎葬，等. 物联网：概念、架构与关键技术研究综述 [J]. 北京邮电大学学报，2010，33 (3): 1-9.

[29] Ren Y, Zhang SD, Zhang HK. Theories and Algorithms of Coverage Control for Wireless Sensor Networks [J]. Journal of Software, 2006, 17 (3): 422-433.

[30] Ai J, Abouzeid A. Coverage by directional sensors in randomly deployed wireless sensor networks [J]. Journal of Combinatorial Optimization, 2006, 11 (1): 21-41.

[31] 刘明，曹建农，郑源. 无线传感器网络多重覆盖问题分析 [J]. 软件学报，2007，18 (1): 127-136.

[32] Czarlinska A, Kundur D. Reliable Event-Detection in Wireless Visual Sensor Networks through Scalar Collaboration and Game Theoretic Consideration [J]. IEEE Transactions on Multimedia Special Issue on Multimedia Application in Mobile/Wireless Context, August, 2008 (5): 675-690.

[33] 王伟，林锋，周激流. 无线传感器网络覆盖问题的研究进展 [J]. 计算机研究发展，2010，27 (1): 32-35.

[34] 任彦，张思东，张宏科. 无线传感器网络中覆盖控制理论与算法 [J]. 软件学报，2006，17 (3): 422-432.

[35] Tian D, Georganas ND. A node scheduling scheme for energy conservation in large wireless sensor networks [J]. Wireless Communications and Mobile Computing, 2003, 3 (2): 271-290.

[36] Gupta H, Das SR, Gu Q. Connected sellsor cover: Self-Organization of sensor networks for efficient query execution [M]. In: Gerla M, ed. Proc. of the ACM MobiHoc. New York, NY, USA: ACM Press, 2003.

[37] Slijepcevic S, Potkonjak M. Power efficient organization owireless sensor networks [C]. 2001 IEEE International Conference on Communications Proceedings [C]. Washington: IEEE Communication Society, 2001. 472 (2) -476.

[38] 陶丹，马华东. 有向传感器网络覆盖控制算法 [J]. 软件学报，2011，22 (10): 2317-2334.

[39] 王睿，梁彦，潘泉，等. 无线传感器网络信息感知中的自组织算法 [J]. 自动化学报，2006，32 (5): 829-833.

[40] Energy-efficient mechanism based on ACO for the coverage problem in sensor networks [J]. Journal of Southeast University, 2007, 23 (2), 255-260.

[41] 陈志，王汝传，孙力娟. 无线传感器网络的自组织机制研究 [J]. 电子学报，2007，5 (35): 854-857.

[42] 郑增威，周晓伟，霍梅梅，等. 基于分组转发状况的车载自组织网络路由算法研究 [J]. 传感技术学报，2011，24 (5): 729-736.

[43] 周彤，洪炳镕，王燕清. 移动感知网的快速自展开算法 [J]. 哈尔滨工业大学学报，2005，37 (7): 870-872.

[44] Hodgkin A L, Huxley A F A quantitative description of membrane current and its application to conduction and excitation in nerve [J]. J. Phys. Lond, 1952, 117: 500-544.

[45] G-rossberg S. Nonlinear neural networks: Principles, mechanism, and architectures [J]. Neural Networks, 1988, 1 (1): 17-61.

[46] G-rossberg S. Absolute stability of global pattern formation and parallel memory storage by compective neural networks [J]. IEEE Trans. Syst., Man, Cybern., 1983, 13: 815-926.

[47] Yang S X, Meng M, Yuan X. A Biologically Inspired Neural Network Approach to Real-time Collision-free Motion Planning of a Nonholonomic Car-like Robot [C]. IEEE International Conference on Intelligent Robots and Systems, 2000 (1) 5: 239-244.

[48] Osais Y, St-Hilaire M, Yu F R. On Sensor Placement for Directional Wireless Sensor Networks [C]. ICC'09. IEEE International Conference on Communications, 2009: 1-5.

[49] 石为人，袁久银，雷璐宁. 无线传感器网络覆盖控制算法研究 [J]. 自动化学报，2009，35 (5): 540-545.

[50] Cardei M, Thai M T, Yingshu Li, et al. Energy-efficient target coverage in wireless sensor networks [C]. Proceeding of the 29th IEEE Conference on Computer Communications (INFOCOM'05). 2005 (3): 1976-1984.

[51] Ye F, Zhong G, Cheng J, et a1. PEAS: A robust energy conserving protocol for long-lived sensor networks [C]. Proceedings of the International Conference on Distributed Computing Systems. Piscataway, NJ, USA: IEEE, 2003: 28-37.

[52] 刘丽萍，张强，孙雨耕. 无线传感器网络多目标关联覆盖 [J]. 天津大学学报，2009，4 (6): 483-489.

[53] Tao D, Sun Y, Chen HJ. Connectivity checking and bridging for wireless sensor networks with directional antennas [J]. Journal of Internet Technology, 2010, 11 (1): 115-121.

[54] Ma HD, Liu YH. On coverage problems of directional sensor networks [C]. Intenlational Conference on Moble Ad-hoc and Sensor Networks. 2005: 721-731.

[55] 杨辉强，李德，李政. 定向传感器网络中的最小化覆盖间隙和最大化网络生命时间问题的研究 [J]. 电子学报，2010，38 (2): 138-142.

[56] 赵龙，彭力，王茂海. 动态视觉传感器网络多节点协作覆盖算法 [J]. 计算机工程，2011，37 (2): 108-110.

[57] Chiu-Kuo Liang, Chih-Hung Tsai, Meng-Chia He. On area coverage problems in directional sensor networks [C]. Information Networking (ICOIN), 2011: 182-187.

[58] 彭玉旭，张贤风. 有向传感器网络覆盖增强研究 [J]. 计算机工程，2011，37 (2): 100-104.

[59] 赵龙，彭力，谢林柏. 两步虚拟势场作用下动态视觉传感器网络自组织控制 [J]. 计算机科学，2009，36 (10A): 160-164.

[60] 雷鸣，李德识，陈健，等. 无线传感器网络的自组织可靠性研究 [J]. 复杂系统与复杂性科学，2005，2 (2): 20-23.

[61] Akyildiz I F, Su W, Sankarasubramaniam Y, et al. Wireless sensor networks: a survey [J]. Computer Networks, 2002, 38 (4): 393-422.

[62] Iyengar S S, Kumar S. Preface of special issue on distributed sensor networks [J]. The International Journal of High Performance Computing Applications, 2002, 16 (3): 203-205.

[63] 刘丽萍，王智，孙优贤. 无线传感器网络部署及其覆盖问题研究 [J]. 电子与信息学报，2006，28 (9): 1752-1757.

[64] Eberhart R C, Shi Y. Comparing inertia weights and constriction factors in particle swarm optimization

[A]. In: Proc of the IEEE Congress on Evolutionary Computation [C]. California: IEEE Service Centre, 2000. 84-88.

[65] Ming Dong, Ravi K. Feature subset selection using a new definition of classifiability [J]. Pattern Recognition Letters, 2003, 24 (9-10): 1215-1225.

[66] Rail R S. Smart networks for control [J]. IEEE Spectrum, 1994, 31 (6): 49-55.

[67] Walsh G C, Hong Y, Bushnell L G. Stability Analysis of Networked Control Systems [J]. IEEE Transactions on Control Systems Technology, 2002, 10 (3): 483-446.

[68] Kim D S, LEE Y S, KWON W H, et al. Maximum allowable delay bounds of networked control systems [J]. Control Engineering Practice, 2003, 11 (11): 1301-1313.

[69] Ling Q, Lemmon M D. Soft real-time scheduling of networked control systems with dropouts governed by a Markov chain [J]. Proceedings of the American Control Conference, 2003: 4845-4850.

[70] Seiler P, Sengupta R. An approach to networked control [J]. IEEE Transactions on Automatic Control, 2005, 50 (3): 356-364.

[71] Sadjadi A. Stability of networked control systems in the presence of packet losses [J]. Proceedings of IEEE Conference on Decision and Control, 2003, 1: 676-681.

[72] 岳东，彭晨，Han Q L. 网络控制系统的分析与综合 [M]. 北京：科学出版社，2007.

[73] Zhang W. Stability analysis of networked control system [D]. Cleveland: Department of Electrical Engineering and Computer Science, Case Western Reserve University, 2001.

[74] Luck R, Ray A. An observer-based compensator for distributed delays [J]. Automatica, 1990, 26 (5): 903-908.

[75] Montestruque L A, Antsaklis P J. On the model-based control of networked systems [J]. Automatica, 2003, 39 (10): 1837-1843.

[76] Nilsson J. Real-time Control Systems with Delays Ph. D. dissertation [M]. Sweden: Lund Institute of Technology, 1998.

[77] HU S S, Zhu Q X. Stochastic optimal control and analysis of stability of networked control systems with long delay [J]. Automatica, 2003, 39 (11): 1877-1884.

[78] GAO H J, CHEN T W. Network-based H_∞ output tracking control [J]. IEEE Transactions on Automatic Control, 2008, 53 (3): 655-667.

[79] Zhang W A, YU L Output feedback stabilization of networked control systems with packet dropouts [J]. IEEE Transactions on Automatic Control, 2007, 52 (9): 1705-1710.

[80] Zhang W, Branicky M S, Phillips S M. Stability of networked control systems [J]. IEEE Control System Magazine, 2001, 21 (1): 84-99.

[81] Tipsuwan Y, Chow M Y. Network-based controller adaptation based on QoS negotiation and deterioration [J]. IEEE Press, 2001, 1794-1799.

[82] Walsh G C, HongandL Y, Bushenll G. Stability analysis of networked control systems [J]. IEEE Transactions on Control Systems Technology, 2002, 10 (3): 438-446.

[83] Nilsson J, Bemhardsson B, Wittenmark B. Stochastic analysis and control of real-time systems with random time delays [J]. Automatica, 1998, 34 (1): 57-64.

[84] Lin H, Zhai G S, Jantasalis P. Robust stability and disturbance analysis of a class of networked control system [J]. Proceedings of the 42nd IEEE Conference on Decision and Control Hawaii, USA: Maui, 2003: 1182-1187.

[85] Liberzon D. Hybrid feedback stabilization of systems with quantized signals [J]. Automatica, 2003, 39 (9): 1543-1554.

[86] 谢林柏，纪志成，赵维一. 基于状态观测器的量化系统稳定性分析［J］. 控制理论与应用，2007，24（4）：581-586 +593.
[87] Chan H，Ozguner U. Closed-loop control of systems over a communication network with queues［J］. International Journal of Control，1995，62（3）：493-510.
[88] Halevi Y，Ray A. Integrated communication and control systems：Part I analysis. Journal of Dynamic Systems［J］. Measurement and Control，1998，110（4）：367-373.
[89] Goktas F. Distributed control of systems over communication networks［D］. Philadelphia：Department of Computer and Information Science，University of Pennsylvania，2000.
[90] 于之训，等. 基于H_∞和μ综合的闭环网络控制系统的设计［J］. 同济大学学报，2001，29（3）：58-62.
[91] Almutairi N B. Adaptive Fuzzy Modulation for Networked PI Control Systems. Ph. D. dissertation，2002.
[92] 王飞跃，王成红. 基于网络控制的若干基本问题的思考和分析［J］. 自动化学报，2002，28（S1）：171-176.